矿区生态环境修复丛书

微生物-矿物相互作用表征及分子模拟

夏金兰　刘红昌　聂珍媛　何　环　等　著

科学出版社
龍門書局
北　京

内 容 简 介

本书针对微生物-矿物相互作用，兼顾其微观作用过程和宏观效应，介绍其作用原理、研究策略与技术、表征及分子模拟。主要方法和技术包括基于同步辐射的高分辨率光谱学和显微化学成像等（原位）分析技术、基于实验室的常规光谱学和显微镜检等表面分析技术、DFT 计算及比较蛋白质组学/基因组学技术。主要内容涉及矿物/微生物表面微结构与化学形态演化、微生物群落结构与功能演替、硫化矿物选择性生物吸附分子模拟、微生物吸附行为、生物膜形成与演化、EPS 组成与性质、硫代谢相关蛋白质筛选与功能分析。

本书可供从事矿山环境生物技术、地质微生物学、地质生物技术、生物地球化学等研究和工作的人员，以及矿物提取和矿山环境治理相关企业及相关政府工作人员学习和参考，也可作为高等学校相关专业教学参考用书。

图书在版编目（CIP）数据

微生物-矿物相互作用表征及分子模拟/夏金兰等著.—北京：龙门书局，2020.11

（矿区生态环境修复丛书）

国家出版基金项目

ISBN 978-7-5088-5719-0

I. ①微… II. ①夏… III. ①矿山环境－环境微生物学－研究 IV. ①X322 ②X172

中国版本图书馆 CIP 数据核字（2020）第 055541 号

责任编辑：李建峰　杨光华　刘　畅/责任校对：高　嵘

责任印制：彭　超/封面设计：苏　波

科 学 出 版 社
龍 門 書 局 出版

北京东黄城根北街 16 号

邮政编码：100717

http://www.sciencep.com

武汉精一佳印刷有限公司印刷

科学出版社发行　各地新华书店经销

*

开本：787×1092　1/16

2020 年 11 月第　一　版　　印张：15

2020 年 11 月第一次印刷　　字数：356 000

定价：188.00 元

（如有印装质量问题，我社负责调换）

“矿区生态环境修复丛书”

编　委　会

“矿区生态环境修复丛书”序

我国是矿产大国，矿产资源丰富，已探明的矿产资源总量约占世界的12%，仅次于美国和俄罗斯，居世界第三位。新中国成立尤其是改革开放以后，经济的发展使得国内矿山资源开发技术和开发需求上升，从而加快了矿山的开发速度。由于我国矿产资源开发利用总体上还比较传统粗放，土地损毁、生态破坏、环境问题仍然十分突出，矿山开采造成的生态破坏和环境污染点多、量大、面广。截至 2017 年底，全国矿产资源开发占用土地面积约 362 万公顷，有色金属矿区周边土壤和水中镉、砷、铅、汞等污染较为严重，严重影响国家粮食安全、食品安全、生态安全与人体健康。党的十八大、十九大高度重视生态文明建设，矿业产业作为国民经济的重要支柱性产业，矿产资源的合理开发与矿业转型发展成为生态文明建设的重要领域，建设绿色矿山、发展绿色矿业是加快推进矿业领域生态文明建设的重大举措和必然要求，是党中央、国务院做出的重大决策部署。习近平总书记多次对矿产开发做出重要批示，强调“坚持生态保护第一，充分尊重群众意愿”，全面落实科学发展观，做好矿产开发与生态保护工作。为了积极响应习总书记号召，更好地保护矿区环境，我国加快了矿山生态修复，并取得了较为显著的成效。截至 2017 年底，我国用于矿山地质环境治理的资金超过 1 000 亿元，累计完成治理恢复土地面积约 92 万公顷，治理率约为 28.75%。

我国矿区生态环境修复研究虽然起步较晚，但是近年来发展迅速，已经取得了许多理论创新和技术突破。特别是在近几年，修复理论、修复技术、修复实践都取得了很多重要的成果，在国际上产生了重要的影响力。目前，国内在矿区生态环境修复研究领域尚缺乏全面、系统反映学科研究全貌的理论、技术与实践科研成果的系列化著作。如能及时将该领域所取得的创新性科研成果进行系统性整理和出版，对推进我国矿区生态环境修复的跨越式发展将起到极大的促进作用，并对矿区生态修复学科的建立与发展起到十分重要的作用。矿区生态环境修复属于交叉学科，涉及管理、采矿、冶金、地质、测绘、土地、规划、水资源、环境、生态等多个领域，要做好我国矿区生态环境的修复工作离不开多学科专家的共同参与。基于此，“矿区生态环境修复丛书”汇聚了国内从事矿区生态环境修复工作的各个学科的众多专家，在编委会的统一组织和规划下，将我国矿区生态环境修复中的基础性和共性问题、法规与监管、基础原理/理论、监测与评价、规划、金属矿冶区/能源矿山/非金属矿区/砂石矿废弃地修复技术、典型实践案例等已取得的理论创新性成果和技术突破进行系统整理，综合反映了该领域的研究内容，系统化、专业化、整体性较强，本套丛书将是该领域的第一套丛书，也是该领域科学前沿和国家级科研项目成果的展示平台。

本套丛书通过科技出版与传播的实际行动来践行党的十九大报告“绿水青山就是金山银山”的理念和“节约资源和保护环境”的基本国策，其出版将具有非常重要的政治意义、理论和技术创新价值及社会价值。希望通过本套丛书的出版能够为我国矿区生态环境修复事业发挥积极的促进作用，吸引更多的人才投身到矿区修复事业中，为加快矿区受损生态环境的修复工作提供科技支撑，为我国矿区生态环境修复理论与技术在国际上全面实现领先奠定基础。

干　勇　胡振琪　党　志
柴立元　周连碧　束文圣
2020 年 4 月

前　言

近年来，微生物–矿物相互作用的研究已然成为矿山环境、地质微生物、生物冶金等领域的研究热点，在解析地球表生环境中微生物–矿物相互作用驱动下的元素循环及环境效应，揭示生命与矿物协同演化及其在煤炭、天然气等能源物质形成与转化中的过程机制，以及阐明微生物在酸性矿山废水环境的形成与治理及矿物生物强化浸出过程中的作用机理等方面发挥着重要作用。

微生物–矿物相互作用的研究离不开对微生物和矿物表面结构与化学成分变化、次生矿物和代谢中间体的形成与转化等的表征与分析。由于所涉及的体系及过程受到微生物群落结构与功能和 pH、pO_2 等环境因子的影响，多数铁硫矿物的赋存形态及物相转化复杂多样，需要结合微生物组学和同步辐射技术等分析与表征手段。有关微生物组学方法介绍的专著较多，同步辐射技术方法及应用的专著相对缺乏，且鲜有专著综合介绍微生物组学与同步辐射技术在微生物–矿物相互作用研究中的应用。近年来，高性能计算在矿物表面微结构与化学反应的预测及评估中具有不可替代的作用。为此，笔者尝试在十余年研究工作的基础上，综合运用微生物组学、同步辐射技术和高性能计算等现代方法在微生物–矿物相互作用表征与分析中的独特地位，重点针对同步辐射技术的方法和应用而撰写本书，以推进这些方法的发展和应用，为科研人员及研究生开展相关研究提供参考。

全书共 10 章。第 1 章介绍微生物–矿物相互作用的基本原理；第 2 章介绍微生物–矿物相互作用的研究策略，重点介绍同步辐射技术的原理和测试方法，同时介绍辅助分析测试方法；第 3 章介绍基于 DFT 计算和分子模拟及其与硫化矿生物吸附相结合的表界面化学基础；第 4 章介绍同步辐射 XANES 等技术及其在微生物–矿物相互作用过程元素形态转化及赋存形式研究中的应用；第 5 章介绍在微生物–黄铜矿作用过程中微生物群落结构演替与硫氧化活性及硫形态转化之间的关联机制；第 6～7 章介绍嗜酸硫氧化微生物利用元素硫的硫化学形态转化和分子基础；第 8～9 章介绍嗜酸铁/硫氧化微生物生物膜和表面 EPS 的表征及功能分析；第 10 章介绍模式菌嗜酸氧化亚铁硫杆菌硫代谢相关特化空间蛋白质的筛选和功能分析。

本书相关工作得到国家自然科学基金项目[50674101、50974140、51274257、U1232103（中国科学院大科学装置科学研究联合基金项目）、U1608254（辽宁联合基金）、51774342、51861135305（中德国际合作）、41830318、41802038]和教育部博士点基金项目（20090162110054）的资助，以及国家重大科学研究计划课题（2004CB619201、2009CB630902）和国家自然科学基金创新群体研究项目（50321402、50621063）的部分资助。

感谢聂珍媛教授级高级工程师及我的历届研究生（张成桂、何环、梁长利、朱薇、彭安安、刘红昌、张倩、张瑞永、杨益、王晶、朱泓睿、马亚龙、王蕾、杨云、宋建军等），他们辛勤的努力和丰富的成果为本书的撰写提供了大量珍贵的素材，也让我们共同参与并见证了微生物–矿物相互作用研究领域，尤其是同步辐射技术在此研究领域的应用发展进程。除上述所列主要作者外，张多瑞、范晓露、郑兴福、潘轩、刘李柱、周雨行、夏旭、令伟博、薛震、张威威、张怀丹等也参与了本书部分章节的撰写。

感谢中南大学矿业工程和冶金工程等一流学科群及其研究平台提供了长期良好的科研氛围和科研条件。感谢邱冠周院士在生物冶金研究领域的卓越引领。感谢生物冶金教育部重点实验室全体同仁的精诚合作与抱团超越。感谢中国科学院高能物理研究所北京同步辐射装置的赵屹东、郑雷、马陈燕及中国科学院上海应用物理研究所上海光源的张立娟、甄香君、文闻等老师在同步辐射技术应用相关研究中的长期合作。还有太多要感谢的单位和人员，在此恕不能一一列出。

本书涉及多学科交叉，由于笔者水平有限，书中难免存在疏漏之处，敬请读者批评和指正。

夏金兰

2020 年 2 月 15 日于中南大学

目　录

第1章　微生物–矿物相互作用的基本原理

微生物–矿物相互作用是指微生物通过氧化还原、酸碱、络合等作用，导致矿物的溶解、转化和沉淀，同时获得能源和营养元素以供其自身生长或繁殖的过程，受矿物种类、形态、表面性质及微生物种群结构与功能等的重要影响。微生物–矿物相互作用是地球表生环境下重要的地质作用类型，驱动着微生物与矿物的共同进化，对生命演化（包括小分子有机质合成与转化、化能/光能自养–兼养/异养进化等）、地球表层系统演化（包括生物矿化、岩石的风化及矿物膜的形成等）、元素的地球化学循环等产生重要影响（董海良，2013；谢树成 等，2011；Gadd，2010；刘丛强，2007）。

1.1　微生物–矿物相互作用的宏观效应

微生物虽然个体微小，但数量巨大、变异性强、生态和代谢类型多样，广泛分布于地表环境（连宾，2014）。微生物–矿物相互作用贯穿于地球生命的演化史。数十亿年以来，不同形式的生命活动不断影响地球表层物质循环与环境演化，无机界物质循环与演化又制约着地球生态系统的演替（鲁安怀 等，2013）。微生物–矿物相互作用发生在微观尺度，但产生的效应往往是宏观的，如酸性矿山废水的形成、岩石矿物的风化和腐蚀、矿物元素的地球化学循环、矿物生物浸出和矿山环境修复等。

1.1.1　微生物参与酸性矿坑水的形成

酸性矿山废水（acid mine drainage，AMD）（图1.1），通常指的是废矿和尾矿的酸性浸出水，含有高浓度硫酸盐和有毒重金属离子。AMD尽管是一种高酸性、热的极端环境，但是其中仍然存在很多微生物，这些微生物在矿石的亚表层能够形成一个化能自养的生态系统，通过从金属硫化矿物中获得电子供体，从空气中获得二氧化碳（CO_2）、氧气（O_2）

图1.1　大量排放和累积的酸性矿坑水（大宝山）

和氮气（N_2），以及水与岩石相互作用释放的磷酸盐来维持生长和繁殖。这些微生物的生长与代谢过程促进 AMD 的形成，是 AMD 大量形成的重要原因。根据微生物生长 pH 的不同，可以将微生物分为耐酸微生物、嗜酸微生物和极端嗜酸微生物。AMD 中的嗜酸微生物协同作用，加速矿石的分解和重金属的释放，造成巨大的环境污染（戴志敏，2007；Baker et al.，2003）。

1.1.2 微生物引起岩石矿物的风化和腐蚀

1. 岩石矿物的生物风化

生物风化是指矿物、岩石受生物生长及活动影响而发生的风化作用（陆现彩 等，2011；李莎 等，2006）。一方面，生物通过生命活动的黏着、穿插和剥离等机械活动使矿物颗粒分解被认为是生物物理风化作用，如树根生长对岩石的压力能使根深入岩石裂缝，劈开岩石。苔藓和地衣（内含蓝细菌及藻类）在贫瘠的岩石表面生长，形成一个更为潮湿的化学微环境，加速岩石的生物化学风化（Lian et al.，2008）。另一方面，生物通过自身分泌及死后遗体析出的酸性物质如有机酸、硝酸、碳酸、亚硝酸等也可以使岩石分解（Chizhikova et al.，2016）。微生物的生物化学风化作用对岩石所产生的总分解力远远超过全部动植物所具有的总分解力，是土壤形成的重要驱动力（Gadd，2007）。

2. 微生物参与矿物的腐蚀

微生物细胞通过新陈代谢的中间产物和/或最终产物及胞外酶等参与矿物材料的腐蚀，腐蚀的本质是一种化学过程（Gu，2012；Rockyde et al.，2008）。根据是否需氧可将微生物腐蚀分为厌氧腐蚀和好氧腐蚀，实际上在生物膜中，不同的菌种共生在一起，对矿物发生厌氧腐蚀的同时也发生好氧腐蚀。参与生物腐蚀的微生物主要有：硫酸盐还原菌、硫氧化菌、腐生菌、铁细菌和真菌等。在这些腐蚀过程中，在材料或管道表面所形成的次生矿物，通过原电池效应大大加速微生物的腐蚀过程（Huber et al.，2014；Wei et al.，2010）。

1.1.3 微生物参与矿物的形成

微生物参与的生物矿化作用可分为生物诱导矿化（biologically induced mineralization）和生物控制矿化（biologically controlled mineralization）（Tourney et al.，2014；Li et al.，2013），生物矿化与非生物矿化作用明显不同的是无机相的结晶严格受生物分泌的有机质的控制。生物诱导矿化作用基本上是由细胞表面充当异质成核位点而引起的矿化作用，受环境条件的影响形成尺寸大小和形态各异的矿物颗粒。生物诱导矿化作用在原核生物的藻类和真菌中存在较多。生物控制矿化是指矿物的成核、生长、沉积、成矿和矿物形貌受到微生物基因表达的控制，矿物通常在生物细胞内的有机基质或囊泡内沉淀结晶，形成晶型规则、粒度均一、排布整齐、分布有序的矿物集合体。硅藻土、贝壳珍珠层和颗石藻等的形成在很大程度上是生物控制矿化的结果（史家远 等，2011；王宗霞 等，2006；Paasche，2001），如图 1.2 所示。

（a）硅藻土（王宗霞 等，2006）　（b）颗石藻（Paasche，2001）

图 1.2　生物成矿

在一定的环境条件下，微生物通过生命代谢活动对成矿物质的捕获和沉积作用逐渐产生大量有机–无机共生结构，并最终形成生物矿物或微生物岩，包括硅酸盐矿物、碳酸盐矿物、磷酸盐矿物、硫酸盐矿物、氧化物和氢氧化物等。生物成因碳酸盐矿物是分布最广泛和最丰富的矿物，例如微晶石、文石和前寒武纪时期大规模叠层石等的形成都与微生物的存在密切相关（周根陶 等，2018；谢先德 等，2001）。

1.1.4　微生物参与矿物元素的地球化学循环

微生物–矿物相互作用广泛参与元素的地球化学循环，包括组成生命物质的大量元素（C、H、O、N、P、S、K、Ca、Mg 等）和微量元素（Fe、Al、B、Co、Cr、Cu、Mo、Ni、Se、V、Zn、卤族元素等），以及环境中的重金属元素和放射性元素等，其中 Fe/S 氧化还原相关的 Fe/S 循环是地表环境元素地球化学循环最重要的驱动力。硫（S）元素在自然界中存在多种价态（−2、−1、0、+2、+4、+5、+6），构成多种类型的化合物和含硫矿物，环境中的硫既可作为电子供体也可作为电子受体参与微生物硫氧化、硫还原和硫歧化作用等能量代谢过程。硫氧化微生物氧化单质硫和还原性硫化合物形成硫酸盐，硫酸盐作为电子受体在厌氧环境中被硫酸盐还原菌还原成 S^{2-}，S^{2-}进一步作为电子供体被硫氧化微生物氧化，同时硫元素被微生物同化吸收作为半胱氨酸（cysteine，Cys）和蛋氨酸及辅酶 A 等维生素的组成部分形成有机硫（Siciliano et al.，2005）。参与硫循环的微生物多种多样，包括好氧型古生菌、好氧型化能自养细菌和厌氧型光合硫细菌等（万云洋 等，2017）。在厌氧条件下，硫酸盐还原菌和元素硫还原菌耦合可使自然界中 Fe(III)化合物/矿物还原，形成 FeS 型矿物，对重金属具有极强的吸附活性（Flynn et al.，2014）。埋地管线/船舶表面的微生物厌氧硫酸盐还原产生次生矿物并形成原电池，促进铁基材料的快速腐蚀（Hendrik et al.，2013）。微生物铁硫氧化还原耦合可有效驱动砷形态的转化和迁移（Huang，2014）。

1.1.5　矿物的生物浮选

微生物–矿物相互作用过程中微生物细胞逐渐吸附在矿物表面，一方面细胞受到矿物的影响，其理化性质发生改变，另一方面细胞对矿物的表面修饰作用导致矿物的物理化学性质的改变。利用微生物定向改变矿物表面性质的能力，微生物可充当絮凝剂、浮选捕收剂或浮选调整剂等达到对矿物沉淀或浮选分离的目的。例如对煤炭的生物浮选，典型的微生物包括枯草芽孢杆菌（*Bacillus subtilis*）、多黏芽孢杆菌（*Bacillus polymyxa*）、嗜酸氧化亚铁硫杆菌（*Acidithiobacillus ferrooxidans*）、草分枝杆菌（*Mycobacterium phlei*）等，作为捕收剂，在对煤的处理和表面改性过程中达到脱硫和降低灰分的作用（贾春云，2010）。

1.1.6 矿山环境的微生物修复

AMD 环境含有大量有毒有害重金属离子，利用微生物去除重金属离子可以对 AMD 进行环境修复。微生物细胞表面含有大量的功能基团如羧基、羟基、磷酰基等，这些基团通过与金属离子的离子交换或/和络合作用对金属离子进行吸附和固定。此外，重金属离子还能在细胞壁上或细胞内形成无机沉淀物，它们以磷酸盐、硫酸盐、碳酸盐或氢氧化物等形式通过结晶作用在细胞壁上或细胞内沉淀（陈勇生 等，1997）。硫酸盐还原菌在厌氧呼吸过程中以硫酸根离子作为电子受体，将其还原并产生 H_2S，可将大量 AMD 中的金属离子沉淀，显著降低 AMD 的危害。

1.2 微生物-矿物相互作用的类型

自然界矿物的类型包括单质、硫化矿、氧化矿、含氧盐及卤化物矿，其中金属硫化矿和金属氧化矿是两种主要的矿物类型，也是矿山开采的主要对象。根据金属硫化矿和金属氧化矿两种主要矿物类型，微生物-矿物相互作用的类型可分为微生物-（类）金属硫化矿相互作用和微生物-（类）金属氧化矿相互作用。前者是一类嗜酸化能自养微生物对矿物的铁硫氧化作用（图 1.3），硫化矿被 Fe^{3+}氧化释放金属离子的同时生成单质硫和 Fe^{2+}，嗜酸性铁/硫氧化微生物将 Fe^{2+}和单质硫氧化生成 Fe^{3+}和硫酸，持续性地氧化溶解硫化矿。自然界中 AMD 的形成和工业上低品位矿物资源的生物浸出属于这种类型。后者是一类异养微生物对矿物酸碱、络合及铁硫还原溶解作用。表 1.1 给出了典型金属硫化矿和金属氧化矿晶体结构和化学式；表 1.2 给出了与硫化矿作用的典型铁/硫氧化微生物类型及其生理生化特征。

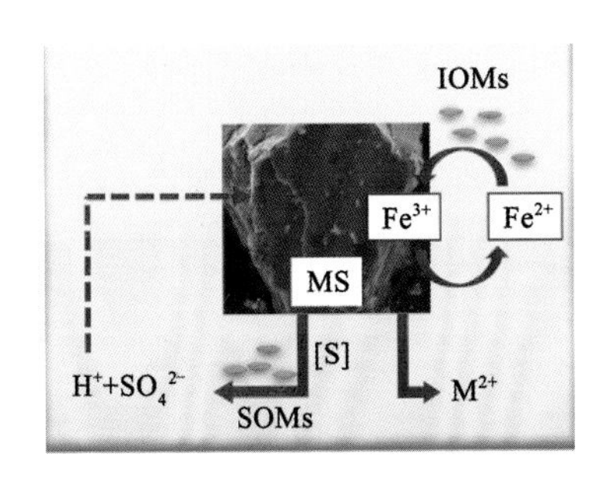

$$MS+2Fe^{3+} \longrightarrow 2Fe^{2+}+M^{2+}+S^0$$

$$4Fe^{2+}+4H^{+}+O_2 \xrightarrow{\text{细菌}} 4Fe^{3+}+2H_2O$$

$$2S^0+2H_2O+3O_2 \xrightarrow{\text{细菌}} 2H_2SO_4$$

图 1.3 微生物对硫化矿的铁硫氧化作用机理

MS 为金属硫化矿；IOMs 为铁氧化微生物；SOMs 为硫氧化微生物

表 1.1　典型金属硫化矿和金属氧化矿晶体结构和化学式（陈平，2006）

矿物类型		化学式	常温条件下晶体结构
金属硫化矿	闪锌矿	ZnS	等轴晶系、四面体型
	黄铜矿	$CuFeS_2$	四方晶系、四面体型
	方铅矿	PbS	等轴晶系、立方体型
	磁黄铁矿	$Fe_{1-x}S$	六方晶系、六方柱状/板状
	黄铁矿	FeS_2	等轴晶系、立方体型
	斑铜矿	Cu_5FeS_4	等轴晶系、四方偏三角面体型
	铜蓝	CuS	六方晶系、六方片状/板状
	辉铜矿	Cu_2S	正交晶系、六方板状
	黝铜矿	$Cu_{12}(SbAs)_4S_{13}$	等轴晶系、四面体型
	硫砷铜矿	Cu_3AsS_4	斜方晶系、斜方双锥型
金属氧化矿	赤铜矿	Cu_2O	等轴晶系、八面体型
	刚玉	Al_2O_3	三方晶系、六方柱状
	赤铁矿	Fe_2O_3	六方晶系、六方柱状
	金红石	TiO_2	四方晶系、四方柱状/针状
	锡石	SnO_2	四方晶系、四方双锥型
	软锰矿	MnO_2	四方晶系、细柱状/针状
	石英	SiO_2	三方晶系、六方柱状
	黑铜矿	CuO	单斜晶系、斜方柱状
	钛铁矿	$FeTiO_3$	三方晶系、六方柱状
	钙钛矿	$CaTiO_3$	正交晶系、假立方体型
	尖晶石	$MgAl_2O_4$	等轴晶系、八面体型
	磁铁矿	Fe_3O_4	等轴晶系、八面体型
	铬铁矿	$(Mg, Fe)Cr_2O_4$	等轴晶系、八面体型

表 1.2　与硫化矿作用的典型铁/硫氧化微生物类型及其生理生化特征

微生物种	生理生化特征	参考文献
Acidithiobacillus ferrooxidans（嗜酸氧化亚铁硫杆菌）	30℃，pH 1.8～2.0，G^-，专性化能自养，能氧化亚铁离子和还原性硫组分	Panchanadikar 等（1998）
Acidithiobacillus thiooxidans（嗜酸氧化硫硫杆菌）	28～30℃，pH 2.0～2.8，G^-，专性化能自养，能氧化还原性硫组分	Suzuki 等（1992）
Acidithiobacillus Albertensis（嗜酸阿尔伯塔硫杆菌）	30℃，pH 3.5～4.0，G^-，专性化能自养，能氧化亚铁离子	Xia 等（2007）
Acidithiobacillus caldus（嗜酸喜温硫杆菌）	40℃，pH 2.5，G^-，能氧化亚铁离子和还原性硫组分，专性化能自养	刘缨 等（2004）

续表

微生物种	生理生化特征	参考文献
Acidithiobacillus ferrivorans（嗜酸食铁硫杆菌）	5～30℃，最适 27℃，pH 2.5，能氧化亚铁离子和还原性硫组分，化能自养	Panda 等（2015）
Acidicaldus organivorus（异养喜温酸菌）	50～55℃，pH 2.5～3.0，能氧化还原性硫组分，专性异养	Johnson 等（2006）
Acidiphilium acidophilum（嗜酸菌）	28℃，pH 3.0，能氧化还原性硫组分，化能无机自养	Hiraishi 等（1998）
Acidiphilium cryptum（隐藏嗜酸菌）	35～41℃，pH 3.0，能氧化亚铁离子，专性异养	Harrison 等（1981）
Acidiphilium rubrum（红嗜酸菌）	28℃，pH 2.0，G^-，能氧化亚铁离子，兼性营养	Wichlacz 等（1986）
Alicyclobacillus disulfidooxidans（二硫化物氧化脂环酸芽孢杆菌）	35℃，pH 1.5～2.5，能氧化亚铁离子和还原性硫组分，兼性营养	Karavaiko 等（2005）
Alicyclobacillus sp. GSM（脂环酸芽孢杆菌）	47℃，pH 1.8，能氧化亚铁离子和还原性硫组分，兼性营养	Panda 等（2015）
Alicyclobacillus tolerans（脂环酸芽孢杆菌）	37℃，pH 2.5，能氧化亚铁离子和还原性硫组分，兼性营养	Panda 等（2015）
Sulfobacillus sibricus（西伯利亚硫化杆菌）	55℃，pH 1.7，G^+，能氧化还原性硫组分，兼性营养	Melamud 等（2003）
Sulfobacillus thermosulfidooxidans（嗜热硫氧化硫化杆菌）	50℃，pH 1.6，G^+，能氧化亚铁离子和还原性硫组分，专性混合营养（硫+酵母浸出液）	邓敬石（2002）
Sulfobacillus disulthidooxidans（二硫化物氧化硫化杆菌）	35～40℃，pH 1.5～2.5，G^+，能氧化还原性硫组分	Dopson 等（2003）
Sulfobacillus acidophilus（嗜酸硫化杆菌）	50℃，pH 1.7，能氧化亚铁离子和还原性硫组分，专性混合营养（硫+酵母浸出液）	Kinnunen 等（2004）
Sulfobacillus thermotolerans（耐热硫化杆菌）	40℃，pH 2.0，能氧化亚铁离子和还原性硫组分，专性混合营养（硫+酵母浸出液）	Bogdanova 等（2006）
Sulfobacillus benefaciens（行善硫化杆菌）	39℃，pH 1.5，能氧化亚铁离子和还原性硫组分，兼性营养	Panda 等（2015）
Sulfolobus shibitae（希氏硫化叶菌）	80℃，pH 3.7，能氧化还原性硫组分	Grogan 等（1990）
Sulfolobus solfataricus（硫磺矿硫化叶菌）	80℃，pH 2.0～4.0，能氧化还原性硫组分，混合营养	Qun 等（2001）
Sulfolobus metallicus（金属硫化叶菌）	65～70℃，pH 1.5，能氧化亚铁离子和还原性硫组分，兼性营养	Dopson 等（2006）
Sulfolobus acidocaldarius（酸热硫化叶菌）	75～80℃，pH 2.0～3.0，能氧化还原性硫组分，兼性自养	Chen 等（2005）
Sulfolobus tokodaii（头寇岱硫化叶菌）	80℃，pH 2.5～3.0，能氧化亚铁离子，混合营养	Toshiharu 等（2002）
Sulfolobus yangmingensis（阳明山硫化叶菌）	80℃，pH4.0，能氧化亚铁离子，兼性营养	Panda 等（2015）
Sulfurococcus mirabilis（神奇硫化小球菌）	70～75℃，pH 2.0～2.6，兼性营养，氧化亚铁和还原性硫	Panda 等（2015）

续表

微生物种	生理生化特征	参考文献
Sulfurococcus yellowstonensis（黄石硫化小球菌）	60℃，pH 2.0～2.6，氧化亚铁和还原性硫组分，兼性营养	Panda 等（2015）
Metallosphaera sedula（勤奋金属球菌）	75℃，pH 2.8，氧化亚铁和还原性硫组分，兼性营养	Itoh 等（2001）
Metallosphaera prunae（剪除金属球菌）	55～80℃，pH 3.0，氧化亚铁和还原性硫组分，兼性营养	Fuchs 等（1995）
Metallosphaera hakonensis（箱根金属球菌）	70℃，pH 3.0，能氧化亚铁离子，兼性营养	Kurosawa 等(2003）
Acidianus brierleyi（布氏嗜酸两面菌）	65℃，pH 1.5，能氧化亚铁离子和还原性硫组分，兼性营养	Konishi 等（2001）
Acidianus infernus（火山湖嗜酸两面菌）	88℃，pH 2.5，能氧化亚铁离子和还原性硫组分，化能自养	Segerer 等（1986）
Acidianus ambivalens（两义嗜酸两面菌）	80℃，pH 2.5，专性化能自养	Fuchs 等（1996）
Acidianus sulfidivorans（食硫嗜酸两面菌）	74℃，pH 0.8～1.4，G^-，能氧化亚铁离子和还原性硫组分，化能自养	Plumb 等（2007）
Acidianus manzaensis（万座嗜酸两面菌）	80℃，pH 1.2～1.5，G^-，能氧化亚铁离子和还原性硫组分，兼性营养	Yoshida 等（2006）
Acidianus tengchongensis（腾冲嗜酸两面菌）	70℃，pH 2.5，G^-，专性化能自养	He 等（2004）
Acidimicrobium ferrooxidans（亚铁氧化嗜酸微菌）	45℃，pH 2.0，能氧化亚铁离子，兼性营养	Panda 等（2015）
Acidimicrobium cryptum（隐藏嗜酸微菌）	35℃，pH 3.0，能氧化亚铁离子，兼性营养	Panda 等（2015）
Acidiplasma cupricumulans（聚铜嗜酸原体菌）	54℃，pH 1.0，能氧化亚铁离子和还原性硫组分，兼性营养	Panda 等（2015）
Sulfurisphaera ohwakuensis(大和谷硫磺球菌）	85℃，pH 2.0，G^-，能氧化还原性硫组分，兼性营养	Kurosawa 等(1998）
Ferrimicrobium acidiphilum（嗜酸高铁微菌）	35℃，pH 2.0，能氧化还原性硫组分，异养	Panda 等（2015）
Ferrithrix thermotolerans（耐热高铁丝菌）	43℃，pH 1.8，能氧化还原性硫组分，异养	Panda 等（2015）
Ferroplasma acidarmanus(嗜酸亚铁原体菌）	42℃，pH 1.2，能氧化还原性硫组分，兼养	Panda 等（2015）
Ferroplasma acidiphilum（嗜酸亚铁原体菌）	350℃，pH 1.7，能氧化还原性硫组分，兼性自养	Panda 等（2015）
Leptospirillum ferriphilum(嗜铁钩端螺旋菌）	30～37℃，pH 1.3～1.8，能氧化还原性硫组分，化能自养	Panda 等（2015）
Leptospirillum ferrooxidans(氧化亚铁钩端螺旋菌）	28～30℃，pH 1.5～3.0，能氧化还原性硫组分，化能自养	Panda 等（2015）
Picrophilus torridus（灼热嗜苦菌）	60℃，pH 0.7，异养	Panda 等（2015）
Thermoplasma acidophilum（嗜酸热原体菌）	59℃，pH 1.0～2.0，异养	Panda 等（2015）
Thermoplasma volcanium（火山嗜热原体菌）	59℃，pH 2.0，异养	Panda 等（2015）
Thiomonas cuprina（铜硫单胞菌）	30～60℃，pH 3.5～4.0，能氧化亚铁离子，兼性营养	Panda 等（2015）

注：G^- 表示革兰氏阴性菌

1.3 微生物-矿物相互作用的过程

微生物–矿物相互作用是最基本的生物地球化学过程之一，对全球范围内的物质和能量循环及地球表面不同类质环境的演变等有着重要的影响，是新兴交叉学科地质微生物学和地质生物技术的重要发展方向（李文均 等，2018；Schippers et al.，2014a，2014b；陈骏 等，2005）。在有氧的酸性环境中，微生物对包括黄铁矿、黄铜矿及砷黄铁矿等硫化矿的生物氧化，对湿地及硫化物沉积物中铁矿物的循环及酸性矿山废水的形成有着重要的贡献。同时，依托该类微生物发展起来的生物浸出技术具有流程短、能耗小、成本低、污染少等优点，在解决当今世界所面临的富矿及易开采矿的不断减少、金属硫化矿资源日渐枯竭等问题方面具有重要的研究和应用意义（Brierley，2008；Watling，2006）。

1.3.1 硫化矿物的生物溶解途径

根据金属硫化矿物生物浸出过程中含硫中间体和浸出产物的类型及演替特征，可将硫化矿的生物溶解途径分为硫代硫酸盐途径（thiosulfate mechanism）和多聚硫化物途径（polysulfide mechanism）（Vera et al.，2013；Schippers et al.，1999）。在硫代硫酸盐途径中［图 1.4（a）］，通过浸矿菌氧化 Fe^{2+}生成的 Fe^{3+}攻击硫化矿物表面使其溶解产生 $S_2O_3^{2-}$，随后 $S_2O_3^{2-}$ 进一步被氧化，形成 $S_nO_6^{2-}$ 和 S_8，最终氧化生成 SO_4^{2-}。该途径常见于酸不溶性硫化矿的溶解过程，典型的该类型矿物有 FeS_2、WS_2 及 MoS_2 等。

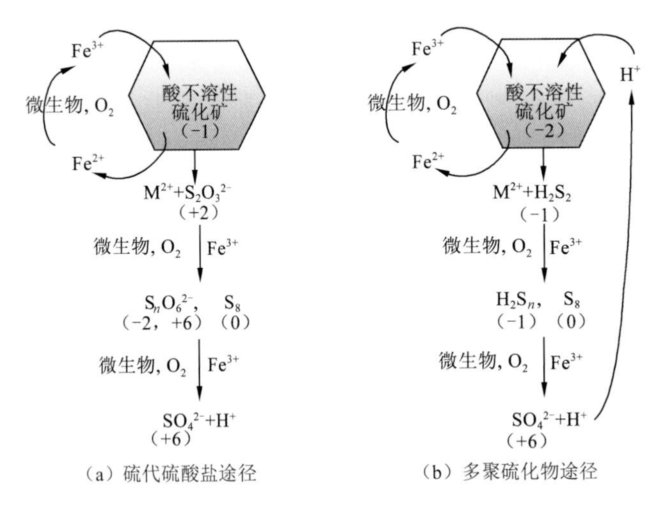

图 1.4 金属硫化矿生物浸出途径

括号内为硫的价态

在多聚硫化物途径中［图 1.4（b）］，Fe^{3+}和 H^+协同作用，促使元素硫和硫化矿的氧化溶解。在该氧化过程中，矿物表面会形成一系列 S_2^{2-}、S_n^{2-}和 S_8 等含硫中间产物，最终在微生物的氧化作用下形成 SO_4^{2-}。该途径适用于大多数酸溶性矿物的溶解，属于该类型的典型矿物包括 FeAsS、$CuFeS_2$、PbS、CuS、Cu_2S、CoS 及 NiS 等金属硫化矿。以黄铜矿的生物浸出为例，其溶解释放出的硫有超过 90%经过多聚硫化物途径，转化生成 S^0，过程中只有少量的硫代硫酸盐及连多硫酸盐等的生成。浸矿菌在该途径中的作用是氧化 S^0 产生硫酸，为矿物的酸解补充 H^+的同时，及时消除因 S^0 在矿物表面累积而对矿物生物浸出产生的钝化作用，同时保证 Fe^{3+}的再生。

1.3.2 微生物–矿物相互作用方式

微生物–矿物相互作用涉及微生物–矿物–溶液–空气（CO_2、O_2 等）间的多相界面作用（图 1.5），作用过程包括细菌对能源底物的适应、矿物的溶解、微生物生长，以及生物膜的形成与脱附等过程。关于微生物与矿物间的作用方式，早在 1964 年，Silverman 等就提出了“直接作用”和“间接作用”机制。在实际的微生物–硫化矿相互作用过程中，伴随着复杂的吸附、化学、生物化学及电化学等行为，微生物表面会生成胞外多聚物（extracellular polymeric substances，EPS），这些胞外多聚物能富集三价铁离子（Fe^{3+}），从而加速 Fe^{3+}对硫化矿物的氧化溶解作用，这些复杂的作用方式并不能简单地归纳于“直接作用”或“间接作用”，而是逐渐演化成 “接触作用”方式，并细分为“直接接触作用和间接接触作用”（Tributsch，2001）。考虑游离菌对亚铁/还原性硫化物的氧化产生高铁离子和硫酸对矿物的非接触溶解作用，Crundwell（2003）进一步提出了“间接非接触作用”“间接接触作用”“直接接触作用”（图 1.6），该理论至今得到广泛认同。

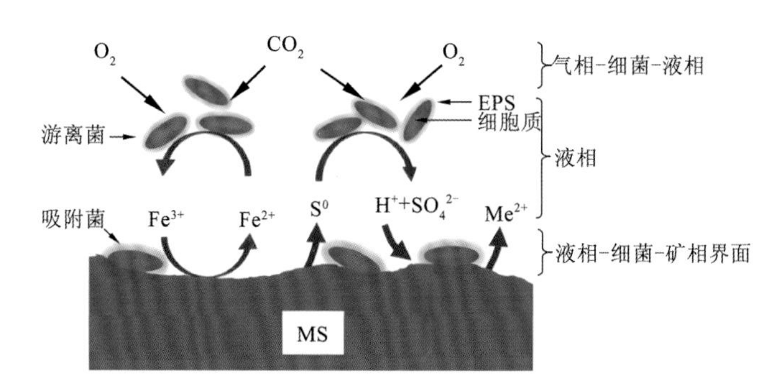

图 1.5　微生物–矿物界面多相作用模式简图

Me^{2+}为金属离子；MS 为金属硫化矿

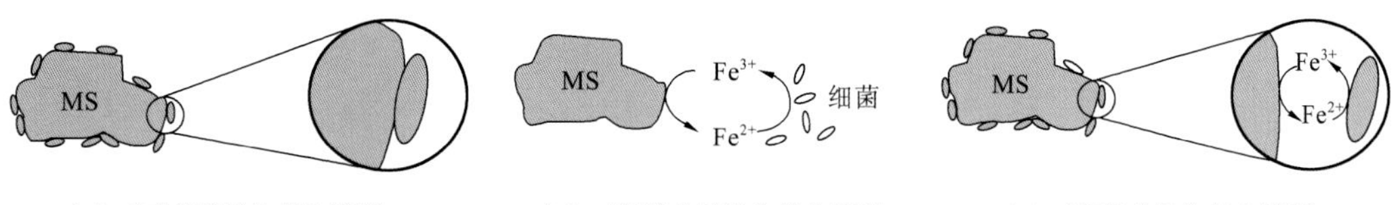

（a）“直接接触作用”模型　（b）“间接非接触作用”模型　（c）“间接接触作用”模型

图 1.6　硫化矿物生物浸出模型（Crundwell，2003）

MS 为金属硫化矿

1. 直接接触作用

微生物与矿物的直接接触作用机制是指浸矿微生物与矿物表面接触，从而发生矿物的分解反应，通过酶的作用，直接氧化矿物并从中获得能量，同时使矿物晶格溶解，即浸矿微生物直接吸附于矿物表面氧化分解矿物，得到硫化物的原子团和酸溶性的二价金属离子如 Fe^{2+}等氧化产物作为微生物生长和代谢的能源物质，使矿物溶解。在有水和空气（氧气）存在的情况下，在氧化铁铁杆菌、氧化硫硫杆菌、氧化铁硫杆菌等细菌及其混合菌的作用下，金属硫化矿会发生直接浸出反应，如式（1.1）～式（1.3）所示。

黄铁矿：

$$FeS_2 + 7O_2 + 2H_2O \xrightarrow{\text{细菌}} 2FeSO_4 + 2H_2SO_4 \tag{1.1}$$

砷黄铁矿：

$$2FeAsS + 3H_2O + \frac{13}{2}O_2 \xrightarrow{\text{细菌}} 2H_3AsO_4 + 2FeSO_4 \tag{1.2}$$

黄铜矿：

$$CuFeS_2 + 4O_2 \xrightarrow{\text{细菌}} CuSO_4 + FeSO_4 \tag{1.3}$$

2. 间接非接触作用

多金属的硫化矿床中，通常含有黄铁矿，黄铁矿在自然条件下被缓慢氧化生成 $FeSO_4$ 和 H_2SO_4，在有细菌条件下，反应被催化快速进行，最终生成 $Fe_2(SO_4)_3$ 和 H_2SO_4。$Fe_2(SO_4)_3$ 是一种很有效的金属矿物氧化剂和浸出剂，铜及其他多种金属矿物都可以被 $Fe_2(SO_4)_3$ 浸出，这就是细菌浸出间接作用机制的观点，凡是利用 Fe^{3+}为氧化剂的金属矿物的浸出都是间接浸出。

微生物与矿物的间接非接触作用机制是指矿物在细菌作用过程中产生的硫酸高铁和在硫酸作用下发生化学溶解反应，而反应中产生游离在溶液中的 Fe^{2+}在浸矿微生物的作用下被铁氧化重新生成 Fe^{3+}，而 Fe^{3+}在酸性条件下可以作为一种很有效的矿物氧化剂和浸出剂，此时溶液中游离的 Fe^{3+}作为再生溶解矿物的氧化剂将矿物氧化溶解并重新生成 Fe^{2+}，作为细菌的能源和基质，促进细菌的生长和繁殖，如此循环往复使得间接作用不断进行下去，进而使矿物不断溶出，以此来保持矿物的持续溶解。间接作用的特点是 Fe^{3+} 和 Fe^{2+}在其过程中起到了桥梁作用，而细菌在其中的作用是再生氧化剂，完成生物地球化学循环。在此过程中，细菌可不与矿物接触。

对于非酸性硫化矿（如黄铁矿、辉钼矿和辉钨矿等）而言，其间接作用通常是通过 Fe^{3+}的氧化，对于酸可溶性硫化矿（如闪锌矿、方铅矿、毒砂、黄铜矿、方硫锰矿等）而言，除上述 Fe^{3+}的氧化之外，还有质子的攻击作用，质子可通过硫氧化微生物对单质硫或者还原性硫化物的氧化进行补充。

3. 间接接触作用

微生物与矿物的间接接触作用机制是针对吸附在矿物表面的浸矿微生物而言，浸矿微生物在适应矿物浸出环境过程中往往会在胞外产生 EPS，这层 EPS 相当于在细胞和矿物表面形成反应空间（图 1.7）。该结构的形成有利于细菌在矿物表面的吸附及能源获取，而且其内部包含的多种有机质如糖醛酸等还能络合浸出体系中的多种金属离子（如 Fe^{3+}），攻击矿物表面，从而加速硫化矿物的氧化溶解。矿物分解后释放出来的能源物质（如 Fe^{2+}等）供吸附微生物的生长所需。

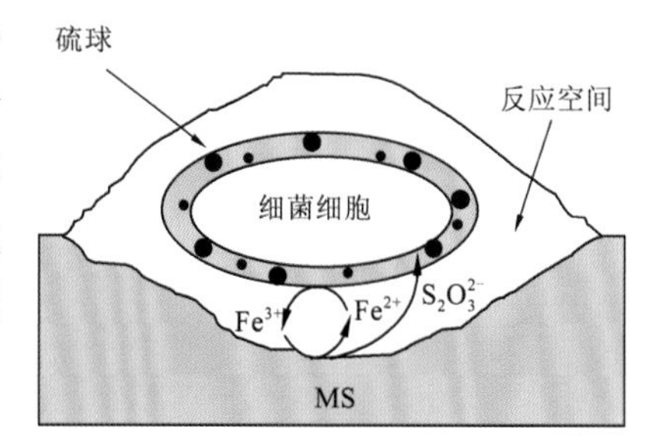

图 1.7　微生物–矿物界面微环境（Rohwerder et al.，2003a）
MS 为金属硫化矿

4. 微生物–矿物相互作用的过程特征

在微生物–矿物相互作用过程中，微生物–矿物界面微环境起着主导作用，微生物在矿物表面的吸附是其与矿物表面进行深度作用的前提。微生物的吸附可以说是无处不在、无孔不入，与人类生命、生活及生产活动的方方面面都有着紧密的联系。微生物对矿物吸附指的是浸矿微生物通过物理/化学吸附方式，其大多吸附在晶体表面的离子镶布点、位错点上，使矿物表面形成腐蚀。同时，微生物在矿物表面吸附与作用可以不同程度地改变矿物表面的物理化学性质，如表面疏水性、各类元素的氧化–还原、溶解–沉淀等行为（王文生　等，1998）。

微生物细胞与矿物表面接触过程及其涉及的一系列复杂的物理、化学和生物反应会受到多种表观参数改变的影响。不同矿物因其化学组成、表面疏水性、表面键能及溶解性等都存在一定的差异，因此同样条件下，同种菌种在不同矿物表面的吸附效果也存在差异；对于同一菌种，当矿浆浓度、矿样粒度不同时，矿物颗粒的表面积不同，因此吸附效果也不同；不同的营养条件影响细胞的生长情况，进而影响细胞活性。细菌细胞表面上分布着大量多聚物，包括多糖、蛋白质、脂质等含有—OH、—COOH、—SH、—NH_2 的极性基团，当细菌吸附到硫化矿物表面时，降低了硫化物的表面能，改变了晶体的表面性质。不同的表面电荷分布，将会导致同一种矿物的颗粒上细菌有选择性地进行吸附氧化。硫化物的晶体结构、键性、离子化程度、晶格能等因素影响了新鲜面的表面能高低和极性程度，进而影响了细菌对硫化物的吸附与氧化强度。

浸矿微生物在矿物表面的吸附是一个动态过程，首先，在两者相距较远时，细胞通过扩散作用、对流作用及趋化性等向矿物表面主动或被动地迁移（cell transport）；当细胞与矿物接触后通过静电作用、范德瓦耳斯力、疏水作用等发生非共价键的可逆性的初始吸附（initial adhesion）；随时间的延长细胞通过 EPS 与矿物发生共价键的稳定吸附（firm attachment）；最后细胞在矿物表面逐渐吸附形成生物膜结构，进而作为生长繁殖场所的表面定殖（surface colonization）（van Loosdrecht et al.，1990）。

从生物膜的形成过程来看，细胞分泌的 EPS 起到了重要的桥联作用。浸矿菌细胞表面 EPS 中的糖醛酸或其他残基可以通过络合富集三价铁离子，从而使得硫化物表面受到攻击后，被氧化物腐蚀和瓦解（Gehrke，2006）。嗜中温菌 *Acidithiobacillus ferrooxidans* 胞外多聚物以鼠李糖、葡萄糖、果糖和 $C_{18:0}$ 脂肪酸为主（表 1.3）（Kinzler et al.，2003），而极端嗜热菌可含有酯类和类固醇类物质（Nie et al.，2017）。同时，不同温度特性或能量代谢特征的浸矿菌对矿物有着不同的吸附行为，同种细菌在不同的能源底物环境中生长，细菌分泌的胞外多聚物的含量也可能存在显著差异。例如，*A. ferrooxidans* 以 S^0 为能源底物生长时比在硫代硫酸盐底物环境中细胞表面 EPS 分泌量明显增多（He et al., 2014）。

表 1.3　嗜酸氧化亚铁硫杆菌 R1 胞外多聚物组成及含量（Kinzler et al., 2003）

胞外多聚物	组成	占总胞外量比例/%
糖	鼠李糖	10.8
	果糖	17.1
	木糖	0.8
	甘露糖	0.7
	葡萄糖	15.2
	葡糖醛酸	3.9
	三价铁离子	0.6
脂类	$C_{12:0}$	2.0
	$C_{14:0}$	0.4
	$C_{16:0}$	9.4
	$C_{17:0}$	1.0
	$C_{18:0}$	21.6
	$C_{19:0}$	4.2
	$C_{20:0}$	0.8
松弛性结合脂肪酸	$C_{16:0}$	4.1
	$C_{18:0}$	5.8

另外，微生物–矿物相互作用过程中，其界面发生复杂的物相转变和元素形态转化，累积在矿物表面的中间体或浸出产物会改变界面的理化性质，同时元素化学态的改变导致电子的变化，直接影响硫化物表面的性质和活性，进而影响细菌在矿物表面的吸附、能源获取及矿物溶解。在硫化矿氧化溶解过程中，矿物表面会出现多种不同价态、形态的含硫化合物，它们的形成与累积会对浸出过程产生重要的影响（如 S^0 的钝化效应）。同时，矿物表面物相的转化也会对微生物-矿物界面性质及细菌在矿物表面的吸附与能源获取产生重要的影响。

第 2 章　微生物–矿物相互作用的研究策略与技术

2.1　微生物–矿物相互作用的研究策略

微生物–矿物相互作用涉及微生物–矿物–溶液–气相等复杂多相界面作用，与矿物种类、矿物表面结构与化学形态，微生物种类、群落结构及功能等密切相关，并受到环境条件［pH、pO_2、氧化还原电位（oxidation reduction potential，ORP）等］影响。以硫化矿生物浸出为例，浸矿过程是气-液-固的多相界面作用，并存在复杂的作用方式；微生物–矿物界面是主要的反应场所，反应空间主要存在于矿物表面与细菌 EPS，并能产生复杂多样的反应产物。界面元素随浸出过程发生复杂的形态转化，并逐渐演变，如表界面硫元素以 SO_4^{2-}、SO_3^{2-}、$S_2O_4^{2-}$、$S_4O_6^{2-}$、$S_2O_3^{2-}$、S^0、S_n^{2-}（$n \geqslant 1$）等形态赋存和相互转换，导致复杂的界面物相演变，影响浸出的进行和发展。与此同时，浸矿菌种的群落结构与功能受底物种类及其赋存形态、温度、pH 和金属离子浓度的影响，对浸出过程产生重要影响。

其中，对于矿物和细胞表面的元素赋存形态和微区结构及其演替规律的研究是阐明微生物–矿物相互作用分子机制的关键，需要利用原位表征技术进行研究。同步辐射光源因其宽波段、高准直、高偏振、高亮度等特性，具有超高的原子灵敏性和特异性，高通量性和广谱性，以及高效率等特点，在分析矿物–微生物表界面结构与元素形态时具有巨大优势，可以有效地对复杂体系进行原位表征。图 2.1 给出了主要基于同步辐射原位表征技术的研究策略：①以 X 射线吸收近边结构（X-ray absorption near edge structure，XANES）光谱、扫描电子显微镜检–能量散射光谱（scanning electron microscopy-energy dispersive spectroscopy，SEM-EDS）、循环伏安法（cyclic voltammetry，CV）、X 射线衍射（X-ray diffraction，XRD）、拉曼光谱（Raman spectroscopy）、红外光谱（infrared spectroscopy，IR）和密度泛函理论（density functional theory，DFT）与分子动力学模拟（molecular dynamics，MD）计算等手段对矿物表面结构与性质进行表征，分析矿物表面结构与铁/铜/硫等元素形态演替规律与归趋行为，得到矿物溶出及效应机制；②以扫描透射 X 射线显微镜检（scanning transmission X-ray microscopy，STXM）或软 X 射线显微成像（soft X-ray microimaging）、微区 X 射线近边吸收精细结构（μ-XANES）及原子力显微镜（atomic force microscope，AFM）等表征细胞表面微结构与组分演替规律；③以（宏）基因组学、转录组学及蛋白质组学筛选细胞重要功能基因，并分析其表达，表征细胞铁硫氧化活性。以硫化矿生物浸出为例，就可以了解在复杂的界面作用过程中，①矿物表面发生了怎么样的化学和微区结构的变化？如何发生这些变化？②微生物如何对能源底物进行响应？③表界面相互作用如何影响矿物浸出效率？

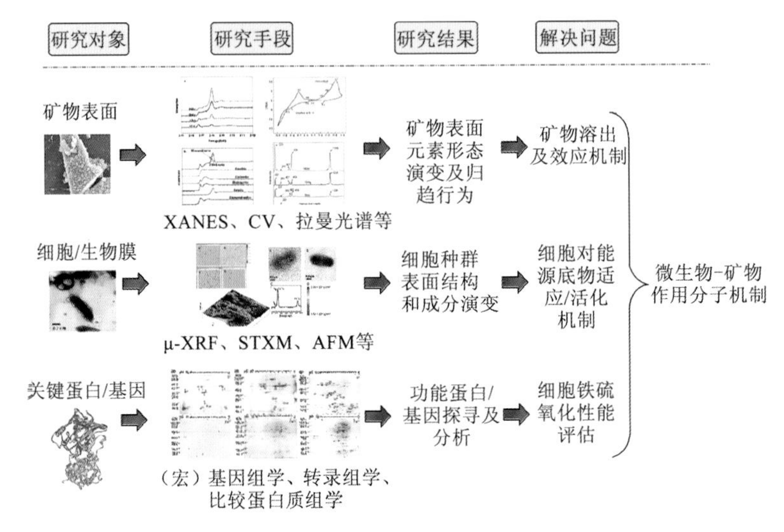

图 2.1　微生物–矿物相互作用分子机制的研究策略

主要的研究手段为基于同步辐射技术的 XANES 光谱、STXM、XRD 及微区 X 射线荧光光谱（μ-X-ray fluorescence，μ-XRF），辅以扫描透射电子显微镜检–能量散射光谱、X 射线衍射、红外光谱、拉曼光谱、电化学循环伏安法与恒电位沉积、DFT/MD 模拟计算、（宏）基因组学、转录组学、比较蛋白质组学等方法（图 2.2）。

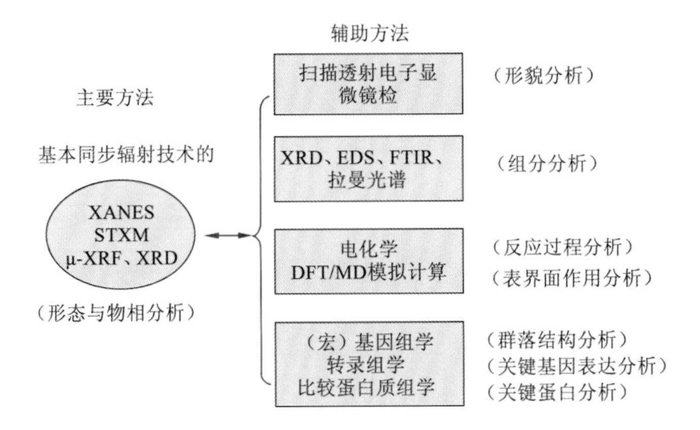

图 2.2　微生物–矿物相互作用研究方法

FTIR 为傅里叶变换红外反射（Fourier transform infrared reflection）

XANES 光谱可以对矿物的特定元素的赋存形态进行分析，如黄铁矿生物浸出过程中，可以利用 Fe/S K-边 XANES 光谱对铁/硫的赋存形态的演变进行跟踪。STXM 通过双能衬度成像法或能量堆栈法可用于分析细胞/矿物表面的元素形态分布，即分辨特定元素的价态与空间分布情况。SR-XRD 和 μ-XRF 相比普通光源 XRD 和 XRF，因同步辐射光源高的分辨率和灵敏度，可分别用于精确分析矿物的物相组成及元素组成分布，得到微生物–矿物相互作用过程中的矿物物相转变和元素组成分布变化规律。扫描透射电子显微镜检–能量散射光谱可以对微生物/矿物的表面形貌和元素组成分布进行探测，以表征微生物在矿物表面的吸附行为及侵蚀作用造成的元素归趋行为。

红外光谱和拉曼光谱可分别用于定性和半定量分析微生物表面胞外多聚物的组成和矿物表面组分的结构与含量。电化学方法主要用于分析硫化矿生物浸出过程中可能的矿物转变反应途径。（宏）基因组学、转录组学、蛋白质组学等主要用于群落结构与代谢途径分析、关键功能基因及蛋白质的探寻及分析。

利用 XANES 光谱对样品中形态进行定性和定量分析时，分析结果会受到参照物选择的明显影响，因此，为了尽可能准确选择参照物，需要事先深入了解样品的组成与结构信息，比如借助 XPS、拉曼光谱及 XRD 对样品中元素组成与价态、组分及配体类型、晶体结构等进行测定和分析，再据此对样品 XANES 光谱进行特定元素形态的定性与定量分析，以揭示矿物表面元素化学形态的演替规律与归趋行为。为了深入解析微生物–矿物相互作用机制，在上述基础上，还需进一步结合 STXM 及 SEM/TEM-EDS，研究硫化矿物特定位置所发生的元素形态转变、组成及组分分布变化；同时利用组学技术分析微生物群落结构与功能基因的表达，在分子水平上解析元素形态演替及归趋行为与功能基因表达的关联性。

2.2　基于同步辐射的 X 射线吸收谱学技术

2.2.1　同步辐射光源

同步辐射光源是指产生同步辐射的物理装置，它是一种利用相对论性电子（或正电子）在磁场中偏转时产生同步辐射的高性能新型强光源，它具有以下几个特性。

（1）宽波段。同步辐射光覆盖面大，具有从远红外光、可见光、紫外光直到 X 射线范围内的连续光谱，可设定波长。

（2）高准直。出光集中于一个很窄的圆锥内，几乎平行，与激光媲美。

（3）高偏振。可通过加入插入件（弯铁、扭摆器、波荡器）得到任意偏振状态的光。

（4）高纯净、高亮度。同步辐射在超高真空中产生，无任何杂质污染，相比其他光源，有很高的功率密度和强度，如第三代光源是普通 X 射线发生装置亮度的上千亿倍。

（5）窄脉冲。同步辐射是脉冲光，拥有十分优良的脉冲时间结构，宽度在 10^{-11}～10^{-8} s 可调，可利用此特征有效研究化学反应过程、生命过程、材料结构变化及环境污染微观变化过程等。

我国目前投入运行的同步辐射光源装置为北京同步辐射装置（BSRF，Beijing synchrotron radiation facility，中国科学院高能物理研究所）、上海光源（SSRF，Shanghai synchrotron radiation facility，中国科学院上海应用物理研究所）（图 2.3、图 2.4）、合肥同步辐射装置（HLS，Hefei light source，中国科学技术大学）、兰州重离子研究装置（HIRFL，heavy ion research facility of Lanzhou，中国科学院近代物理研究所），主要应用的方法包括 X 射线发射、X 射线吸收、X 射线衍射、软 X 射线成像（图 2.5）。

利用先进的第三代光源（北京同步辐射装置为准三代，上海光源为三代）高亮度、短波长同步辐射光源具有超高的空间/时间分辨率，已经成为材料科学、生命科学、环境科学、物理学、化学、医药学、地质学等学科领域的基础和应用研究的一种最先进的、不可

（a）北京同步辐射装置
来源：http://bsrf.ihep.cas.cn/

（b）上海光源
来源：http://ssrf.sinap.cas.cn/

图 2.3　同步辐射光源装置外观

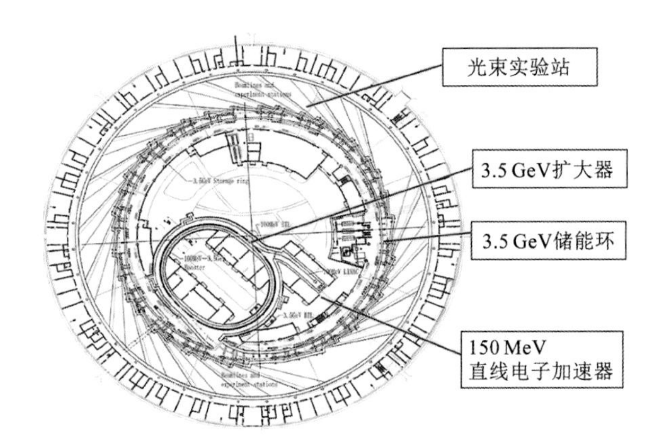

图 2.4　上海光源同步辐射装置布局图
来源：http://ssrf.sinap.cas.cn/kxpj/kpp/201705/t20170526_374437.html

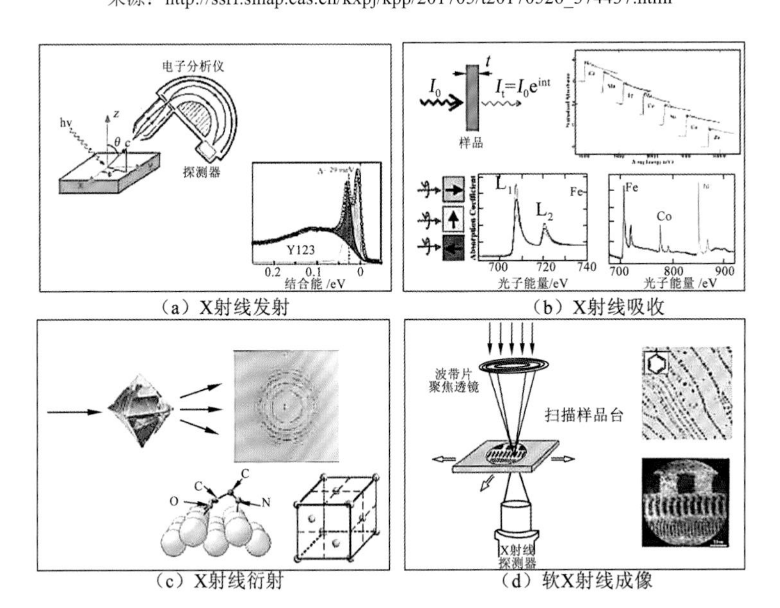

（a）X射线发射　（b）X射线吸收　（c）X射线衍射　（d）软X射线成像

图 2.5　常用的同步辐射 X 射线方法
来源：同步辐射讲习班资料

替代的工具，并且在电子工业、医药工业、石油工业、化学工业、生物工程和微细加工工业等方面具有重要的应用。

近年来基于直线加速器的自由电子激光，其电子束的发射度小于 1 nm·rad，束团长为飞秒级（10^{-15} s），由于其更高的能量、极高的分辨率和高频，可以实现对反应过程中间态及特化细胞空间的监测，将成为微生物–矿物相互作用机制研究的重要手段。

2.2.2 基于同步辐射的X射线吸收近边结构光谱

X 射线吸收近边结构（XANES）是位于物质的 X 射线吸收谱中从吸收阈值处的吸收边到吸收边以上约 50 eV 之间的谱结构，是研究物质的局域结构和局域电子特性的有力手段。XANES 和扩展精细结构（extended X-ray absorption fine structure，EXAFS）共同组成了 X 射线吸收精细结构（X-ray absorption fine structure，XAFS）。在硬 X 射线波段，由价电子引起的吸收较小，主要是内壳层电子引起的吸收。内壳层吸收谱在吸收边附近存在尖锐的吸收峰近边结构；在高能量侧便显出较弱的扩展精细结构。而对于软 X 射线与中能波段，由于能量较低不足以引起外层电子的激发，只存在内壳层吸收谱。当 X 射线被物质吸收时，出射光电子波与散射波相互作用，引起吸收系数的调制，受到激发的散射光电子不断在内层连续带跃迁，如图 2.6 所示。

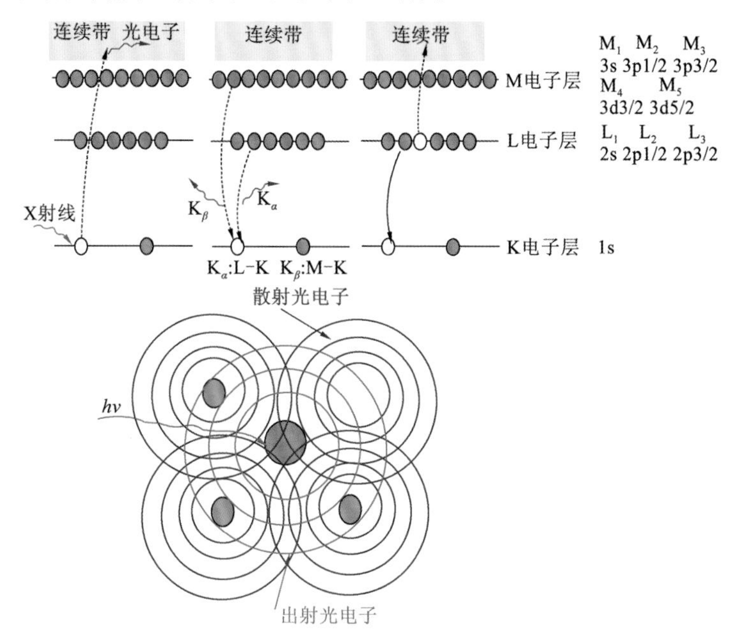

图 2.6　X 射线激发电子跃迁轨道图

来源：同步辐射讲习班资料

K_α 为电子从 L 电子层跃迁到 K 电子层而产生的射线，

K_β 为电子从 M 电子层跃迁到 K 电子层而产生的射线，$h\nu$ 为光子能量

当被探测物体受到 X 射线激发到高能态，退激发时会产生光子及俄歇电子信号。X 射线光子能够导致电子能级之间的跃迁，包括晶格振动模之间的跃迁；原子内的轨道能级

之间的跃迁；能带间的跃迁；电子被激发出原子，内层壳电子到连续态，如图 2.7 所示。

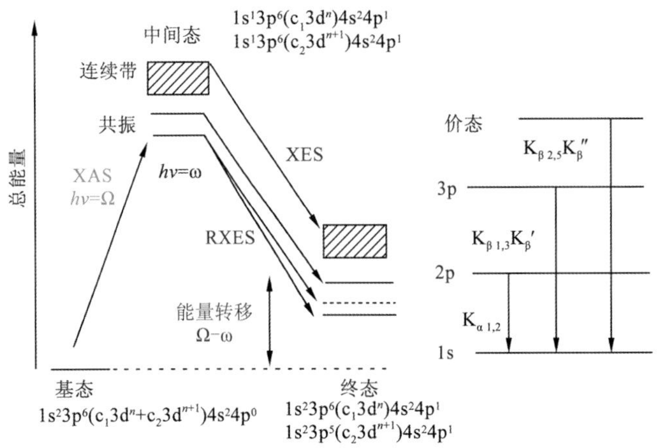

总能量
中间态 $1s^1 3p^6(c_1 3d^n)4s^2 4p^1$ $1s^1 3p^6(c_2 3d^{n+1})4s^2 4p^1$
连续带
共振
XAS $h\nu=\Omega$
$h\nu=\omega$
XES
RXES
能量转移 $\Omega-\omega$
价态 $K_{\beta 2,5}K_\beta''$
3p $K_{\beta 1,3}K_\beta'$
2p $K_{\alpha 1,2}$
1s
基态 $1s^2 3p^6(c_1 3d^n + c_2 3d^{n+1})4s^2 4p^0$
终态 $1s^2 3p^6(c_1 3d^n)4s^2 4p^1$ $1s^2 3p^5(c_2 3d^{n+1})4s^2 4p^1$

图 2.7　X 射线激发物质原理

来源：同步辐射讲习班资料

XAS 为 X 射线吸收光谱（X-ray absorption spectroscopy），

XES 为 X 射线发射光谱（X-ray emission，spectroscopy），

RXES 为共振 X 射线发射光谱（resonant X-ray emission spectroscopy）

X 射线吸收谱是利用双晶单色器通过波长扫描来测定。来自单色器的光入射到试样上，测定对应于各波长的入射光强度 I_0 和透过试样后的光强度 I，从而得到吸收谱。入射光强度 I_0 和透过试样后的光强度 I 遵循朗伯–比尔定律，即 $I=I_0 e^{-\mu t}$，其中 μ 为吸收系数，与样品密度 ρ、原子序数 Z、原子质量 m 及 X 射线能量 E 有关，即 $\mu \approx \dfrac{\rho Z^4}{mE^3}$，这也是 X 射线吸收谱可以特异性分析复杂化合物中元素形态的原因。

当原子吸收 X 射线光子后，靠近原子核的芯电子被激发，向位于较高能量的可占据轨道跃迁，乃至脱离原子的束缚，向连续空态跃迁。而 X 射线激发的光电子被周围的原子散射，导致 X 射线的吸收强度随能量发生振荡，研究这些振荡信号可以得到所研究体系的电子和几何局域结构。吸收与跃迁效应可以得出 XANES 谱（吸收边位置在−20～50 eV），而吸收振荡函数可以得出 EXAFS 光谱（吸收边位置在 50～1 000 eV），如图 2.8 所示。

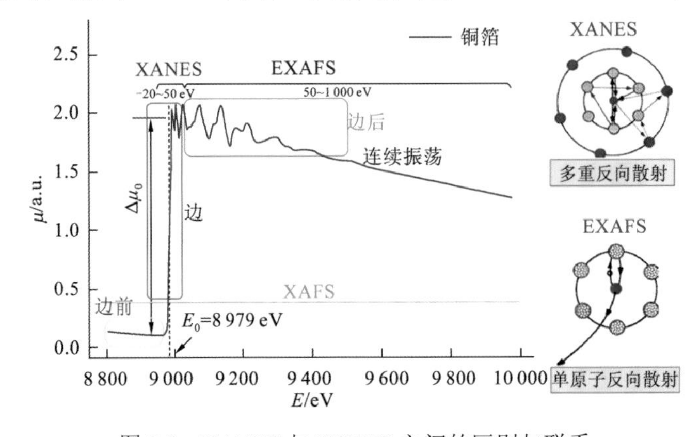

图 2.8　XANES 与 EXAFS 之间的区别与联系

边前（pre-edge），有许多分立的峰，源于由芯电子向束缚空态跃迁，边（edge）代表电子的电离，向连续的空轨道跃迁。边后（post-edge）表示散射的叠加。XAFS 谱可描述为，基于 Fermi 黄金规则，原子在外加电场作用下，吸收 X 射线光子后被激发时，在初态 Ψ_i 和终态 Ψ_f 的跃迁吸收系数 μ，其中初态决定吸收边的形态和能量，而终态则为激发态。边前结构给出原子的 d 轨道的电子态信息，吸收边的位置和形状与金属的价态和几何结构有关；近边吸收谱不仅可以提供对称性、氧化态等电子结构信息，还可以提供吸收原子周围的立体结构信息。

当利用 XANES 光谱定性判断单原子类型时，主要是利用电偶极的跃迁特性，其中对于 K 边，初态为 1s，终态为 p；L_1 边，初态为 2s，终态为 p；L_2 边和 L_3 边初态分别为 $2p_{1/2}$ 和 $2p_{3/2}$，终态为 d 和 s。当定性判断连续体，即多原子分子、液体、固体等凝聚态体系，从简单的初态（1s、2s、$2p_{1/2}$、$2p_{3/2}$）到复杂的终态，这时原子轨道相互作用，造成轨道的杂化（分子轨道和晶体场理论，多重散射理论和能带理论等）。以硫 K 边 XANES 光谱为例，硫在黄钾铁矾与黄铜矿由于价态、配位环境及轨道杂化的差异，其光谱在边后峰位置及边后连续振荡显示出明显差异（图 2.9），由于该特性，XANES 光谱可用于特定系列化合物指纹图谱的比较分析，如图 2.10 硫的一系列指纹图谱所示。以铁的 K、L 边 XANES 光谱为例，由于轨道能级及杂化的差异，铁在同种物质的 K、L 边 XANES 光谱在能量范围及谱线表达信息显示出明显差异，如图 2.11 黄钾铁矾铁的 K、L 边 XANES 光谱所示。通常，铁的 K 边 XANES 光谱可用于样品铁的组成及含量分析，铁的 L 边可用于判断样品铁的氧化还原状态。

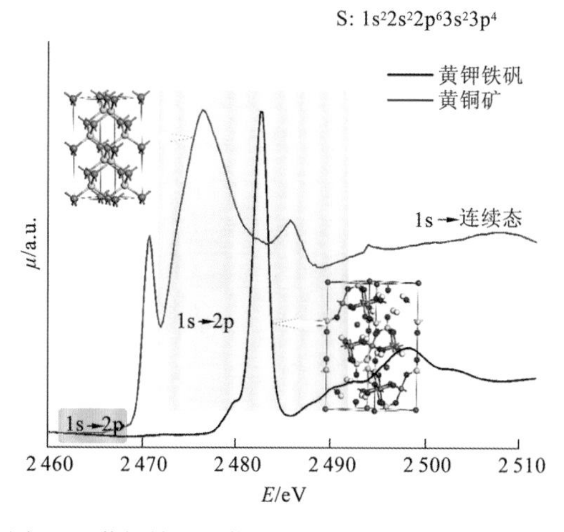

图 2.9　黄钾铁矾和黄铜矿的硫 K 边 XANES 光谱

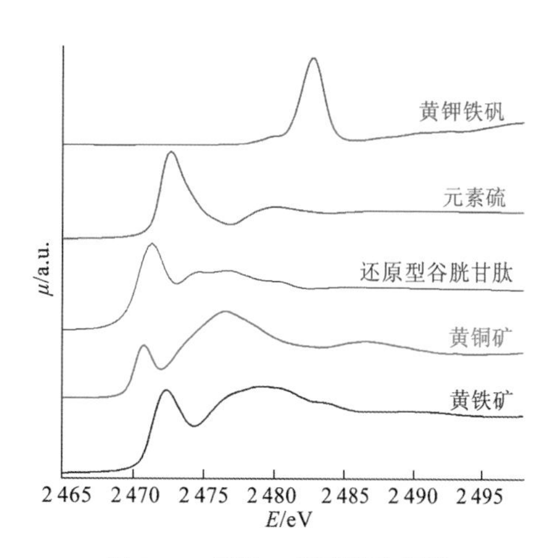

图 2.10　硫的一系列指纹图谱

XANES 光谱测定所需样品量较少，一般只需将 0.1 g 左右的样品均匀涂抹在载样片上的导电胶上即可。样品一般为干燥固体粉末，在某些线站也可以进行液体样品的测定。当样品浓度过高时，一般用氮化硼粉将样品稀释到 5%左右。测定时，可采用全电子产额模式或荧光模式，全电子产额模式侧重收集高含量样品表面的精细信息，而荧光模式侧重低含量样品深层次信息的采集。每种元素的 K、L_1、L_2 和 L_3 吸收边的能量位置都会存在

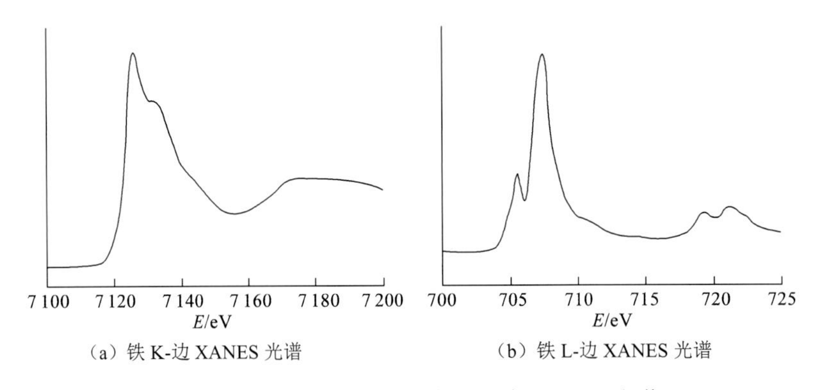

（a）铁 K-边 XANES 光谱　　（b）铁 L-边 XANES 光谱

图 2.11　黄钾铁矾铁的 K-边和 L-边 XANES 光谱

差异。同一元素 K 吸收边能量位置远高于 L 边，硫的 K、L_1、L_2 和 L_3 吸收边理论值分别为 2 470 eV、194 eV、164 eV、163 eV。随元素的原子序数递增，同一吸收边的能量位置迅速增大。例如 P 的 L_3 边位于 128 eV，沿 S、Cl、Ar、K…顺序，L_3 边位置以大致 40 eV 的幅度增加。目前大部分的同步辐射光源上的 XAFS 站是以能量区位段来划分，如北京同步辐射装置的中能软 X 射线站、真空紫外实验站、硬 X 射线站等。可以利用 Ifeffit 软件包中的 Haphaestus 对待测元素能量进行查询。当研究者为待测样品选定某一吸收边时，是否能完成设计的测定一般受到实验站提供的光源的限制，并且每个实验站的光路在设计和光路调整时，可能每种元素的特定吸收边出现的能量位置会有一定差异，并且在实验过程中，光源的能量跳动也有可能会导致吸收边出现一定的偏移。因此在用 XANES 方法对元素进行测量时，实验前后要反复校正吸收边，并根据各元素的理论参考值对吸收边的能量位置进行校正。具体做法是选取与待测样品同元素的稳定化合物为标样，取其吸收边上最大值为参考点，在实验前后测定该点能量位置以获取能量偏移信息。

由于 XANES 光谱采集时样品厚度、入射光强度和数据采集模式等原因，一系列原始数据的 XANES 光谱的吸收强度会有所差异，使得数据有可能不具有直接可比性。因此，需要对这些采集的 XANES 光谱进行归一化。通常的方法是，在边前选取两点，其连线的纵坐标定为 0，在边后选两点，其连线的纵坐标定为 1，或在边前选取最低点定为 0，吸收边最高点定为 1 做归一化处理。数据处理的软件为 Ifeffit 程序中的 Athena 软件。

对未知样品 K 边 XANES 光谱归一化之后，采用线性组分（linear combination，LC）拟合的方法进行定量分析。所谓 LC 指的是，两种单一组分 A 和 B 构成的混合物 AB 的光谱，可以根据组分 A 的光谱和组分 B 的光谱按比例合成。基于此，测定一系列的标准物质光谱，可以对未知样品光谱的组成进行 LC 拟合，这也是 XANES 光谱分析的重要方法，目前具有广泛的应用（Fan et al.，2019；王蕾，2017；Prange，2008）。由于 XANES 光谱标准样品的选择对未知样品光谱组分的拟合非常关键，是决定拟合成败的最重要因素，实验中需要根据具体研究对象，参考已有文献对标准物质进行选择，同时如有必要还要进行主成分分析。未知样品 XANES 光谱的 LC 拟合在 Ifeffit 程序中的 Athena 软件中进行（Ravel et al.，2005）。对未知样品 XANES 光谱的 LC 拟合质量用软件中自带的 R 因子（R-factor）进行评估：

$$R\_factor = \frac{SS_{residuals}}{SS_{total}} \times 100\% \quad (2.1)$$

式中：$SS_{residuals}$ 为拟合光谱与未知光谱对应数据点之间的方差总和；SS_{total} 为所有光谱数据平均值与未知光谱数据点之间方差总和。

2.2.3　基于同步辐射装置的其他测试方法

1. STXM

扫描透射 X 射线显微镜检技术（STXM）将高空间分辨率（优于 30 nm）和近边吸收精细结构谱学（NEXAFS）的高化学态分辨能力相结合，可以在亚微米尺度研究固体、液体、软物质（如水凝胶）等多种形态物质的特性。因此，STXM 技术与其他技术相比具有独特的优越性，其应用研究已渗透到材料、环境、生物、有机地球化学、陨星等众多学科领域。STXM 对样品制备有一定要求，它的测量信号与样品厚度、密度和结构密切相关。样品的厚度要求在几微米。①如果是粉末样品，粉末样品的颗粒粒径要尽量小于 5 μm，且粒径均匀；粉末样品可撒在氮化硅窗（厚度 100 nm）上或者铜网上，将带有样品的氮化硅窗或铜网粘到样品支架上。②如果是细胞、组织等的切片，要求样品厚度小于 2 μm，厚度均匀，可用树脂或石蜡包埋后切片或者冷冻后切片；样品切片可置于铜网上，铜网孔径要大于所要观察的细胞或组织结构的尺寸。将带有样品铜网粘到样品支架上。③准备好和所测元素价态相同的标准样品，作为实验谱图参考。④如果是液体样品，取 1～3 μL 液体滴加到氮化硅窗上，迅速将另一个氮化硅窗盖到液体的上面，用真空胶（固化时间 1.5 h）或真空脂封好。制备好后，必须通过光学显微镜进行观察，合格样品可以看到干涉条纹。

在实际分析过程中，由于实验线站的能量范围与元素灵敏度的限制，需要将待测元素通过化学方法进行选择性标记和转化，再对标记和转化后的元素进行测定。如图 2.12 所示（Xia et al.，2013），利用 STXM 成像技术对典型浸矿菌胞外蛋白质巯基原位显微表征时，因为硫不适于在软 X 射线能量段进行检测，所以利用钙离子对细胞样品表面的巯基进行选择性特异标记，通过对特异性标记的钙元素进行双能衬度成像，确定细胞样品上钙元素的面密度与分布，以间接反映细胞表面巯基的分布情况。

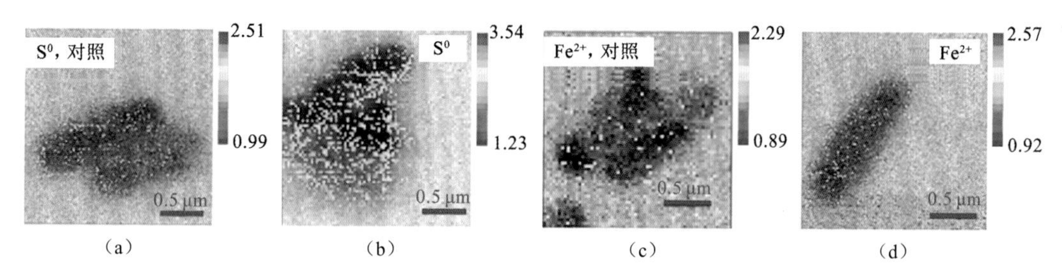

图 2.12　*A. ferrooxidans* 分别在 Fe^{2+}和 S^0 生长时细胞经过钙离子特异性标记前后钙元素的 STXM 图（Xia et al.，2013）

（a）和（c）分别是未做 Ca 标记的 Fe 和 S 培养的菌样品对照，（b）和（d）分别为经过 Ca 标记的 Fe 和 S 培养的菌样品

2. μ-XRF

X 射线荧光是物质吸收光以后，在释放其能量的过程中，外壳层的电子跃迁到被激发产生的内壳层电子空穴时产生的特征 X 射线，具有各元素特有的能量。由于同步辐射光源的高亮度和高分辨率，有利于针对微生物–矿物相互作用过程中，矿物或者细胞表面的微区微量元素进行定性、定量及分布分析。试验样品可以是粉末、薄膜或晶体。将样品黏附固定在载玻片后，将载玻片放在样品台上，测试选定区域[（41×41）μm^2]元素的荧光强度，结合微区扫描［光斑面积为（1×1）μm^2，光斑步移为 1 μm，每个点停留时间为 2 s）］可对样品进行较大区域的元素 mapping 分析。将采集的荧光强度、采用入射光 I_0 和采集时间进行归一化处理。采集的数据用 Igor Pro 软件（WaveMetrics，USA）进行分析和格式转化后，再用 SPSS17.0 软件（SPSS Inc.，Chicago，IL，USA）进行统计学分析。μ-XRF 可作为 STXM 的辅助手段，对细胞表面元素组成和分布情况进行定量分析。例如，在通过 STXM 对单细胞样品表面特异性标记钙分布分析的基础上（图 2.13），在硬 X 射线微束线站，利用 μ-XRF 对大量细胞表面标记的钙的含量进行分析，能够有效比较分析 Fe^{2+}/S^0 培养的细胞样品的巯基含量差异（详见 10.3.2 小节）。

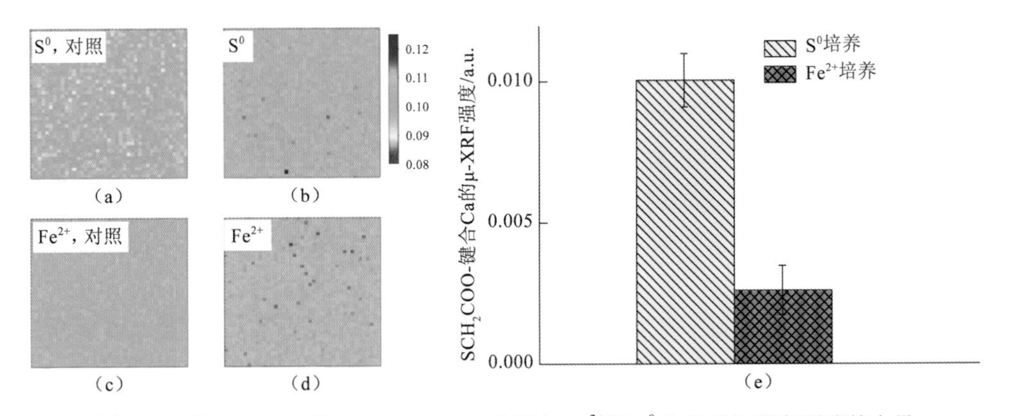

图 2.13　基于 μ-XRF 的 *A. ferrooxidans* 分别在 Fe^{2+}和 S^0 生长时细胞表面巯基含量差异性分析（Xia et al., 2013）

（a）和（c）分别为未做 Ca 标记的 Fe 和 S 培养的菌样品对照；（b）和（d）分别为经过 Ca 标记的 Fe 和 S 培养的菌样品；（e）为巯基含量的统计学分析

3. SR-XRD

同步辐射 X 射线衍射（SR-XRD），因同步辐射光源具有高强度、高亮度、波长可调、偏振性等特点，SR-XRD 对比普通 XRD，具有更优的信噪比、更低的检测限、更高分辨率和灵敏度的特性。

在进行微生物–矿物相互作用研究时，借助 SR-XRD 的优势可以更精细地测定矿物物相的微区结构变化，捕捉微量的中间物相结构。在进行样品制备时，需要将收集的矿物样品首先用稀硫酸和稀盐酸溶液各洗两遍，氮气保护下在真空干燥箱中干燥，之后置于氮气保护下保存在−20℃冰箱备用。矿物样品的 SR-XRD 在上海光源 BL14B1 线站进行，信号采集模式为扫描，光束能量为 18 keV，光斑大小为（0.5×0.5）mm^2，采集时 θ 角度为 5°～32.5°，间隔 0.01°，每个点采集 0.5 s。由于光束能量与普通 XRD 的不同，需要在得到数据后根据能量进行 θ 的换算，才可以在 Jade 等分析软件中进行谱图分析。对于光源能量为 10 keV 的普通 XRD，其角度换算如式（2.2）～式（2.5）所示。

$$2d\sin\theta = n\lambda \quad \text{（布拉格方程，}d\text{、}n\text{ 为定值）} \tag{2.2}$$

$$\sin\theta_{10} / \lambda_{10} = \sin\theta_{18} / \lambda_{18} \tag{2.3}$$

$$\sin\theta_{10} = \lambda_{10} \sin\theta_{18} / \lambda_{18} \tag{2.4}$$

$$2\theta_{18} = 2\arcsin(0.447\,2\sin\theta_{10}) \tag{2.5}$$

式中：d 为晶面间距；θ 为入射 X 射线与相应晶面的夹角；λ 为 X 射线的波长；n 为衍射级数，只有照射到相邻两晶面的光程差是 X 射线波长的 n 倍时才产生衍射；θ 和 λ 的下标 10 和 18 分别表示普通 XRD 和 SR-XRD 光源能量 10 keV 和 18 keV。

例如，Fan 等（2019）在研究微生物与粉煤灰/黄铁矿的相互作用过程中的次生矿物演替规律时，发现随着浸出进行逐渐产生黄钾铁矾、铜铅铁矾和叶腊石等新的物相（图 2.14）。

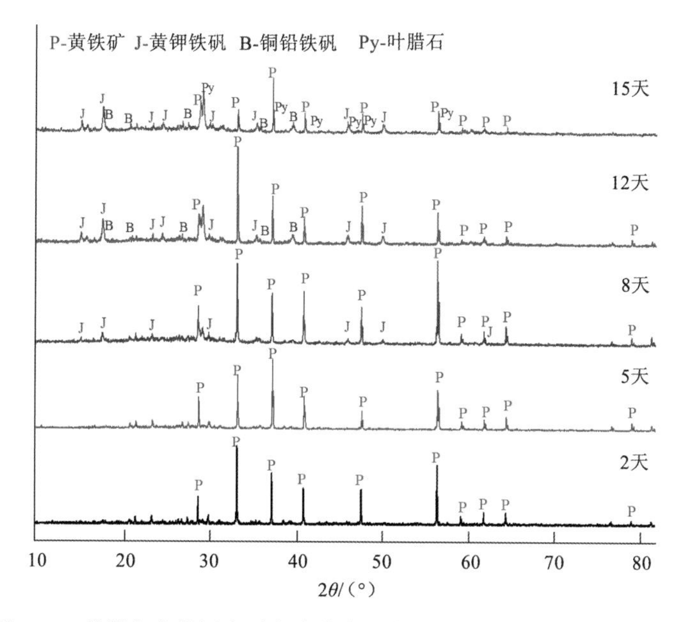

图 2.14　粉煤灰生物浸出过程中次生矿物演替规律（Fan et al., 2019）

2.3　辅助分析方法

2.3.1　显微镜检方法

1. SEM/SEM-EDS

扫描电子显微镜（SEM）是 1965 年发明的细胞生物学研究工具，主要是利用二次电子信号成像来观察样品的表面形貌，即用极狭窄的电子束去扫描样品，通过电子束与样品的相互作用产生各种效应，其中主要是样品的二次电子发射。二次电子能够产生样品表面放大的形貌像，这个像是在样品被扫描时按时序建立起来的，即使用逐点成像的方法获得放大像。它也是介于透射电镜和光学显微镜之间的一种微观形貌观察手段，可直接利用样品表面材料的物质性能进行微观成像。扫描电镜的优点有三个方面。①有较高的放大倍数，20 倍～20 万倍连续可调；②有很大的景深，视野大，成像富有立体感，可直接观察各种试样凹凸不平表面的细微结构；③试样制备简单。目前的扫描电镜都配有 X 射线能谱仪装置，这样可以同时进行显微组织形貌的观察和微区成分分析，因此它是当今十分有用的科学研究仪器。在研究微生物–矿物相互作用过程中，它常常与能谱仪（energy dispersive spectrometer，EDS）一道用来观察微生物与矿物的形貌、微生物在矿物表面的（选择性）吸附行为。EDS 可以对矿物微区成分元素种类与含量进行分析，配合扫描电子显微镜与透射电子显微镜的使用。Fan 等（2019）利用 SEM-EDS 对粉煤灰/黄铁矿生物浸出过程中的矿物表面形貌与元素组成分布研究，发现初期片状矿物逐渐变成微小的球状颗粒，并出现腐蚀坑；浸出前，铁硫分布一致，铝硅分布一致；随着浸出的进行，铁硫分布依然保持一致，矿物表面硅含量高于铝，如图 2.15 所示。

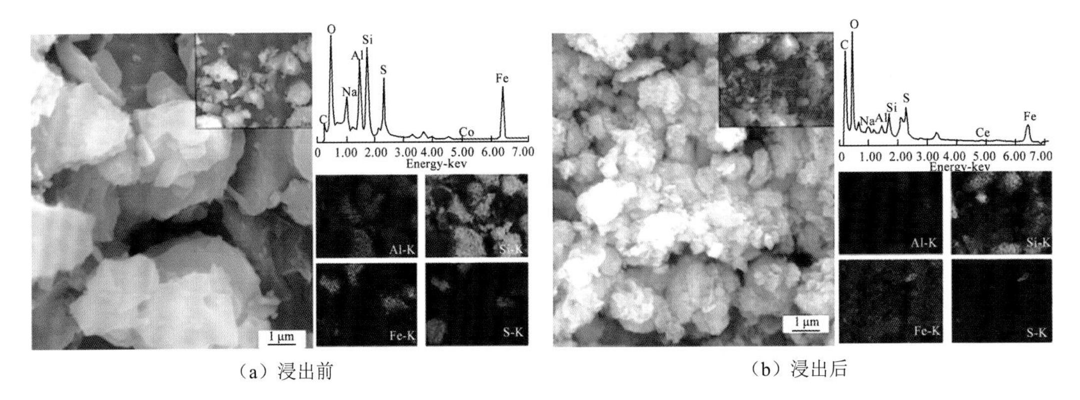

（a）浸出前　　　　（b）浸出后

图 2.15　粉煤灰/黄铁矿生物浸出关键元素的组成和原位含量分布 SEM-EDS 图（Fan et al.，2019）

2. TEM/TEM-EDS

透射电子显微镜（transmission electron microscope，TEM），是分析亚显微结构或超微结构的重要手段。通常，TEM 的分辨率可达 0.2 nm，广泛应用于材料科学、生物学研究。由于电子易散射或被物体吸收，穿透力低，样品的密度、厚度等都会影响最后的成像质量，需要将待测样品制备成 50～100 nm 的超薄切片。常用的方法有：超薄切片法、冷冻超薄切片法、冷冻蚀刻法、冷冻断裂法等。对于液体样品，通常是挂在预处理过的铜网上进行观察。常见的流程包括三步。①收集细胞，培养液先用滤纸（孔径 10 μm）过滤除掉悬浮单质硫颗粒。滤液中细胞通过离心 20 min 收集，转速 10 000 r/min，然后利用二硫化碳冲洗菌泥三次，尽量除掉细胞可能吸附的颗粒，然后再 10 000 r/min 离心 20 min 收获细菌。②细胞固定，获取细胞样品用灭菌的基本盐培养基悬浮后加入 25%戊二醛固定细胞。③切片、染色、挂网及测定，按照透射电镜样品制备基本流程对样品用 OsO_4 固定，脱水，包埋，切片，然后用柠檬酸铅和乙酸铀染色，最后捞铜网，将样品沉积在包裹有机碳膜的铜网上后进行测试。在研究微生物–矿物相互作用时，可以利用 TEM

观察细胞亚显微结构，结合 EDS 分析胞内物质元素组成分布。例如，何环（2008）通过 TEM 发现 *A. ferrooxidans* 细胞切片中存在一些高电子透射颗粒，这些颗粒直径大约为 50 nm（图 2.16），经鉴定其主要组成成分为硫（详见 6.1.3 小节）。

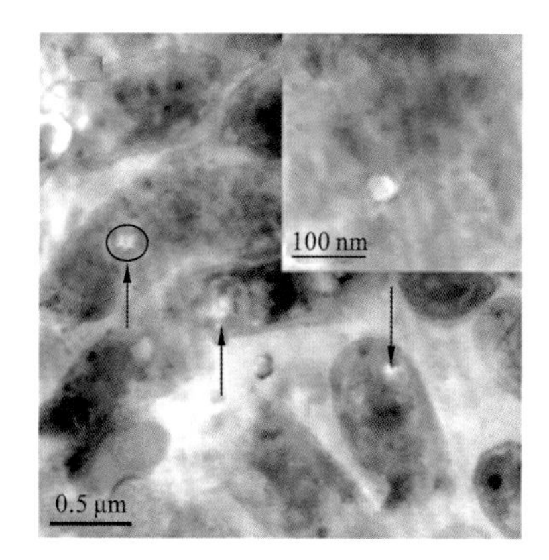

图 2.16　*A. ferrooxidans* 细胞切片透射电镜图

右上角插入图片为胞内颗粒局部放大图

3. 荧光显微镜检

荧光显微镜（fluorescence microscope）以紫外光为光源，用以照射被检物体，使之发出荧光，然后在显微镜下观察物体的形状及其所在位置。荧光显微镜用于研究细胞内物质的吸收、运输、化学物质的分布及定位等。细胞中有些物质，如叶绿素等，受紫外光照射后可发荧光；另有一些物质本身虽不能发荧光，但如果用荧光染料或荧光抗体染色后，经紫外光照射亦可发荧光，可用以观察微生物在矿物表面的吸附行为。例如，研究微生物在类黄铜矿片上的吸附分布时，将进行吸附实验后的矿片在 3 个装有 9 K 基础培养基的烧杯中轻蘸后再放入去离子水中轻蘸 5 s 取出，以去除在矿片表面未吸附的细菌，再进行微生物细胞的荧光标记，即将微生物吸附后的矿片首先用磷酸盐缓冲液（phosphate buffer solution，PBS）浸没，再滴入一定量的 DAPI（4′，6-二脒基-2-苯基吲哚）荧光染料，摇匀后置于暗处反应 10 min，之后将液体吸出，重复操作一次，最后用 PBS 再浸泡 10 min 洗去多余染料。避光保存后进行荧光显微镜检分析。朱泓睿等（2016）利用荧光显微镜检观察黄铜矿表面 *A. manzaensis* 吸附行为及生物膜的形成过程。如图 2.17 所示，

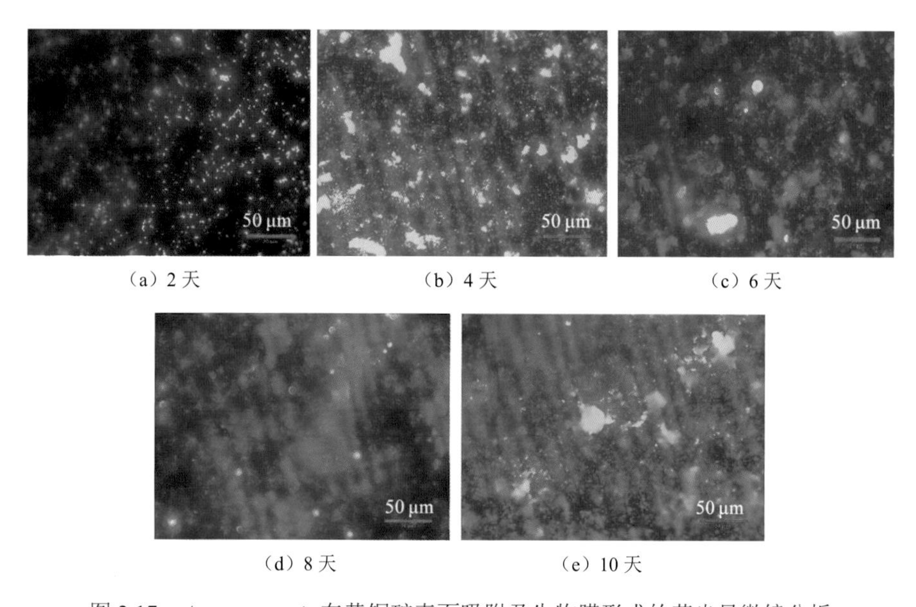

图 2.17　*A. manzaensis* 在黄铜矿表面吸附及生物膜形成的荧光显微镜分析

浸出第 2 天时，细菌在矿物表面呈单点吸附状态；第 4 天和第 6 天，微生物逐渐发生群落聚团现象；第 8 天，表面形成大范围的 EPS 和局部成片的生物膜；第 10 天生物膜已基本成型。

4. 原子力显微镜检

原子力显微镜（atomic force microscope，AFM），通过检测待测样品表面和一个微型力敏感元件之间的极微弱的原子间相互作用力来研究物质的表面结构及性质，广泛用于材料与细胞表面结构的无损分析与研究。其基本原理是将一对微弱力极端敏感的微悬臂一端固定，另一端的微小针尖接近样品，这时它将与其相互作用，作用力将使得微悬臂发生形变或运动状态发生变化。扫描样品时，利用传感器检测这些变化，就可获得作用力分布信息，从而以纳米级分辨率获得表面形貌结构信息及表面粗糙度信息。AFM 是研究微生物-矿物相互作用过程中细胞和矿物表面形貌变化的有力工具。观察时将菌液均匀滴在干净的云母片上，在无菌空气中自然干燥，之后在 tap mode 下进行形貌扫描。聂珍媛（2017）利用 AFM 分析不同底物驯化后 *A. manzaensis* 细胞形态差异时发现（图 2.18），在盐酸处理前，Fe^{2+}驯化的 *A. manzaensis* 菌的细胞形态均匀，边缘清晰，大小在 2 μm 左右，高度为 1.2 μm，呈荚膜状分散态，荚膜外有透明物质。当细胞用 6 mol/L 盐酸处理后，细胞基本结构保持完整，但细胞周边出现一些碎片结构。与 Fe^{2+}中驯化 *A. manzaensis* 菌细胞形貌相比，经过盐酸处理前后，其他三种能源底物（黄铜矿、黄铁矿和 S^0）中驯化菌出现了类似现象。

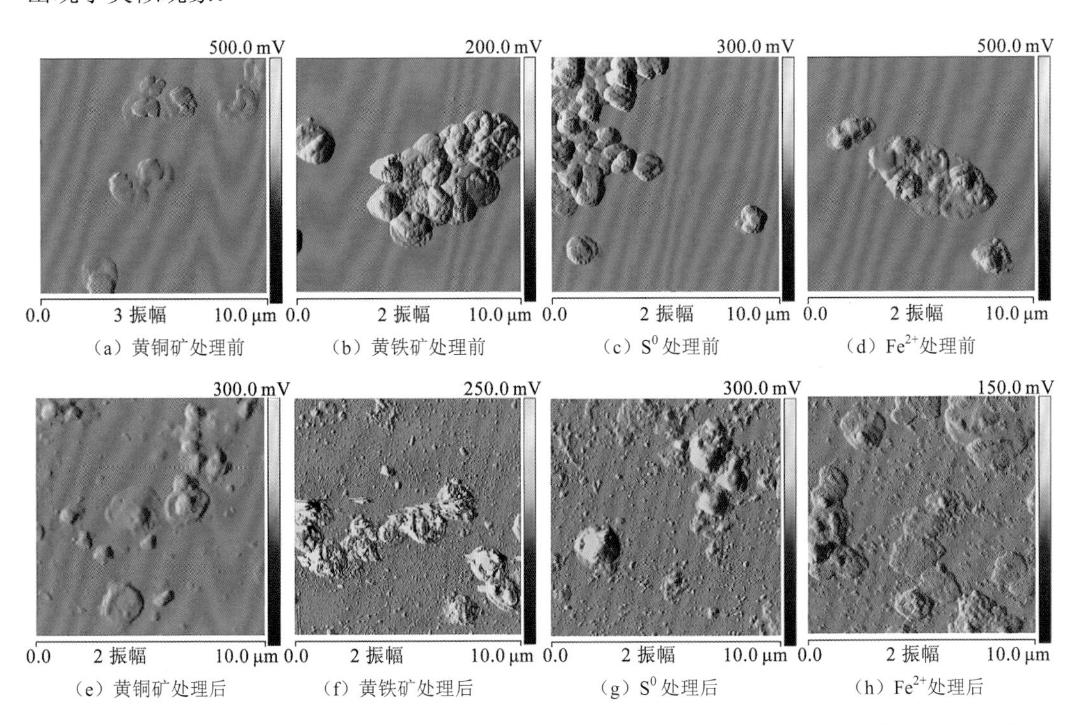

（a）黄铜矿处理前　（b）黄铁矿处理前　（c）S^0 处理前　（d）Fe^{2+}处理前

（e）黄铜矿处理后　（f）黄铁矿处理后　（g）S^0 处理后　（h）Fe^{2+}处理后

图 2.18　黄铜矿、黄铁矿、S^0 和 Fe^{2+}中驯化 *A. manzaensis* 经盐酸处理前和处理后细胞 AFM 形貌图

2.3.2　组学技术

微生物–矿物相互作用过程不仅受到矿物种类与结构、元素赋存形式的影响，同时也与微生物的群落结构与功能息息相关。相比前者，后者更易受到环境条件的影响。因此，有必要利用各种组学技术［包括（宏）基因组学、转录组学、比较蛋白质组学等］对不断变化的环境条件影响下的微生物群落结构与功能及关键代谢相关基因表达进行研究。

1.（宏）基因组学

实际环境中存在多种微生物，其中大多数很难利用现有平板分离技术获得纯培养。（宏）基因组学（metagenomics）直接从环境样品中提取全部微生物的 DNA，构建宏基因组文库，利用基因组学研究环境样品所包含的全部微生物的遗传组成及其群落功能。由于不受纯培养条件限制，它是研究环境微生物群落结构及功能的有力手段。（宏）基因组学研究的基本原理为，针对微生物群体基因组，以功能基因筛选和/或测序分析为手段，通过研究微生物多样性、种群结构、进化关系及功能活性，解析微生物之间及微生物与环境的相互作用关系（Gao，2019）。其操作步骤一般包括从环境样品中提取基因组 DNA，进行高通量测序分析，或克隆 DNA 到合适的载体，导入宿主菌体，筛选目的转化子等。其中高通量测序分析是关键，一般采用高通量 Illumina MiSeq 测序技术测序，并利用 MOTHUR 软件对序列进行优化，主要包括去除非特异性序列片段、重复序列及包含模糊碱基和单碱基高重复区的序列，获得高质量的序列集，构建 OTU 数据集并进行 BLASTN 比对注释。最后依托 MEGAN 软件并利用原始 OTU 序列文件及相应的注释文件对样本的 OTU 进行生物学聚类分析。以张宪（2017）的工作为例，在利用（宏）基因组学技术研究生物浸矿过程中铜尾矿的微生物群落组成和功能特征中，他的基本做法是：在收集生物浸矿堆表层矿后，使用 pH 2.0 的蒸馏水对样品进行多次洗涤，以洗脱矿石表面微生物。利用 0.22 μm 滤膜过滤收集的微生物样品并提取基因组 DNA，纯化后的 DNA 样品用于基因组文库的构建，随后使用 Illumina MiSeq 测序仪对宏基因组 DNA 进行 250 bp 双末端测序分析，最后对序列数据进行生物信息学分析（图 2.19）。

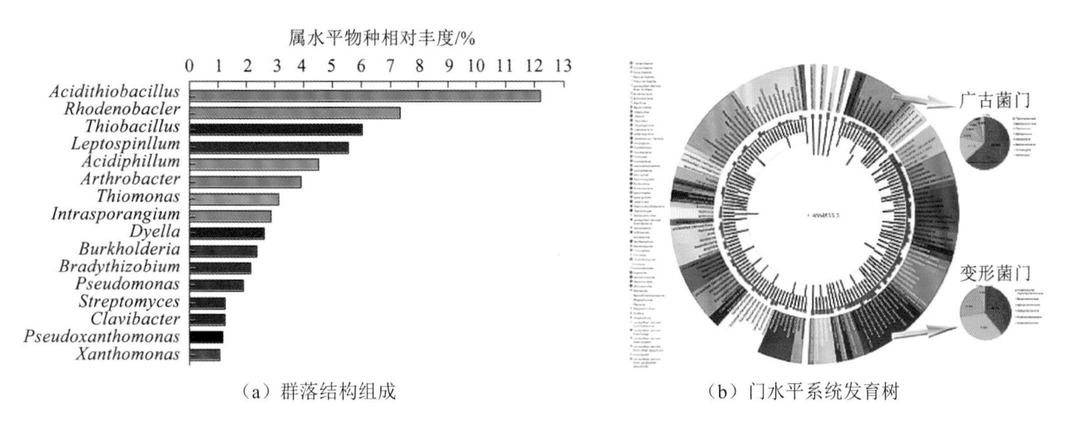

（a）群落结构组成　（b）门水平系统发育树

图 2.19　黄铜尾矿浸堆微生物群落结构组成与门水平系统发育树（张宪，2017）

对于纯培养微生物体系，则只需利用传统基因组技术对单种微生物进行基因序列测定及功能注释。

2. 转录组学

转录组学是基于 RNA 水平分析环境条件影响下的基因表达变化，在整体水平上探究细胞中的基因转录及其调控规律。转录组即一个活细胞所能转录出来的所有 RNA 的总和，是研究细胞表型和功能的一个重要手段。以 DNA 为模板合成 RNA 的转录过程是基因表达的第一步，也是基因表达调控的关键环节。所谓基因表达，是指基因携带的遗传信息转变为可辨别的表型的整个过程。与基因组不同的是，转录组的定义中包含了时间和空间的限定。利用转录组学可研究微生物–矿物相互作用过程中主要代谢通路基因的表达情况，从而推导或验证环境中的生物化学反应。

目前，RNA-seq 技术是转录组研究使用最多的方法，具有高通量、精确度高、重现性好及低成本等特点。其通常的技术流程包括三个方面：①从生物组织或者细胞中提取总 RNA，然后利用磁珠或者试剂盒方法从总 RNA 中分离纯化出 mRNA；②反转录 mRNA 生成 cDNA 片段文库，并将其末端补平及磷酸化；③将构建的 cDNA 文库在 Illumina IG、ABI SOLID、Roche 454 Life Science 等平台上进行测序（Marioni，2008）。以 Tang 等（2018）的工作为例，利用 RNA-seq 技术分析了 *Acidithiobacillus ferrooxidans* 在 Mn^{2+} 胁迫下的响应情况，基因本体分析表明，表达差异基因与催化、代谢和单体过程相关（图 2.20），进一步分析发现 Mn^{2+} 胁迫使得微生物的 Type IV Pili 和碳固定基因的表达受到了抑制，影响其生物膜的形成和细胞活性。

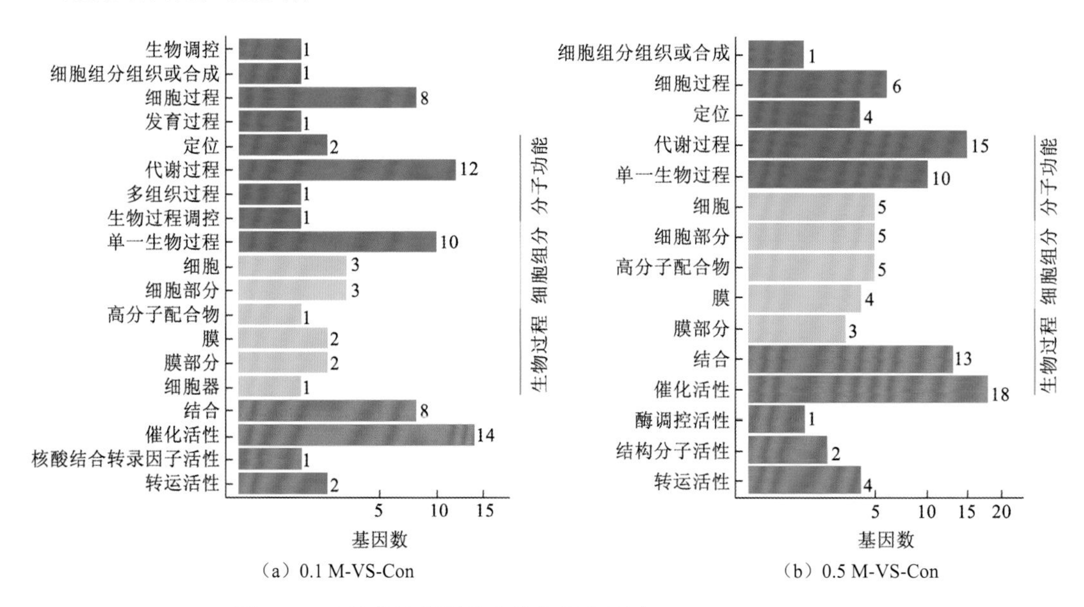

图 2.20　表达差异基因的本体分析分级图（Tang et al.，2018）

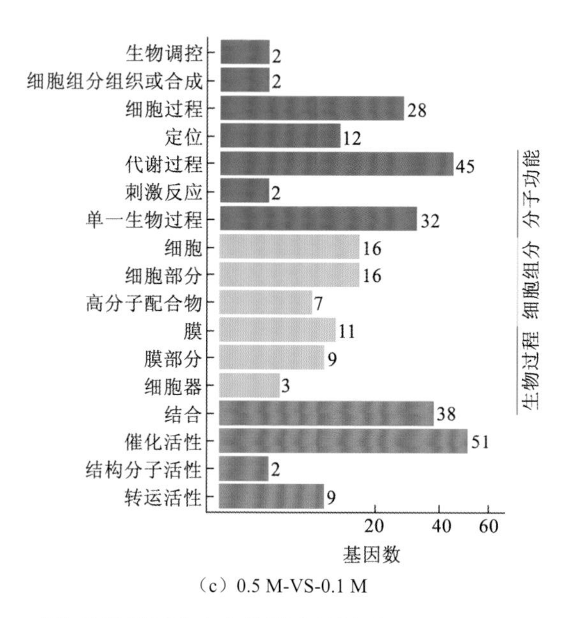

（c）0.5 M-VS-0.1 M

图 2.20　表达差异基因的本体分析分级图（Tang et al.，2018）（续）

VS 指 versus（相对）；0.1 M 指 0.1 mol/L Mg^{2+}条件下；0.5 M 指 0.5 mol/L Mg^{2+}条件下；Con 指 0 mol/L Mg^{2+}条件下

3. 比较蛋白质组学

蛋白质是最主要的生命活动载体和功能执行者，蛋白质组是指在某种条件下某一时刻单个细胞、组织或生物体合成的一整套蛋白质。蛋白质组学是研究微生物的生理代谢等特殊的生命过程的重要手段。蛋白质组学的研究实质上是在细胞水平上大规模地对蛋白质进行高通量的分离和分析，包括蛋白质的表达水平、翻译后的修饰、蛋白与蛋白相互作用等，由此获得蛋白质水平上的细胞行为及代谢过程的整体而全面的认识。而比较蛋白质组学是在蛋白质组学的基础上通过不同条件的对比，进一步对蛋白质进行筛选，获得不同条件下或相同条件下不同时间/空间蛋白质组间的差异蛋白，并进行功能注释和分析。

比较蛋白质组实验的主要流程为：①蛋白的提取与预处理；②蛋白质双向电泳分离或色谱分离；③蛋白质斑点的激光解吸离子化飞行时间质谱（MALDI-TOF-MS）或电喷雾离子化质谱（ESI-MS）鉴定；④功能注释及 RT-qPCR 验证。在蛋白质提取环节，利用丙酮将蛋白质沉淀，然后将沉淀细胞放在超纯水中透析处理，然后−20℃冷藏保存。然后将得到的蛋白质样品水化，并进行等电聚焦及十二烷基磺酸钠变性聚丙烯酰胺凝胶电泳（SDS-PAGE）双向电泳。经由考马斯亮蓝 R-250 染色、脱色及图像采集后，对差异表达蛋白质进行斑点截取，并通过 MALDI-TOF-MS 进行鉴定。MALDI-TOF-MS 基本原理是将样品分散在易挥发的基质中，当用激光对基质进行照射时，基质吸收能量使得其中样品解吸附，基质与样品之间发生电荷转移使得样品带电，在电场作用下，不同荷质比的带电样品飞过真空管过程中，呈现不同的运动轨迹，从而达到判断和鉴定蛋白质的目的。或者以色谱对蛋白质进行分离，经由偶联的 ESI-MS 对样品进行鉴定。ESI-MS 作用原理是，当高效液相色谱分离后的样品溶液流出毛细管的瞬间，在加热温度、雾化气和强电场（3～5 kV）的作用下，迅速雾化并产生高电荷液滴。带电液滴随着溶剂蒸发不断缩小，液滴表面电荷密度不断增大，发生崩散，形成更小的液滴，小的继续蒸发，以类似的方式崩散，产生单电荷和多电荷离子（刘宇平 等，2004）。ESI 是一种软的电离方式，比较适用于小分子的解析，对于大分子蛋白质会产生非常复杂的多电荷峰，难以解析。经由质谱鉴定的目标蛋白质需通过生物信息学分析进行功能注释后，通常利用 RT-qPCR 进行验证。

在微观层面，微生物–矿物相互作用过程中，微生物对于矿物表面元素硫的活化转运有助于理解元素硫氧化还原过程及分子机制。以 *A. manzaensis* 浸出金属硫化矿为例，元素硫作为重要中间体，其生物氧化过程涉及细菌对元素硫的胞外活化和跨膜转运及胞内的氧化过程。杨云等（2017）为了研究元素硫跨膜转运相关蛋白质，将在 Fe^{2+}和 S^0 中分别培养的 *A. manzaensis* 的膜蛋白进行选择性提取、纯化、双向电泳分离，以 MALDI-TOF/TOF 对差异表达明显的蛋白质斑点进行质谱鉴定及生物信息学分析、功能注释，并对硫转运相关功能基因进行 RT-qPCR 验证。结果发现，在单质硫底物实验组识别出 9 个蛋白点。其中，7 个上调基因中有硫化物氧化还原酶、铁硫簇、电子传递体，以及功能未知的假定蛋白。

表 2.1 蛋白质斑点 MALDI-TOF MS/MS 结果

斑点序号	NCBI 登录序列号	鉴定蛋白质功能	是否含有 Cys 残基①	蛋白质分子量/等电点
Fe-1	gi|332694256	翻译延伸因子 aEF-2	–	80 414.5/5.97
Fe-2	gi|914692554	琥珀酸脱氢酶	+	62 689.8/5.85
Fe-3	gi|851187535	热休克蛋白亚基	+	59 403/5.28
Fe-5	gi|503541331	腺苷甲硫氨酸合成酶	–	44 499.3/5.39
Fe-6	gi|503541472	依赖 DNA 的 RNA 聚合酶	–	43 482.4/5.63
Fe-7	gi|850914959	果糖-1，6-二磷酸酶	–	42 502.6/5.48
Fe-9	gi|497678363	乙偶姻-2，6-二氯酚吲哚酚氧化还原酶	+	38 460.7/6.43
Fe-11	gi|800903363	吡啶核苷酸–二硫键氧还酶	+	43 141.2/6.64
Fe-13	gi|449035774	琥珀酸辅酶 A 连接酶	+	37 236.8/5.56
Fe-16	gi|503541383	30S 核糖体蛋白 S2	+	25 347.5/5.88
Fe-21	gi|939152659	过氧化物酶	+	25 057.2/5.83
Fe-22	gi|939152659	过氧化物酶	+	25 057.2/5.83
Fe-24	gi|914691900	TATA 盒结合蛋白	+	19 098.2/6.77
Fe-26	gi|939152659	过氧化物酶	+	25 057.2/5.83
	gi|918216349	过氧化物酶	+	24 633/6.18
	gi|612165299	过氧化物酶	+	24 893.1/5.82
Fe-28	gi|850915892	赤藓素蛋白	–	16 081/5.15
S-1	gi|939152048	Rieske 铁硫蛋白 SoxL2	+②	34 526.7/7.67
S-4	gi|939152517	假定蛋白	+②	22 160/4.8
S-5	gi|939152402	乙酰/丙酰辅酶 A 羧化酶	–	18 568.8/5.06
S-6	gi|939152400	赤藓素蛋白	–	16 073.9/5.12

续表

斑点序号	NCBI 登录序列号	鉴定蛋白质功能	是否含有 Cys 残基①	蛋白质分子量/等电点
S-7	gi|228008555	转录激活剂，TenA 家族	+	24 956.9/6.22
S-8	gi|939152296	假定蛋白	–	15 288.8/4.84
S-9	gi|449037162	假定蛋白	+	15 288.8/4.84

注：①“+”、“–” 分别表示含有和不含有半胱氨酸残基；②表示含有一个或者一个以上的-CXXC-结构域

2.3.3　色谱技术

高效液相色谱法（high performance liquid chromatography，HPLC）以经典的液相色谱为基础，是以高压下的液体为流动相的色谱分离过程。通常所说的柱层析、薄层层析或纸层析就是经典的液相色谱，所用的固定相为大于 100 μm 的吸附剂（硅胶、氧化铝等），传质扩散慢，因而柱效低，分离能力差，只能进行简单混合物的分离。而高效液相色谱法所用的固定相粒度小（5～10 μm）、传质快、柱效高，广泛应用于有机化合物及蛋白质的分离测定。在研究微生物–矿物相互作用过程中，微生物铁硫等重要元素的代谢中间产物中往往含有复杂长链结构，一般的检测手段难以进行鉴别，而利用高效液相色谱法可有效分析其组成结构。以研究微生物介导的铁硫还原过程中多聚硫化物链长为例，夏旭等（2018）利用高效液相色谱法建立多聚硫化物的标准库后（图 2.21、图 2.22），分析发现样品中含硫中间体的形态主要为 M_2S_2 和 M_2S_3，同时存在微量的 M_2S_n（n=4, 5, 6, 7, 8），说明微生物铁硫耦合还原过程中 α-S_8 开环方式以两个硫-SS-或者三个硫-SSS-为主。

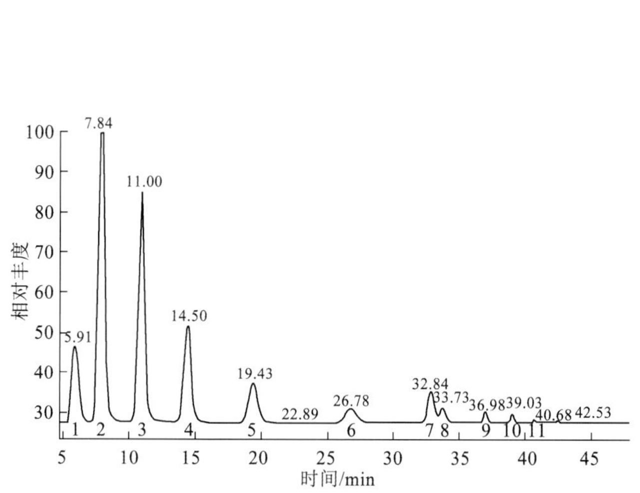

图 2.21　多聚硫化物甲基化高效液相色谱分离结果

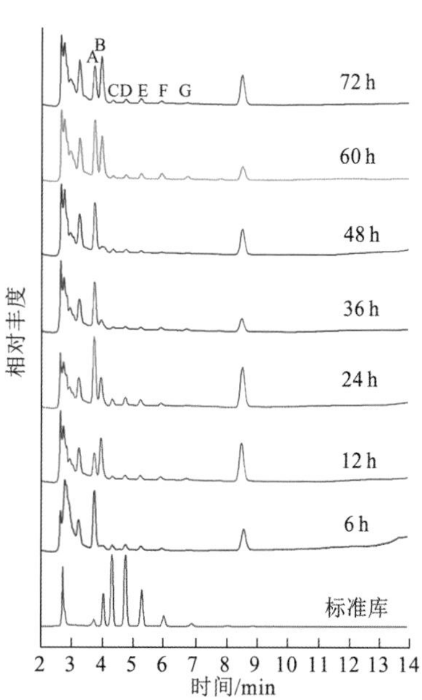

图 2.22　不同时间段生物样品甲基化高效液相色谱

2.3.4　Zeta 电位测定方法

颗粒表面由于晶格缺陷往往微区带电离子裸露，使颗粒表面带有电荷，并吸附周围带有相反电性的离子，这些被吸附的反电性离子就在两相界面呈扩散状分布并形成扩散双电层。接近粒子表面的离子将会被牢固地吸附，较远的则结合较为松散，形成扩散层。当颗粒在液体中运动时，会带动扩散层边界的离子一起运动，扩散层外的离子停留在原处，并与随动离子因距离产生电位，此电位即 Zeta 电位。当微生物在不同矿物表面接触吸附并形成生物膜后，导致细胞表面带电性质发生差异变化，这种变化可以通过分析矿物–生物膜表面 Zeta 电位进行研究。以研究在 S^0、黄铜矿、黄铁矿和 Fe^{2+}生长的 *A. manzaensis* 细胞带电特性为例，聂珍媛（2017）通过测定细胞表面 Zeta 电位，发现在黄铜矿、黄铁矿和 Fe^{2+}生长的 *A. manzaensis* 细胞在 pH 2 时具有弱正电性，而在 S^0 中生长的 *A. manzaensis* 具有负电性；在黄铜矿、黄铁矿和 S^0 中生长的 *A. manzaensis* 细胞的 Zeta 电位在 pH 6～12 的变化趋势相似。这表明细胞表面的电荷特性受生长条件显著的影响（图 2.23）。

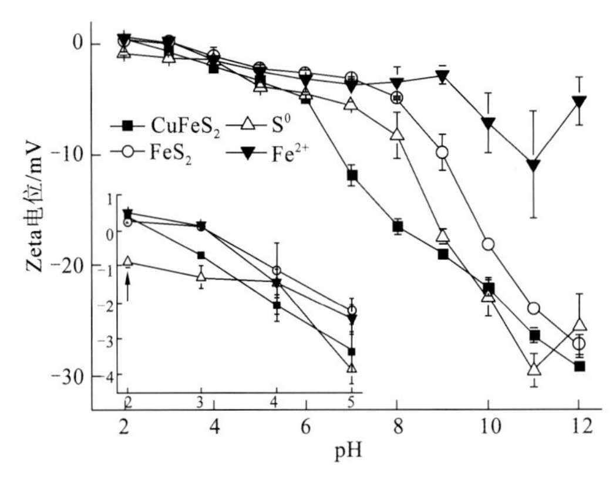

图 2.23　不同能源底物驯化 *A. manzaensis* 细胞表面 Zeta 电位曲线

图中左下角是在 pH 2～5 的放大图

2.3.5　差热–热重/微量热测定方法

差热–热重是一种重要的反应过程分析方法，是指在程序控温下，测量物质和参比物的温度差与温度或者时间的关系的一种测试方法。该法广泛应用于测定物质在热反应时的特征温度及吸收或放出的热量。差热–热重法可用于分析硫化矿物的活化过程，如对黄铜矿进行热处理作用后发现天然黄铜矿可发生晶相转变，第一个吸热峰出现于 583 K，是黄铜矿相变的初始阶段，与之所对应的晶型为 α 相；767 K 温度下的吸热峰源于黄铜矿的脱硫作用，在此温度下出现了最大的温度变化梯度（0.014 51 K·min/mg），与之对应的为 β 相；在 840 K 的更高温度下，黄铜矿发生二次脱硫作用，与之对应的为 γ 相（详见 4.1.4 小节）。

对热量变化很小的反应过程，如果反应率很低，则单位时间内反应过程的吸/放热量也很小，无法通过差热–热重法进行有效检测，但通过差热–微量热（microcalorimetry）方法能够清晰表征这种过程。通过差热–微量热可表征细胞生长过程及其在不同环境条件下的生长过程差异（曾驰 等，2011）。

2.3.6　电化学分析方法

大多数硫化矿都具有半导体性质。在矿物的成矿过程中，由于矿物晶格缺陷，或者发生离子取代现象，矿物的导电能力增强（何名飞，2012）。在硫化矿生物浸出过程中，矿物表面会形成许多微小的原电池，发生一系列电化学反应，因此，可利用电化学分析技术研究微生物–矿物表界面行为，揭示微生物–矿物作用过程的机理（张琛 等，2014；李海波 等，2006）曲线法。主要的电化学分析技术包括循环伏安法（cyclic voltammetry，CV）、塔费尔（Tafel）曲线法、电化学阻抗法（electrochemical impedance spectroscopy，EIS）等。

在电化学分析前，需要对矿物样品预处理并制作成工作电极：研磨成粉末→压制成矿片→制备工作电极，或者将矿物切割成片并抛光处理后制作成工作电极。然后将工作电极与参比电极和辅助电极组成“三电极”电化学反应池体系（图 2.24），其中参比电极通常为饱和甘汞电极（saturated calomel electrode，SCE）或银/氯化银电极（Ag/AgCl），并通过盐桥装置与电解液隔离，以防止参比电极泄漏造成的污染；辅助电极通常是铂丝或碳棒。电化学反应池的外部常配有水浴夹套用于控制温度（化学反应速率受温度影响很大），以及进气管和出气管用于特殊用途（氮气环境，排除气体等）。

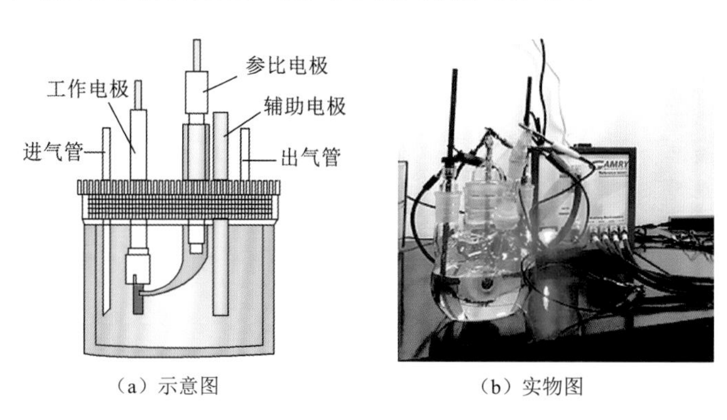

（a）示意图　　（b）实物图

图 2.24　典型电化学反应池体系

1. 循环伏安法

循环伏安法是电化学常用测试方法，通过对工作电极与辅助电极施加循环变化的电压，并检测工作电极上电流信号的变化，得到工作电极上电流与电压的关系变化曲线（循环伏安曲线）。硫化矿物在化学/生物氧化过程中的氧化溶解过程是一个复杂、多步的化学反应，涉及一系列中间产物的生成和转化。通过循环伏安曲线可以反馈微生物与矿物相互作用过程中发生的氧化和还原反应，从而揭示矿物溶解过程中间反应的发生及中间产物的生成。

以黄铜矿溶解过程的循环伏安法研究为例，一般策略为：①较大范围内改变工作电极电压，观察工作电极上的电流变化来原位表征不同电位下矿片表面发生的氧化还原反应；

②利用相关物质的 Eh-pH 图对结果进行分析，初步确认电极表面物质的组成及中间产物的种类；③结合铜和铁的 L 边、硫的 K 边 XANES 光谱和拉曼光谱等技术进一步对特定电压下黄铜矿在电极表面生成的产物进行表征。

梁长利（2011）通过对 65℃条件下电解液中的黄铜矿电极进行正向循环伏安扫描，发现循环伏安曲线中出现了 4 个氧化峰（A1、A2、A3 和 A4）和 3 个还原峰（C1、C2 和 C3）[图 2.25（a）]，而反向扫描中出现了 5 个氧化峰（A3、A4、A5、A6 和 A7）和 3 个还原峰（C1、C4 和 C3）[图 2.25（b）]。进一步通过施加电压对黄铜矿电化学行为的影响确定其发生的反应为氧化还原反应，再结合铜和铁的 L 边、硫的 K 边 XANES 光谱和拉曼光谱对特定电压下黄铜矿在电极表面生成的产物进行分析，确定了黄铜矿电极正向扫描和反向扫描过程中发生的氧化还原反应[表 2.2，式（2.6）～式（2.28）]，最终揭示了黄铜矿的电化学溶解机理，证实了黄铜矿在 65℃条件下可以还原生成斑铜矿和辉铜矿，以及可以氧化生成铜蓝和单质硫，提出了黄铜矿的正向和反向扫描溶解机制[图 2.25（c）（d）]。

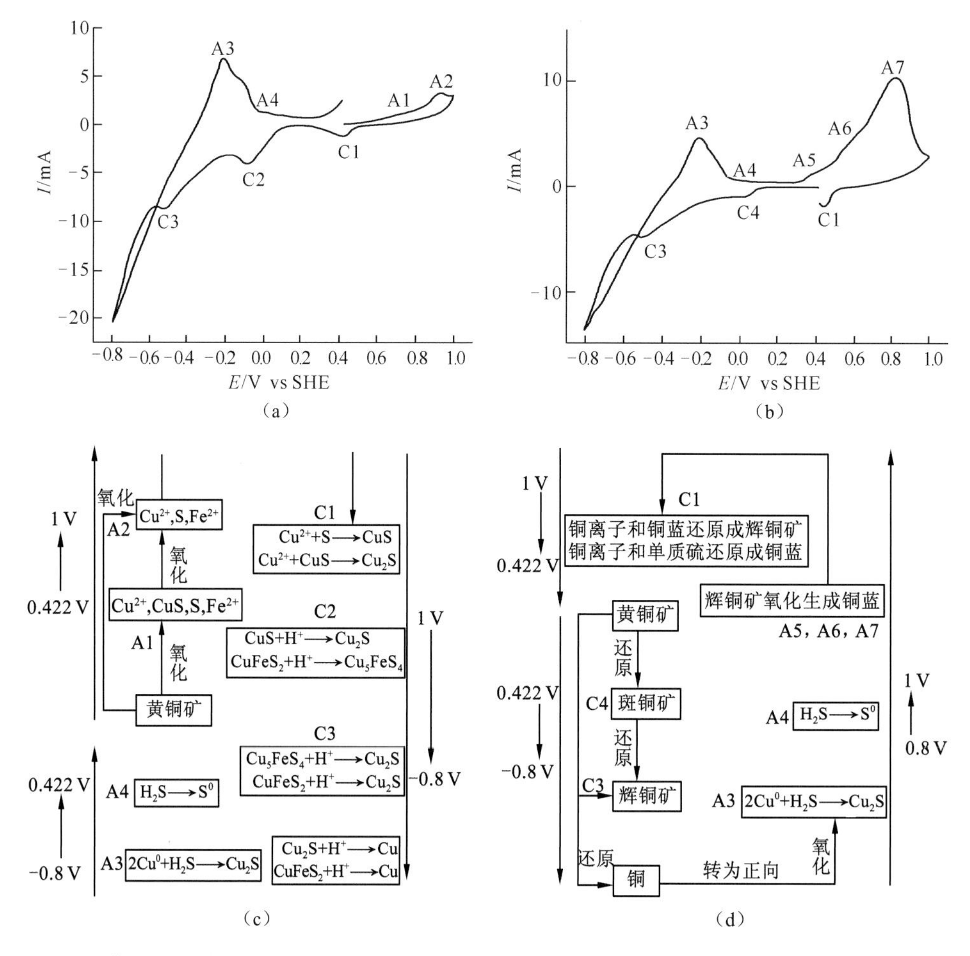

图 2.25　黄铜矿电极在 pH 1.5 的 9 K 培养基、65℃条件下的循环伏安图及发生的氧化还原反应

（a）和（c）为正向扫描；（b）和（d）为反向扫描

表 2.2 黄铜矿电极正向和反向扫描结果中的氧化还原峰对应的方程式

扫描方式	氧化还原峰		反应方程式	
反向扫描	还原峰	C4	$5CuFeS_2+12H^++4e^- \longrightarrow Cu_5FeS_4+6H_2S+4Fe^{2+}$	(2.6)
		C3	$2Cu_5FeS_4+6H^++2e^- \longrightarrow 5Cu_2S+3H_2S+2Fe^{2+}$	(2.7)
			$2CuFeS_2+6H^++2e^- \longrightarrow Cu_2S+3H_2S+2Fe^{2+}$	(2.8)
		C1	$Cu^{2+}+S^0+2e^- \longrightarrow CuS$	(2.9)
			$Cu^{2+}+CuS+2e^- \longrightarrow Cu_2S$	(2.10)
	氧化峰	A3	$2Cu^0+H_2S \longrightarrow Cu_2S+2H^++2e^-$	(2.11)
		A4	$H_2S \longrightarrow S^0+2H^++2e^-$	(2.12)
		A5	$Cu_2S \longrightarrow Cu_{1.92}S+0.08Cu^{2+}+0.16e^-$	(2.13)
		A6	$Cu_{1.92}S \longrightarrow Cu_{1.6}S+0.32Cu^{2+}+0.64e^-$	(2.14)
		A7	$Cu_{1.6}S \longrightarrow CuS+0.6Cu^{2+}+1.2e^-$	(2.15)
正向扫描	氧化峰	A1	$CuFeS_2 \longrightarrow Cu_{(1-x)}Fe_{(1-y)}S_{(2-z)}+xCu^{2+}+yFe^{2+}+zS^0+2(x+y)e^-$	(2.16)
			$CuFeS_2 \longrightarrow 0.75CuS+0.25Cu^{2+}+Fe^{2+}+1.25S^0+2.5e^-$	(2.17)
		A2	$CuFeS_2 \longrightarrow Cu^{2+}+2S^0+Fe^{3+}+5e^-$	(2.18)
			$CuFeS_2+8H_2O \longrightarrow Cu^{2+}+Fe^{3+}+2SO_4^{2-}+16H^++17e^-$	(2.19)
			$CuS+4H_2O \longrightarrow Cu^{2+}+SO_4^{2-}+8H^++8e^-$	(2.20)
		A3	$2Cu^0+H_2S \longrightarrow Cu_2S+2H^++2e^-$	(2.21)
		A4	$H_2S \longrightarrow S^0+2H^++2e^-$	(2.22)
	还原峰	C1	$Cu^{2+}+S^0+2e^- \longrightarrow CuS$	(2.23)
			$Cu^{2+}+CuS+2e^- \longrightarrow Cu_2S$	(2.24)
		C2	$2CuFeS_2+3Cu^{2+}+4e^- \longrightarrow Cu_5FeS_4+Fe^{2+}$	(2.25)
			$CuFeS_2+3Cu^{2+}+4e^- \longrightarrow 2Cu_2S+Fe^{2+}$	(2.26)
		C3	$2Cu_5FeS_4+6H^++2e^- \longrightarrow 5Cu_2S+3H_2S+2Fe^{2+}$	(2.27)
			$2CuFeS_2+6H^++2e^- \longrightarrow Cu_2S+3H_2S+2Fe^{2+}$	(2.28)

2. Tafel 曲线法

Tafel 曲线法，即极化曲线法，是根据稳态极化曲线对电极的反应动力学参数进行测定的一种方法。这种方法通过对测试体系施加一定范围的电压，获得电流与电压之间的变化关系。在进行极化曲线测试时，需要控制扫描速度足够慢，使工作电极的表面处于稳定状态，从而获得电流随电压的响应为稳态极化曲线。由于极化曲线和循环伏安的电流电压响应（图 2.26）是不同的，两者在电化学测试中有着不同的应用。

电极的极化区一般分为强极化区和弱极化区。与弱极化区相比，强极化区具有更大的实际意义，强极化区可称为 Tafel 区，其中极化电压和极化电流之间的关系符合 Tafel 关系。通过拟合阴极和阳极区 Tafel 区的 Tafel 曲线，可在短时间内绘出极化曲线并得到腐蚀电流密度（I_{corr}）、自腐蚀电位（E_{corr}）和极化电阻（R_p），即作两条阴极和阳极 Tafel

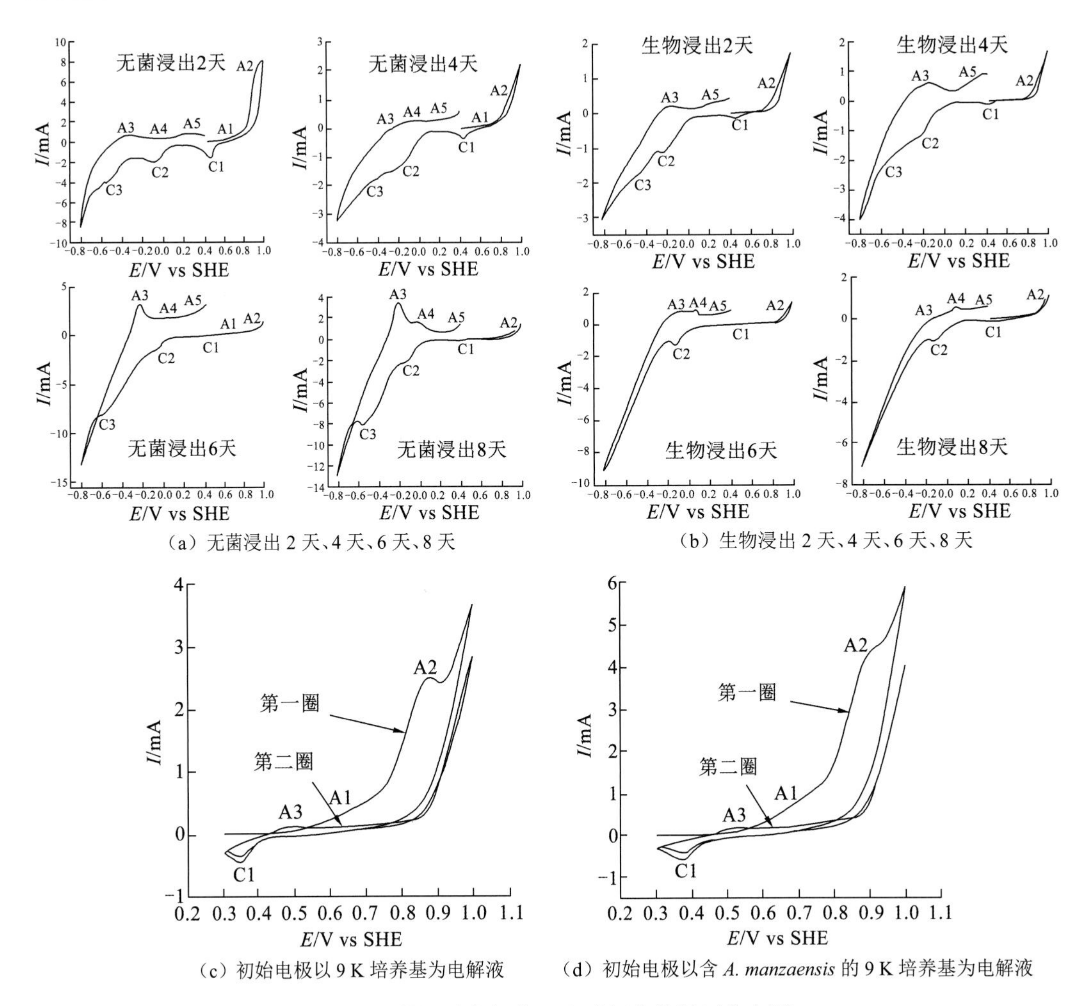

（a）无菌浸出 2 天、4 天、6 天、8 天　　（b）生物浸出 2 天、4 天、6 天、8 天

（c）初始电极以 9 K 培养基为电解液　　（d）初始电极以含 *A. manzaensis* 的 9 K 培养基为电解液

图 2.26　黄铜矿电极在浸出过程中的循环伏安图

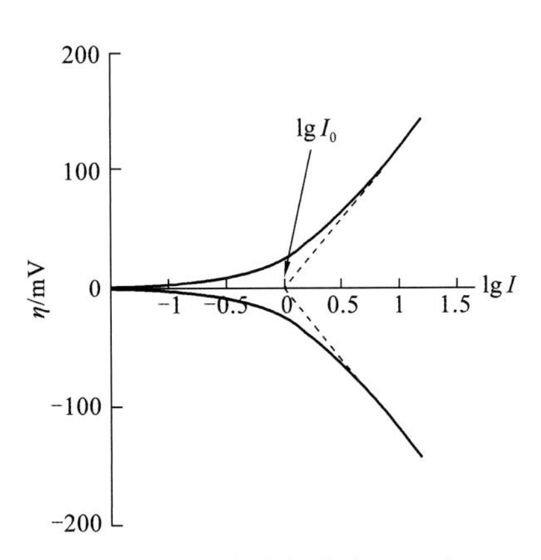

图 2.27　Tafel 曲线拟合求 E_{corr} 和 I_{corr} 的示意图（许家宁，2014）

曲线的切线，其交点的横坐标为 lg I_{corr}，纵坐标为 E_{corr}（图 2.27）。E_{corr} 可以反映工作电极的热力学状态和表面状态，并与反应速率成正比（王晓冬，2014）。

Tafel 曲线法可对不同条件下矿物表面发生腐蚀的氧化反应速率进行监测，在研究微生物–矿物相互作用过程中矿物表面的氧化特性及腐蚀动力学等方面具有非常重要的意义。Li 等（2011）利用 Tafel 曲线和循环伏安法研究高温浸矿微生物 *Sulfolobus metallicus*（金属硫化叶菌）与黄铜矿的作用机理，发现在有无 *S.metallicus* 存在的体系下，黄铜矿的 Tafel 曲线存在明显差异（图 2.28），采用 Tafel 外推法得到相关电化学参数，在没有 *S. metallicus* 的情况下，腐蚀电位（E_{corr}）、腐蚀电流密度（I_{corr}）

和极化电阻（R_p）分别为0.090 V、9.39×10^{-3} A/m^{2}和418.65 Ω，在有 *S. metallicus* 的情况下，E_{corr}、I_{corr}和R_p分别是0.123 V、1.55×10^{-2} A/m^{2}和277.39 Ω，表明 *S. metallicus* 和黄铜矿的相互作用增大了体系的腐蚀电位和腐蚀电流密度。在 *S. metallicus* 存在条件下，黄铜矿表面可能会发生S的氧化，造成阳极电流密度的急剧增加，吸附在矿物表面的 *S. metallicus* 可以溶解S钝化层，Fe^{3+}和O_2则对黄铜矿进行有效浸出，说明S钝化层的消除可能降低极化电阻。因此，Tafel结果表明 *S. metallicus* 的存在可能通过氧化黄铜矿表面形成的S钝化层而加速黄铜矿的氧化过程，这也是 *S. metallicus* 在70℃条件下能促进黄铜矿溶解的原因之一。

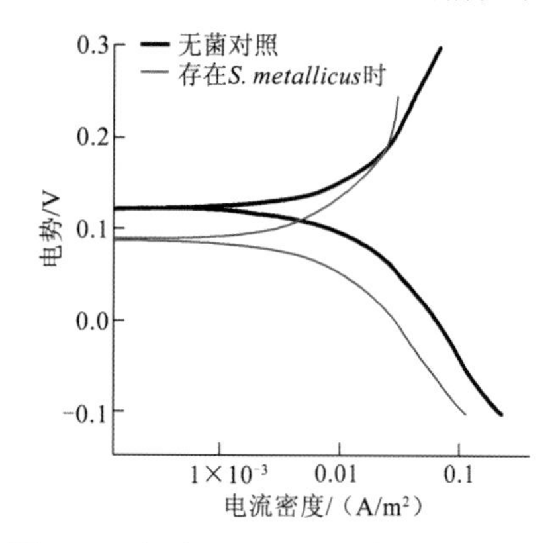

图2.28 有无 *S. metallicus* 存在下，黄铜矿的Tafel曲线（Li et al., 2011）

3. 电化学阻抗法

电化学阻抗（electrochemical impedance）又称为交流阻抗（AC impedance），通过控制电化学系统在电极上施加小振幅的电压（或电流）正弦波扰动信号，原位测量相应的体系电流（或电势）随时间的变化，即可得到电化学阻抗谱，进一步计算相关参数可以获得丰富的电极/溶液界面电化学反应的相关信息，揭示相关体系的反应机理。

当以小幅的电信号扰动体系时，所施加的扰动与体系的响应呈近似的线性关系。以电阻 *R* 和电容 *C* 构成电化学等效电路表示所研究的电极过程，交流阻抗技术通过研究电阻和电容在交流电作用下的变化规律反映出实验体系中发生的相关变化。

通过交流阻抗谱可以获取不同实验体系中矿物表面的界面结构信息和反应动力学相关信息等，比如用于分析黄铜矿生物浸出过程中的钝化行为。郭玉武（2010）利用交流阻抗技术研究了不同因素对黄铜矿浸出过程的影响，发现在无菌体系下，随pH从1.5增加到2.0，容抗弧半径有所增大［图2.29（a）］，表明与pH 2.0相比，pH 1.5更有利于电极表面电子传递，电化学反应在低pH条件下更易进行，容抗弧形状基本相近则说明pH的小幅度增加并未显著影响黄铜矿表面氧化机理；当pH增大到3.0时，容抗弧半径急剧增大［图2.29（a）］，表明黄铜矿表面电化学反应受到明显抑制；Fe^{3+}的加入使容抗弧半径显著减小［图2.29（b）］，阻抗减小，表明Fe^{3+}可以促进电极表面电化学反应的发生。在有 *A. ferrooxidans* 和 *L. ferriphilum* 参与的体系中，黄铜矿的交流阻抗图谱与无菌酸浸体系相似［图2.29（c）（d）］，但前者的容抗弧半径都有减小，表明细菌的加入降低了反应阻抗，进一步比较发现 *A. ferrooxidans* 和 *L. ferriphilum* 浸出黄铜矿的交流阻抗图谱，发现两者的反应控制步骤相似，但 *L. ferriphilum* 体系下的容抗弧半径要大于 *A. ferrooxidans* 体系，表明 *L. ferriphilum* 体系的阻抗较 *A. ferrooxidans* 体系大，主要原因可能是 *A. ferrooxidans* 为铁硫氧化微生物，而 *L. ferriphilum* 为铁氧化微生物，后者不能氧化硫，因此硫的沉积可能是 *L. ferriphilum* 体系中黄铜矿电化学反应的主要控制步骤。

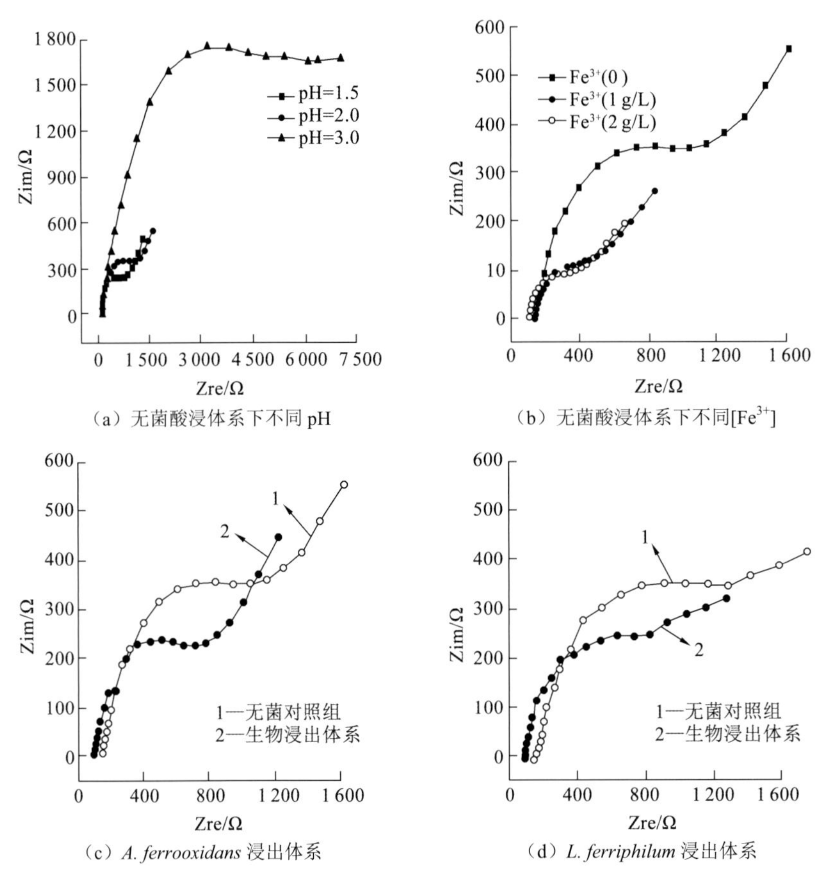

图 2.29　不同条件黄铜矿电极交流阻抗图谱的影响（郭玉武，2010）

Zre 指总阻抗的实部阻抗，Zim 指总阻抗的虚部阻抗

第3章　典型硫化矿生物吸附的表界面化学基础

微生物吸附是矿物–微生物界面作用的重要过程。矿物表面的化学形态和微结构对微生物的选择性吸附具有决定性作用（Xia et al.，2015）。通常微生物优先吸附于富有能源底物的矿物表面缺陷区域，在微生物–矿物作用过程中，矿物表面缺陷区的化学组成不断变化，微生物的吸附及生物膜的形成速率随之变化（令韦博，2019）。

为了解释硫化矿表面物质化学形态及微结构与微生物吸附的关联性，有必要获取具有不同结构的典型金属硫化矿，在对其表面化学形态和微结构进行表征的基础上，原位观察初始吸附和生物膜形成过程，以解析和阐明微生物在矿物表面的特异性吸附及吸附位点。但是在实际实验过程中很难直接观察到有机物分子和矿物表面位点的相互作用情况；而模拟计算能有效分析有机分子在矿物表面吸附作用前后的键长、键角和电荷密度变化等情况，以建立起微生物吸附与矿物表面物理形貌、化学成分与晶面结构之间的关联性。

通过模拟计算，研究典型金属硫化矿的化学形态和微结构特征，分析矿物表面特定化学形态与微结构及微生物表面功能基团的吸附行为，获取微生物的吸附位点、作用力和吸附能等吸附热力学参数，揭示浸矿微生物在特定化学形态和微结构特征矿物表面选择性吸附行为规律及作用原理。

3.1　密度泛函理论及分子动力学

3.1.1　密度泛函理论

密度泛函理论（density functional theory，DFT），是研究多电子体系电子结构的量子力学方法，广泛应用于物理和化学研究领域，其核心问题是求解量子力学中的薛定谔方程。该理论认为体系的哈密顿量是由体系空间各点的电荷密度唯一决定的。在密度泛函计算中，借由电荷密度，可以求解体系的基态哈密顿量，进而得到体系的其他信息，如能带结构和态密度等参数值。当体系中各原子的核空间位置确定以后，就可以得到相应的电荷密度在空间中的分布，进一步可以将体系的能量表示为电子密度的泛函，从而求出能量最低时的体系能量和电子密度分布。通过DFT计算，能够评判反应的难易和快慢，获得各类化学过程的能量变化，探究反应的机理，预测和解释各类光谱等。例如，可以通过DFT计算进行分析来研究CO_2在催化材料表面（硼和氮掺杂的纳米金刚石，B and N-codoped nanodiamond，BND）的反应路径（图3.1）（Liu et al.，2017），以及黄铁矿和白铁矿的光谱学性质（图3.2）（Li et al.，2018）。

DFT能精确、静态地研究少量原子（几百个原子以内）的性质、特征和反应，是凝聚态物理领域电子结构计算的有力工具，常用软件有CASTEP、VASP、ONETEP和Dmol3等。

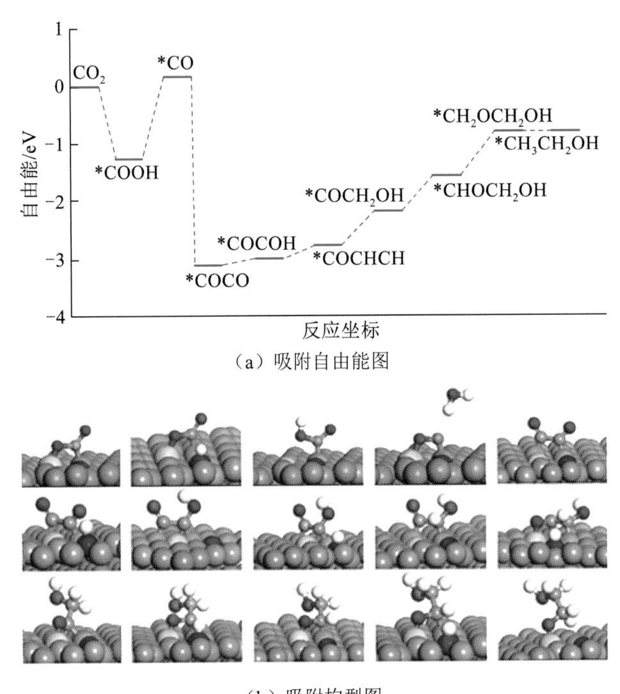

（a）吸附自由能图

（b）吸附构型图

图 3.1　基于 DFT 计算的 CO_2 在 BND 上的吸附自由能图和吸附构型图（Liu et al.，2017）

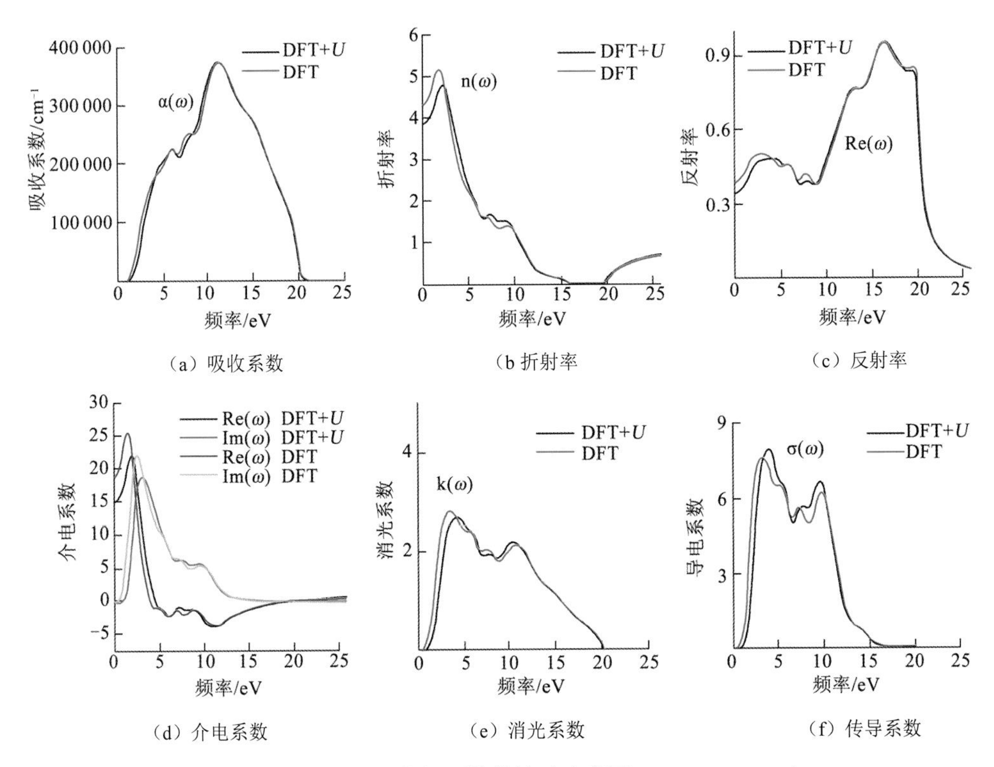

（a）吸收系数　（b 折射率　（c）反射率

（d）介电系数　（e）消光系数　（f）传导系数

图 3.2　基于 DFT 计算得到的黄铁矿光谱图（Li et al.，2018）

ω 为频率；U 为哈伯德参数

3.1.2　分子动力学

分子动力学，不同于 DFT 计算，主要是依靠牛顿力学来模拟分子体系的运动，从分子体系的不同状态系统中抽取样本，计算体系的构型积分，进而计算体系的热力学量和其他宏观性质。分子动力学模拟的主要参数有：力场（粒子间的相互作用势），初始条件（原子坐标、初速度等）及外部环境条件（温度、压力等）。其中，力场是决定性参数。分子动力学可相对粗糙地研究大量分子的动态行为和性质（50 万个原子以内）。目前研究的常见体系有：小分子、蛋白质、核酸、多糖、金属、无机材料和界面等。

分子动力学能研究宏观和微观层次的性质。宏观上，分子动力学能计算体系的亲疏水性、溶解性、熔点和沸点、介电常数及表面张力等性质。微观上，能得到原子的空间分布、运动轨迹、构型分布和氢键等性质。例如，黄铜矿等矿物的亲疏水性（Jin et al.，2014），白云母与阳离子捕收剂（十二烷胺，DDA）的相互作用构型（Xu et al.，2013），可以通过分子动力学进行分析，如图 3.3 和图 3.4 所示。分子动力学常用的软件有 GROMACS、NAMD、AMBER、CHARMM、LAMMPS、GUlP 和 Forcite 等。

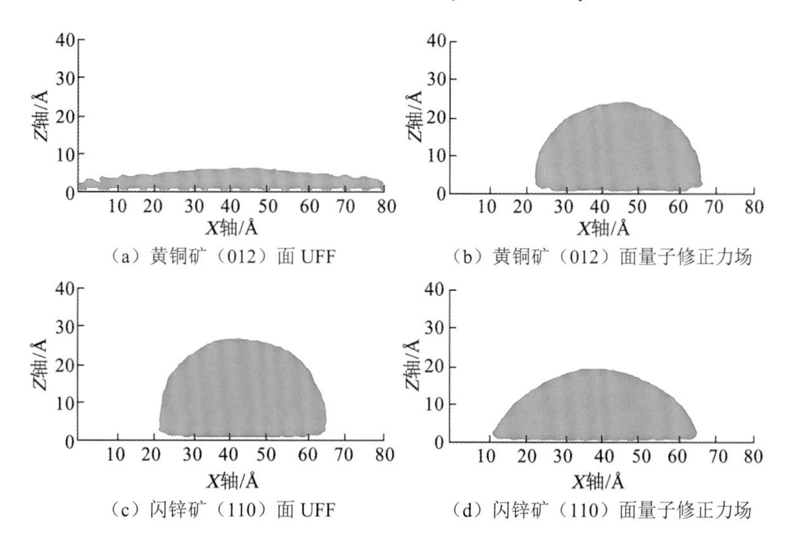

图 3.3　在 UFF 和量子修正力场下的矿物接触角计算（Jin et al.，2014）

UFF 为普遍的力场（universal force field）

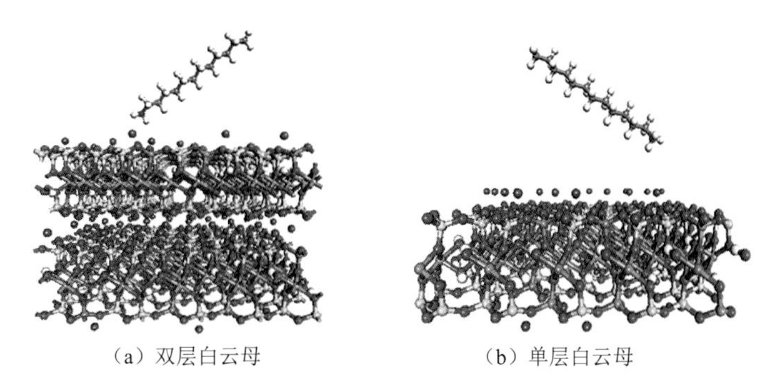

（a）双层白云母　　（b）单层白云母

图 3.4　DDA 离子在双层和单层白云母（001）面的吸附构型（Xu et al.，2013）

从头计算分子动力学（ab initio molecular dynamics，AIMD）将量子化学和分子动力学相结合（AIMD=量子化学×分子动力学），能短暂地（几十皮秒）动态研究任何体系中少量分子（几十个原子）的动力学行为，给出电子的结构性质及运动轨迹和状态，模拟化学反应过程等，准确性较高，不需要构建势函数。例如，通过 AIMD 计算水环境中硫代氨基甲酸盐（thiocarbamate）在黄铁矿表面吸附形成 N-羧酸酐（N-carboxyanhydrides，NCA）的过程，如图 3.5 所示（Schreiner et al.，2008）。

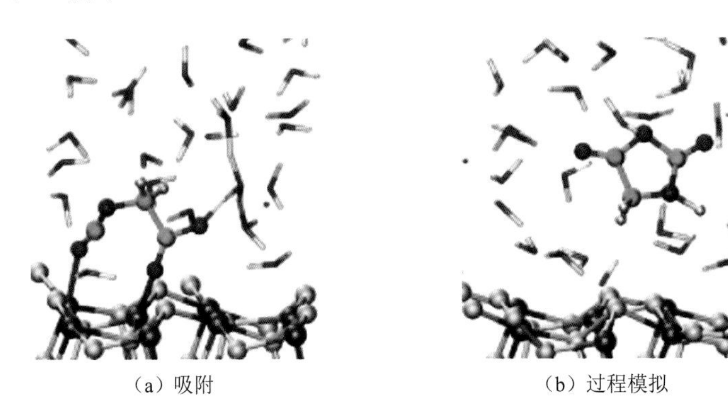

（a）吸附　　（b）过程模拟

图 3.5　硫代氨基甲酸盐在黄铁矿表面的吸附及形成 N-羧酸酐过程模拟（Schreiner et al.，2008）

3.2　典型矿物的晶体结构和能带结构

3.2.1　晶体结构

晶体是由原子、离子或分子周期性排列的长程有序结构，其最小重复单元为晶胞。按其组成的物质单位，晶体可以分为原子晶体、离子晶体、分子晶体和金属晶体；按其内部结构，晶体可分为 7 大晶系和 13 种晶格类型。通常把晶体的内部结构称为正空间，将晶体对应的 X 射线衍射称为倒易空间。

矿物是由大量的原子（离子）组成的晶体，晶体结构决定了矿物的性质。矿物晶体中每立方厘米中有 10^{23} 个原子，每个原子又有大量电子，大量电子相互作用的宏观效应，就体现为矿物晶体的性质。本小节介绍典型矿物（黄铁矿和黄铜矿）晶体结构的计算和分析。

1. 黄铁矿晶格结构

黄铁矿又称为“愚人金”，呈浅黄铜色和明亮的金属光泽，不透明，无解理，断口参差状，莫氏硬度为 6.0～6.5，相对密度为 4.9～5.2，是地球上最丰富的金属硫化矿物（Murphy et al.，2009）。

黄铁矿晶体常呈立方体，具有氯化钠型晶体结构，属于等轴晶系，晶体的空间对称结构为 T_h^6-Pa3，分子式为 FeS_2，晶格参数为 $a=b=c=5.416$ Å，每个晶胞有 4 个 FeS_2 分子，铁原子分布在立方晶胞的 6 个面心及 8 个顶角上，每个铁原子与 6 个相邻的硫原子配位，形成八面体构造，而每个硫原子与 3 个铁原子和 1 个硫原子配位，形成四面体构造。另外，两个硫原子之间形成哑铃状结构，以硫二聚体（S_2^{2-}）形式存在，如图 3.6（a）所示。（1 0 0）面是黄铁矿最常见的解理面，沿 Fe–S 键断裂，最外层暴露出的硫原子与两个铁原子及 1 个硫原子配位，而表面上的铁原子与 5 个硫原子配位，如图 3.6（b）所示。研究表明（von Oertzen et al.，2006），由于周期性晶体结构的突然中断，硫化矿表面的数层原子还会发生弛豫和重构形成新的稳定结构［图 3.6（c）］，其中 Fe–S 键长从弛豫前等长［2.269 Å，图 3.6（d）］变为 2.236 Å、2.227 Å、2.161 Å 和 2.215 Å［图 3.6（e）］。

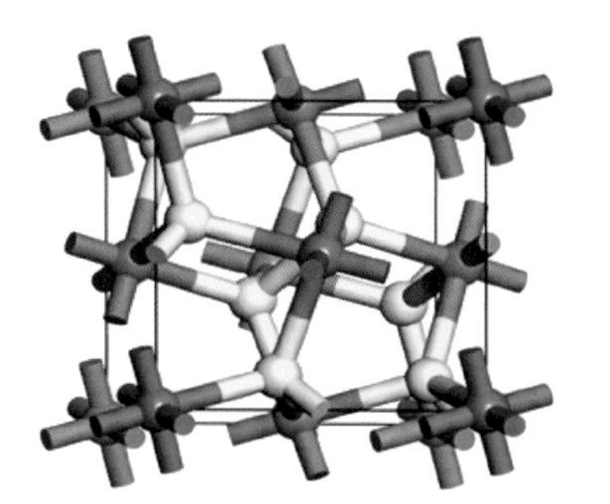

（a）黄铁矿晶胞

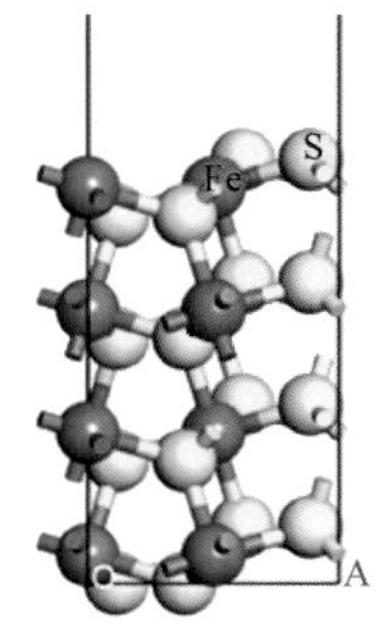

（b）弛豫前黄铁矿（100）面，侧视图

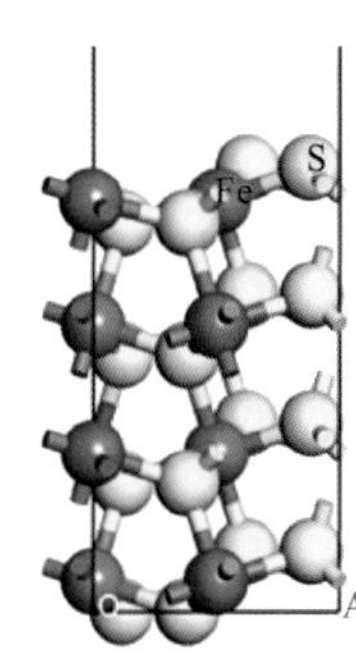

（c）弛豫后黄铁矿（100）面，侧视图

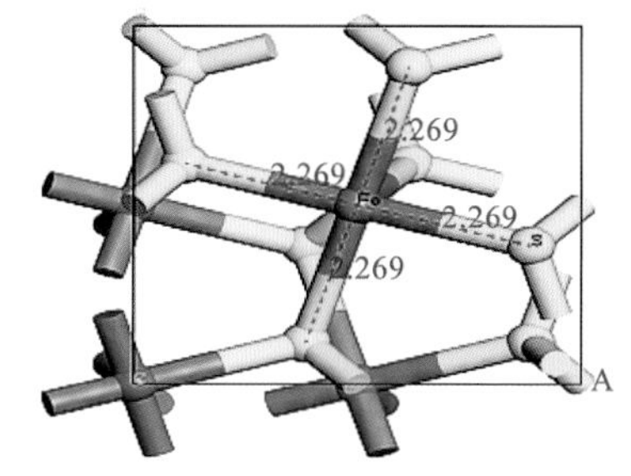

（d）弛豫前黄铁矿（100）面键长，俯视图

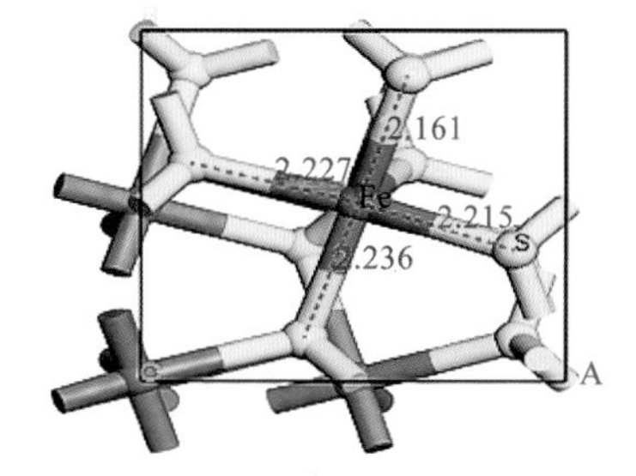

（e）弛豫后黄铁矿（100）面，俯视图

图 3.6　黄铁矿晶胞及弛豫前和弛豫后的（1 0 0）面结构与 Fe–S 键长

2. 黄铜矿晶格结构

黄铜矿为多呈不规则粒状及致密块状的集合体。黄铜矿呈黄色，时有斑状锖色，条痕为微带绿的黑色。黄铜矿是世界上分布最广泛的含铜矿物，占全世界铜储量的 70%（Li et al.，2013）。

黄铜矿属于四方晶系，晶格参数为 $a=b=5.289$ Å，$c=10.323$ Å，单位晶胞内含有 4 个 Fe 原子、4 个 Cu 原子、8 个 S 原子，其最简化学式为 $CuFeS_2$，空间群为 I-42D。

在黄铜矿晶胞中［图 3.7（a）］，左侧由上自下的 S 原子中：第一个 S 原子左上和左下分别与晶棱 Cu 和 Fe 原子相连，右上和右下分别与晶棱 Fe 和晶面 Cu 原子相连；第二个 S 原子左上和左下与晶棱 Fe 原子相连，右上和右下与晶面 Cu 原子相连；第三个 S 原子左上和左下分别与晶棱 Fe 和 Cu 原子相连，右上和右下分别与晶面 Cu 和 Fe 原子相连；第四个 S 原子左上和左下与晶棱 Cu 原子相连，右上和右下与晶面 Fe 原子相连。右侧自上而下的 4 个 S 原子中，与左侧 4 个 S 原子呈晶面对称。因而，在黄铜矿晶胞中共有 4 类 S 原子，每种 2 个，即在黄铜矿晶胞中 S 原子共有 4 套等同点，相应的 Cu、Fe 均有 2 套等同点，其结构基元为 Cu 2 Fe 2 S 4，单位黄铜矿晶胞中含有 2 个结构基元。

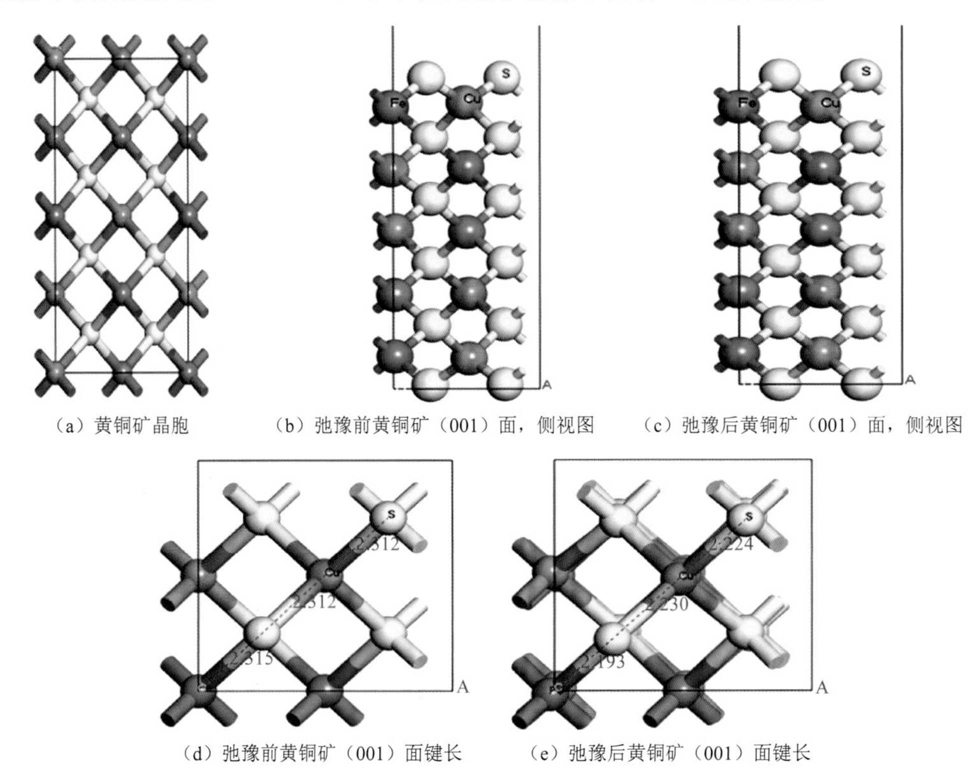

（a）黄铜矿晶胞　（b）弛豫前黄铜矿（001）面，侧视图　（c）弛豫后黄铜矿（001）面，侧视图

（d）弛豫前黄铜矿（001）面键长　（e）弛豫后黄铜矿（001）面键长

图 3.7　黄铜矿晶胞及硫原子暴露的（0 0 1）面弛豫前和弛豫后的结构与键长

黄铜矿最稳定的面是（0 0 1）面，该面暴露的原子为硫原子或铁原子［图 3.7（b）］，其中硫原子暴露的（0 0 1）面更具代表性（Li et al.，2016）。与黄铁矿类似，会发生结构弛豫现象，图 3.7（c）为黄铜矿硫原子暴露的（0 0 1）面弛豫后的结构，其中 Cu–S 和 Cu–Fe 键长分别从弛豫前 2.312 Å 和 2.315 Å［图 3.7（d）］缩减为 2.224 Å 和 2.193 Å［图 3.7（e）］。

3.2.2　能带结构

能带结构，又称电子能带结构。在固体物理学中，固体的能带结构是由周期性晶格中的量子动力学电子波衍射引起的。在实际晶体中，原子中的外层电子在相邻原子的势场作用下，可以在整个晶体中作共有化运动，原来自由原子的简并能级分裂为许多和原来能级很接近的能级，形成能带；量子力学计算表明，晶体中若有 N 个原子，由于各原子间的相互作用，对应于原来孤立原子的每一个能级，在晶体中变成了 N 条靠得很近的能级，称为能带。

能带的结构分为导带、价带和禁带三部分。导带是由电子形成的能量空间，即固体结构内自由运动的电子所具有的能量范围。价带又称价电带，是指半导体或者绝缘体中，在绝对零度下能被电子占满的最高能带。按照能带理论，半导体的价带与导带之间有一个禁带（图 3.8）。

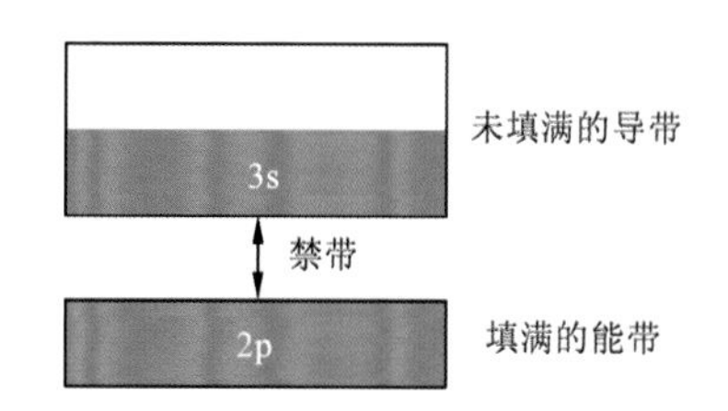

图 3.8　能带结构示意图

禁带的大小直接影响固体的导电性，按禁带大小，将固体分为导体、半导体和绝缘体。对于导体，禁带宽度为 0，导带和价带相互重叠；半导体禁带宽度不超过 3 eV，绝缘体禁带宽度大于 3 eV。另外，半导体中，根据费米能级（电子占据和不占据的概率各为一半处）的位置，又可以分为 N 型半导体和 P 型半导体。N 型半导体的费米能级靠近导带边，P 型半导体的费米能级靠近价带边，掺杂不同的元素可以使半导体的类型发生变化。

与能带紧密相关的是态密度。在固体物理中，态密度是指能量介于 $E \sim E+\Delta E$ 的量子态数目 ΔZ 与能量差 ΔE 之比，即单位频率间隔之内的模数，换句话说，能带中能量为 E 附近每单位能量间隔的量子态数，叫作态密度。态密度是根据能带得来的，两者有一定的对应关系，例如在 $E \sim E+\Delta E$ 这个能量间隔没有能带，那么这个区间就不存在态密度，即态密度图在这个能量范围内将是 0。更为通俗地讲，能带按照纵坐标轴投影过去，就得到态密度，且态密度为 0 的地方，能带图上一定没有能带。

矿物的能带结构决定了矿物的多种特性，例如电子学和光学性质。通过对矿物的能带结构及态密度分析，可有效判断矿物的这些特性。下面介绍黄铁矿和黄铜矿的能带结构及其分析。

1. 黄铁矿能带结构

黄铁矿原胞的能带结构如图 3.9（a）所示，根据计算结果，黄铁矿为间接带隙半导体，计算得到的禁带宽度为 1.03 eV，高于 Schlegel 等（1976）的实验值 0.95 eV。黄铁矿的投影态密度（projected density of states，PDOS）如图 3.9（b）所示，在−17～−10 eV 的价带几乎全部由硫的 s 轨道贡献，仅有很小的部分是由硫的 p 轨道贡献；在−7.5～1.5 eV 的轨道主要由硫的 3p 轨道和铁的 3d 轨道组成，可以看到，硫 3p 的贡献比铁 3d 的贡献要大；

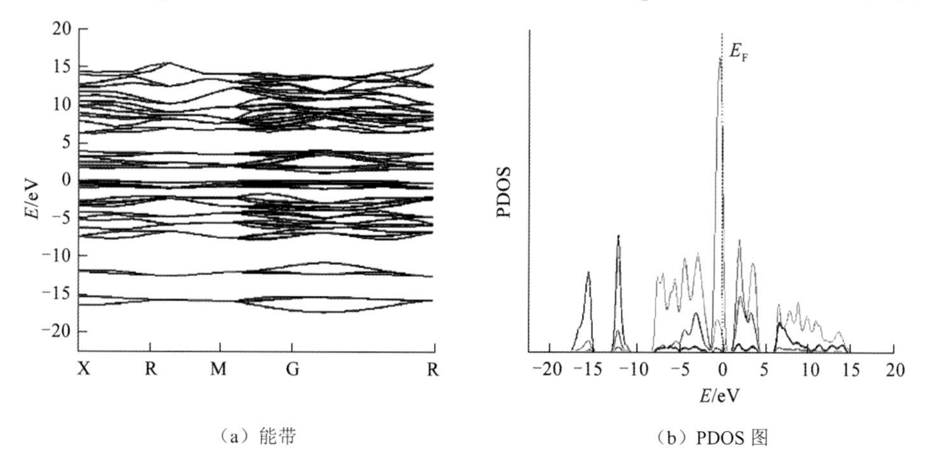

（a）能带　（b）PDOS 图

图 3.9　黄铁矿的能带和 PDOS 图

在费米能级（0）附近，主要的贡献是由铁的 3d 轨道构成，另外，铁的 3s 轨道对态密度的贡献非常少。在−7.5～0 eV 可以看到，硫 3p 轨道和铁 3d 的轨道有着明显的杂化现象，这说明铁和硫之间存在共价键。

2. 黄铜矿能带结构

黄铜矿原胞的能带结构如图 3.10（a）所示，根据计算结果，黄铜矿的费米能级进入价态，形成简并态，其导带能级由铜和铁的 4s 轨道及硫的 3s 轨道组成。黄铜矿的投影态密度如图 3.10（b）所示，−14.5～−12.5 eV 的价带主要由硫的 3s 轨道贡献，−6.5～2.4 eV 的价带由铜铁的 3d 轨道和硫 3p 轨道组成；在−7.5～0 eV 可以看到，硫 3p 轨道和铁、铜 3d 的轨道有着明显的杂化现象，这说明硫和铁、铜之间存在共价键。

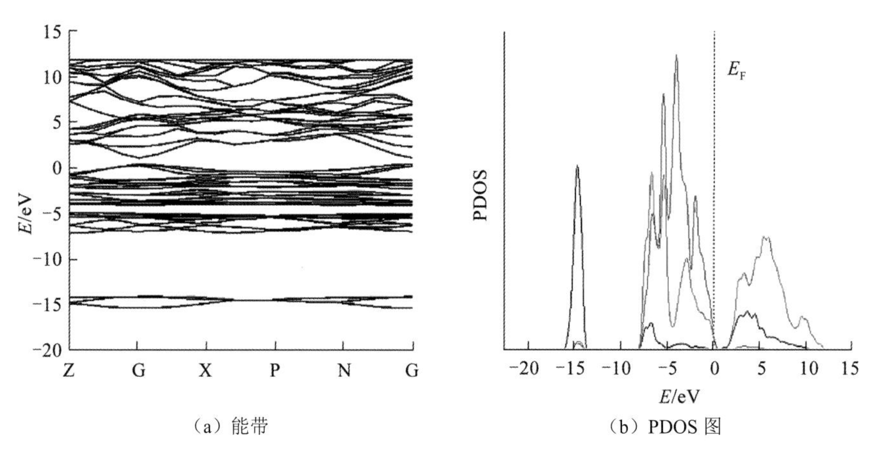

（a）能带　　（b）PDOS 图

图 3.10　黄铜矿的能带和 PDOS 图

3.3　硫化矿物选择性生物吸附的分子模拟

微生物通过细胞表面功能基团与矿物表面相互作用。以 *A. ferrooxidans* 为例，其以黄铁矿为能源底物时通过带负电的葡萄糖醛酸残基在静电力作用下与带正电的黄铁矿相吸附，而以元素硫为底物时通过蛋白质疏水残基吸附于元素硫上。作为微生物–矿物相互作用的首要步骤，细胞表面功能基团在矿物表面吸附作用的研究是揭示微生物吸附行为的前提。

3.3.1　微生物表面功能基团与黄铁矿相互作用的计算

半胱氨酸含有巯基、氨基和羧基多种功能基团，是微生物表面的代表性小分子。DFT 计算得到的半胱氨酸吸附到黄铁矿的最佳构型如图 3.11 所示。前线轨道分析表明，半胱氨酸与黄铁矿的相互作用主要发生在半胱氨酸 HOMO 轨道与黄铁矿 LUMO 轨道之间。吸附能计算表明，吸附在铁位点上的羧羟基构型是热力学上优选的吸附构型，并且根据

Mulliken 键布局分析得到该吸附方式最倾向离子键。差分电荷计算表明，在铁位点上电子从半胱氨酸转移到黄铁矿（100）表面的铁上，而在 S 位点上几乎没有电子转移。

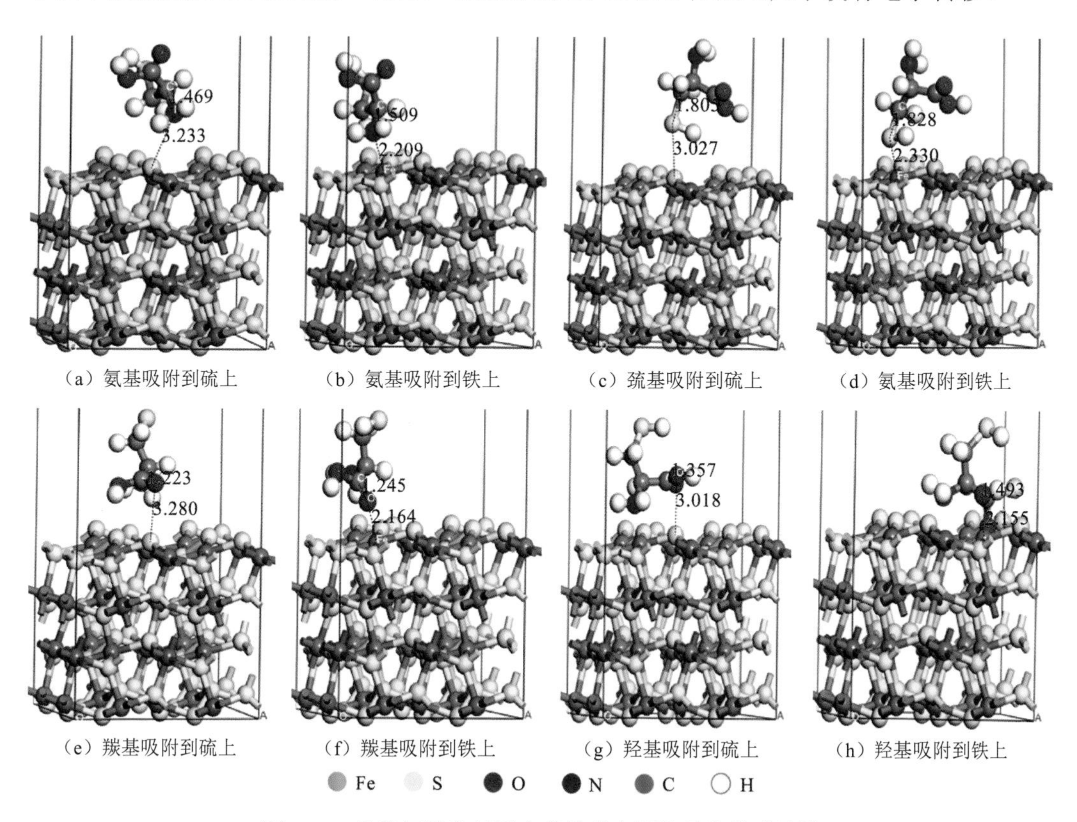

图 3.11　半胱氨酸各基团在黄铁矿表面的最佳构型吸附

由于微生物表面存在多种亲水基团，矿物亲疏水性对微生物吸附有着极大的影响。根据分子动力学的计算结果，经过构型优化后，黄铁矿和水层之间出现明显的间隙（图 3.12），表明黄铁矿表面是疏水的，不利于微生物的吸附。为了改善微生物的吸附，应当对黄铁矿进行表面改性，如球磨，使其变得亲水。

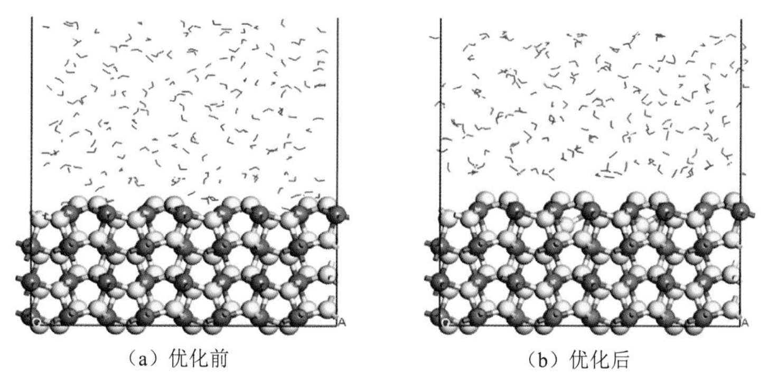

图 3.12　水在黄铁矿表面吸附作用优化前后的构型

图中红、黄和蓝色分别是水分子、硫原子和铁原子

3.3.2　微生物表面功能基团与黄铜矿相互作用的计算

DFT 计算得到的半胱氨酸吸附到黄铜矿上不同位点的最佳构型如图 3.13 所示。半胱氨酸巯基和氨基吸附到黄铜矿铁位点上的键长最短；半胱氨酸的羧羟基更偏向于吸附到黄铜矿的硫位点上，而羰基则偏向于吸附到铜位点上。微生物的多数功能基团（巯基、氨基和羟基）都偏向于吸附在黄铜矿的铁或硫位点上。根据分子动力学的计算结果，经过构型优化后，黄铜矿和水之间也出现明显的间隙（图 3.14），表明黄铜矿表面的疏水性不利于微生物的吸附；为提高微生物的吸附，应当对黄铜矿进行表面改性，使其变得亲水。

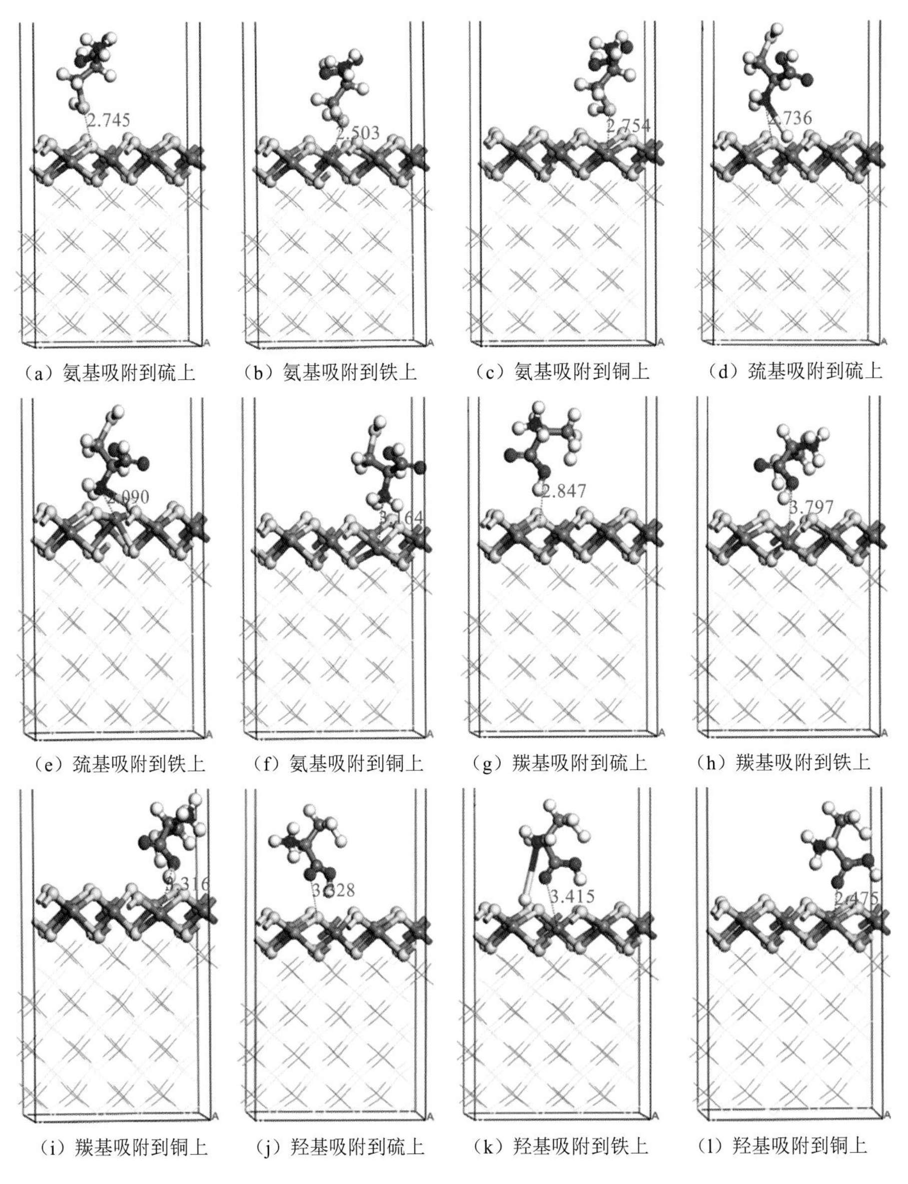

（a）氨基吸附到硫上　（b）氨基吸附到铁上　（c）氨基吸附到铜上　（d）巯基吸附到硫上

（e）巯基吸附到铁上　（f）氨基吸附到铜上　（g）羰基吸附到硫上　（h）羰基吸附到铁上

（i）羰基吸附到铜上　（j）羟基吸附到硫上　（k）羟基吸附到铁上　（l）羟基吸附到铜上

图 3.13　半胱氨酸各基团在黄铜矿表面的最佳吸附构型

图中棕色为 Cu，其他颜色与图 3.11 一致

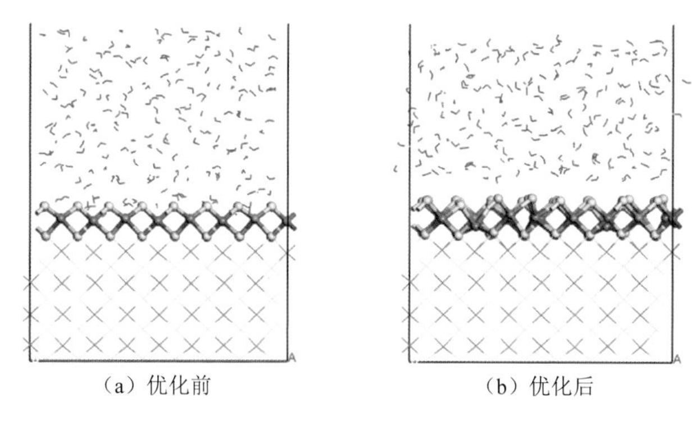

（a）优化前　（b）优化后

图 3.14　水在黄铜矿表面吸附作用优化前后的构型
图中红、黄、蓝和棕色分别是水分子、硫原子、铁原子和铜原子

3.4　典型硫化矿物表面结构及选择性生物吸附行为：以黄铜矿为例

微生物吸附是矿物–微生物相互作用的重要过程，且受到矿物表面微结构的影响。本节以黄铜矿为例进行论述。

图 3.15 和表 3.1 分别展示了电化学腐蚀前后黄铜矿的表面形貌和元素组成。经过电化学腐蚀，在黄铜矿的沟壑区域形成了富硫、富铁（0.87 V 恒电位腐蚀）和缺硫、缺铁（−0.54 V 恒电位腐蚀）的表面。

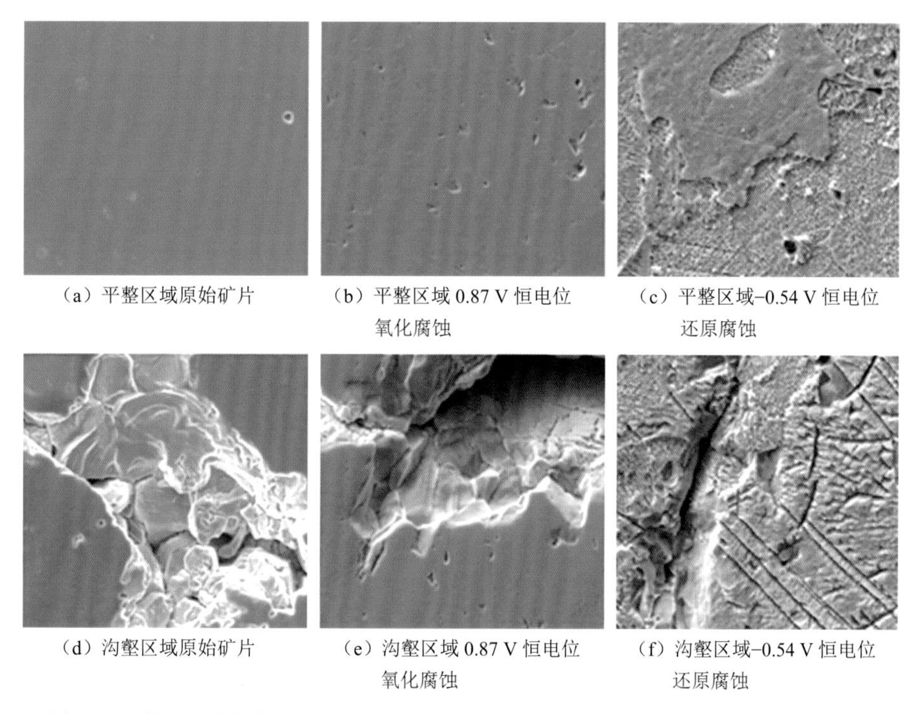

（a）平整区域原始矿片　（b）平整区域 0.87 V 恒电位氧化腐蚀　（c）平整区域−0.54 V 恒电位还原腐蚀

（d）沟壑区域原始矿片　（e）沟壑区域 0.87 V 恒电位氧化腐蚀　（f）沟壑区域−0.54 V 恒电位还原腐蚀

图 3.15　黄铜矿电极恒电位氧化还原腐蚀前后表面平整区域和沟壑区域的 SEM 图

表 3.1　图 3.15 中不同表面区域 EDS 分析结果（以 Cu 含量进行归一化）

区域	不同表面结构黄铜矿归一化分子式		
	未处理黄铜矿	0.87 V 恒电位处理	−0.54 V 恒电位处理
沟壑区	$CuFe_{0.98}S_{2.01}$	$CuFe_{1.00}S_{2.16}$	$CuFe_{0.24}S_{0.69}$
平整区	$CuFe_{1.00}S_{2.08}$	$CuFe_{1.05}S_{2.16}$	$CuFe_{0.36}S_{0.74}$

细菌在电化学恒电位腐蚀处理和未处理的黄铜矿表面的初期吸附阶段存在差异，且在沟壑区和平整区的吸附量也存在差异（Xia et al.，2015）。以 *Sulfolobus metallicus*（金属硫化叶菌）作用黄铜矿为例，对不同作用时间、不同结构的黄铜矿表面沟壑区和平整区进行元素组成分析（通过统计 C 含量，确定生物量，分别见表 3.2 和表 3.3），发现沟壑区 C 含量明显大于平整区，即沟壑区的生物量大于平整区。对于初始的吸附阶段即吸附 1 h 时，细菌的吸附量大小顺序为：0.87 V 处理黄铜矿＞未处理黄铜矿＞−0.54 V 处理黄铜矿。而在第 2 天，平整区生物量顺序发生改变：0.87 V 处理黄铜矿＞−0.54 V 处理黄铜矿＞未处理黄铜矿。其原因可能是初始阶段 0.87 V 处理的黄铜矿表面形成富硫、富铁的表面，而−0.54 V 处理的表面形成的是缺铁、缺硫的表面；由于细菌对能源底物存在自然的趋向性，矿物表面的铁、硫可作为微生物生长的能源底物，促进细菌的初始吸附。同时，−0.54 V 处理的黄铜矿表面腐蚀相对严重，更易受到三价铁的化学氧化浸出作用，随着铜的释放其表面会变得富硫、富铁。这就解释了在初期吸附阶段和后期菌的生长及生物膜形成阶段黄铜矿表面生物量不同的原因。这些结果说明矿物表面微结构及化学形态影响细菌的初始吸附及后期菌的生长及生物膜的形成。这些现象可通过荧光显微镜检并结合傅里叶红外光谱和硫的 K 边 XANES 光谱对生物膜形成及次生产物分析进一步证实。

表 3.2　不同表面结构黄铜矿沟壑区 C 含量及对 Cu 进行归一化的 EDS 结果

时间	未处理黄铜矿		0.87 V 恒电位处理		−0.54 V 恒电位处理	
	归一化分子式	C 原子百分数/%	归一化分子式	C 原子百分数/%	归一化分子式	C 原子百分数/%
0 h	$CuFe_{0.98}S_{2.01}$	0.00	$CuFe_{1.00}S_{2.16}$	0.00	$CuFe_{0.24}S_{0.69}$	0.00
1 h	$CuFe_{1.02}S_{1.98}$	6.47	$CuFe_{1.07}S_{2.03}$	10.38	$CuFe_{0.67}S_{1.68}$	6.28
2 天	$CuFe_{1.04}S_{1.92}$	10.48	$CuFe_{1.07}S_{1.90}$	16.51	$CuFe_{0.96}S_{1.66}$	6.36
4 天	$CuFe_{1.12}S_{1.81}$	11.47	$CuFe_{1.09}S_{1.57}$	16.69	$CuFe_{1.04}S_{1.46}$	9.27
6 天	$CuFe_{1.01}S_{1.75}$	11.86	$CuFe_{1.25}S_{1.28}$	15.23	$CuFe_{1.10}S_{1.67}$	11.32
8 天	$CuFe_{0.97}S_{1.59}$	13.47	$CuFe_{1.16}S_{1.87}$	17.03	$CuFe_{1.02}S_{1.76}$	14.85
10 天	$CuFe_{1.06}S_{1.84}$	16.86	$CuFe_{1.62}S_{1.83}$	18.07	$CuFe_{1.48}S_{1.53}$	16.34

表 3.3　不同表面结构黄铜矿平整区 C 含量以及对 Cu 进行归一化的 EDS 结果

时间	未处理黄铜矿		0.87 V 恒电位处理		−0.54 V 恒电位处理	
	归一化分子式	C 原子百分数/%	归一化分子式	C 原子百分数/%	归一化分子式	C 原子百分数/%
0 h	$CuFeS_{2.08}$	0.00	$CuFe_{1.05}S_{2.16}$	0.00	$CuFe_{0.36}S_{0.74}$	0.00
1 h	$CuFe_{1.01}S_{2.05}$	2.53	$CuFe_{1.02}S_{2.15}$	5.94	$CuFe_{0.63}S_{1.53}$	1.97

续表

时间	未处理黄铜矿		0.87 V 恒电位处理		−0.54 V 恒电位处理	
	归一化分子式	C 原子百分数/%	归一化分子式	C 原子百分数/%	归一化分子式	C 原子百分数/%
2 天	$CuFe_{1.00}S_{1.80}$	3.70	$CuFe_{1.05}S_{1.94}$	8.28	$CuFe_{0.97}S_{1.82}$	6.48
4 天	$CuFe_{1.02}S_{1.77}$	4.81	$CuFe_{1.11}S_{1.71}$	9.89	$CuFe_{1.02}S_{1.71}$	5.49
6 天	$CuFe_{1.06}S_{1.48}$	6.32	$CuFe_{1.03}S_{1.40}$	7.07	$CuFe_{1.14}S_{1.63}$	8.77
8 天	$CuFe_{0.96}S_{1.54}$	8.90	$CuFe_{1.09}S_{1.84}$	9.18	$CuFe_{0.99}S_{1.72}$	13.92
10 天	$CuFe_{1.04}S_{1.88}$	11.47	$CuFe_{1.80}S_{1.78}$	10.90	$CuFe_{1.49}S_{1.60}$	14.05

荧光显微镜检结果表明，*S. metallicus* 菌在后期生长和生物膜形成阶段，黄铜矿表面生物量大小顺序为：0.87 V 处理黄铜矿＞−0.54 V 处理黄铜矿＞未处理黄铜矿（图 3.16）。

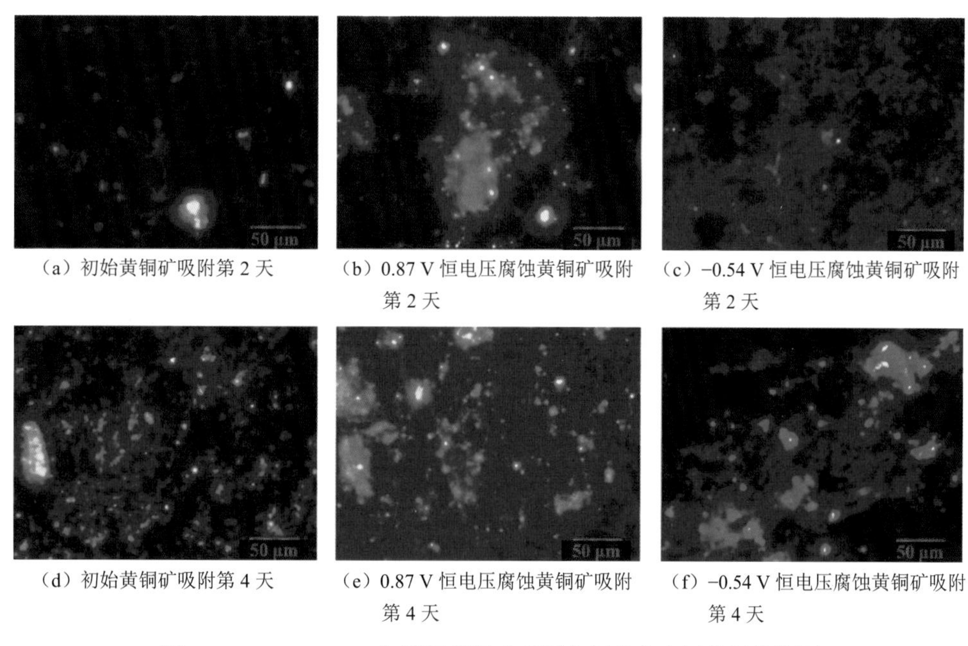

（a）初始黄铜矿吸附第 2 天　（b）0.87 V 恒电压腐蚀黄铜矿吸附第 2 天　（c）−0.54 V 恒电压腐蚀黄铜矿吸附第 2 天

（d）初始黄铜矿吸附第 4 天　（e）0.87 V 恒电压腐蚀黄铜矿吸附第 4 天　（f）−0.54 V 恒电压腐蚀黄铜矿吸附第 4 天

图 3.16　*S. metallicus* 与不同黄铜矿表面作用的荧光原位显微镜图

蓝色部分为 DAPI（4′，6-二脒基-2-苯基吲哚）标记的细菌

傅里叶光谱图结果进一步表明，在后期菌的生长和生物膜形成阶段，黄铜矿不同表面结构具有不同的生物量（图 3.17）。在波数 1 634 cm^{-1} 和 1 536 cm^{-1} 处是蛋白质（酰胺 I 和酰胺 II）的特征峰，在波数 3 400～3 300 cm^{-1} 处出现—OH、—NH_2 或—NH 基团的吸收峰，在波数 2 930 cm^{-1} 附近出现核酸、蛋白质或脂类的—CH_3 或—CH_2，在 1 453 cm^{-1} 附近出现—CH_2 基团到—CH 基团的弯曲变形峰，在 900 cm^{-1} 和 1 130 cm^{-1} 附近出现多聚糖的峰，在 1 600 cm^{-1} 处检测到了对应蛋白质的峰，说明黄铜矿表面有菌的生长。不同处理方式样品的峰强度和峰面积不同，说明生物量不同。在波数 1 000～1 200 cm^{-1} 和 3 300～3 400 cm^{-1} 为黄钾铁矾的特征峰。三种不同表面结构的黄铜矿在浸出过程中基本都在 2～10 天出现了黄钾铁矾，并且从第 6 天开始明显增加。在 0.87 V 和−0.54 V 处理的

黄铜矿表面检测到的黄钾铁矾要比未处理黄铜矿的多。黄钾铁矾的覆盖是导致从第 6 天开始荧光显微观察生物量增加不明显的原因。

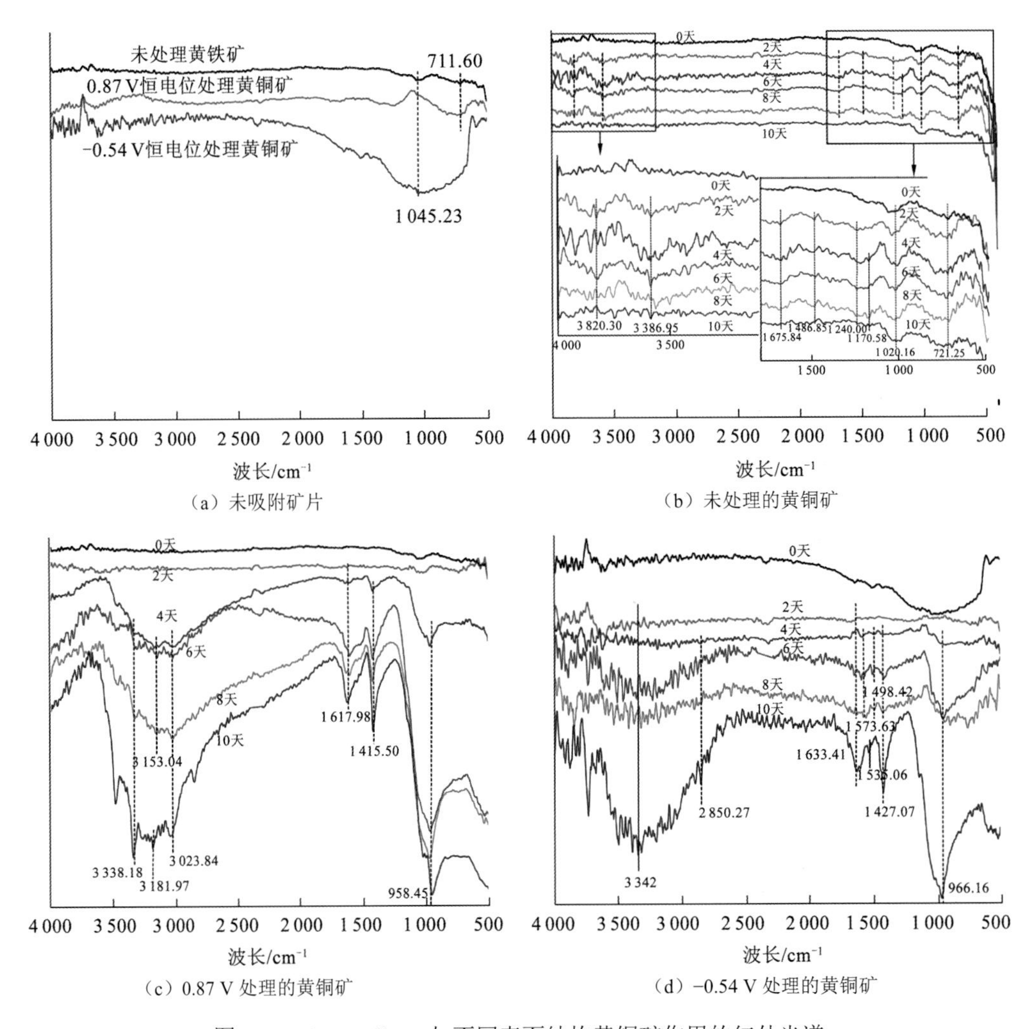

图 3.17　*S. metallicus* 与不同表面结构黄铜矿作用的红外光谱

后期菌的生长和生物膜的形成阶段不仅与矿物表面微结构有关，还受浸出过程中矿物表面的化学形态影响。图 3.18 和图 3.19 分别给出浸出过程中不同时期黄铜矿表面硫 K 边 XANES 光谱及其拟合结果：0.87 V 恒电位处理的黄铜矿表面有铜蓝和元素硫的产生，−0.54 V 恒电位处理的黄铜矿表面有大量的斑铜矿和元素硫产生。在后期菌的生长和生物膜的形成阶段，0.87 V 处理的黄铜矿表面生物量明显大于另外两组，说明元素硫作为细菌的能源底物，对细菌的生长和生物膜生长具有促进作用。随着微生物–矿物相互作用的进行，0.87 V 恒电位处理的黄铁矿表面元素硫和铜蓝在第 2 天后消失，第 4 天开始有黄钾铁矾的出现，第 8 天元素硫和铜蓝又相继出现，说明生物吸附后期元素硫被细菌所利用，并且在后期随着时间的增加出现了黄钾铁矾、铜蓝和元素硫的累积；未经处理的黄铜矿表面在第 8 天出现了黄钾铁矾，第 10 天出现了铜蓝，并有少量的黄钾铁矾的累积；−0.54 V

恒电位处理的黄铜矿表面元素硫在第 2 天消失，同样说明元素硫被吸附的细菌所利用，并且斑铜矿在第 2 天开始迅速降低，在第 6 天消失，从第 6 天开始逐渐出现黄钾铁矾的积累，第 8 天元素硫开始出现。说明元素硫的出现有利于菌的生长和生物膜的形成。

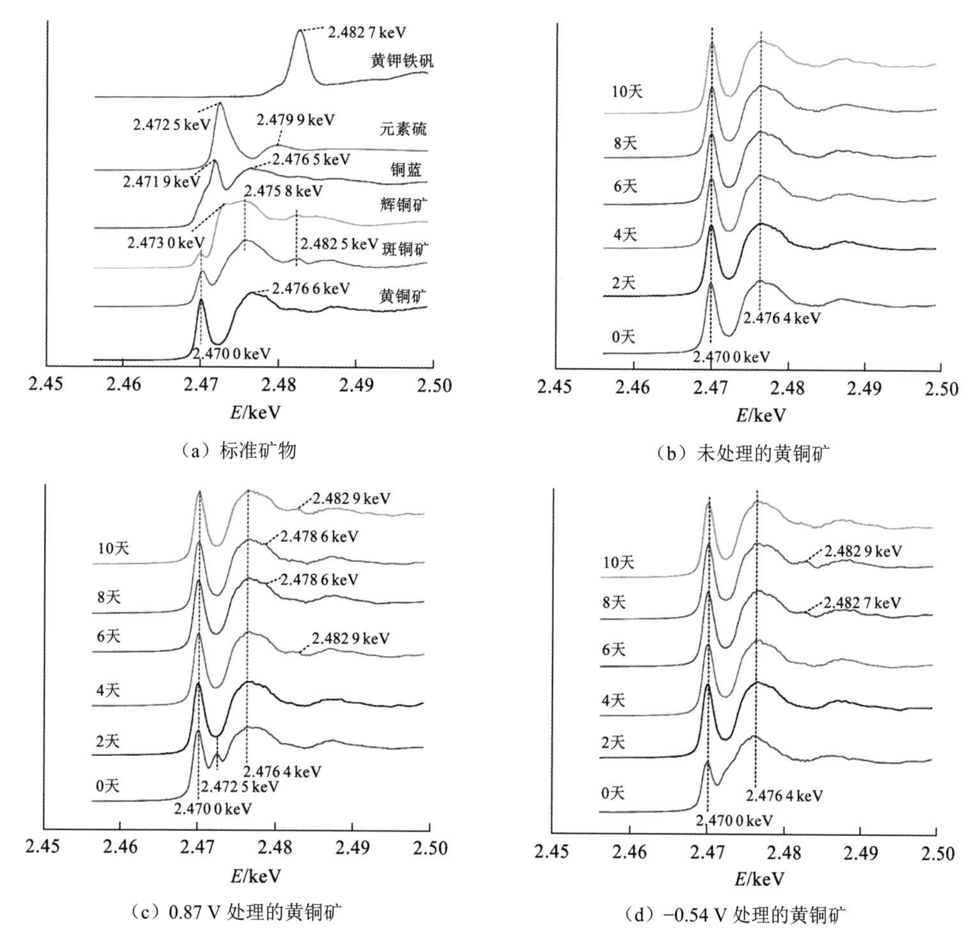

（a）标准矿物

（b）未处理的黄铜矿

（c）0.87 V 处理的黄铜矿

（d）−0.54 V 处理的黄铜矿

图 3.18　*S. metallicus* 与不同表面结构黄铜矿作用后矿物表面硫 K 边 XANES 光谱

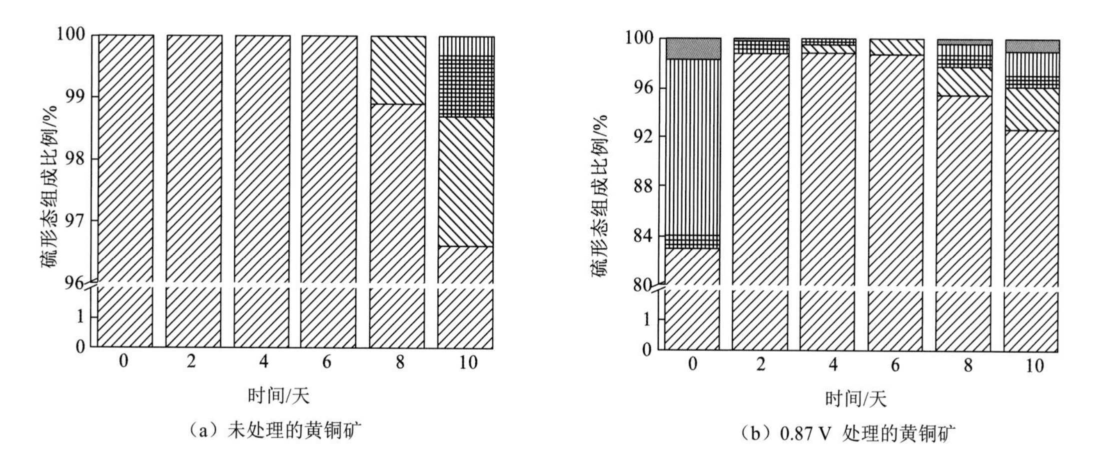

（a）未处理的黄铜矿

（b）0.87 V 处理的黄铜矿

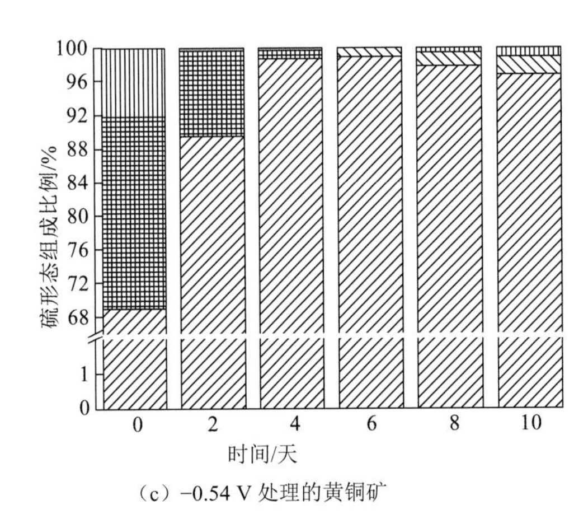

（c）−0.54 V 处理的黄铜矿

图 3.19　*S. metallicus* 与不同表面结构黄铜矿作用的硫 K 边 XANES 拟合结果

铜蓝　元素硫　斑铜矿　黄钾铁矾　黄铜矿

不仅 *S. metallicus* 在不同表面结构的黄铜矿上吸附行为不同，*A.manzaensis* 在相同的实验条件下也表现出类似的吸附行为。即在微生物吸附后期，不同黄铜矿表面的吸附量大小顺序为 0.87 V 处理黄铜矿＞−0.54 V 处理黄铜矿＞未处理黄铜矿，同样在浸出过程中黄铜矿表面元素硫和铁的出现有利于细菌的初始吸附。这说明极端嗜热古菌吸附性质存在普遍性，都受到黄铜矿表面的微结构和矿片表面的化学形态的影响。由此可知，微生物优先吸附于富有能源底物的晶格缺陷区，即有表面缺陷的富硫、富铁的黄铜矿更有利于细菌的初始吸附及后期菌的生长和生物膜的形成。

第 4 章　典型硫化矿–微生物作用过程元素形态转化及赋存形式

硫化矿–微生物作用过程中，伴随着复杂的元素形态转化，这些转化随着环境条件（包括 pH、pO_2、温度、离子种类和浓度、效应剂等）的变化而进行。

4.1　黄铜矿–微生物作用过程硫铁铜形态转化及赋存形式

黄铜矿的生物浸出涉及硫、铁、铜三种元素的迁移和化学形态的转化。在浸出过程中黄铜矿表面会形成多种多样的中间产物，例如黄钾铁矾、S^0、铜蓝和辉铜矿等（He et al.，2012；Zhu et al.，2011；Sasaki et al.，2009）。这些浸出产物的形成和（或）累积受到浸出体系的显著影响，同时又能反过来影响整个生物浸出过程。同时，黄铜矿生物浸出及产物积累受到浸矿菌铁/硫氧化能力（Liu et al.，2015a，2015b）、矿浆浓度、温度、pH、ORP、黄铜矿表面结构（Xia et al.，2015）、催化剂（Nie et al.，2018；Xia et al.，2018；Liang et al.，2012，2010）等多种因素的影响。基于同步辐射 XANES 形态分析和 XRD 物相分析监测浸出过程中铁铜硫元素形态转化及赋存形式是解析黄铜矿浸出过程中间产物形态演变的关键，也是生物冶金机理相关研究的热点。

4.1.1　含硫、铁、铜标样的 XANES 光谱

1. 含硫标准物质的 S 的 K 边 XANES 光谱

硫原子的价电子层结构为 $3s^23p^4$，还有可以利用的空 3d 轨道，因而有相应丰富的化合价（+6、+5、+4、+2、0、−1、−2），并能形成多种化合物。元素硫在自然界中以多种无机硫和有机硫的形式存在。如表 4.1 所示，无机硫的形式多样，既可以单质形式存在，又可以硫化物和硫酸盐等多种形式存在。有机硫则主要是一些含硫氨基酸，如蛋氨酸、半胱氨酸、甲硫氨酸、谷胱甘肽及其衍生物等。

表 4.1　硫的主要化合物及化合价

化合物	化学结构	氧化态
硫酸盐	SO_4^{2-}	+6
硫代硫酸盐	$S_2O_3^{2-}$	+5（砜基 S）/ −1（硫烷 S）
多聚硫酸盐	$^-O_3S(S)_nSO_3^-$	+5（砜基 S）/0（内部 S）
亚硫酸盐	SO_3^{2-}	+4

续表

化合物	化学结构	氧化态
次硫酸盐	$S_2O_4^{2-}$	+3
元素硫	S_n	0
多聚硫化物	S_n^{2-}	−1（末端 S）/0（内部 S）
硫化物	HS^-/S^{2-}	−2

单质硫则具有多种同素异形体，如斜方硫、单斜硫和弹性硫等。斜方硫，即斜方晶系硫，又称作 α-S_8，在常温常压下能够稳定存在。α-S_8 易溶于二硫化碳，不溶于水。当温度低于 95.6℃时，单斜硫也可慢慢转变为斜方硫。弹性硫又称链状硫，以无定形态存在，它的获得可由升华硫在正常沸点附近熔化后骤然冷却成固体制备。弹性硫仅部分溶于二硫化碳，其中不溶于二硫化碳的部分称为 μ-S。

本节含硫标准物质可分为 4 类：含硫矿物类、无机含硫化合物、有机含硫化合物和不同形态 S^0。其对应的 S 的 K 边 XANES 光谱如图 4.1 所示。从图 4.1 可清晰地看出不同含硫化合物的 S 的 K 边 XANES 光谱在吸收峰的大小和位置及相对强度存在显著差别，通过对实际体系未知样品的 S 的 K 边 XANES 光谱选择不同的标准化合物的组合，可有效拟合出未知样品的组分和含量。比较不同形态（价态）硫的氧化态与其 XANES 光谱

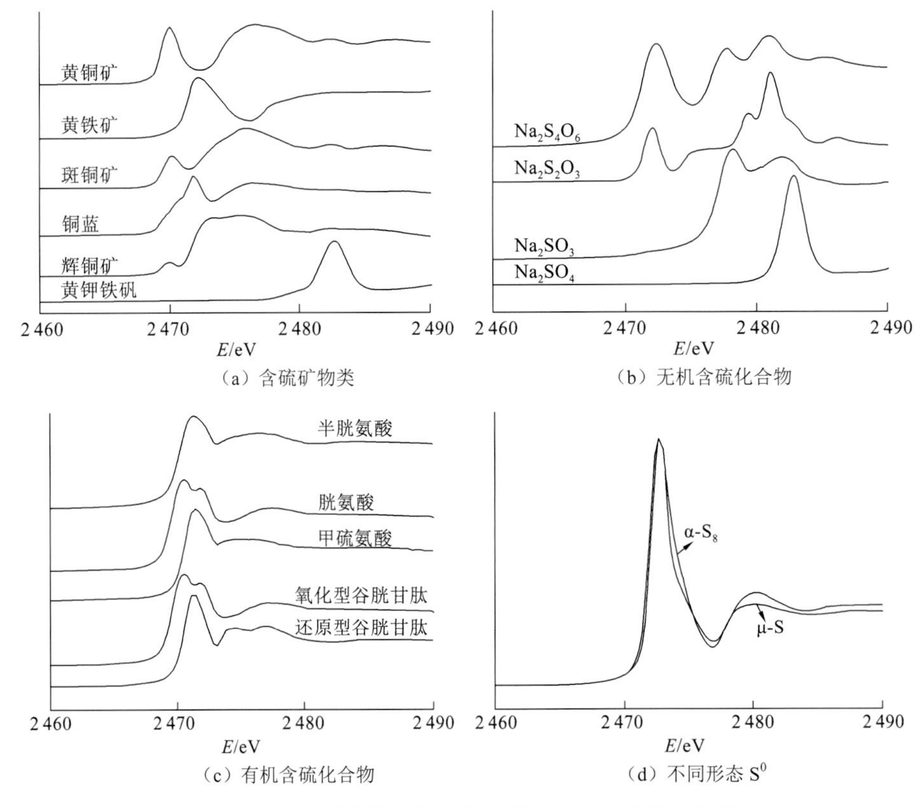

（a）含硫矿物类　（b）无机含硫化合物

（c）有机含硫化合物　（d）不同形态 S^0

图 4.1　含硫标准物质的 S 的 K 边 XANES 光谱及比较

吸收边化学位移之间的线性关系，发现对于不同价态的硫元素而言，其吸收边的位置存在显著差异，且随着氧化态的增加，其吸收边所在的能量值逐渐增加，例如，图 4.1（a）和图 4.1（b）中的黄钾铁矾和硫酸盐（硫的价态+6）对应 S 的 K 边 XANES 光谱吸收边的能量值最高，图 4.1（c）中的半胱氨酸和还原型谷胱甘肽（硫的价态-2）的 S 的 K 边 XANES 光谱基本上重合，以及图 4.1（d）中两种不同形态单质硫的吸收边完全一致，只是吸收峰的宽度及边后有细微差别。

2. 含铁、铜标准物质的 Fe、Cu 的 K 边 XANES 光谱

含铁标准物质 Fe 的 K 边 XANES 光谱及含铜标准物质 Cu 的 K 边 XANES 光谱分别如图 4.2 及图 4.3 所示。由图 4.2 和图 4.3 可知，不同含铁、铜物质的 Fe、Cu 的 K 边 XANES 光谱存在显著差别。图 4.2（a）显示黄铜矿、斑铜矿、黄铁矿的吸收边位置在 7120 eV 之前，而黄钾铁矾的在 7130 eV 附近，与 S 的 K 边 XANES 类似，这也反映了吸收边能量值与元素价态之间的关系。

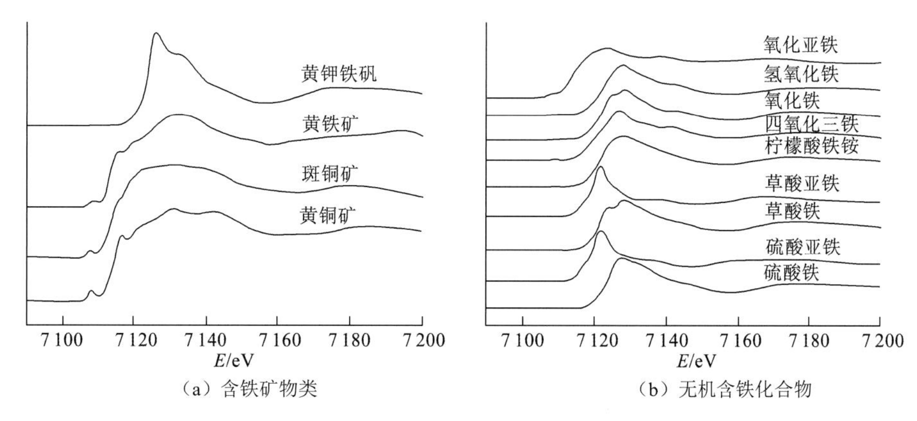

图 4.2　含铁标准物质的 Fe 的 K 边 XANES 光谱及比较

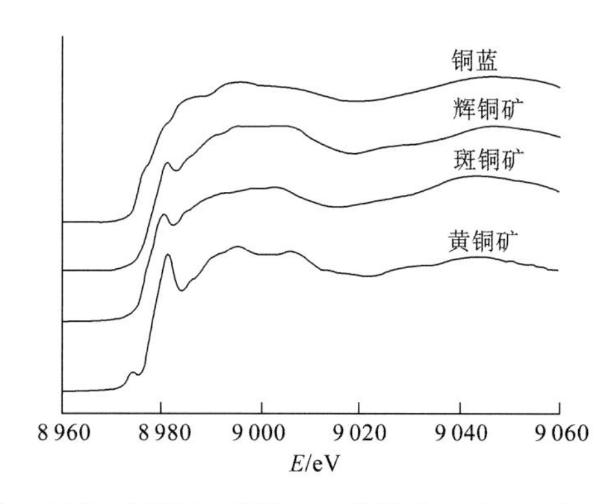

图 4.3　含铜标准物质（铜蓝、辉铜矿、斑铜矿、黄铜矿）的 Cu 的 K 边 XANES 光谱及比较

关于 Fe、Cu 的 K 边 XANES 的分析方法多种多样，除可以通过选取标准物质的 Fe、Cu 的 K 边 XANES 光谱对未知样品的 XANES 光谱用线性曲线（linear curve，LC）拟合

对样品可能的组分进行分析之外，还可以根据标准价态的 XANES 光谱分析未知样品价态位移（Ide-Ektessabi et al.，2004）。例如，Nie 等（2015）以图 4.2 中氧化亚铁和氧化铁作为标准物质，通过计算细胞样品 Fe 的 K 边 XANES 光谱 Fe^{2+}/Fe^{3+}，系统比较了 *A. manzaensis*、*S. thermosulfidooxidans*、*A. ferrooxidans* 和 *L. ferriphilum* 等不同氧化活性和不同生长温度的典型浸矿菌细胞表面的铁元素的形态分布，结果发现细胞表面铁元素的分布与能源底物及细菌的种类显著相关，为铁氧化浸矿菌的铁氧化机制及其受环境因素影响的阐明提供了实验佐证（详见 9.4.1 小节）。

3. 含铁标准物质的 Fe 的 L 边 XANES 光谱

含铁标准物质 Fe 的 L 边 XANES 光谱如图 4.4 所示。由图 4.4 可知，不同标准物质 Fe 的 L 边 XANES 光谱在 L_2、L_3 边峰的相对强度明显不同，其中 L_3 边上 a、b 两个吸收峰的相对强度常用于区分 Fe(II)和 Fe(III)间氧化和还原，也常用于区分和鉴定不同含铁矿物的种类及价态组成（Mosselmans et al.，1995；Thole et al.，1988）。这常常也是对未知样品进行价态分析或者物质组成分析的重要依据（Liu et al.，2015e；Nie et al.，2015）。例如，基于 Fe 的 L 边 XANES，Nie 等（2015）原位分析了胞外铁形态及键合状态，分析发现这些铁主要以羟基、羧基、氨基键合的形式存在，此外还发现存在无机态黄钾铁矾类的物质，这些无机“壳层”很可能对细胞适应极端环境起到非常重要的作用（详见 9.4.1 小节）。

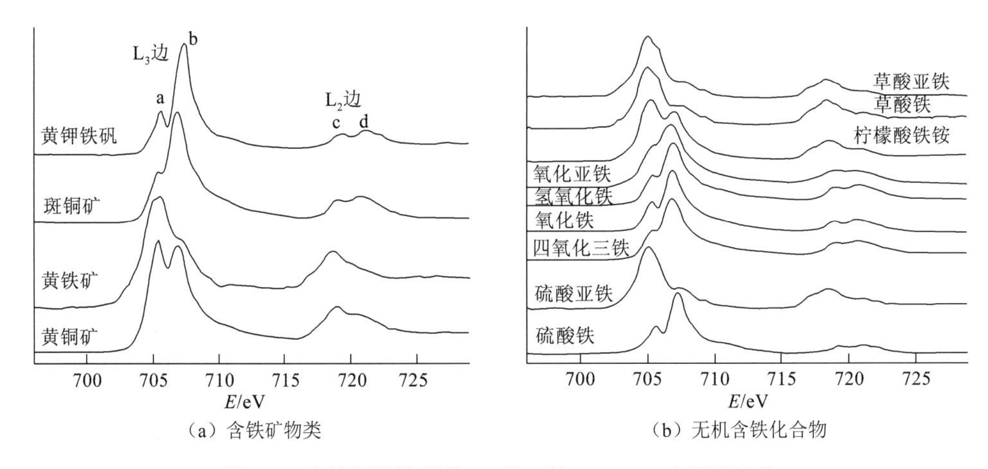

图 4.4　含铁标准物质的 Fe 的 L 边 XANES 光谱及比较

4.1.2　不同温度特性微生物的影响

图 4.5～图 4.7 分别给出了典型嗜热古菌 *A. manzaensis*、中度嗜热菌 *S. thermosulfidooxidans*、嗜中温菌 *A. ferrooxidans* 浸出黄铜矿过程中矿相组成。由这些结果可知，对于这三种浸出体系对应的无菌对照组，都只有少量的 S^0 产生；而对于生物浸出体系，其物相组成存在如下不同。

由图 4.5 可知，与原始黄铜矿比较，*A. manzaensis* 浸出黄铜矿过程矿物组分变得复杂，并随时间逐渐变化：在第 2 天，除原始黄铜矿之外，还有少量的 S^0、斑铜矿和辉铜矿产生；在第4天，浸出残渣由黄铜矿、黄钾铁矾、斑铜矿、辉铜矿和铜蓝组成；在第6天和第10天，铜蓝开始产生，黄钾铁矾逐渐变成最主要的成分，而斑铜矿和辉铜矿的衍射峰逐渐消失。

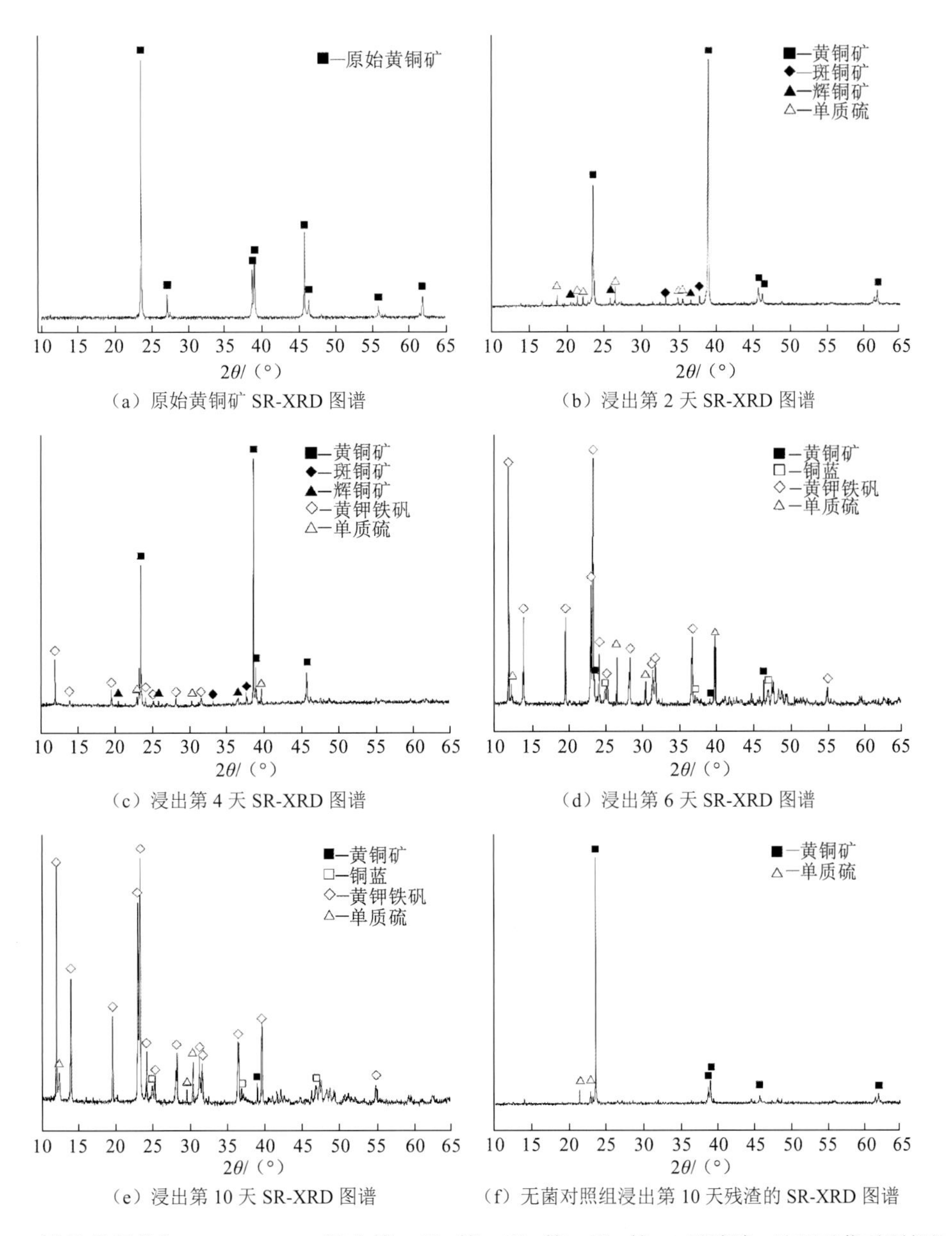

（a）原始黄铜矿 SR-XRD 图谱
（b）浸出第2天 SR-XRD 图谱
（c）浸出第4天 SR-XRD 图谱
（d）浸出第6天 SR-XRD 图谱
（e）浸出第10天 SR-XRD 图谱
（f）无菌对照组浸出第10天残渣的 SR-XRD 图谱

图4.5 原始黄铜矿和 *A. manzaensis* 浸出第2天、第4天、第6天、第10天残渣，以及无菌对照组浸出第10天残渣的 SR-XRD 图谱

由图4.6可知，*S. thermosulfidooxidans* 浸出黄铜矿第4天检测到了少量的黄钾铁矾、辉铜矿和 S^0；第8天开始辉铜矿消失，检测到了新的铜蓝相；从第4天至第20天，黄钾铁矾逐渐增多，并成为主要成分，而黄铜矿逐渐减少。

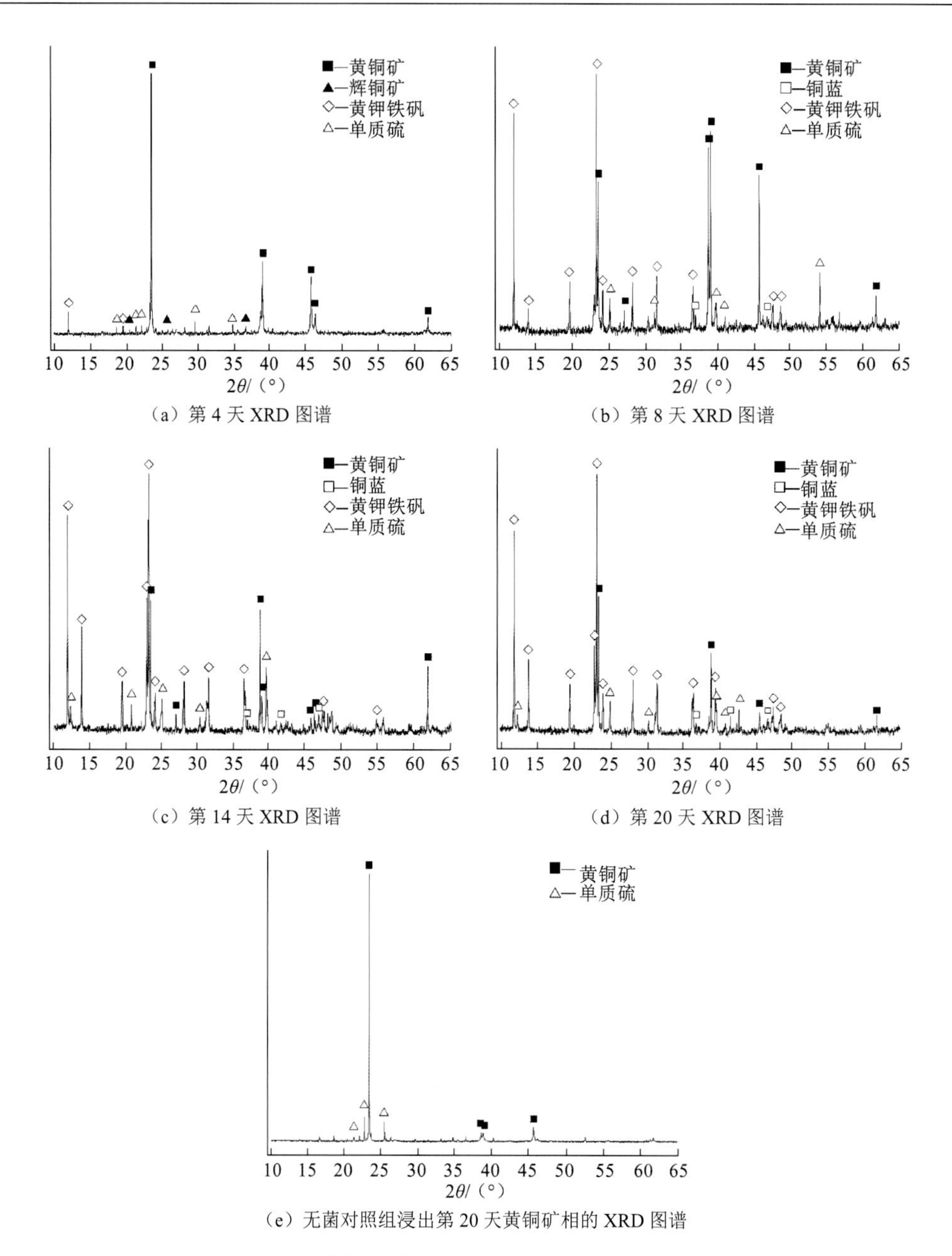

（a）第 4 天 XRD 图谱

（b）第 8 天 XRD 图谱

（c）第 14 天 XRD 图谱

（d）第 20 天 XRD 图谱

（e）无菌对照组浸出第 20 天黄铜矿相的 XRD 图谱

图 4.6　*S. thermosulfidooxidans* 浸出黄铜矿过程中第 4 天、第 8 天、第 14 天和第 20 天，以及无菌对照组浸出第 20 天黄铜矿相的 XRD 图谱

由图 4.7 可知，*A. ferrooxidans* 浸出黄铜矿第 3 天黄铜矿表面形成了少量的斑铜矿、辉铜矿和 S^0，第 9 天黄钾铁矾开始积累，在第 18 天和第 30 天斑铜矿和辉铜矿的衍射峰消失而新出现了铜蓝的衍射峰。图 4.7 还表明黄钾铁矾逐渐增加而黄铜矿逐渐减少。

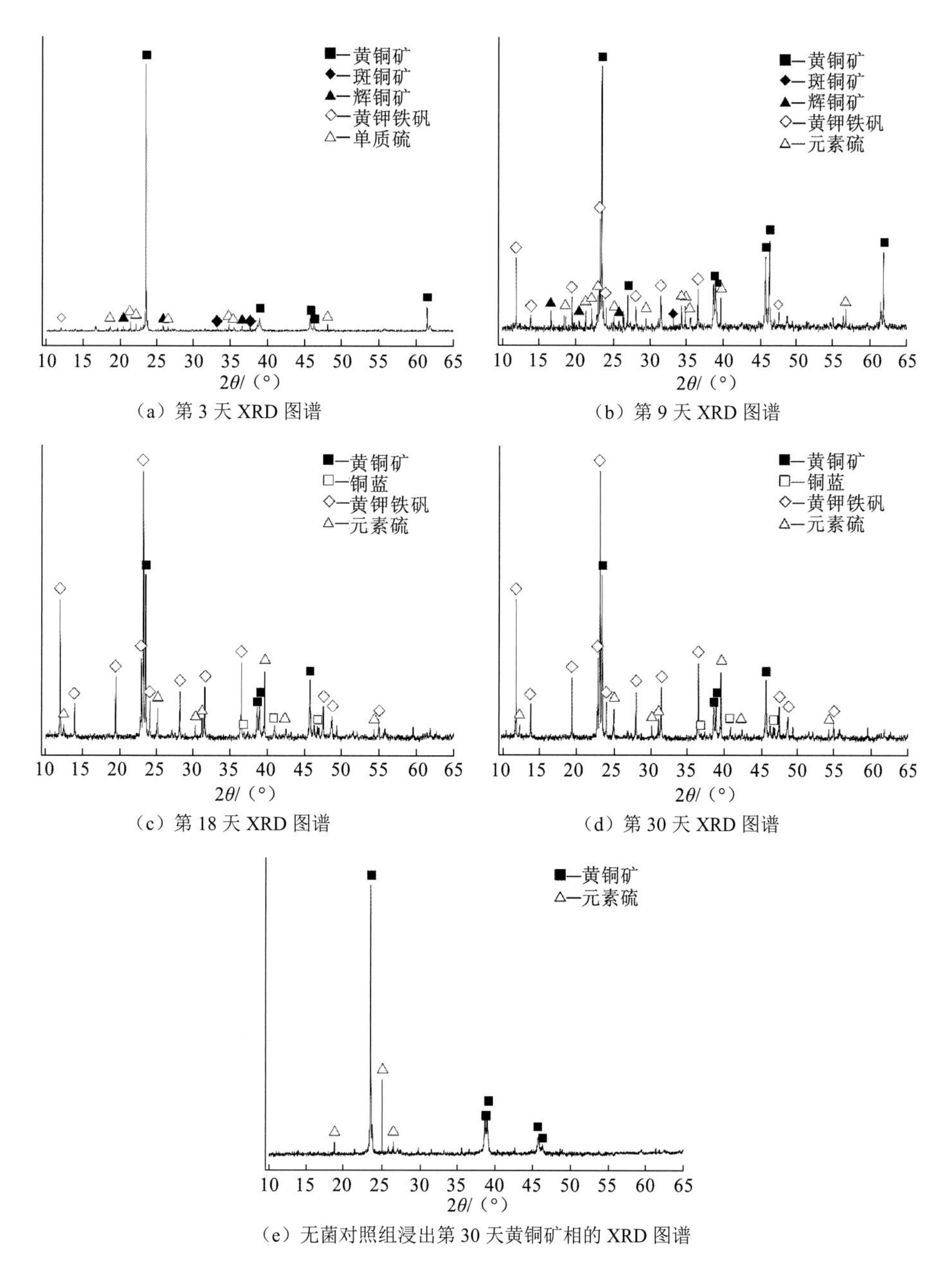

图4.7　*A. ferrooxidans* 浸出黄铜矿过程中第3天、第9天、第18天和第30天，以及无菌对照组浸出第30天黄铜矿相的XRD图谱

图4.8～图4.10进一步给出了这三种浸矿菌浸出黄铜矿过程硫、铁、铜形态转化。与标准矿物的XANES光谱相比，这三种细菌浸出黄铜矿过程S、Fe、Cu的K边XANES光谱都发生了明显变化，表明浸出过程中原始黄铜矿的硫、铁和铜的形态逐渐发生了转化。

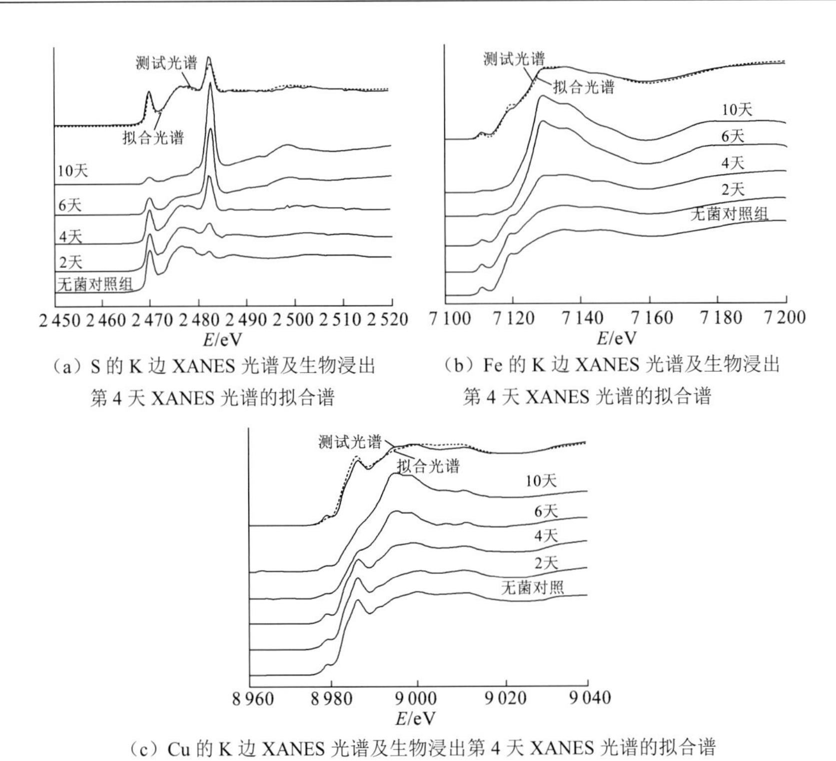

（a）S 的 K 边 XANES 光谱及生物浸出第 4 天 XANES 光谱的拟合谱

（b）Fe 的 K 边 XANES 光谱及生物浸出第 4 天 XANES 光谱的拟合谱

（c）Cu 的 K 边 XANES 光谱及生物浸出第 4 天 XANES 光谱的拟合谱

图 4.8　*A. manzaensis* 浸出黄铜矿过程中第 2 天、第 4 天、第 6 天和第 10 天矿相和无菌对照组浸出第 10 天矿相 S、Fe 和 Cu 的 K 边 XANES 光谱及生物浸出第 4 天 XANES 光谱的拟合谱

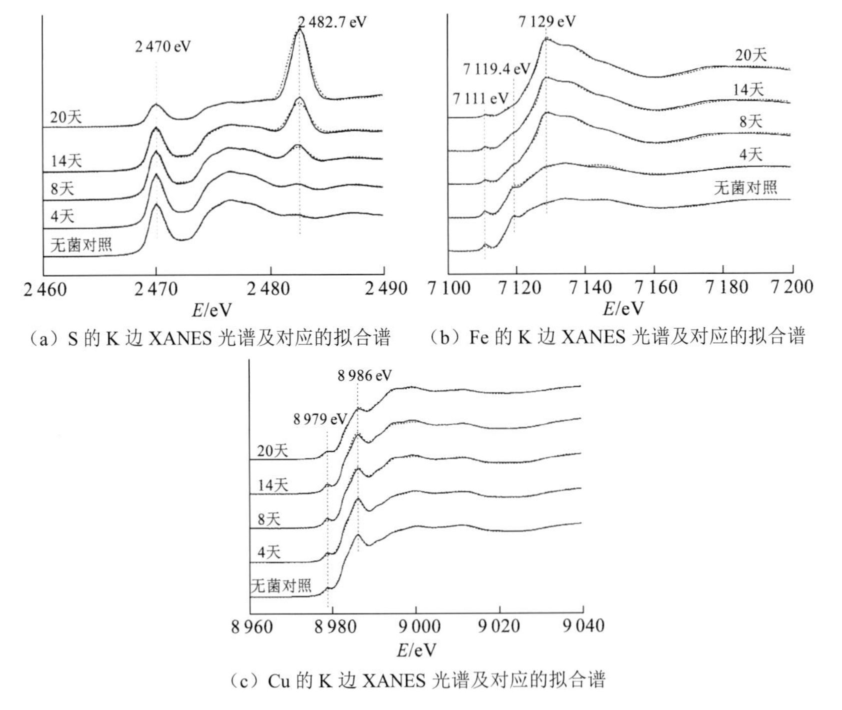

（a）S 的 K 边 XANES 光谱及对应的拟合谱

（b）Fe 的 K 边 XANES 光谱及对应的拟合谱

（c）Cu 的 K 边 XANES 光谱及对应的拟合谱

图 4.9　*S. thermosulfidooxidans* 浸出黄铜矿过程中第 4 天、第 8 天、第 14 天和第 20 天矿相和无菌对照组浸出第 20 天矿相 S、Fe 和 Cu 的 K 边 XANES 光谱（实线）及对应的拟合谱（虚线）

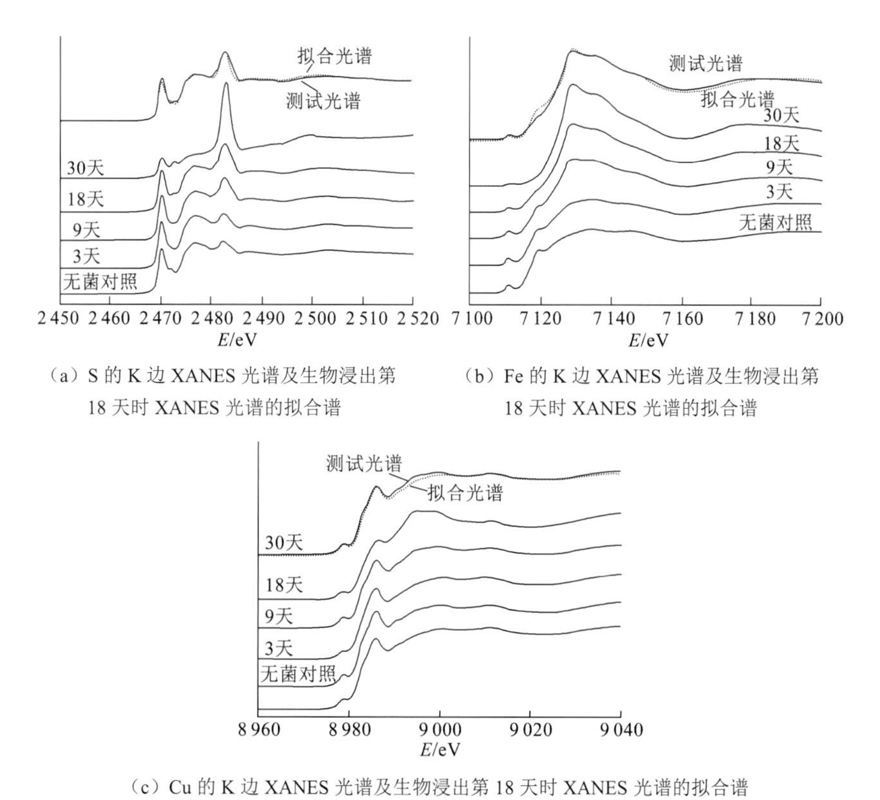

（a）S 的 K 边 XANES 光谱及生物浸出第 18 天时 XANES 光谱的拟合谱

（b）Fe 的 K 边 XANES 光谱及生物浸出第 18 天时 XANES 光谱的拟合谱

（c）Cu 的 K 边 XANES 光谱及生物浸出第 18 天时 XANES 光谱的拟合谱

图 4.10　*A. ferrooxidans* 浸出黄铜矿过程中第 3 天、第 9 天、第 18 天和第 30 天和无菌对照组浸出第 30 天时矿相 S、Fe 和 Cu 的 K 边 XANES 光谱及生物浸出第 18 天时 XANES 光谱的拟合谱

以标准含硫、铁和铜物质的 XANES 光谱作参照，对浸出过程中 S、Fe、Cu 的 K 边 XANES 光谱进行 LC 拟合能够有效地表征物质形态转化量的关系。图 4.11～图 4.13 分别给出上述三种菌浸出黄铜矿过程 S、Fe、Cu 形态的拟合结果。

对于 *A. manzaensis* 而言（图 4.11），随着浸出时间的增加，黄铜矿占的比例越来越少，第 2 天、第 4 天、第 6 天和第 10 天黄铜矿占的比例分别是 81.4%、65.3%、29.7%和 9.2%；在第 2 天和第 4 天拟合到了斑铜矿和辉铜矿，之后斑铜矿和辉铜矿消失；但是从第 6 天开始拟合到了 4.8%的铜蓝，到了第 10 天铜蓝增加到了 8.3%；在整个浸出过程中都拟合到黄钾铁矾和 S^0，且黄钾铁矾的含量随着浸出时间增长快速增加，第 10 天黄钾铁矾的量占到了 78.8%，而 S^0 在比较小的范围内波动。对于无菌对照组而言，只拟合到了极少量的斑铜矿、辉铜矿、黄钾铁矾和 S^0，黄铜矿仍然占到了 90.1%。其 Fe 的 K 边 XANES 光谱的拟合结果表明，随着浸出时间的增加，黄铜矿占的比例越来越少，第 3 天的 88.3%逐渐下降到了第 10 天的 29.6%；同样在浸出前期的第 2 天和第 4 天拟合到了斑铜矿，且逐渐下降，第 2 天占 7.3%，第 4 天占 4.2%；整个生物浸出过程中黄钾铁矾的含量逐渐增加，由第 3 天占 4.4%，到了第 10 天占到了 70.4%。对于无菌对照组而言，浸出 10 天后，只拟合到了少量的斑铜矿和黄钾铁矾。其 Cu 的 K 边 XANES 光谱的拟合结果表明，随着浸出时间的增加，黄铜矿逐渐减少；在第 2 天和第 4 天拟合到了斑铜矿和辉铜矿；在第 6 天和第 10 天斑铜矿和辉铜矿逐渐消失，但是拟合到了新的产物铜蓝。而对于无菌对照组而言，只是拟合到了少量的斑铜矿和辉铜矿。

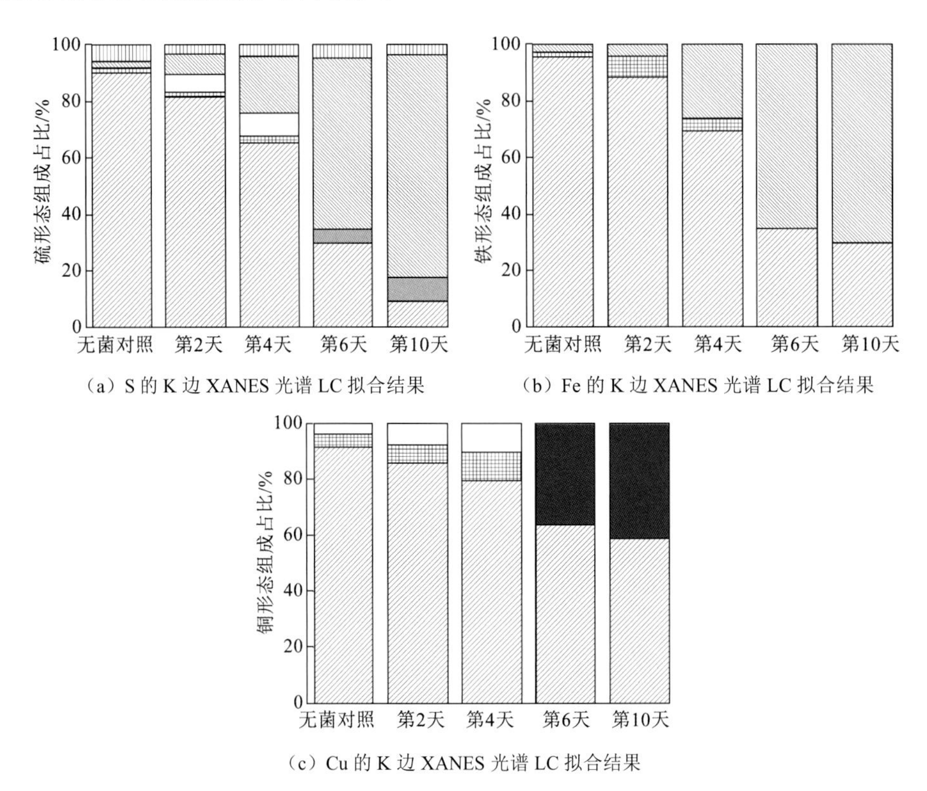

（a）S 的 K 边 XANES 光谱 LC 拟合结果

（b）Fe 的 K 边 XANES 光谱 LC 拟合结果

（c）Cu 的 K 边 XANES 光谱 LC 拟合结果

图 4.11　*A. manzaensis* 浸出黄铜矿过程中矿相 S、Fe、Cu 的 K 边 XANES 光谱 LC 拟合结果

元素硫　黄钾铁矾　辉铜矿　铜蓝　斑铜矿　黄铜矿

对于 *S. thermosulfidooxidans* 而言（图 4.12），随着浸出时间增加，黄铜矿逐渐减少；浸出的第 4 天拟合到了 1.1%的辉铜矿；浸出的第 8 天，辉铜矿消失，但是开始出现铜蓝，并且在第 14 天和第 20 天逐渐增多；浸出的过程中，S^0 和黄钾铁矾一直被拟合到，而且这部分 S^0 主要是环状硫；黄钾铁矾的量逐渐增加，到了生物浸出的第 20 天，黄钾铁矾占到了 27.4%。而对于无菌对照组，只拟合到了少量的黄钾铁矾和 S^0，黄铜矿仍然占到了 96.4%。其 Fe 的 K 边 XANES 光谱的拟合结果表明，整个浸出过程中，只拟合到了黄铜矿和黄钾铁矾，且随着浸出时间增加，黄铜矿占的比例逐渐减少，而黄钾铁矾的比例逐渐增加。到了第 20 天的时候，黄铜矿和黄钾铁矾的比例分别是 55.1%和 44.9%。而无菌对照组经过 20 天的浸出，黄铜矿和黄钾铁矾占比分别是 96.1%和 3.9%。其 Cu 的 K 边 XANES 光谱的拟合结果表明，黄铜矿在第 4 天急剧减少到 79.5%，随后在第 8 天开始增加到了 90.7%，之后又开始减少，在第 14 天和第 20 天分别拟合到了 85.5%和 64.6%的黄铜矿。在第 4 天还拟合到了 20%的辉铜矿，之后辉铜矿消失，而铜蓝在第 8 天开始被拟合到，之后逐渐增加。

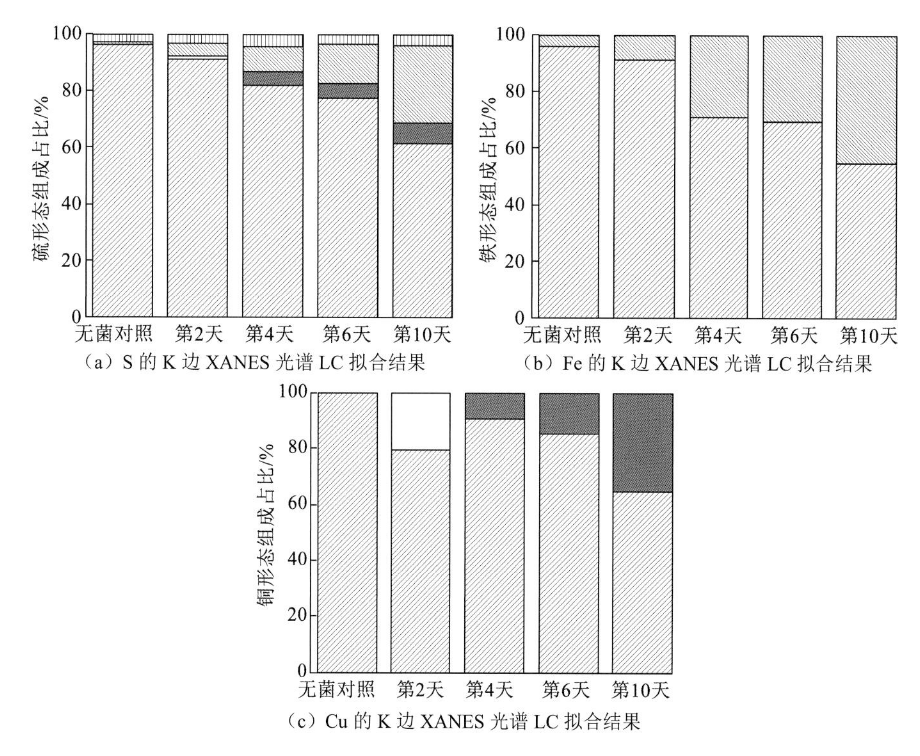

（a）S 的 K 边 XANES 光谱 LC 拟合结果　（b）Fe 的 K 边 XANES 光谱 LC 拟合结果

（c）Cu 的 K 边 XANES 光谱 LC 拟合结果

图 4.12　*S. thermosulfidooxidans* 浸出黄铜矿过程中矿相 S、Fe、Cu 的 K 边 XANES 光谱 LC 拟合结果

元素硫　黄钾铁矾　辉铜矿　铜蓝　斑铜矿　黄铜矿

对于 *A. ferrooxidans* 而言（图 4.13），随着浸出时间的增加，黄铜矿占的比例越来越少，由第 3 天的 80.1%逐渐下降到了第 30 天的 40.1%；在第 3 天和第 9 天拟合到了斑铜矿和辉铜矿；在第 18 天和第 30 天斑铜矿和辉铜矿消失，但是拟合到了铜蓝；此外，在整个浸出过程中都拟合到黄钾铁矾和 S^0，且黄钾铁矾的含量随着浸出时间增长而逐渐增加，到了第 30 天，黄钾铁矾占到了 36.1%。对于无菌对照组而言，拟合到了极少量的斑铜矿、辉铜矿、黄钾铁矾和 S^0。其 Fe 的 K 边 XANES 光谱的拟合结果表明，随着浸出时间的增加，黄铜矿占的比例越来越少，第 3 天、第 9 天、第 18 天和第 30 天分别占 87.3%、60.6%、44.3%和 26.0%；同样在第 3 天和第 9 天拟合到了斑铜矿，但是含量很低，只分别占到了 3.9%和 1.4%；黄钾铁矾的含量也是逐渐增加，由第 3 天占 8.8%，逐渐增加到第 30 天占 74%。对于无菌对照组而言，浸出 30 天后，除黄铜矿之外，并没有拟合到其他形态的含铁

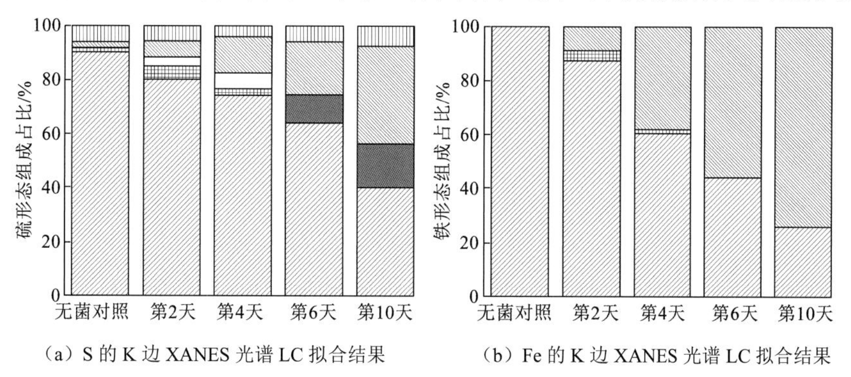

（a）S 的 K 边 XANES 光谱 LC 拟合结果　（b）Fe 的 K 边 XANES 光谱 LC 拟合结果

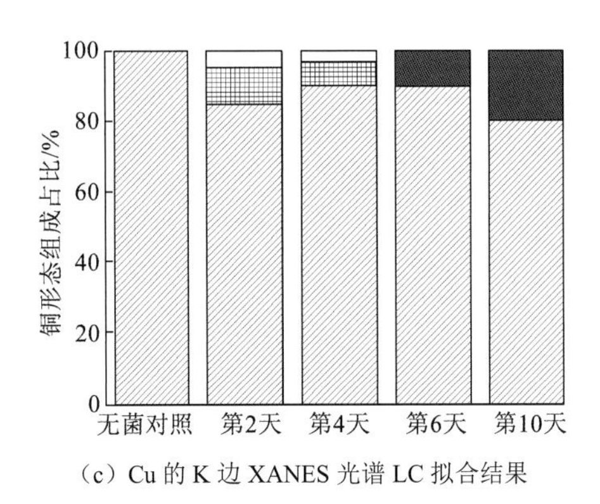

（c）Cu 的 K 边 XANES 光谱 LC 拟合结果

图 4.13　*A. ferrooxidans* 浸出黄铜矿过程中矿相 S、Fe、Cu 的 K 边 XANES 光谱 LC 拟合结果

元素硫　黄钾铁矾　辉铜矿　铜蓝　斑铜矿　黄铜矿

物质。其 Cu 的 K 边 XANES 光谱的拟合结果表明，随着浸出时间的增加，黄铜矿占的比例变化范围不大，在 80.3%和 90.1%的范围内波动；但在第 3 天和第 9 天都拟合到了斑铜矿和辉铜矿，其后逐渐消失；第 18 天开始拟合到铜蓝，到第 30 天增加到了 19.7%。而对于无菌对照组而言，没有拟合到除黄铜矿以外的其他铜形态。

黄铜矿的溶出过程包括 Cu、Fe、S 三种元素的溶出。浸出过程中，随着 Fe^{3+}对黄铜矿的攻击产生单质硫，后者进一步被浸矿微生物氧化成硫酸。黄铜矿表面物质变化可分为三步：①铜和铁元素首先溶出并通过 S^{2-}聚合形成 S_n^{2-}；②随着铜铁阳离子溶出及 S_n^{2-} 的氧化产生 S^0；③铜铁离子的进一步溶出（Harmer et al.，2006）。通过结合 SR-XRD 和 S、Fe、Cu 的 K 边 XANES，发现铁元素比铜元素更容易释放，会形成 Fe 缺失型矿物和不稳定的 $Cu_{1-x}S$ 或 $Cu_{1-x}Fe_{1-y}S_2$ 中间体（Ghahremaninezhad et al.，2010；Mikhlin et al.，2004）。例如，三种菌浸出体系中都检测到了辉铜矿和铜蓝的产生，此外，还在 *A. manzaensis* 和 *A. ferrooxidans* 浸出过程中检测到了斑铜矿。其中斑铜矿可能通过式（4.1）产生（Majuste et al.，2012；Richardson et al.，1984）。并且斑铜矿、铜蓝和辉铜矿的产生与浸出过程密切相关，对于 *A. manzaensis* 浸出体系在较低的 ORP（360～461 mV）下会先形成金属缺失型的斑铜矿和/或辉铜矿，并且在较高 ORP（461～531 mV）下转化为铜蓝［式（4.1）～式（4.4）］。

$$5CuFeS_2 \longrightarrow Cu_5FeS_4 + 4Fe^{3+} + 6S^0 + 12e^- \tag{4.1}$$

$$CuFeS_2 + 3Cu^{2+} + 3Fe^{2+} \longrightarrow 2Cu_2S + 4Fe^{3+} \tag{4.2}$$

$$Cu_2S + 4H^+ + O_2 \longrightarrow 2Cu^{2+} + S^0 + 2H_2O \tag{4.3}$$

$$Cu_2S + 4Fe^{3+} \longrightarrow 2Cu^{2+} + S^0 + 4Fe^{2+} \tag{4.4}$$

S^0 是硫化矿生物浸出过程中常见的重要中间产物。三种不同温度特性浸矿菌浸出体系都检测到了 S^0 的产生。S^0 被浸矿微生物氧化为微生物提供酸性环境并为黄铜矿的溶出提供质子。已有研究表明黄铜矿溶出过程中形成的 S^0 和黄钾铁矾可能会阻碍黄铜矿与浸矿菌之间的接触，并进一步阻碍黄铜矿的生物溶出。但是这种阻碍作用在实际搅拌生物浸出体系中很难检测到，因为 S^0 和黄钾铁矾的产生和积累是一个动态平衡过程——浸出过程中表面产物不断地产生和脱落（Jiang et al.，2009）。

结合 SR-XRD 和 S、Fe、Cu 的 K 边 XANES 光谱分析可定性和定量研究黄铜矿浸出过程中硫、铁、铜形态。首先，通过 SR-XRD 定性分析黄铜矿表面中间产物的种类；其次，通过 S、Fe、Cu 的 K 边 XANES 光谱定量分析各组分的量的关系。根据上述硫、铁、铜形态转化的分析，结合黄铜矿生物浸出过程，可推导黄铜矿生物浸出过程的模型（图 4.14）。该模型表明在初始阶段较低 ORP 条件下会产生辉铜矿（和斑铜矿），随着 ORP 的升高，逐渐转化为铜蓝，同时伴随着 S^{2-}和 S_n^{2-} 的产生，并逐渐形成 S^0；此外，黄钾铁矾随着[Fe^{3+}]的增加和 pH 的改变逐渐积累。

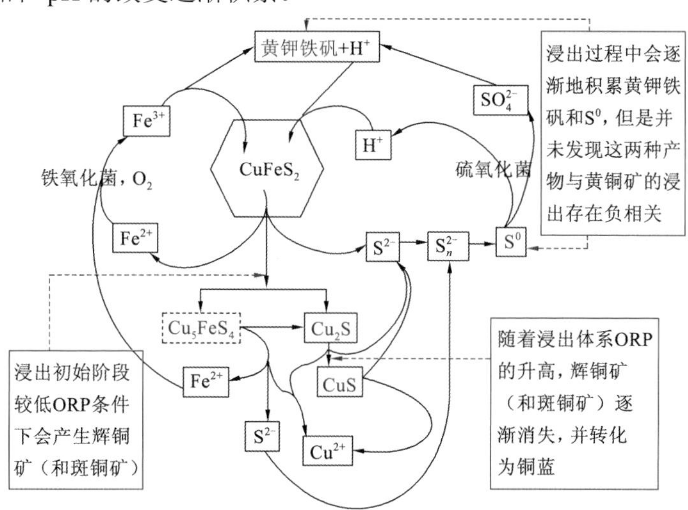

图 4.14　黄铜矿生物浸出过程中中间产物形成的模式图

4.1.3　温度、矿浆浓度和 pH 的影响：以万座嗜酸两面菌为例

1. 温度的影响

图 4.15～图 4.17 给出了万座嗜酸两面菌在不同温度下（初始 pH 2.0、矿浆浓度 2%）浸出黄铜矿浸矿残渣的矿相组成及硫形态组成。从图 4.15 可以看出，万座嗜酸两面菌在 3 个温度水平浸出黄铜矿 10 天的残渣中都发现了黄钾铁矾、单质硫和未溶解的黄铜矿。虽然温度对万座嗜酸两面菌浸出黄铜矿速率有重要影响，但是温度并未能影响黄铜矿生物浸出过程中生成产物的物相组成。

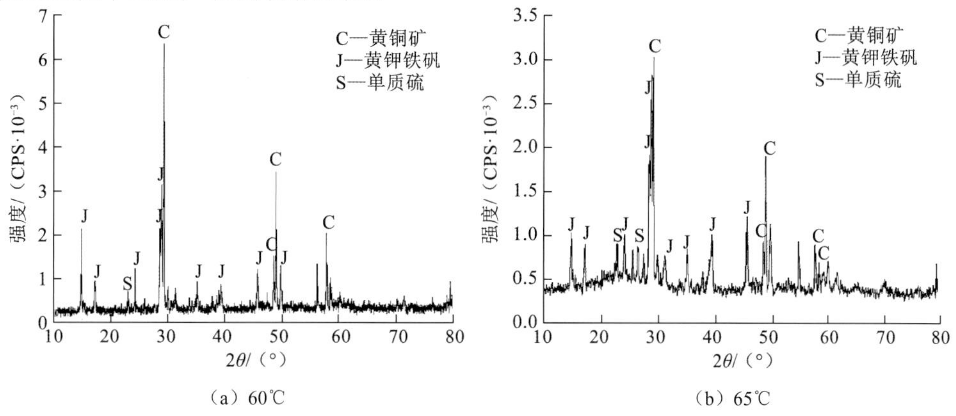

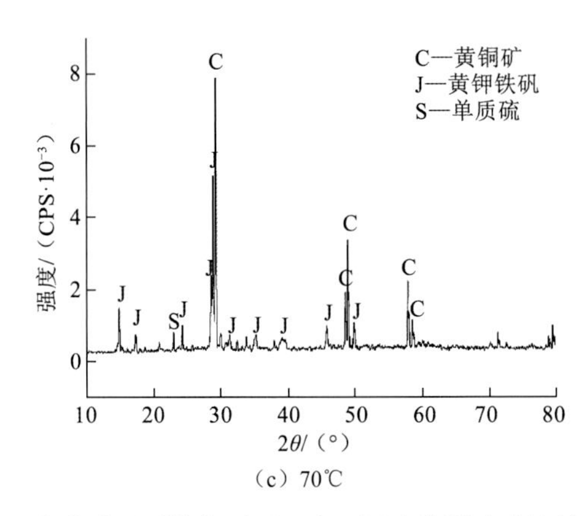

（c）70℃

图 4.15　万座嗜酸两面菌在不同温度下浸出黄铜矿残渣的 XRD 图谱

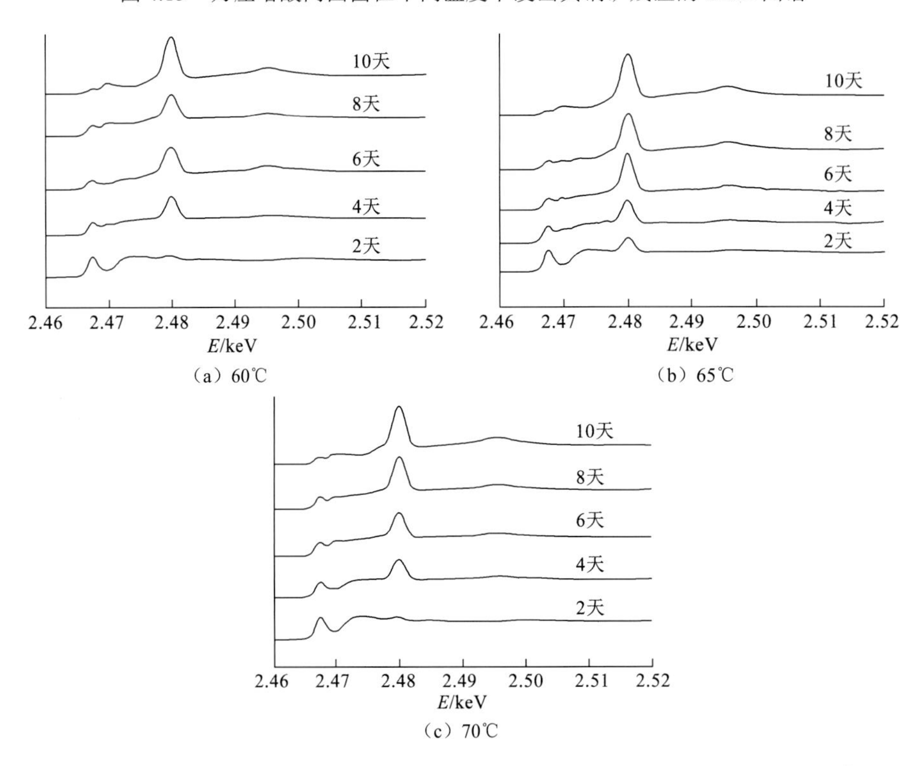

（a）60℃　　　　（b）65℃

（c）70℃

图 4.16　万座嗜酸两面菌在不同温度下浸出黄铜矿过程硫的 K 边 XANES 光谱

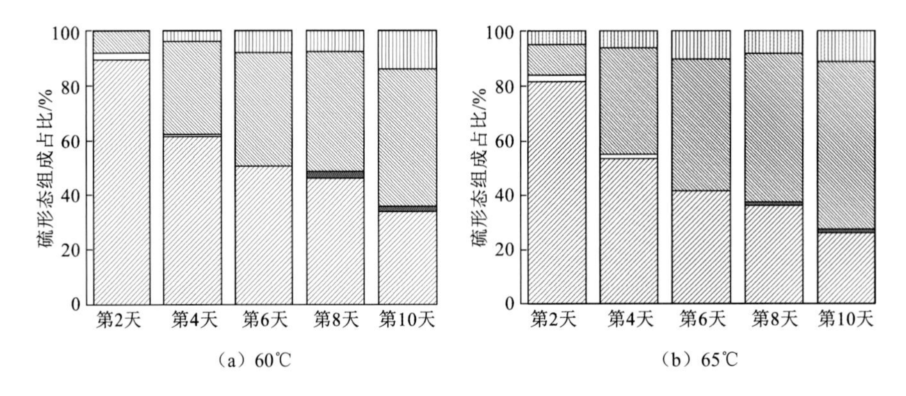

（a）60℃　　　　（b）65℃

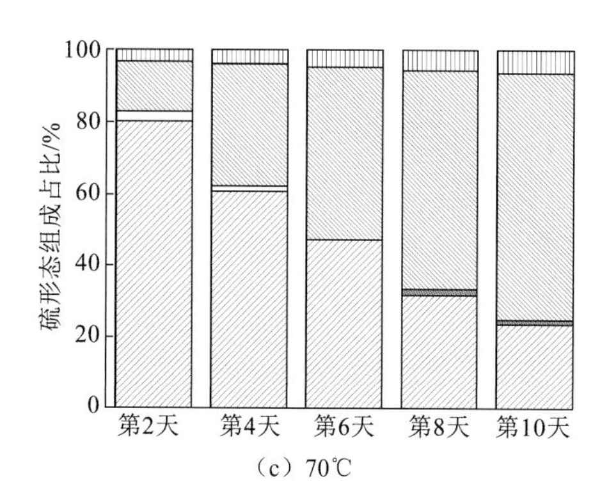

（c）70℃

图 4.17　万座嗜酸两面菌在 60℃、65℃、70℃浸出黄铜矿过程硫 K 边 XANES 光谱的拟合结果

元素硫　黄钾铁矾　辉铜矿　铜蓝　斑铜矿　黄铜矿

从图 4.16 中万座嗜酸两面菌在 3 个温度水平下浸出黄铜矿过程硫的 K 边 XANES 光谱可以看出，随着浸出的进行，黄铜矿的吸收峰强度逐渐减小，同时 2 470.4 eV 和 2 480.4 eV 能量处出现了新的产物峰，对比标准含硫化合物的 XANES 图谱可知它们分别是单质硫和黄钾铁矾的吸收峰，这表明浸出过程中生成了单质硫和黄钾铁矾。

由图 4.17 可知，单质硫和黄钾铁矾从浸出的第 2 天就开始在矿物表面形成，并且它们的累积量随着浸出的进行而增加。如前所述，万座嗜酸两面菌的硫氧化能力很强，但是当浸出体系中的硫酸根和 Fe^{3+}浓度高时会在矿物表面形成黄钾铁矾沉淀，阻碍微生物和硫的接触，进而抑制微生物对硫的氧化，造成硫的累积。由 XANES 光谱的拟合结果可知，黄钾铁矾的生成量随着温度的升高而增加。

2. 矿浆浓度的影响

图4.18～图4.20给出了不同矿浆浓度的黄铜矿生物浸出过程中残渣的矿相及硫形态组成。从图 4.18 可以看出，三个矿浆浓度的生物浸出残渣中均生成了黄钾铁矾和单质硫，其中黄钾铁矾是最主要的产物，而单质硫的含量相对较少。不同矿浆浓度的生物浸出残渣中的单质硫含量不同，硫含量随着矿浆浓度增加而减少，1%浓度的残渣中单质硫最多。这可能是因为当矿浆浓度较低时，黄铜矿的溶解速率较快，生成了较多的单质硫，同时浸出体系中 Fe^{3+}和 SO_4^{2-} 浓度较高导致生成大量的黄钾铁矾，黄钾铁矾在矿物表面的累积阻碍了微生物和硫的接触及氧化，导致了硫的累积。当矿浆浓度增大时，由于微生物的适应阶段延长，黄铜矿的溶解速率降低，微生物将黄铜矿溶解产生的硫大部分消解，硫的累积较少。

从图 4.19 可以看出，随着浸出的进行，黄铜矿的吸收峰强度逐渐减小，而 2 472.4 eV 和 2 482.4 eV 处出现了两个新的吸收峰，对照参比含硫化合物的谱图可知，它们分别是单质硫（铜蓝）和黄钾铁矾的吸收峰。从图 4.19 可以看出 3 个过程中黄钾铁矾的吸收峰强度最大，其次是黄铜矿和单质硫。

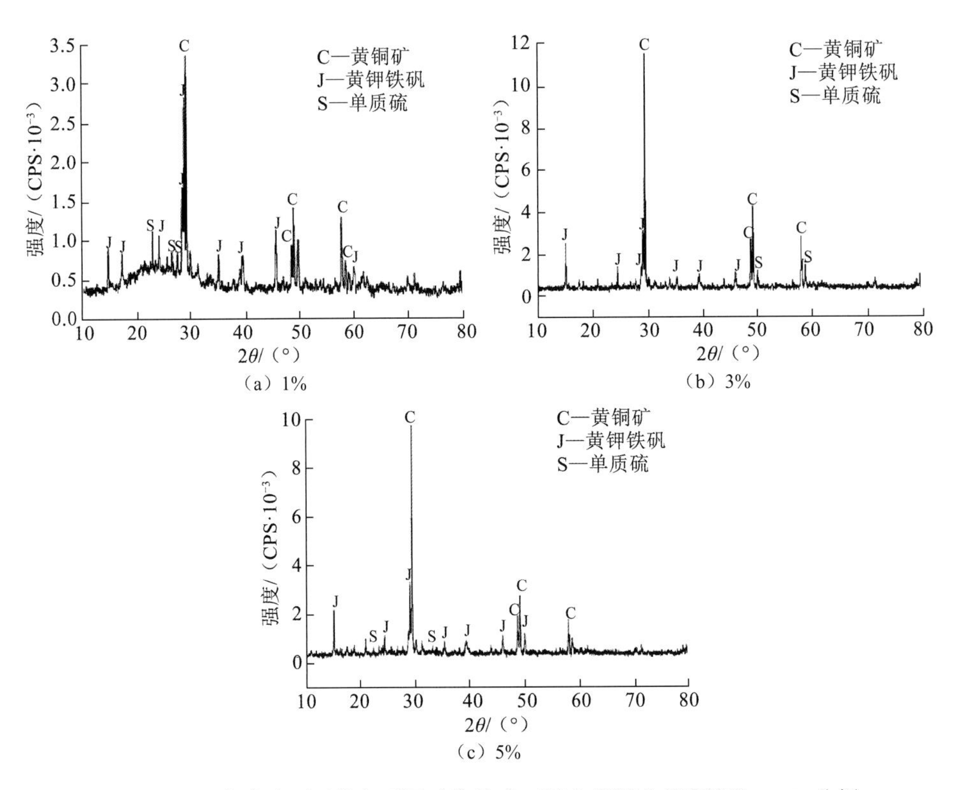

图 4.18　万座嗜酸两面菌在不同矿浆浓度下浸出黄铜矿的残渣的 XRD 分析

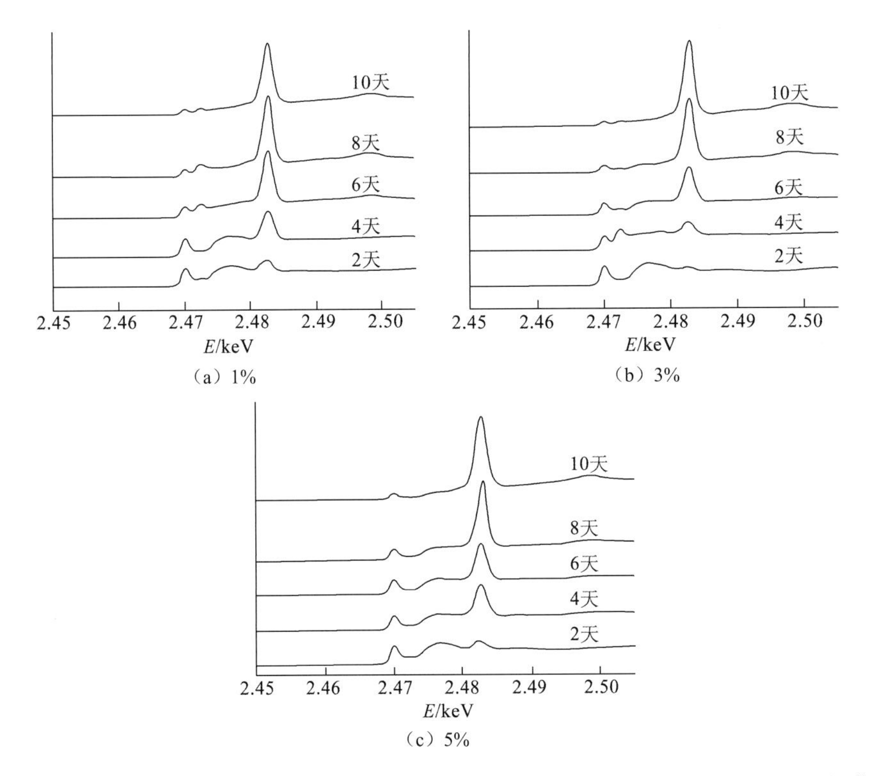

图 4.19　万座嗜酸两面菌在不同矿浆浓度下浸出黄铜矿过程中的硫 K 边 XANES 光谱

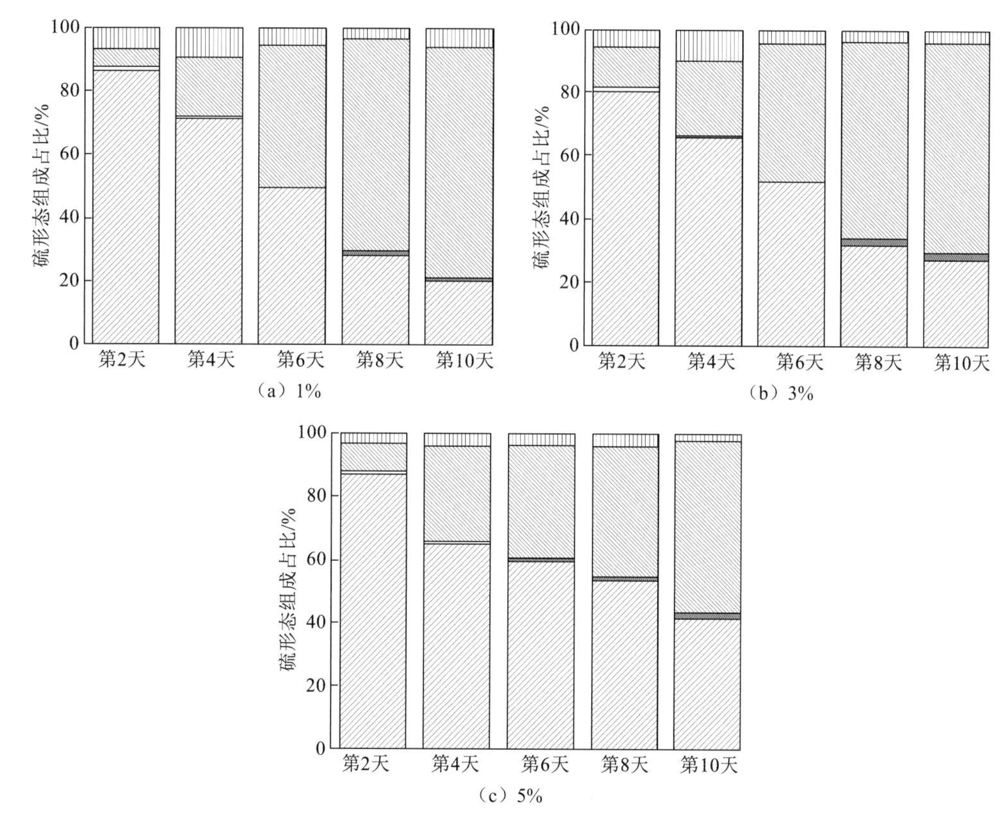

图 4.20　不同矿浆浓度条件下万座嗜酸两面菌浸出黄铜矿过程中样品的硫 K 边 XANES 光谱的拟合结果

元素硫　黄钾铁矾　辉铜矿　铜蓝　斑铜矿　黄铜矿

由图 4.20 可知，黄钾铁矾在固体样品中所占比例随着矿浆浓度的增大而减小，而未溶解黄铜矿所占的比例却刚好相反，这和浸出试验结果一致。这是因为随着矿浆浓度的增大，浸出体系的剪切力增大，对万座嗜酸两面菌的生长代谢造成抑制，使细胞的生长变慢，浸出率在前期较低，生物浸出周期延长，直到浸出结束，铜离子的溶出速率仍在快速增长，这导致了高浓度下铜离子的浸出率降低，固体样品中含有大量的未溶解的黄铜矿使黄钾铁矾所占比例降低。值得注意的是，黄钾铁矾的生成量随着浸出的进行不断升高，而铜离子的浓度在浸出过程中持续增大；虽然黄钾铁矾是生物浸出过程中含量最丰富的产物，但是铜离子的浸出率仍然远高于中温生物浸出，这表明黄钾铁矾对黄铜矿溶解的阻碍作用不像中温菌浸出那么明显。

3. pH 的影响

图 4.21 给出了初始 pH 为 1 时的无菌浸出及不同初始 pH 条件下生物浸出黄铜矿残渣的物相组成。从图 4.21 可以看出，初始 pH 为 1 的无菌浸出残渣中除未反应的黄铜矿外还检测到了少量的单质硫，这是因为无菌条件下没有微生物将黄铜矿溶解产生的单质硫氧化，造成了它在矿物表面的累积。

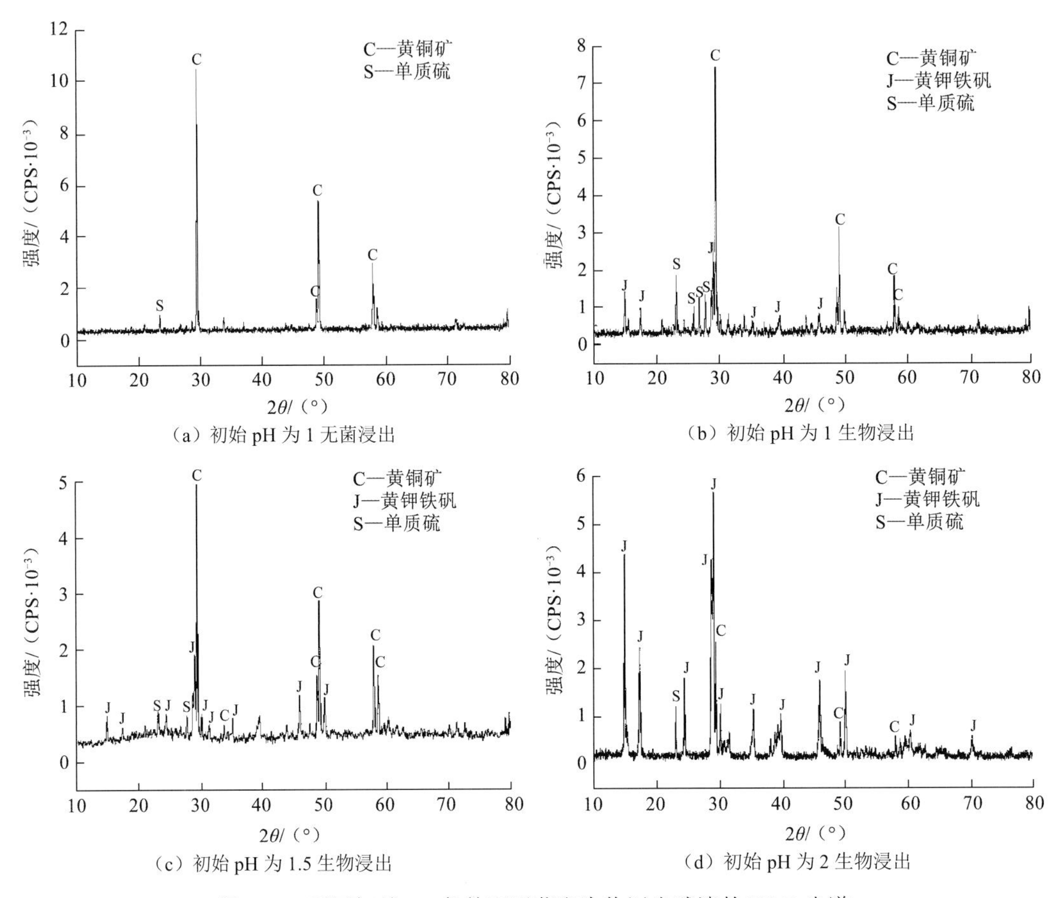

图 4.21　不同初始 pH 条件下无菌和生物浸出残渣的 XRD 光谱

万座嗜酸两面菌在不同初始 pH 条件下浸出黄铜矿的残渣中都检测到了单质硫和黄钾铁矾。值得注意的是，3 个 pH 条件下所生成黄钾铁矾的含量明显不同，其中初始 pH 为 1 时含量最低、pH 为 2 时含量最高。当生物浸出体系的初始 pH 为 1 时，浸出过程的 pH 大部分时间都小于 1，高酸度显著抑制了黄钾铁矾盐的形成。

图 4.22 给出了不同初始 pH 条件下万座嗜酸两面菌浸出黄铜矿过程中的硫形态。不同初始 pH 条件下万座嗜酸两面菌浸出黄铜矿过程中硫的 K 边 XANES 光谱表明，初始 pH 为 1.5 和 2 的光谱的变化趋势相同，随着浸出的进行，2 472.4 eV 处和 2 482.4 eV 处各出现了一个新吸收峰，它们分别对应单质硫和黄钾铁矾盐的吸收峰，浸出过程中黄铜矿的吸收峰强度随着浸出进行不断减小，而黄钾铁矾峰强度则是不断增大，到浸出中期已经成了最主要的吸收峰，这说明黄钾铁矾盐是这两种条件下含量较大的次生产物，而单质硫的含量相对较少。

值得注意的是，初始pH为1的吸收光谱中虽然也出现了单质硫和黄钾铁矾的吸收峰，但是黄钾铁矾盐的吸收峰强度明显较小，同时黄铜矿的峰较强。这表明初始 pH 为 1 时黄铜矿溶解较少同时浸出过程中生成的黄钾铁矾较少，这和实际的浸出结果一致。不同初始 pH 条件下生物浸出黄铜矿过程中硫的 K 边 XANES 光谱的拟合结果如图 4.23 所示。

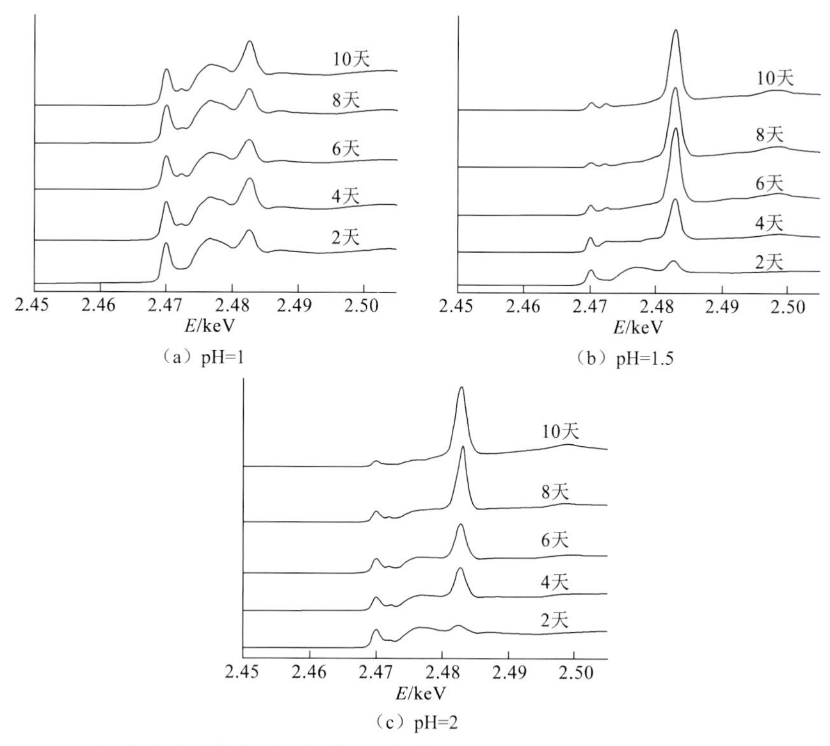

图 4.22　万座嗜酸两面菌在不同初始 pH 条件下浸出黄铜矿过程硫的 K 边 XANES 光谱

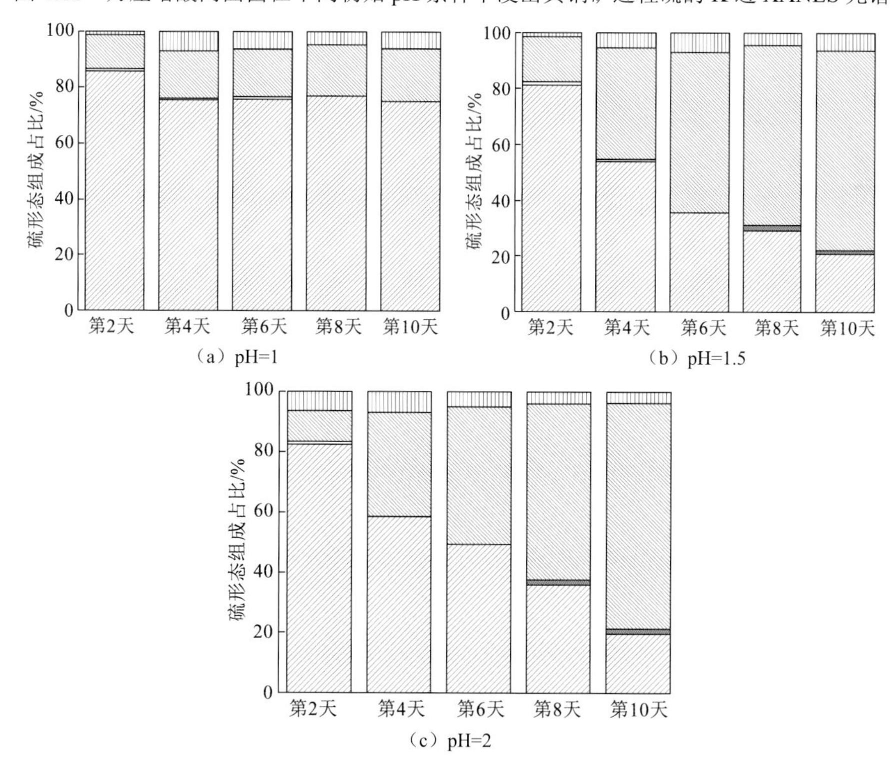

图 4.23　万座嗜酸两面菌在不同初始 pH 条件下浸出黄铜矿过程的硫 K 边 XANES 光谱的拟合结果

元素硫　黄钾铁矾　辉铜矿　铜蓝　斑铜矿　黄铜矿

从图 4.23 可以看出，初始 pH 为 1 时，生物浸出过程中生成的主要产物是黄钾铁矾和单质硫，然而直到浸出结束，黄铜矿仍然是固体样品中相对含量最大的。初始 pH 为 1 时万座嗜酸两面菌浸出黄铜矿过程中黄钾铁矾的最大质量分数为 19.8%，表明高酸度抑制了黄钾铁矾的形成，减轻了它对黄铜矿溶出的阻碍作用；然而，高酸度也抑制了万座嗜酸两面菌的生长代谢。初始 pH 为 1.5 和 2 时，由于万座嗜酸两面菌的生长代谢相对活跃，浸出体系中的 Fe^{3+}和 SO_4^{2-} 浓度较高，并促进黄钾铁矾的形成；造成黄钾铁矾成为浸出后期相对含量最大的物相。值得注意的是，由浸出实验及硫形态转化结果可知，黄钾铁矾的大量累积对黄铜矿的溶解造成一定的阻碍作用，但是并未引起明显的钝化。

万座嗜酸两面菌浸出黄铜矿过程中的黄钾铁矾生成量随着 pH 的升高而增大，这是因为黄钾铁矾在 pH 为 1～2 时的形成速率随着 pH 的增大而升高（Klauber，2008；Daoud et al.，2006）。除单质硫和黄钾铁矾盐外，生物浸出的前期生成了辉铜矿，在浸出的后期有少量铜蓝累积，它们应该是黄铜矿在高电位下直接氧化的产物。

4.1.4 晶体结构的影响：以万座嗜酸两面菌为例

1. 不同晶体结构黄铜矿制备

对黄铜矿进行加热处理能有效改变其晶体结构，促使其晶相发生转变。图 4.24 给出了黄铜矿差热–热重分析（thermogravimetry-differential thermal analysis，TG-DTA）结果。随温度以 10 K/min 的速率升高，在 583 K、767 K 和 840 K 附近分别出现吸热峰，说明通过对黄铜矿进行热处理后天然黄铜矿发生晶相转变（Balaz et al.，1989）。第一个吸热峰出现于 583 K，是黄铜矿相变的初始阶段，与之对应的晶型为 α 相；767 K 温度下的吸热峰源于黄铜矿的脱硫作用，在此温度下出现了最大的温度变化梯度[0.014 51 K/（min·mg）]，与之对应的晶型为 β 相（Bloise et al.，2015）；在 840 K 更高温度下，黄铜矿发生二次脱硫作用，与之对应的晶型为 γ 相。其反应过程如式（4.5）所示。

$$\text{天然黄铜矿} \xrightarrow{>583\ \mathrm{K}} \alpha\text{相} \xrightarrow{>767\ \mathrm{K}} \beta\text{相} \xrightarrow{>840\ \mathrm{K}} \gamma\text{相} \tag{4.5}$$

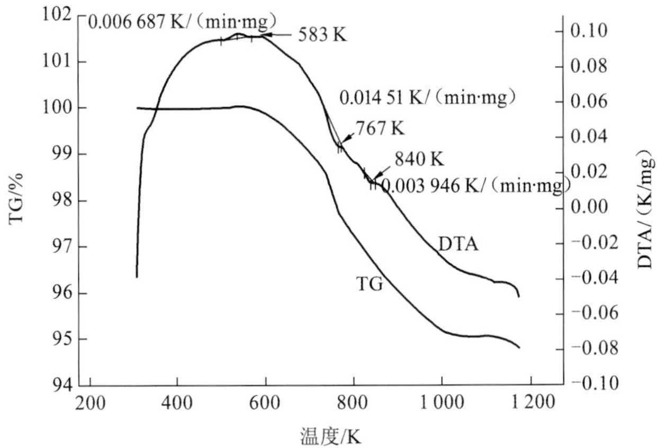

图 4.24 天然黄铜矿 TG-DTA 图

2. SR-XRD 和 XANES 分析

图 4.25 给出了不同晶型黄铜矿经 *A. manzaensis* 浸出后的矿物残渣的物相组成。从图 4.25 可以看出，浸出后的物相主要由黄铜矿和黄钾铁矾组成，其他中间产物的量较少且种类有所不同。在 α 相黄铜矿浸出 2 天后，只检测到了方黄铜矿（cubanite）的产生，这是微生物浸出的前期过程；在第 8 天后则检测到了大量的黄钾铁矾。α 相黄铜矿中，处于四面体配位位置中的 Cu 和 Fe 呈规律的相间分布，从而破坏了晶体的立方对称，形成犹如两个原来的立方晶胞沿 *z* 轴重叠而成的四方晶胞属 42 m 对称型，轴长 a＝0.525 nm，轴长 c＝1.032 nm，故具有较低的浸出率（Balaz et al.，1989）。

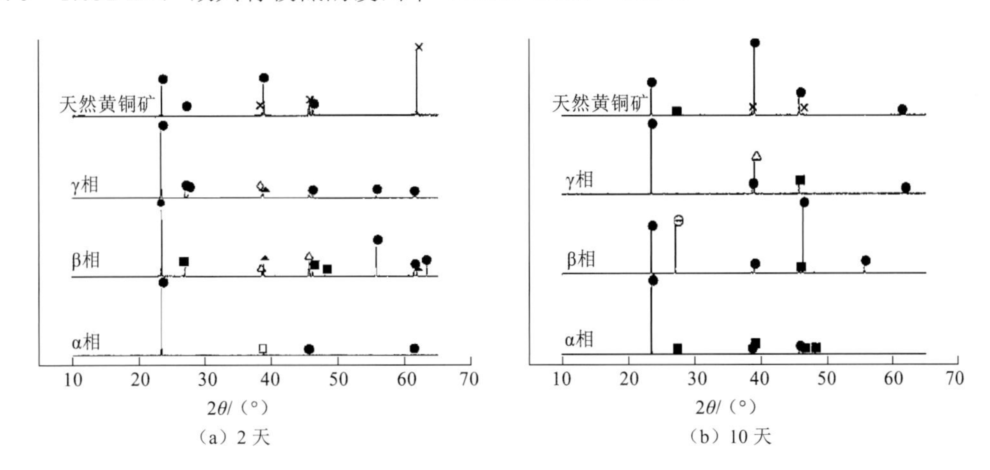

图 4.25　α 相、β 相、γ 相和天然黄铜矿 *A. manzaensis* 浸出 2 天和 10 天的浸出残渣 SR-XRD 图谱

● 黄铜矿 □ 方黄铜矿 ■ 黄钾铁矾 △ $Cu_{1.1}Fe_{1.1}S_2$ ▲ 方铁黄铜矿 ⊖ 斜方硫铁铜矿 × 辉铜矿

另一方面，β 相黄铜矿在浸出的前两天生成了方铁黄铜矿（isocubanite），随后转变成了斜方硫铁铜矿（haycockite）。由于 β 相黄铜矿属于等轴晶系 43 m 对称型，轴长 a＝0.529 nm，为无序结构，这改善了微生物的浸出反应动力学效果（Xie et al.，2003）。

在酸性溶液中黄钾铁矾的累积反应式如式（4.6）～式（4.8）所示，总反应式如式（4.9）所示。

$$[Fe(H_2O)_6]^{3+}+H_2O \rightleftharpoons [FeOH(H_2O)_5]^{2+}+H^+ \tag{4.6}$$

$$[FeOH(H_2O)_5]^{2+}+H_2O \rightleftharpoons [Fe(OH)_2(H_2O)_4]^{+}+H^+ \tag{4.7}$$

$$2[Fe(H_2O)_6]^{3+}+[Fe(OH)_2(H_2O)_4]^{+}+2SO_4^{2-}+R^+ \longrightarrow RFe_3(SO_4)_2(OH)_6+12H_2O+4H^+ \tag{4.8}$$

$$3Fe^{3+}+2SO_4^{2-}+6H_2O+R^+ \longrightarrow RFe_3(SO_4)_2(OH)_6+6H^+ \tag{4.9}$$

γ 相的 SR-XRD 结果表明，由于晶格被破坏后并不稳定（Balaz et al.，1989），浸出过程中有更多的无定形铜铁硫产物生成（$Cu_{2.33}Fe_{2.33}S_4$ 和 $Cu_{1.1}Fe_{1.1}S_2$ 等）。较高的晶格能，金属缺失型次生产物和黄钾铁矾等因素造成了较低的浸出效果（Yang et al.，2015）。

图 4.26 给出了不同晶型黄铜矿在 *A. manzaensis* 作用下的浸出残渣硫形态变化。在图 4.26（a）和图 4.26（d）中，α 相和天然黄铜矿浸出过程矿相的硫的 K 边光谱在能量

2 482.36 eV 处的吸收峰强度随时间的增加而增加；在图 4.26（b）和图 4.26（c）中，在浸出前 8 天该吸收峰逐渐增强，第 8 天后有所减弱。

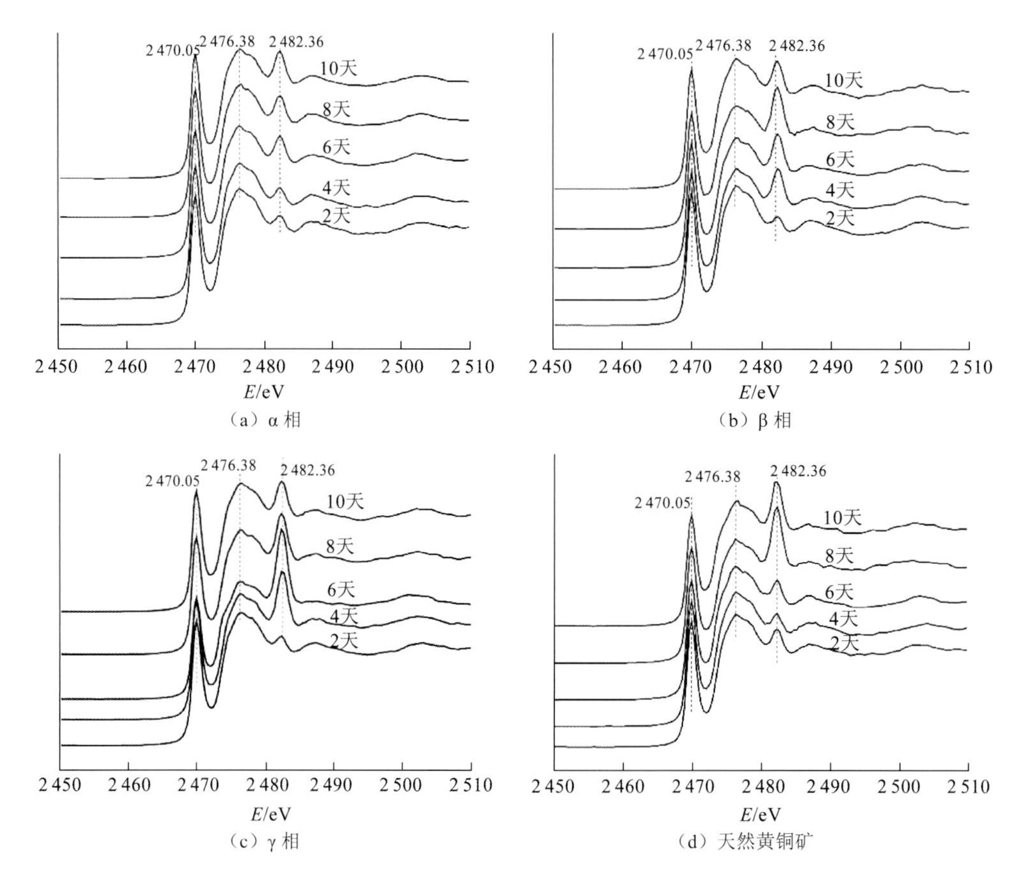

（a）α 相　（b）β 相　（c）γ 相　（d）天然黄铜矿

图 4.26　α 相、β 相、γ 相和天然黄铜矿生物浸出过程中矿相硫的 K 边 XANES 光谱

利用标准矿物 XANES 光谱对图 4.26 中不同晶体结构黄铜矿浸出过程矿相硫的 K 边光谱进行线性拟合，结果见图 4.27。其中，α 相在浸出第 4 天后主要成分为：94.7%黄铜矿、2.2%单质硫和 3.1%黄钾铁矾，浸出第 2～8 天黄铜矿持续溶出，黄钾铁矾持续增多，但并未检测到斑铜矿或辉铜矿等其他中间产物。β 相黄铜矿浸出过程中矿相硫的 K 边 XANES 拟合结果表明，黄铜矿在整个浸出过程中持续溶解，在第 2 天和第 4 天时出现了斑铜矿次生产物，反应如式（4.10）所示（Liang et al.，2011），并且黄钾铁矾量也随之增多。

$$5CuFeS_2+12H^+ \longrightarrow Cu_5FeS_4+6H_2S+4Fe^{3+} \quad (4.10)$$

在浸出 4 天后，斑铜矿消失，并在第 6～10 天检测到了辉铜矿产物的累积。辉铜矿的产生可能是因为浸出溶液中 Cu^{2+}的不断增多，也可能是因为斑铜矿的转化（Liu et al.，2015d；Liang et al.，2011），黄铜矿和斑铜矿可能存在的协同效应促进了黄铜矿的溶出（Zhao et al.，2013），反应如式（4.11）～式（4.12）所示。

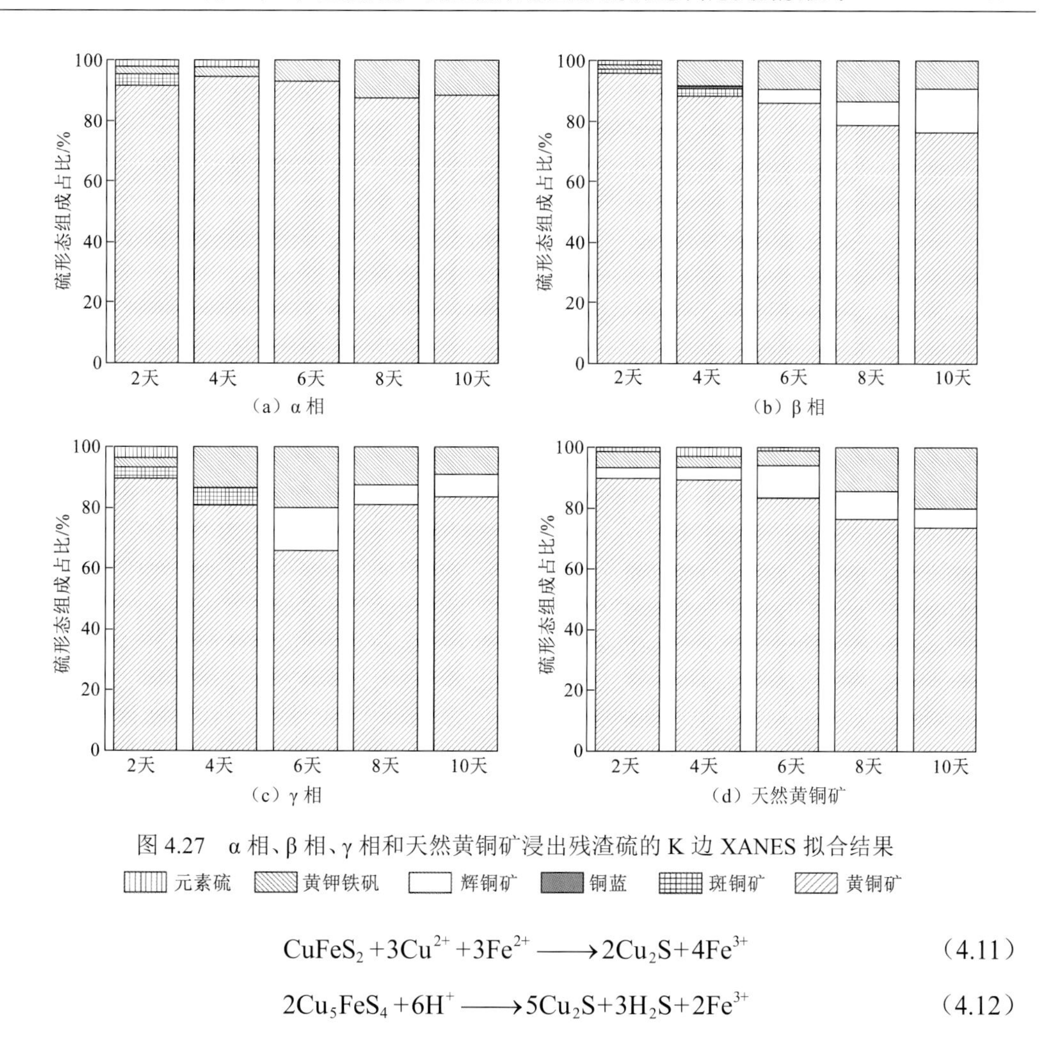

图 4.27　α 相、β 相、γ 相和天然黄铜矿浸出残渣硫的 K 边 XANES 拟合结果

$$CuFeS_2+3Cu^{2+}+3Fe^{2+} \longrightarrow 2Cu_2S+4Fe^{3+} \tag{4.11}$$

$$2Cu_5FeS_4+6H^+ \longrightarrow 5Cu_2S+3H_2S+2Fe^{3+} \tag{4.12}$$

由图 4.27 还可知，γ 相黄铜矿的浸出产物与 α 相和 β 相类似，但有更多黄钾铁矾在浸出产物中积累，尤其是第 6 天。另外，在浸出初期，β 相和 γ 相的浸矿渣中检测到了铜蓝和单质硫等产物。

与之相反的是，天然黄铜矿浸出的残留矿渣硫的 K 边 XANES 分析结果表明，辉铜矿产物在浸出前 6 天呈增多趋势，第 6 天之后减少。浸出的前 6 天检测到了单质硫的产生，而在整个浸出过程中黄钾铁矾持续累积，到第 10 天达到了 20.1%。元素硫和黄钾铁矾是天然黄铜矿浸出过程钝化的主要因素。

4.1.5　催化剂的影响：以万座嗜酸两面菌为例

适当和适量催化剂的加入能够显著促进黄铜矿的生物浸出（张威威，2019；宋建军，2017），除了利用 XANES 和 XRD 解析浸出过程硫、铁、铜形态转化和赋存形式，进一步结合形貌分析和红外光谱学分析，将有利于进一步揭示催化浸出的过程和机制。

1. 氯离子的影响

图 4.28 和图 4.29 分别给出了黄铜矿浸出残渣的表面形貌和物相组成。从图 4.28 可以看出，无菌对照组的矿物浸出后表面仅有少量的腐蚀坑，这表明无菌浸出过程中只有少量黄铜矿溶解；对生物浸出残渣（无论含有还是不含 Cl^-）形貌进一步分析可知，生物浸出残渣由大量的无定形产物和结晶良好的晶体产物组成。生物浸出体系中不含 Cl^- 时，形成的主要是结构致密的产物；而含有 Cl^- 的生物浸出体系中形成的主要是晶型结构良好的晶体产物。

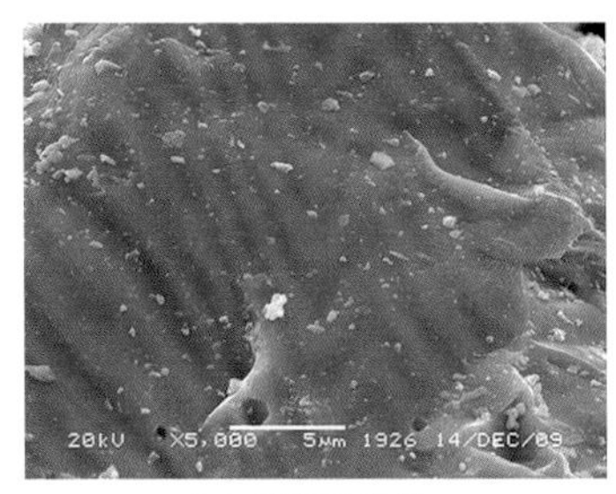

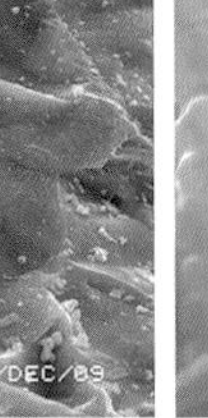

（a）无菌对照组

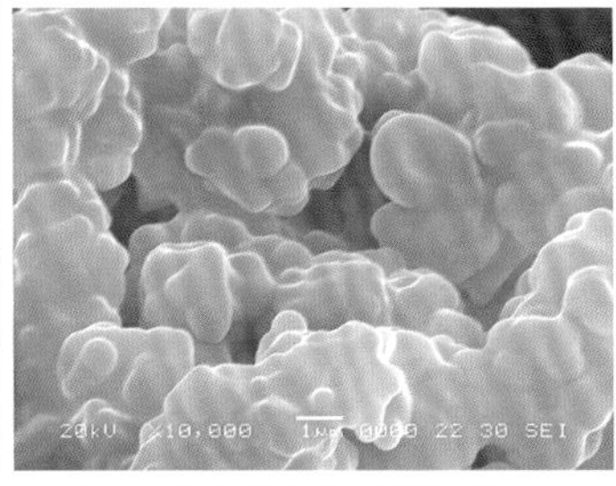

（b）生物浸出体系中不含 Cl^-

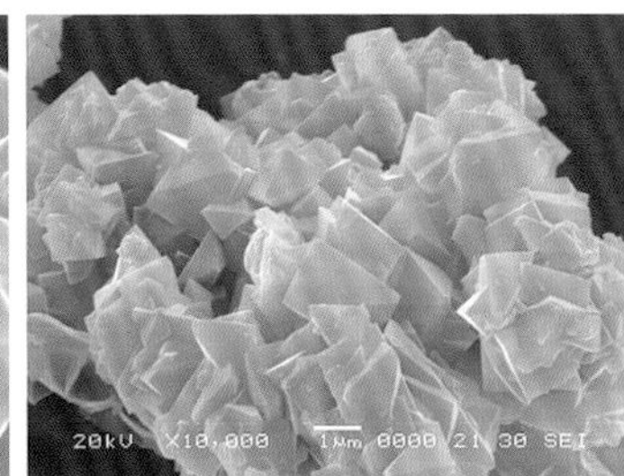

（c）生物浸出体系中含有 0.4 g/L Cl^-

图 4.28　浸矿残渣的 SEM 图

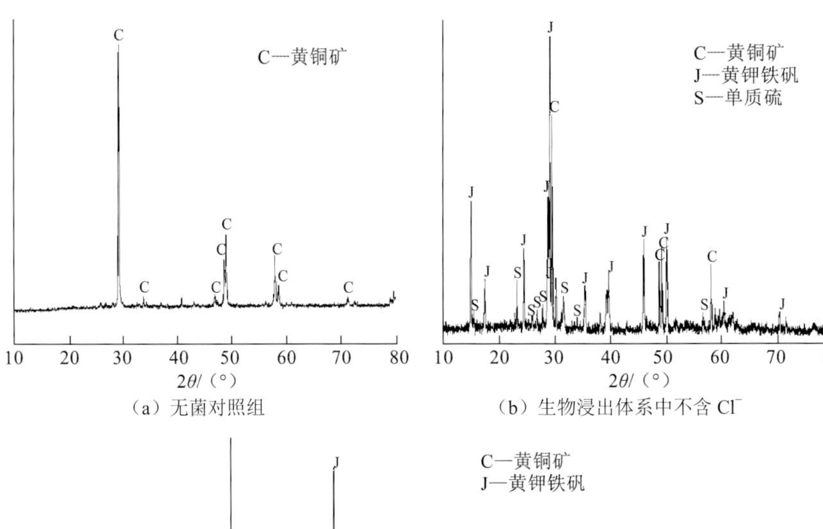

（a）无菌对照组　　（b）生物浸出体系中不含 Cl^-

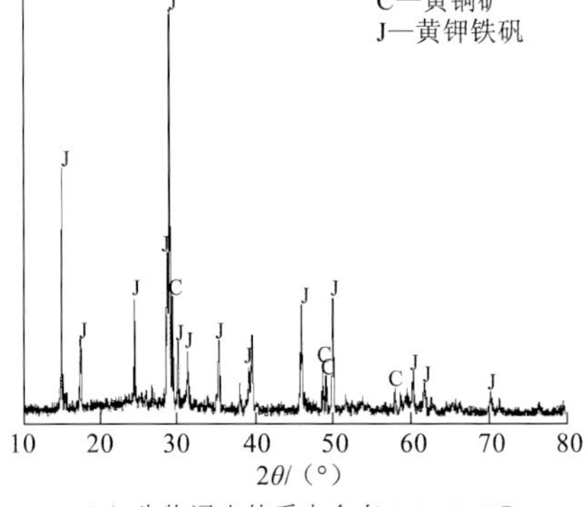

（c）生物浸出体系中含有 0.4 g/L Cl^-

图 4.29　浸矿残渣的 XRD 光谱

无菌浸矿残渣的 XRD 光谱（图 4.29）进一步表明浸出前后矿物的组成变化很小。对于生物浸出体系，不含 Cl^-时，浸出残渣由黄钾铁矾、单质硫和未被溶解的黄铜矿组成；而含有 Cl^-时，浸矿残渣的主要成分是黄钾铁矾和未被溶解的黄铜矿。这表明生物浸出体系中加入适量 Cl^-可以有效地消除单质硫的累积。这是因为生物浸出体系中含有 Cl^-条件下形成的是多孔性硫而不是结构致密的硫层，微生物可以将多孔性硫氧化生成硫酸，进而促进了黄铜矿的溶解（Kinnunen et al.，2004；Lu et al.，2000）。结合生物浸出残渣的形貌分析，适量 Cl^-的存在不仅可以促进晶体产物的形成，还可以有效消除硫在黄铜矿表面的累积，进而促进黄铜矿的阳极氧化溶解。

生物浸出过程中常见的铁矾类物质有黄钾铁矾和黄铵铁矾等，这两类铁矾可通过其红外光谱区分。图 4.30 给出了化学合成的高纯度的黄钾铁矾和黄铵铁矾及万座嗜酸两面菌在浸出体系中不含和含有 0.4 g/L Cl^-条件下的浸矿残渣的红外光谱。从图 4.30 中可以看出，黄钾铁矾和黄铵铁矾的谱线上在 1 000～1 200 cm^{-1} 都出现了三个吸收峰（1 003 cm^{-1}、1 091 cm^{-1} 和 1 188 cm^{-1}），而且这三个峰的吸收波长位置非常接近，1 003 cm^{-1}是 OH^-的变形振动，1 091 cm^{-1}和 1 188 cm^{-1}是 SO_4^{2-} 的 v_3 伸缩振动（时启立，2010；周顺桂 等，2004； Powers et al.，1975）。值得注意的是，除以上 3 个吸收峰外，黄铵铁矾的红外谱线中在 1 424 cm^{-1}处还出现了一个特征峰，这个吸收峰是 NH_4^- 的振动峰（时启立，2010；Sasaki et al.，2009）。从图 4.30 中还可以看出，当生物浸出体系中不含 Cl^-时，矿物表面生成了大量的黄钾铁矾，而当生物浸出体系中含有 Cl^-时，除生成大量黄钾铁矾外还生成了一些黄铵铁矾。上述结果表明 Cl^-的加入促进了黄铵铁矾的形成。这可能是由于 Cl^-的加入促进了黄铜矿的溶解和硫的氧化，进而促进了黄钾铁矾盐的形成，当溶液中的 K^+被消耗完后，黄铵铁矾才开始形成。Sasaki 等（2009）也在实验中发现了黄钾铁矾的形成先于黄铵铁矾。

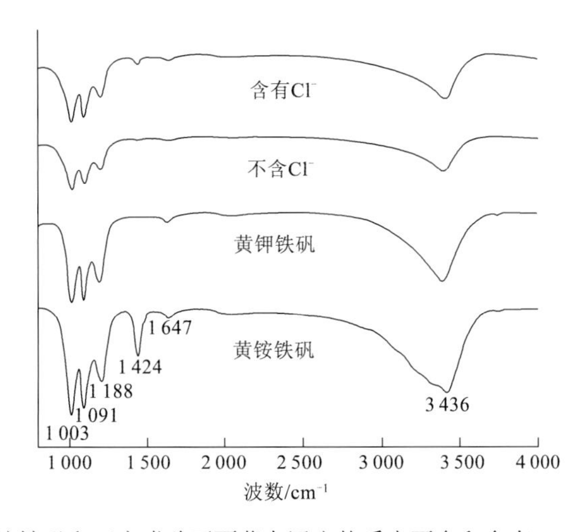

图 4.30 黄钾铁矾、黄铵铁矾和万座嗜酸两面菌在浸出体系中不含和含有 0.4 g/L Cl^-浸出黄铜矿的浸矿残渣的红外光谱

图 4.31 给出了浸出体系在不含和含有 0.4 g/L Cl^-条件下的浸矿残渣的硫形态分析及

拟合结果。从图 4.31 中可以看出，万座嗜酸两面菌在浸出体系中（不）含有 0.4 g/L Cl^- 条件下浸矿残渣的谱线中黄铜矿（2 468.5 eV）的吸收峰都很弱，而在 2 470 eV 和 2 480.4 eV 处各出现了一个很强的吸收峰，参比标准含硫物质的谱图，它们分别是单质硫和黄钾铁矾的吸收峰。拟合结果表明，当生物浸出体系中不含 Cl^-时，残渣中含有 67.5%的黄钾（铵）铁矾、25.4%单质硫和 7.1%黄铜矿；而当生物浸出体系中含有 0.4 g/L Cl^- 时，残渣的组成为：92.3%黄钾（铵）铁矾、3%单质硫和 4.7%黄铜矿。硫的 K 边 XANES 光谱分析结果进一步证实了生物浸出体系中 Cl^-的加入显著消除了硫在矿物表面的累积，同时促进了黄铁矾盐的形成。

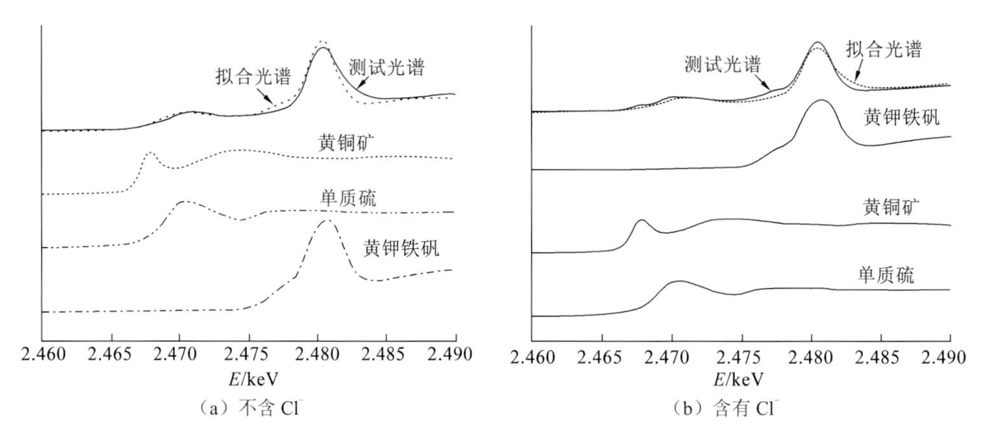

（a）不含 Cl^-　　（b）含有 Cl^-

图 4.31　万座嗜酸两面菌在不含和含有 Cl^-条件下浸出黄铜矿浸矿残渣的硫 K 边 XANES 光谱

2. 活性炭的影响

图 4.32 和图 4.33 分别给出了无菌对照组和万座嗜酸两面菌在浸出体系中不含和含有 2 g/L 活性炭条件下浸出黄铜矿过程矿物表面形貌和浸出 10 天的物相组成。从图 4.32（a）和图 4.32（b）可以看出，无菌浸出后矿物表面生成了一些固体产物，矿物表面的形貌在浸出前后变化较小，XRD 分析结果也表明无菌浸出前后矿物组成变化很小。从图 4.32（c）和图 4.32（d）可以看出，当万座嗜酸两面菌在浸出体系中不含活性炭条件下浸出 5 天时，除有部分表面未被腐蚀外，矿物表面覆盖了大量结构相对致密的产物；而浸出 10 天时，矿物表面则覆盖了大量的晶体和无定形的产物。当浸出体系中含有活性炭时，形成的大多是有明显棱角的晶体产物［图 4.32（e）和图 4.32（f）］。万座嗜酸两面菌在浸出体系中不含和含有 2 g/L 活性炭条件下浸出黄铜矿浸矿残渣的 XRD 分析结果表明，其组成相同，都是由大量的黄钾铁矾和少量的单质硫组成（图 4.33）。

图 4.34 给出了万座嗜酸两面菌在不含和含有 2 g/L 活性炭条件下浸出黄铜矿过程不同时段的矿物和黄钾铁矾和黄铵铁矾的 FTIR 光谱。从图 4.34 中可以看出，生物浸出第 2 天在 1 003 cm^{-1}、1 091 cm^{-1} 和 1 203 cm^{-1} 处就出现了硫酸根的吸收峰，这说明了从浸出的第 2 天开始就有黄钾铁矾生成。而 1 437 cm^{-1} 处黄铵铁矾的特征吸收峰在浸出前期并未出现，而是分别从浸出的第 6 天［不加活性炭，图 4.34（a）］和第 4 天［添加 2 g/L 活性炭，图 4.34（b）］才开始出现，这表明生物浸出过程中黄钾铁矾的生成先于黄铵铁矾。

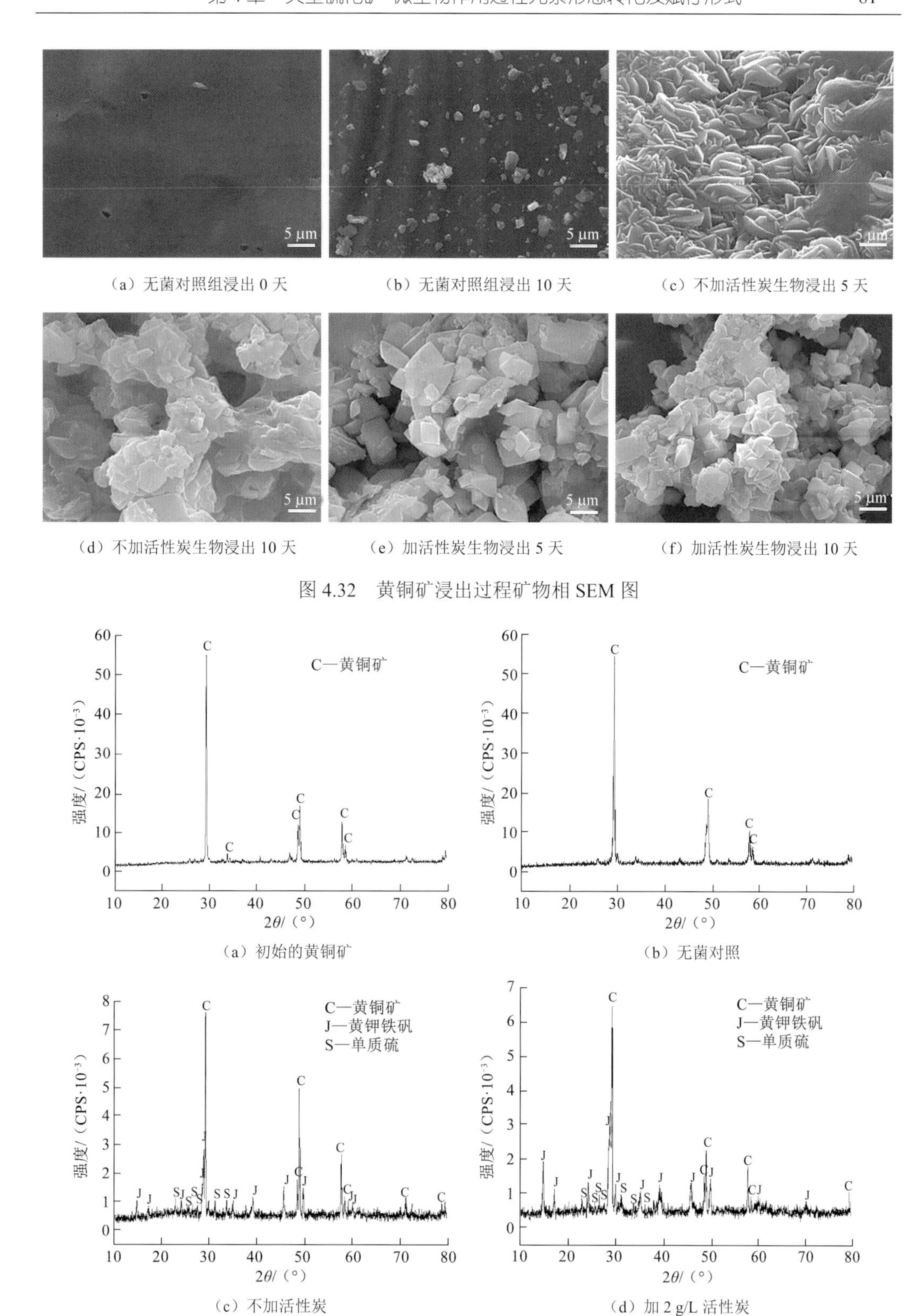

（a）无菌对照组浸出 0 天　（b）无菌对照组浸出 10 天　（c）不加活性炭生物浸出 5 天

（d）不加活性炭生物浸出 10 天　（e）加活性炭生物浸出 5 天　（f）加活性炭生物浸出 10 天

图 4.32　黄铜矿浸出过程矿物相 SEM 图

（a）初始的黄铜矿　（b）无菌对照

（c）不加活性炭　（d）加 2 g/L 活性炭

图 4.33　黄铜矿浸出残渣的 XRD 光谱

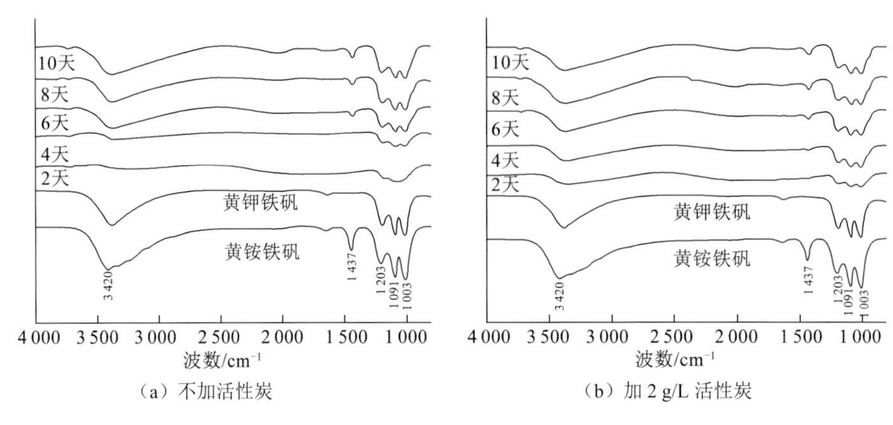

图 4.34　生物浸出黄铜矿残渣的 FTIR 谱图

图 4.35 和图 4.36 分别给出了黄铜矿生物浸出过程矿相硫的 K 边 XANES 光谱和拟合结果。从图 4.35 可以看出无菌对照组的光谱和原始黄铜矿的光谱很接近，这说明无菌浸出前后黄铜矿组成变化很小，与实际的无菌浸出实验结果一致。而生物浸出过程中固体样品的 XANES 光谱和原始黄铜矿的光谱差异很大（图 4.35），黄铜矿吸收峰的强度随着浸出的进行不断减小，同时浸出过程中在 2.480 4 keV 和 2.470 5 keV 处出现了 2 个新的吸收峰，参照标准含硫物质的光谱可知它们是黄铁矾盐和单质硫的吸收峰。单质硫和黄铁矾盐吸收峰强度随着浸出的进行而增大，从浸出第 6 天开始，黄铁矾盐已经成为最强的吸收峰。从拟合结果（图 4.36）可知，生物浸出过程中生成的产物主要是黄铁矾盐和单质硫，它们的生成随着浸出的进行而增加，黄铁矾盐是生物浸出过程相对含量较大的次生产物。

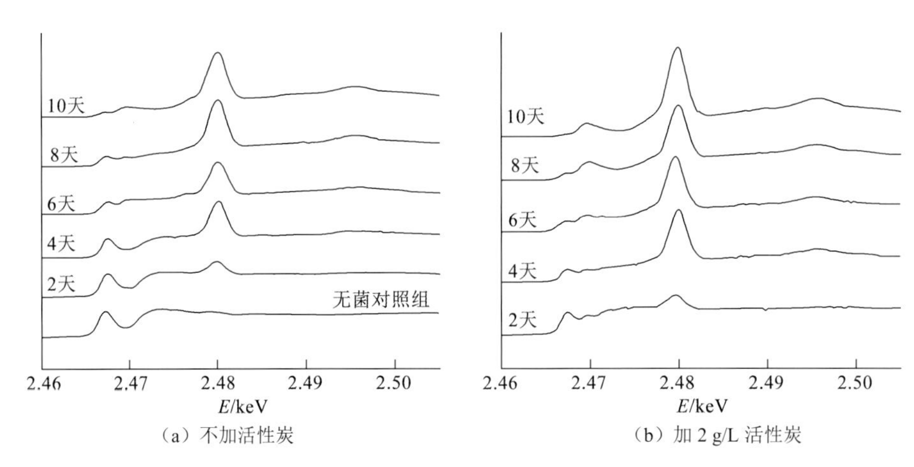

图 4.35　生物浸出黄铜矿过程硫的 K 边 XANES 光谱

结合实际的生物浸出实验结果可知，铜离子的浸出速率从第 4 天开始有轻微的降低，同时黄铁矾盐大量形成，这说明黄铁矾盐对黄铜矿的溶解有抑制，但是并未造成钝化。值得注意的是，单质硫是黄铜矿溶解直接形成的产物，因而它应该是直接附着在矿物表面；

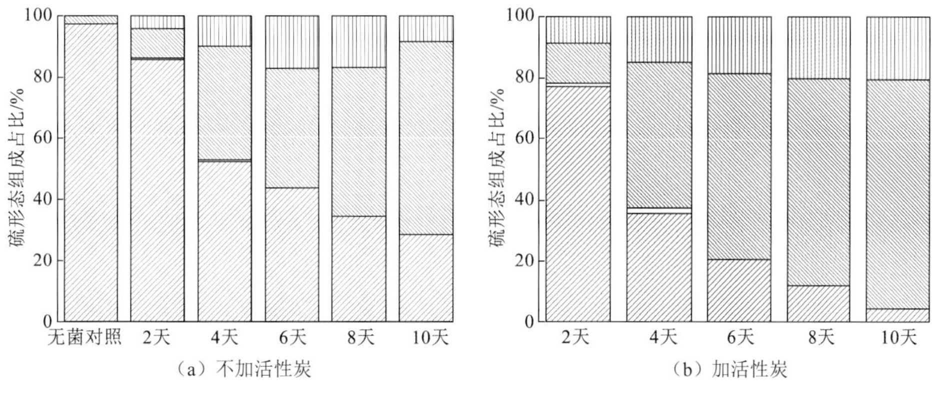

图 4.36　生物浸出黄铜矿过程硫的 K 边 XANES 光谱的拟合结果

元素硫　黄钾铁矾　辉铜矿　铜蓝　斑铜矿　黄铜矿

而黄铁矾盐是由溶液中的 Fe^{3+}和 SO_4^{2-}形成的硫酸铁络合阳离子形成的沉淀，因而它应该是在矿物的最外层，它的形成阻碍了微生物和硫的接触氧化、氧化剂和矿物的接触，对黄铜矿的溶解和微生物对单质硫的氧化造成了抑制作用。结合黄铜矿生物浸出结果可知，虽然黄铁矾盐的形成会对黄铜矿的溶解造成一些阻碍作用，但是它对黄铜矿的阻碍作用并不明显。

硫的 K 边 XANES 光谱的拟合结果表明，万座嗜酸两面菌在（不）加 2 g/L 活性炭的条件下浸出黄铜矿过程的前期（前 4 天）在矿物表面除单质硫和黄铁矾盐外还检测到了少量的辉铜矿。结合浸出过程中生物浸出的前 4 天，浸矿体系的 ORP 低于 450 mV，而铜离子溶出速率也正是在这阶段达到最大。这些结果表明万座嗜酸两面菌浸出黄铜矿更偏爱较低的氧化还原电位（Vilcáez et al.，2008a；Sandstrom et al.，2005）。如前所述，生物浸出前期发现的辉铜矿应该是黄铜矿还原的产物。

Vilcáez 等（2009a）在用数学模型模拟嗜热微生物浸出黄铜矿时认为：黄铜矿在浸出体系中是经过阳极氧化溶解还是阴极还原溶解主要取决于浸出体系中的 Fe^{3+}/Fe^{2+}电对电位，在浸矿体系的 Fe^{3+}/Fe^{2+}氧化还原电位高的条件下，黄铜矿按照式（4.13）被 Fe^{3+}直接氧化溶解，该反应速率相对较慢；当浸出体系中的 Fe^{2+}浓度高时（也就是$[Fe^{3+}]/[Fe^{2+}]$小），黄铜矿则会通过式（4.14）被还原生成一种含硫中间产物辉铜矿，该反应速率很快。由于辉铜矿会很快被 Fe^{3+}按照式（4.15）氧化分解，因而辉铜矿在浸出过程中的累积相对较少。Garrels 等（1965）用 $CuFeS_2$-H_2O 系统的 pourbaix 图预测黄铜矿会在酸性环境下还原生成中间产物辉铜矿，并且该预测被许多电化学试验所验证（Nava et al.，2008；López-Juárez et al.，2006；Arce et al.，2002）。硫形态的实验结果证实了低氧化还原电位（<450 mV）促进了黄铜矿的溶解，同时在较低的氧化还原电位下黄铜矿还原生成了辉铜矿。

$$CuFeS_2 + 4Fe^{3+} \xrightarrow{\text{化学作用}} Cu^{2+} + 5Fe^{2+} + 2S^0 \tag{4.13}$$

$$CuFeS_2 + 3Cu^{2+} + 3Fe^{2+} \longrightarrow 2Cu_2S + 4Fe^{3+} \tag{4.14}$$

$$Cu_2S + 4Fe^{3+} \longrightarrow 2Cu^{2+} + S + 4Fe^{2+} \tag{4.15}$$

3. 银离子的影响

图 4.37 给出了加 Ag^+和不加 Ag^+条件下 *A. manzaensis* 浸出黄铜矿中期 4 天和后期 8 天以及无菌对照组后期 8 天矿物表面形貌。由图 4.37 可知，加 Ag^+和不加 Ag^+条件下，生物浸出过程中，矿物表面均逐渐被腐蚀；在浸出中期 4 天和浸出后期 8 天，均可以看到明显的腐蚀产物和腐蚀坑，且加 Ag^+组的腐蚀程度明显比不加 Ag^+组高；加 Ag^+和不加 Ag^+无菌对照组矿物表面均观察不到明显的腐蚀坑及腐蚀产物。

（a）不加 Ag^+ 4 天　（b）不加 Ag^+ 8 天　（c）不加 Ag^+ 无菌对照组浸出 8 天

（d）加 5 mg/L Ag^+ 浸出 4 天　（e）加 5 mg/L Ag^+ 浸出 8 天　（f）加 5 mg/L Ag^+ 无菌对照组浸出 8 天

图 4.37　黄铜矿浸出过程矿相 SEM 形貌

图 4.38 给出了加 Ag^+和不加 Ag^+条件下 *A. manzaensis* 浸出黄铜矿以及无菌对照组浸出残渣物相组成。由图 4.38 可知，生物浸出 4 天后，加 Ag^+组矿物残渣中含有黄铜矿、黄钾铁矾及单质硫；不加 Ag^+组矿物残渣中含有黄铜矿、黄钾铁矾、单质硫及铜蓝。无菌对照组，加 Ag^+组和不加 Ag^+组矿物残渣中都检测到大量的黄铜矿和少量的单质硫。

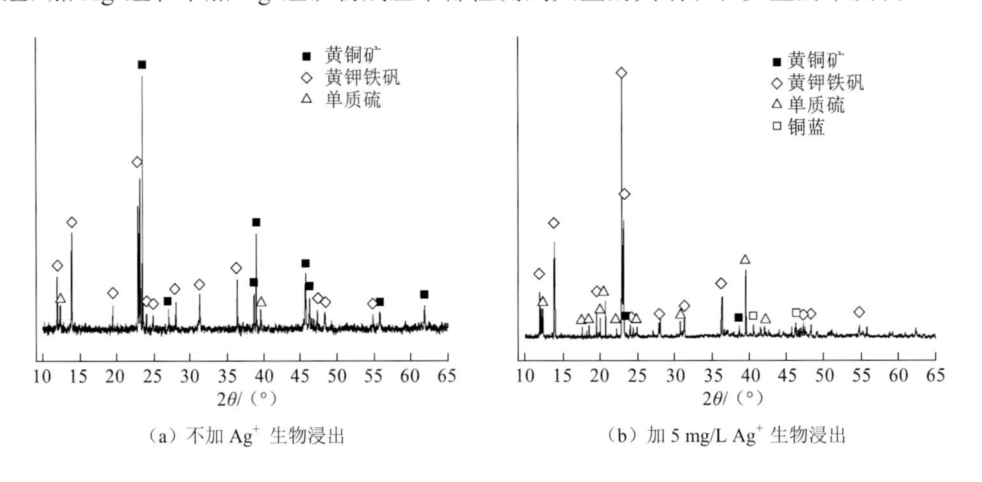

（a）不加 Ag^+ 生物浸出　（b）加 5 mg/L Ag^+ 生物浸出

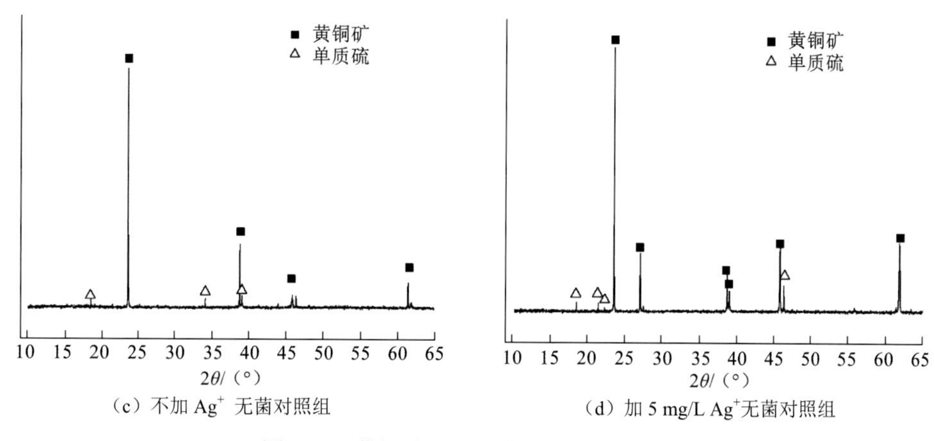

图 4.38 黄铜矿浸出矿渣的 SR-XRD 图谱

比较所选含硫标准物质（黄铜矿、斑铜矿、铜蓝、辉铜矿、黄钾铁矾和元素硫）硫的K边 XANES 光谱（详见 4.1.1 小节），不加 Ag^+条件下，*A. manzaensis* 浸出黄铜矿过程中（1 天、2 天、4 天、6 天和 8 天）和无菌对照组浸出 8 天，矿相硫的 K 边 XANES 光谱［图 4.39（a）］及加 5 mg/L Ag^+条件下，矿相硫的 K 边 XANES 光谱［图 4.39（b）］可知，浸出过程中矿相硫的 K 边 XANES 光谱发生了明显变化，表明浸出过程中硫的赋存形态逐渐发生了转化。生物浸出及无菌对照组浸出过程中矿相硫的 K 边 XANES 光谱结果表明，随着浸出时间的增加，在不加 Ag^+组和加 Ag^+组，硫的 K 边 XANES 光谱在 2 470.4 eV 处的特征吸收峰都逐渐减弱，其中加 Ag^+组减弱速度更快，在 6 天和 8 天，加 Ag^+组该特征峰非常微弱，而不加 Ag^+组该特征峰仍比较明显；同时在 2 483.0 eV 处的吸收峰均逐渐增强，并且均在浸出 4 天后成为矿相的主要赋存形式。加 Ag^+组的无菌对照和生物浸出 2 天、4 天、6 天和 8 天在 2 472.8 eV 处均出现一个比较明显的峰，而不加 Ag^+组生物浸出中期及后期（4 天、6 天和 8 天）该峰均较微弱。

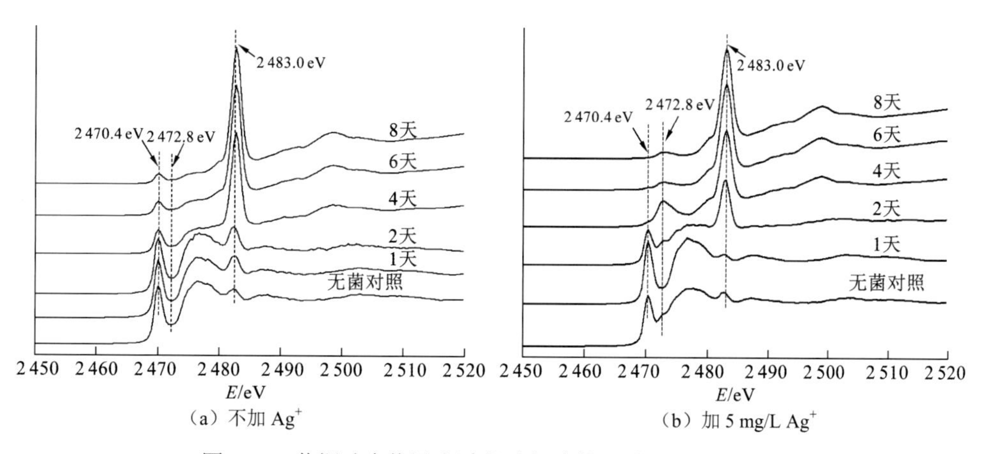

图 4.39 黄铜矿生物浸出过程矿相硫的 K 边 XANES 光谱

以标准含硫物质的 XANES 光谱为标准谱，对浸出过程硫的 K 边 XANES 光谱进行线性拟合，以表征 *A. manzaensis* 浸出黄铜矿过程黄铜矿、各中间产物及终产物的转化关系，拟合结果如图 4.40 所示。拟合结果表明，随着浸出时间的增加，不加 Ag^+组和加 Ag^+组矿相黄铜矿的含量都逐渐减少，黄铁矾盐的含量都逐渐增加，加 Ag^+组黄铜矿含量减少和黄铁矾盐含量增加的速率要快于不加 Ag^+组，且加 Ag^+组黄铜矿的转化率要高于不加 Ag^+组。在整个浸出过程中，不加 Ag^+组和加 Ag^+组产物中均存在少量的元素硫，但加 Ag^+组的元素硫平均含量要高于不加 Ag^+组。不加 Ag^+组和加 Ag^+组浸出 1 天后矿相均存在少量辉铜矿。在浸出前期（1 天、2 天）不加 Ag^+组和加 Ag^+组均拟合到了斑铜矿，且加 Ag^+组斑铜矿的含量要明显高于不加 Ag^+组；浸出中期和后期（4 天、6 天、8 天）均存在铜蓝，且加 Ag^+组的铜蓝含量要明显高于不加 Ag^+组。对于无菌对照组而言，不加 Ag^+组和加 Ag^+组终产物中均仅有少量元素硫、黄铁矾盐、辉铜矿及斑铜矿，加 Ag^+组元素硫的含量要高于不加 Ag^+组，另外在加 Ag^+组还拟合到了少量铜蓝而在不加 Ag^+组没有拟合到。上述结果表明 Ag^+是通过促进生物浸出中间产物斑铜矿的产生及其向铜蓝的转化，从而催化黄铜矿的浸出［式（4.16）］。

$$5CuFeS_2+12Ag^++4e^- \longrightarrow Cu_5FeS_4+6Ag_2S+4Fe^{2+} \tag{4.16}$$

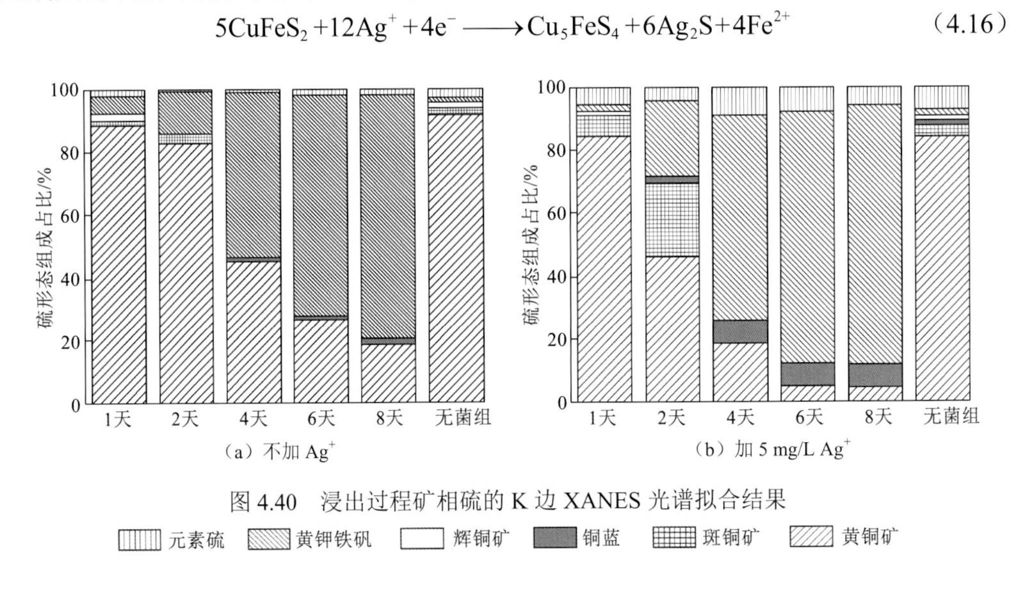

图 4.40　浸出过程矿相硫的 K 边 XANES 光谱拟合结果

4.2　砷黄铁矿–微生物作用过程砷铁硫形态转化及赋存形式

砷黄铁矿（FeAsS）又名毒砂，是难处理金矿中最常见的硫化矿物之一，属岛状基型硫化物亚类、辉砷钴矿（CoAsS）—毒砂族、毒砂亚族的矿物，广泛分布于金属矿床中，主要见于高、中温热液矿床及某些接触交代矿床中。砷黄铁矿生物浸出过程中，砷黄铁矿表面会逐渐形成一系列中间产物或衍生物，它们会改变矿物表面组成、性质和能量，或形成钝化层，阻碍生物氧化腐蚀的有效进行。砷黄铁矿生物浸出过程矿相转变及矿物表面 As、Fe、S 形态转化研究，将为砷黄铁矿生物浸出机制的阐明提供理论指导（张多瑞，2019）。

图 4.41 给出了砷黄铁矿生物浸出过程矿相的物相转变。由图 4.41 可知，单质硫、黄铁矾盐和砷酸铁的物相在第 4 天被检测到，其含量均逐渐增加；经过 10 天的生物氧化，浸出渣中单质硫、黄铁矾盐和砷酸铁演变成浸出渣的主要成分。

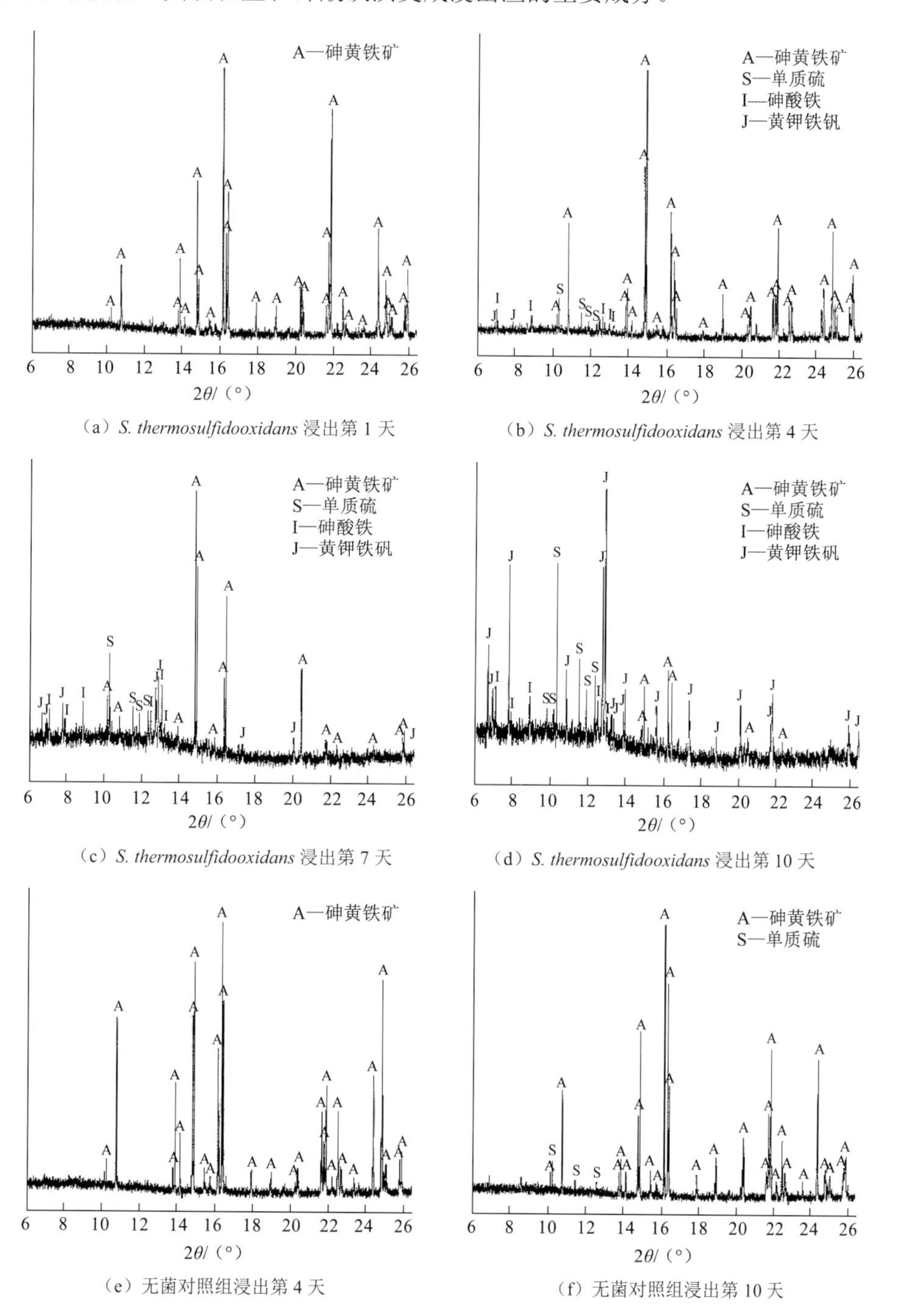

（a）*S. thermosulfidooxidans* 浸出第 1 天
（b）*S. thermosulfidooxidans* 浸出第 4 天
（c）*S. thermosulfidooxidans* 浸出第 7 天
（d）*S. thermosulfidooxidans* 浸出第 10 天
（e）无菌对照组浸出第 4 天
（f）无菌对照组浸出第 10 天

图 4.41 *S. thermosulfidooxidans* 浸出砷黄铁矿过程中第 1 天、第 4 天、第 7 天和第 10 天及无菌对照组浸出第 4 天和第 10 天砷黄铁矿相的 SR-XRD 图谱

图 4.42～图 4.44 及表 4.2～表 4.3 进一步给出了砷黄铁矿生物浸出过程中矿相铁的 L 边和砷、硫的 K 边 XANES 光谱及拟合结果。由图 4.42（a）可知，矿物表面 Fe(II)的比例随着生物浸出逐渐减小，而 Fe(III)的比例逐渐增大，表明在 *S. thermosulfidooxidans* 的作用下，砷黄铁矿表面的铁形态逐渐由 Fe(II)转化为 Fe(III)。在无菌对照组中，化学浸出 10 天后，矿物表面 Fe 的形态仍以 Fe(II)为主［图 4.42（b）］。

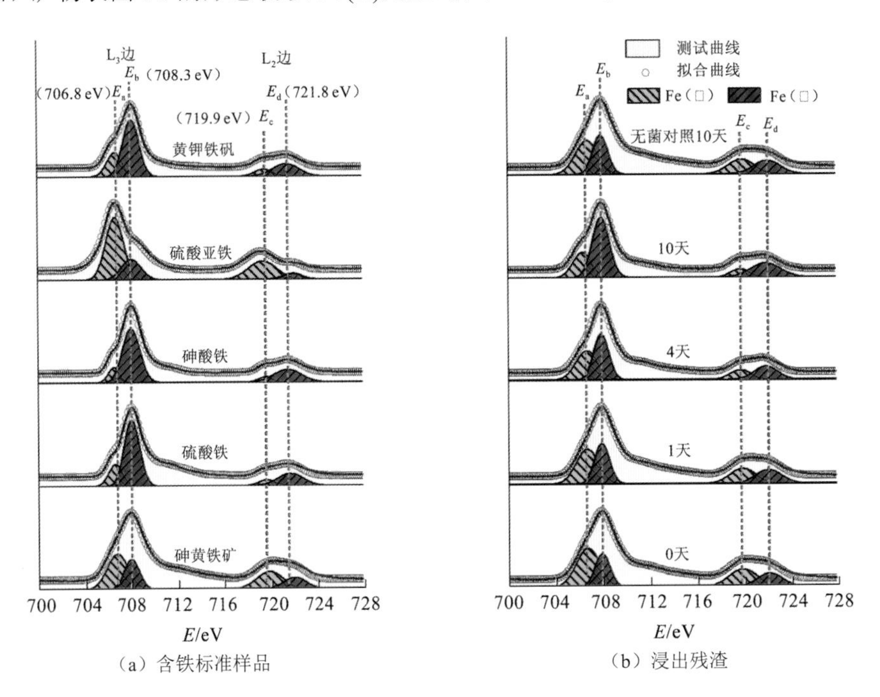

（a）含铁标准样品　　（b）浸出残渣

图 4.42　砷黄铁矿生物浸出过程铁的 L 边 XANES 光谱

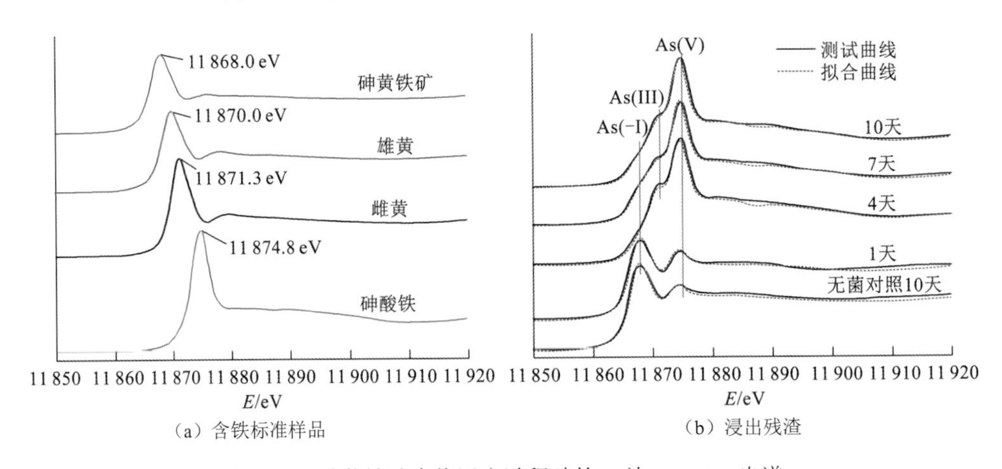

（a）含铁标准样品　　（b）浸出残渣

图 4.43　砷黄铁矿生物浸出过程砷的 K 边 XANES 光谱

图 4.43 显示，在 11 868.0 eV 处属于 As(−I)的吸收峰的强度随着浸出逐渐减弱，而在 11 871.3 eV 和 11 874.8 eV 处分别归属于 As(III)和 As(V)的吸收峰强度逐渐增强，说明砷在固相中的形态主要包括 As(−I)、As(III)和 As(V)。砷的 K 边 XANES 光谱的拟合结果

（表 4.2）表明，砷黄铁矿所占比例由第 1 天的 86.3%逐渐降低到第 10 天的 18.6%，雌黄（As_2S_3）和砷酸铁所占的比例分别由第 1 天的 6.6%和 7.1%增加至第 10 天的 23.5%和 57.9%。而无菌对照组，经过 10 天的化学作用，只有少量的砷酸铁（6.2%）生成。雄黄（As_2S_3）在生物和化学作用的体系中均未生成。

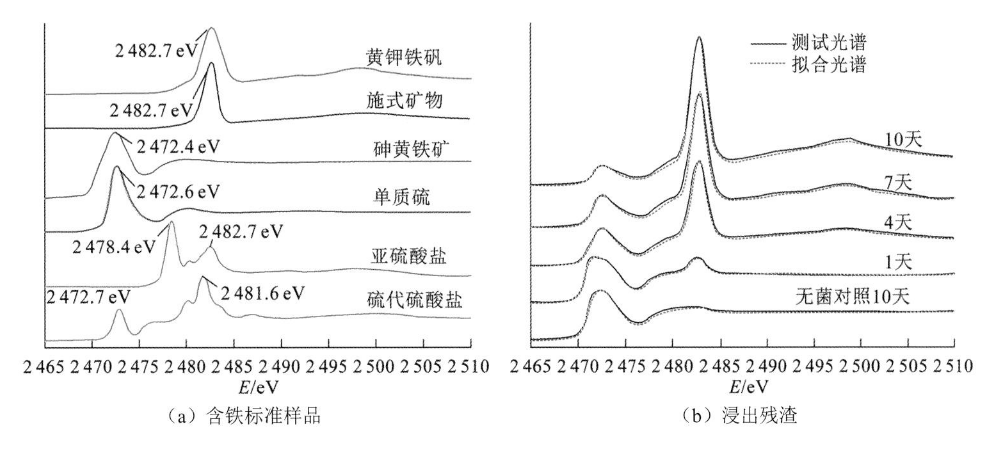

（a）含铁标准样品　（b）浸出残渣

图 4.44　砷黄铁矿生物浸出过程硫的 K 边 XANES 光谱

表 4.2　*S. thermosulfidooxidans* 浸出砷黄铁矿过程矿相砷的 K 边 XANES 光谱 LC 拟合结果

样品	砷形态组成占比/%			
	砷黄铁矿	雌黄	雄黄	砷酸铁
1 天	86.3	6.6	—	7.1
4 天	54.7	14.1	—	31.2
7 天	24.4	21.3	—	54.3
10 天	18.6	23.5	—	57.9
无菌对照 10 天	93.8	—	—	6.2

表 4.3　*S. thermosulfidooxidans* 浸出砷黄铁矿过程中矿相硫的 K 边 XANES 光谱 LC 拟合结果

样品	硫形态组成占比/%				
	砷黄铁矿	S^0	硫代硫酸盐	施氏矿物	黄铁矾盐
1 天	89.4	—	—	4.5	6.1
4 天	52.2	11.6	4.7	10.2	21.3
7 天	26.1	22.4	4.3	12.6	37.4
10 天	15.3	23.7	3.5	11.3	46.2
无菌对照	92.2	7.8	—	—	—

由图 4.44 可知，浸出渣硫的 K 边 XANES 光谱在 2 472.4 eV 处属于 S^{-1} 的吸收峰强度随生物浸出逐渐减弱，而在 2 482.7 eV 处属于 SO_4^{2-}的吸收峰逐渐增强。这表明矿物表面砷黄铁矿含量逐渐减少，而铁矾类物质的含量逐渐增多。LC 拟合结果（表 4.3）表明，

生物浸出 1 天后，矿相除砷黄铁矿（87.4%）外，还有少量的施氏矿物（4.5%）和黄铁矾盐（6.1%）生成。经过 10 天的生物作用，矿渣中砷黄铁矿的比例快速减少至 14.3%，而 S^0、施氏矿物和黄铁矾盐的比例分别增大至 25.6%、11.3%和 45.8%。对于无菌对照实验组，经过 10 天的化学作用，除砷黄铁矿外，只拟合到少量的 S^0。

结合 Fe、S、As 形态分析，砷黄铁矿浸出过程中铁、砷和硫形态转化过程分别为 Fe(II)→Fe(III)、As(−I)→As(III)→As(V)和 $S^{1-}\rightarrow S^0\rightarrow S_2O_3^{2-}\rightarrow SO_4^{2-}$，*S. thermosulfidooxidans* 的参与明显加速了它们的转化过程。黄铁矾盐和砷酸铁等次生产物的形成均为产酸反应，导致后期溶液 pH 快速降低，加上能源缺乏及砷的毒害作用使得菌的表观铁硫氧化活性降低；S^0 的大量累积与雌黄、黄铁矾盐和砷酸铁等中间产物或次生产物形成致密覆盖物，阻抑矿物的进一步溶解。

此外，砷黄铁矿生物浸出过程还受到环境中 Fe^{3+}的影响。图 4.45 给出了加 Fe^{3+}与不加 Fe^{3+}条件下 *S. thermosulfidooxidans* 浸出砷黄铁矿机制。加入 Fe^{3+}后，在生物浸出后期形成于矿物表面的覆盖物主要成分为黄铵铁矾和砷酸铁，它们的复合物是一种颗粒状相对疏松多孔结构，有利于 Fe^{3+}对矿物的进攻；而在不加 Fe^{3+}的生物浸出体系中，覆盖物成分为黄铁矾盐、S^0、雌黄和砷酸铁，它们的复合物是一种致密板结状结构。

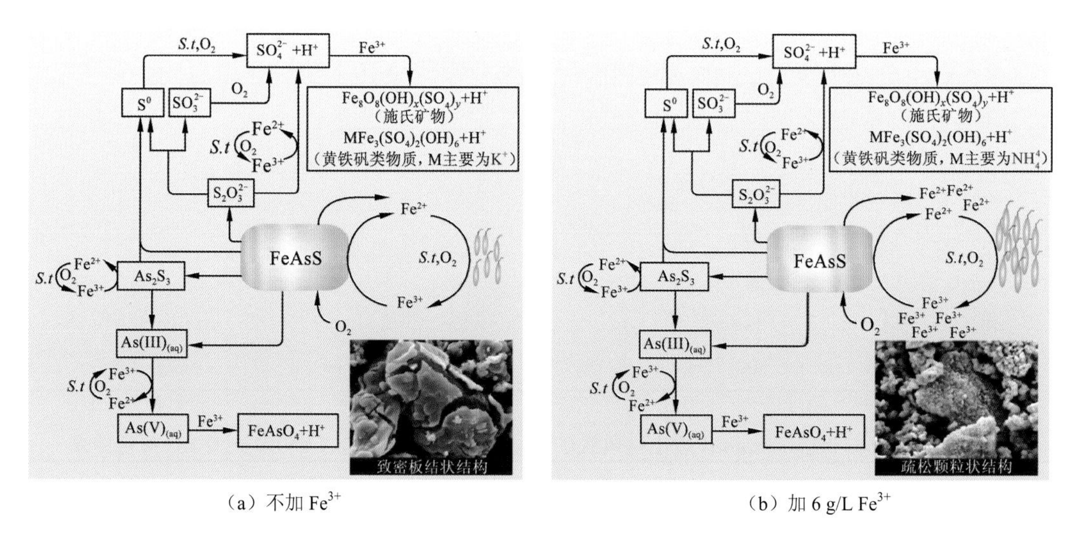

（a）不加 Fe^{3+}　　（b）加 6 g/L Fe^{3+}

图 4.45　不加 Fe^{3+}和加 6 g/L Fe^{3+}条件下，*S. thermosulfidooxidans* 浸出砷黄铁矿的机制图

图（a）中的细线代表 S^0 生物氧化的阻抑效应，图（b）中的粗线代表添加的 Fe^{3+}对砷黄铁矿生物浸出的促进效应

4.3　黄铁矿–微生物作用过程铁硫形态转化及赋存形式

黄铁矿是世界上含量最丰富的硫化矿资源，通常与其他有价金属矿藏伴生，而这些金属的提取往往要求对黄铁矿进行预处理（Brierley，2008）。黄铁矿生物浸出过程也涉及多种硫铁形态的转化，这些形态对解析黄铁矿的浸出机理、促进黄铁矿生物浸出的进一步工业化应用具有重要意义。

图 4.46 给出了黄铁矿生物浸出过程矿相铁的 L 边、硫的 K 边 XANES 光谱。由图 4.46（a）可知，生物浸出残渣铁的 L 边 XANES 光谱上的 b 峰的强度随着浸出逐渐增加，而 c 峰的强度逐渐减弱，这表明黄铁矿表面的铁形态逐渐从 Fe(II)转化为 Fe(III)。需要注意的是，经过 5 天的生物浸出，残渣铁的 L 边 XANES 光谱与黄铁矾盐铁的 L 边 XANES 光谱类似，这表明，此时黄铁矿几乎全部都转化为了类黄铁矾盐等 Fe(III)形态。而无菌对照组，经过 5 天的浸出，黄铁矿表面只有少量的 Fe(II)转化为了 Fe(III)。

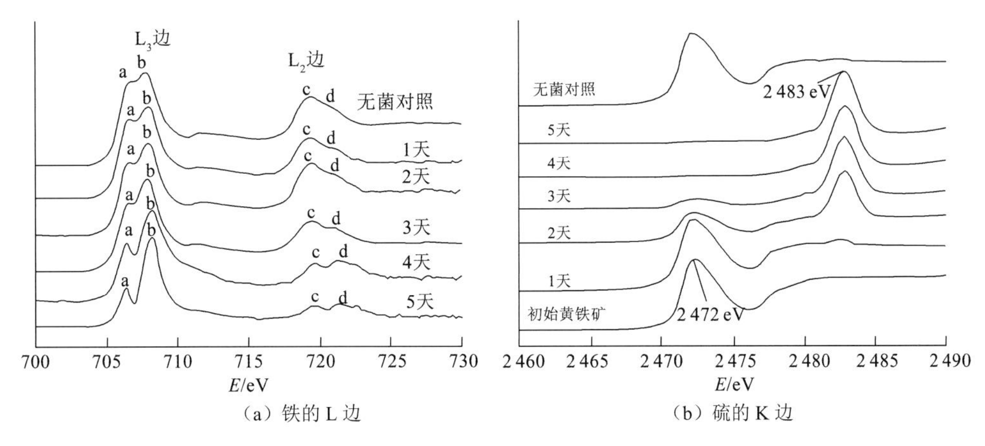

（a）铁的 L 边　（b）硫的 K 边

图 4.46　黄铁矿生物浸出过程和无菌对照组矿相的铁的 L 边和硫的 K 边 XANES 光谱

图（a）中字母 a 和 b 是 L_3 边的能量位置，字母 c 和 d 是 L_2 边的能量位置

由图 4.46（b）可知，与原始的黄铁矿相比，浸出过程矿相硫的 K 边 XANES 光谱发生了显著的改变，其中在 2 472 eV 处的吸收峰的强度逐渐减弱，到浸出后期基本上消失；浸出初期开始在 2 483 eV 处出现了新的吸收峰，并随浸出逐渐增强，到浸出后期变成了最主要的吸收峰。无菌对照组经过 5 天的浸出，矿物残渣硫的 K 边 XANES 光谱基本上没有变化。

拟合结果（表 4.4）表明，黄铁矿的相对含量随着生物浸出逐渐减少，经过 5 天的生物浸出，残渣中只含有 4.2%的黄铁矿；整个生物浸出过程单质硫的占比维持在 3.2%～5.9%；黄铁矾盐随着浸出逐渐增加，最终占到了 89.9%。需要特别指出的是，浸出第 2～4 天检测

表 4.4　黄铁矿生物浸出过程中矿相硫的 K 边 XANES 拟合结果

样品	硫形态组成占比/%			
	黄铁矿	S^0	黄铁矾盐	硫代硫酸盐
无菌对照	96.8	1.7	1.5	—
1 天	89.3	3.2	7.5	—
2 天	52.8	5.1	38.8	3.3
3 天	18.7	5.7	71.1	4.5
4 天	8.0	5.5	83.3	3.2
5 天	4.2	5.9	89.9	—

到了硫代硫酸盐类物质。这表明硫代硫酸盐类物质是黄铁矿生物浸出的重要中间产物。根据研究（Vera et al.，2013；Borda et al.，2004a，2004b；Rimstidt et al.，2003），硫代硫酸盐形成于黄铁矿表面硫氧化过程，其赋存形式为 Py-S-SO_3（Py represents pyrite）；Py-S-SO_3 以式（4.17）（Xia et al.，2010b）的方式被进一步分解，伴随着硫代硫酸盐的形成；硫代硫酸盐经过生物氧化形成单质硫［式（4.18）］。

$$\text{Py-S-SO}_3 \longrightarrow \text{Py}+\text{MS}_2\text{O}_3\text{，Py表示黄铁矿} \tag{4.17}$$

$$S_2O_3^{2-}+2H^+ \longrightarrow S^0+H_2SO_3 \tag{4.18}$$

黄铁矿生物浸出体系在有砷离子存在时，砷吸附到黄铁矿表面，进而影响矿物铁/硫形态。浸出过程中出现砷酸铁的形成和溶解，并随着氧化过程中 Fe/As 物质的量比和 pH 变化而变化。浸出体系 Fe/As 物质的量比为 1～2 及 pH 为 1.3～2.0 促进形成砷酸铁，而不是黄铁矾盐；其主要原因是：砷酸铁的形成和 As(III)的氧化产酸，降低体系的 pH，过低的 pH 不利于黄铁矾盐的形成，如图 4.47 所示（张怀丹，2019）。

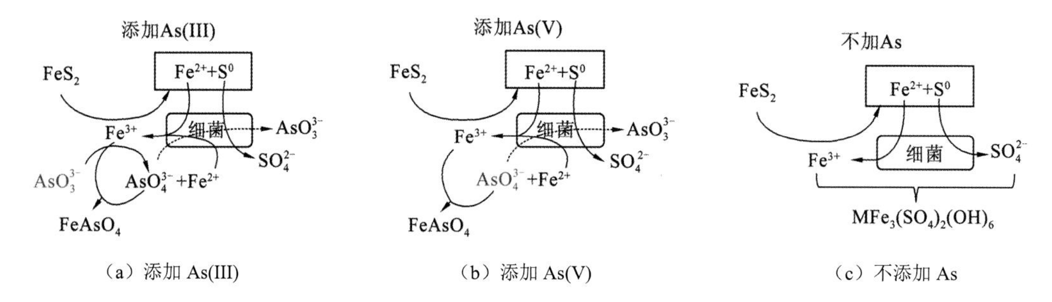

图 4.47　添加 As(III)、As(V)和不添加 As 条件下黄铁矿生物浸出过程中次生产物的形成过程

第 5 章　微生物–黄铜矿作用过程群落结构与硫氧化活性演替

硫化矿生物浸出过程除涉及硫、铁、铜等元素的形态转化之外，其微生物群落结构也会发生不断的变化，而且环境条件的改变对微生物群落结构和功能也会造成显著的影响，进而影响生物浸出效率（朱薇，2012）。

5.1　微生物–黄铜矿作用过程中的表观硫氧化活性

表观硫氧化活性是决定黄铜矿生物浸出效率的关键性因素之一，常常用浸出参数的变化来表征，这些参数包括菌的生长曲线、pH、ORP、硫酸根离子浓度、铜离子浓度和铁离子浓度等。图 5.1 给出了四株具有代表性的嗜热古菌 *Acidianus brierleyi* JCM 8954、*Metallosphaera sedula* N 23、*Acidianus manzaensis* YN 25 和 *Sulfolobus metallicus* YN 24 浸出黄铜矿过程中菌的生长曲线。生物浸出过程中，几乎所有的嗜热古菌在浸出黄铜矿过程中都有一个明显的延滞期，其生长从第 2 天开始进入对数生长期，到浸出的第 8 天，菌浓度达到最高值，其范围在（3.6～4.79）$\times 10^7$ cells/mL，随后菌的生长开始衰老直至死亡。其中，*A. brierleyi* 生长最好，其次为 *M. sedula* 和 *A. manzaensis*，而 *S. metallicus* 生长最差，其菌浓度一直很低，直到后面基本检测不到菌。出现这种现象的原因可能与嗜热古菌本身具有不稳定的特性有关。

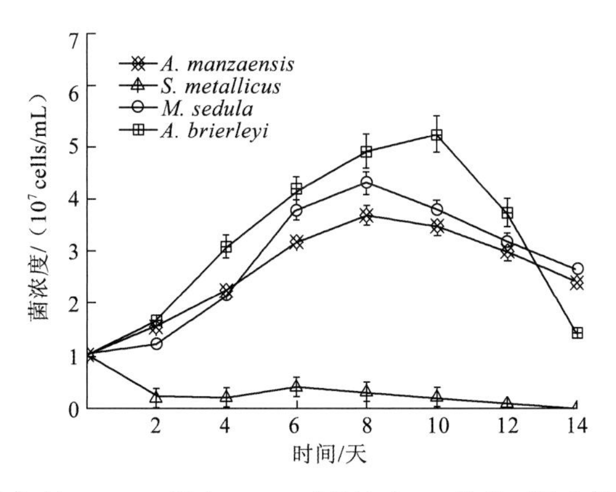

图 5.1　四株嗜热古菌在初始 pH 1.5、温度 65℃、矿浆浓度 2%条件下浸出黄铜矿过程中的生长曲线

对于四株嗜热古菌在分别浸出黄铜矿过程中的 pH 变化（图 5.2）而言，在浸矿初期，所有的 pH 都呈上升趋势，这可能与 H^+对矿物的攻击有很大的关系，即便菌浓度处于增

长阶段，仍无法抵消 H^+的消耗量。随后，除 *S. metallicus* 菌和无菌对照的 pH 一直维持在 1.2～1.5 外，其他三株嗜热古菌的培养液中 pH 急剧下降。在该阶段，由化学作用释放的元素硫开始被浸矿微生物氧化，并产生大量硫酸，这与 pH 下降和菌浓度增长的结果相一致，同时表明嗜热古菌具有很强的硫氧化活性（Vilcáez et al.，2009b；Yu，2007）。然而，硫酸根离子浓度在整个浸出过程中变化幅度非常大，而且其变化似乎与理论趋势并不一致（图 5.3），这可能是嗜热古菌在浸出过程中的氧化作用及其产生的大量中间产物共同作用的结果。

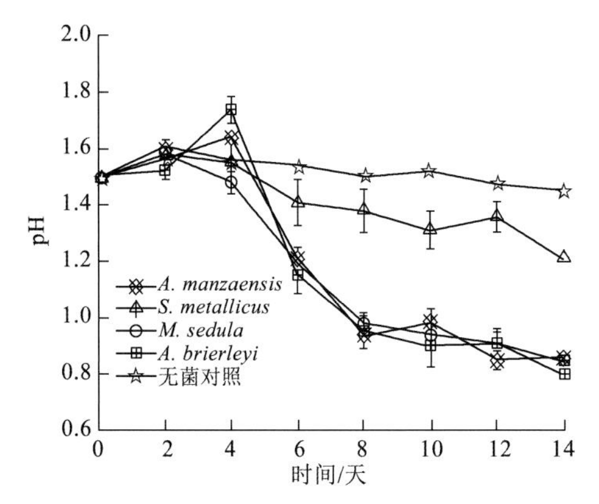

图 5.2　四株嗜热古菌在初始 pH1.5、温度 65℃、矿浆浓度 2%条件下浸出黄铜矿过程中的 pH 变化曲线

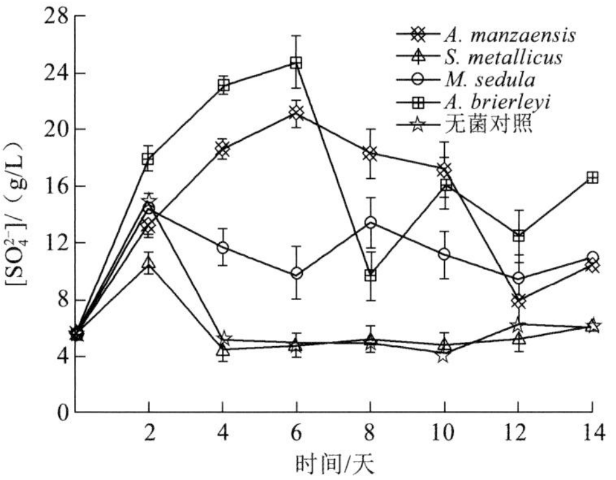

图 5.3　四株嗜热古菌在初始 pH1.5、温度 65℃、矿浆浓度 2%条件下浸出黄铜矿过程中的硫酸根离子浓度变化曲线

温度作为嗜热古菌生长重要的环境参数，其对生物浸出过程表观硫氧化活性的影响见图 5.4～图 5.6。嗜热古菌混合菌在不同温度条件下，其生物量在浸矿初期 0～4 天（65℃和 70℃条件下）或 2～4 天（60℃和 75℃条件下）呈现快速增长趋势，这可能与不同的菌具有不同的活性有关，混合培养能使它们的这种特质更好地利用培养基中的生长因子。在 65℃条件下，嗜热古菌混合菌几乎没有延滞期，对数生长期和稳定期的期限相对延长，并且最高菌浓度范围达到（2～2.5）$\times 10^8$ cells/mL（图 5.4）。

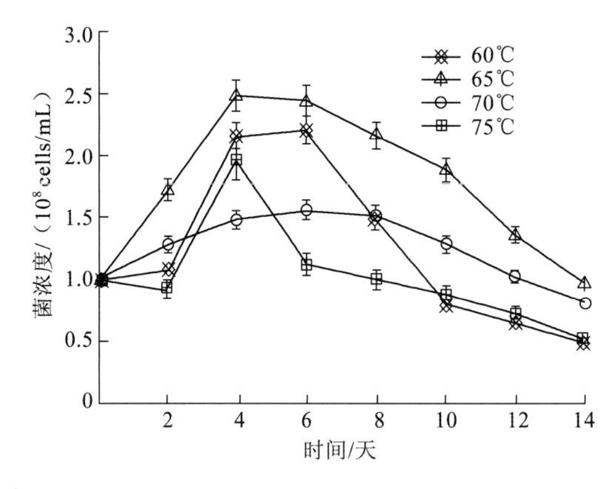

图 5.4　温度对初始 pH 1.5、矿浆浓度 2%条件下生物浸出黄铜矿过程细胞生长的影响

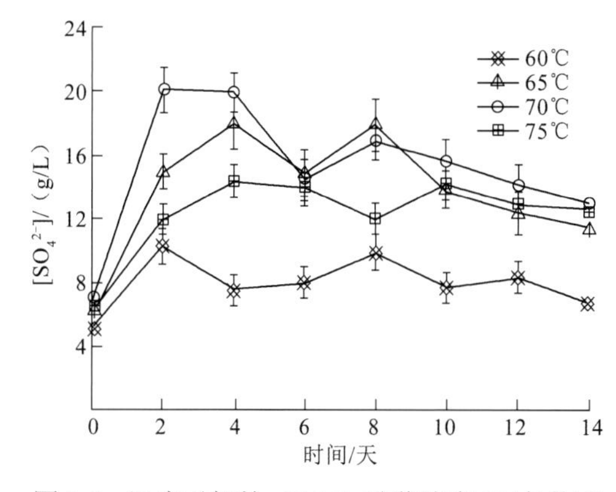

图 5.5　温度对初始 pH 1.5、矿浆浓度 2%条件下生物浸出黄铜矿过程硫酸根离子浓度变化的影响

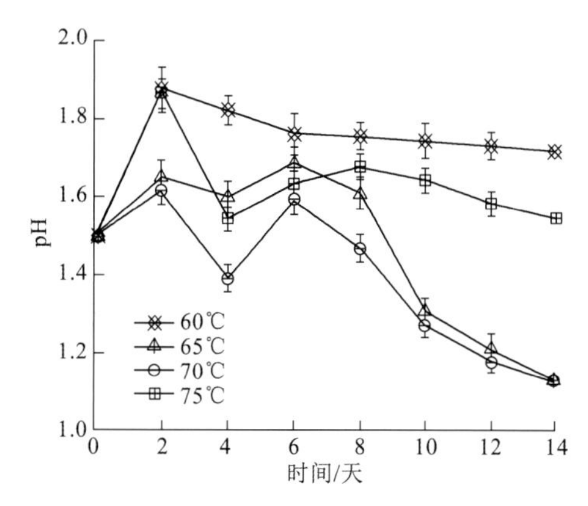

图 5.6　温度对初始 pH 1.5、矿浆浓度 2%条件下生物浸出黄铜矿过程 pH 变化的影响

通过比较不同温度条件下的菌浓度，发现嗜热古菌混合菌生长的最佳温度为 65℃。但是最高的硫酸根离子浓度并没有在最佳的 65℃温度条件下出现，相反地，在嗜热古菌混合菌生长较缓慢的 70℃温度条件下检测到了最高的硫酸根离子浓度（图 5.5）。特别明显的是 pH 随着温度的升高而下降，菌的影响并没有改变这一趋势（Vilcáez et al.，2008a）。这意味着在 60～75℃通过比较 pH 来分析浸矿微生物的硫氧化活性是无意义的（图 5.6）。

表 5.1 给出了混合菌和单一嗜热古菌浸出黄铜矿（初始 pH 为 1.5、矿浆浓度为 2%、实验温度 65℃）过程中铜离子、铁离子浓度的测量结果。嗜热古菌混合菌在浸出黄铜矿的第 14 天，溶液中铜离子浓度达到 6.10 g/L，高于相同条件下 *A. manzaensis*（5.11 g/L）、*M. sedula*（5.06 g/L）和 *A. brierleyi*（5.18 g/L），说明嗜热古菌混合菌对黄铜矿的浸出能力高于其单一菌的浸出能力。具有最高铜离子浸出能力的嗜热古菌混合菌同样也具有最高的铁离子浸出能力，其最高总铁浓度达到 3.16 g/L。黄铜矿的生物浸出及其铜离子和铁离子的回收率因不同的实验条件而改变，其中嗜热古菌的硫氧化活性是影响其结果的重要因素。在浸出第一阶段，铜离子浓度和铁离子浓度的升高主要是由于酸的消耗，即 H^+ 攻击矿物所致；同时，浸矿过程中产生的中间产物如元素硫被浸矿微生物氧化成硫酸，从而导致硫酸根离子浓度的升高。根据化学渗透理论，当 pH 上升，预示着浸矿菌铁离子氧化活性的下降（Plumb et al.，2008a）。因此，分析 pH 的变化与浸矿菌硫氧化活性及其浸

表 5.1　嗜热古菌在锥形瓶中生物浸出黄铜矿的结果

微生物种类	$[Cu^{2+}]$/(g/L)	[总 Fe]/(g/L)
混合菌	6.10	3.16
A. brierleyi	5.18	2.63
M. sedula	5.06	2.95
A. manzaensis	5.11	2.56
S. metallicus	2.31	1.05

矿能力之间的关系是很模糊的概念。而且混合菌具有更高的铜离子和铁离子浸出率，这可能与它能提供足够的质子去攻击矿物有关，因而推测混合菌比单一菌具有更强的硫氧化能力（Chhatre et al.，2008；Rawlings，2002），但事实上，该推测结果同样也面临与其他表观硫氧化活性参数的矛盾，如上述提到的与硫酸根离子浓度之间的矛盾。

5.2 硫氧化活性相关基因的筛选和鉴定

由于表观硫氧化活性参数，如 pH 和硫酸根离子浓度，其变化虽然可以说明单一体系中微生物的硫氧化活性，但对于一个复杂的浸矿体系而言，它的变化可能经常会受到来自环境的影响，从而给表征结果带来很大误差。单纯地采用表观硫氧化活性很难从根本上体现浸矿微生物的真实硫氧化活性。探寻一种能有效表征金属硫化矿生物浸出过程中浸矿微生物硫氧化活性的方法是非常有必要的。这需要从分子生物学的角度，根据浸矿菌的基因组序列，筛选硫氧化相关的基因，通过比较硫氧化基因表达，能直接体现浸矿微生物的真实硫氧化活性。本节介绍硫氧化活性相关基因筛选和鉴定的参考过程。

5.2.1 RNA 的提取及反转录

首先，分别对四株古菌总 RNA 提取及纯化。将两种不同能源底物培养的四株古菌分别培养至对数生长期后，4℃离心收集古菌细胞，并立即按照天根公司的 RNAprep pure 培养细胞/细菌总 RNA 提取试剂盒说明书提取古菌总 RNA，其间用 DNase I 处理除去 DNA 干扰。用 RNA RNeasy® Mini Kit 试剂盒（Qiagen GmbH，74104）对上一步所得 RNA 进行纯化，同时用 RNase-free DNase set 试剂盒（Qiagen）对样品进行基因组 DNA 污染处理。

用 NanoDrop ND-1000 微量分光光度计对纯化后的 RNA 样品进行浓度和纯度检测（检测结果如图 5.7 所示）。RNA 样品的浓度检测直接读取即可；RNA 样品的纯度检测结果 OD_{260}/OD_{280} 值在 1.9～2.1 的为高纯度的 RNA 样品。RNA 样品的完整性可通过 RNA 变性凝胶电泳检测，电泳之后在紫外灯下观察 23S 和 16S 两条带是否清晰，若 23S 的荧光强度为 16S 的两倍以上，则说明 RNA 分子比较完整，没有降解；另外 5S 条带在纯化过程中去掉，一般不可见（图 5.8）。

之后，将纯化后的古菌总 RNA 立即用 Fermentas RevertAid™ First Strand cDNA Synthesis Kits 试剂盒进行 mRNA 反转录处理，并经 NanoDrop ND-10000 微量分光光度计检测对 cDNA 的质量进行分析（图 5.9），cDNA 样品的 OD_{260}/OD_{280} 比值在 1.70～1.85，另一纯度指标 OD_{260}/OD_{230} 比值总体略大于 OD_{260}/OD_{280}，约为 1.85～2.20。RNA 提取后在转录为 cDNA 的过程中，由于实验所必需的反转录酶不仅具有聚合酶活性的本质，还具有内源 RNase H 活性，它们之间相互竞争 DNA 引物与 RNA 模板或 cDNA 延伸链间所形成的杂合链，甚至降解 RNA∶DNA 复合物中的 RNA 链。RNA 模板一旦被 RNaseH 活性降解，它就不能再作为合成 cDNA 的有效底物，从而导致 cDNA 合成效率的降低。因

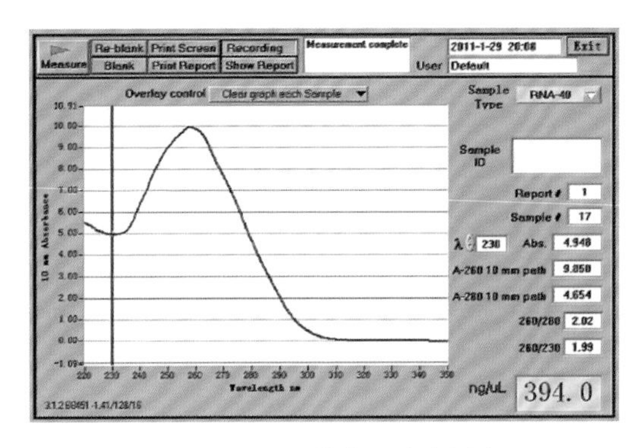

图 5.7　RNA 纯度及浓度测定

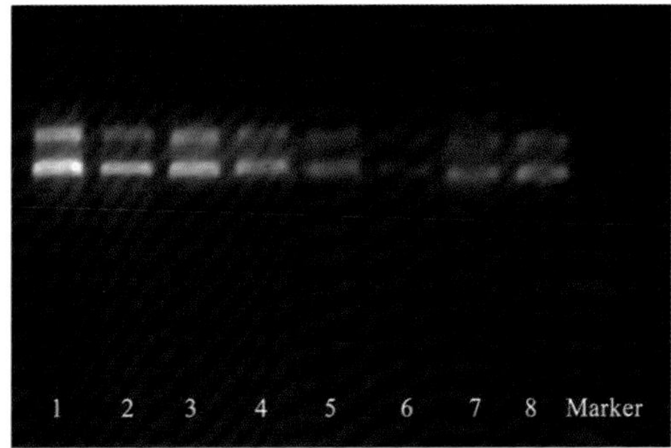

图 5.8　总 RNA 电泳图

1～2: *A. brierleyi*，3～4: *A. manzaensis*，5～6: *M. sedula*，7～8: *S. metallicus*

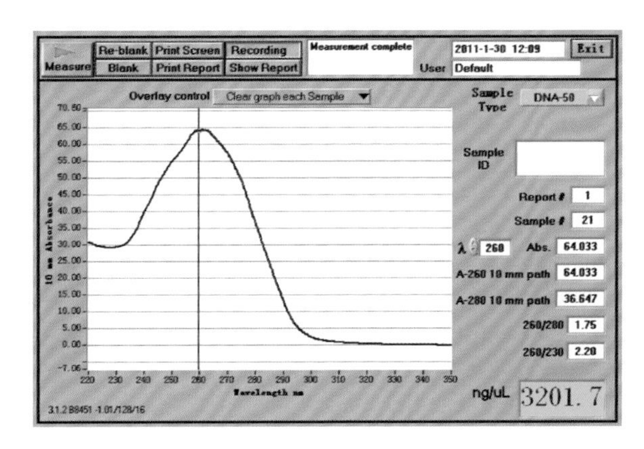

图 5.9　cDNA 质量分析

此，在 cDNA 合成反应体系中通过添加 RNase 抑制剂来消除或降低反转录酶的 RNase H 活性，可增加 cDNA 合成的长度和产量，提高实时定量 PCR 反应体系的灵敏度和确保实时定量 PCR 检测结果的可靠性。

5.2.2　硫氧化活性相关基因的筛选

通过分析已知基因组序列的模式菌 *M. sedula* DSM5348 与硫代谢有关的基因，选择部分硫氧化菌硫氧化活性相关的功能基因，见表 5.2。

表 5.2　硫代谢相关基因

基因序列号	基因	功能
Gene ID: 5105060	*Msed_2080*	硫氧化还原酶
Gene ID: 1452939	*Sat*	硫酸腺苷酸转移酶
Gene ID: 5104515	*Msed_0963*	硫酸腺苷酸转移酶
Gene ID: 5103713	*Msed_0553*	氧化酶域蛋白
Gene ID: 5104210	*Msed_2258*	铁硫结构域蛋白

续表

基因序列号	基因	功能
GI:42794901	*soxB*	硫氧化蛋白酶
Gene ID: 5104569	*Msed_1318*	铁硫结构域蛋白
Gene ID: 5103285	*Msed_1898*	辅酶 Q 氧化还原酶
GI:42794894	*Msed_0484*	硫氧化蛋白酶
GI:199583201	*16S rRNA(A. brierleyi)*	16S 核糖体亚基
GI:119710568	*16S rRNA(M. sedula)*	16S 核糖体亚基
GI:169525791	*16S rRNA(S. metallicus)*	16S 核糖体亚基
GI:145688429	*16S rRNA(A. manzaensis)*	16S 核糖体亚基

针对表 5.2 中选择的硫氧化活性相关基因，采用 Prime:Premier5.0 软件进行引物设计，并使用 Oligo 6.0 软件对其进行评价。引物设计完成后，将其序列进行合成（表 5.3）。

表 5.3　硫代谢相关基因的引物设计

基因	引物序列		产物	退火温度
	正向引物（5′-3′）	反向引物（5′-3′）	/bp	/℃
Msed_2080	CGAGATTGAAGCCAAGGAAG	ATTTCCTCCACGGTCAACTG	225	58(50%GC)
Sat	ATTGCCAAATGGCGTGTTAT	CCAAACATCCCCTGCTAAGA	250	56(50%GC)
Msed_0963	GATGCTGGAAATTGGGAGAA	CTCGACCTCAAGGAATCCAA	241	57(50%GC)
Msed_0553	TCCCTGGATGTCTCATGTCA	CATATGGGCACTGCAGTTTG	224	58(50%GC)
Msed_2258	AAGAGCGTTTCGTTCGTTGT	CTTCCGCTCTCAGCATCTCT	188	58(50%GC)
soxB	TAGTGGAAGTGCCCCACAAC	AGTCTTGGCTTCTGGCTCTG	213	60(55%GC)
Msed_1318	TGGTGTGGGATCAGGGTAAT	TCTGTGATTGTCTCGCCTTG	240	58(50%GC)
Msed_1898	GGGAAGAAATTCCCCACAAT	GGGGAGGTTGATCGAAGTCT	175	58(50%GC)
Msed_0484	GATGCTCATTCCGTCCTTGT	TTCCCATCGACTACCTCTGG	246	59(55%GC)
16S (*A. brierleyi*)	TAGGAGGCTTTTCCCCACTT	GGAGTACCTCCGACCTTTCC	221	60(55%GC)
16S (*M. sedula*)	ACGGCGGTGATACTTACAGG	GACACCTAGCCTGCATCGTT	221	60(55%GC)
16S (*S. metallicus*)	TGGGGCTTTTCTACGCTCTA	TCTAGGAGTACCCCCGACCT	232	60(55%GC)
16S (*A. manzaensis*)	AGAGGGCTTTTCCCTACTGC	GCCCCTACTCTGGGAGTACC	223	62(60%GC)

5.2.3　硫氧化活性相关基因的鉴定

以四株嗜热古菌基因组 DNA 为模板，对设计和合成的基因引物采用常规 PCR 方法进行扩增。引物常规 PCR 产物用 1.5%琼脂糖凝胶电泳分离，并在紫外灯下查看凝胶电泳条带，如图 5.10 所示。可知，除基因 *Msed_2258* 外，几乎所有基因引物及其 16S rRNA 均能在 *A. brierleyi* 菌中扩增出条带来，但 *Msed_2080*、*Msed_0553*、*Msed_1318* 及 *Msed_0484* 基因引物表现有非特异性的条带，而 *Sat*、*Msed_0963*、*Msed_1898* 基因引物在 *A. brierleyi*

菌中扩增出来的条带较暗，其特异性有待进一步验证。值得注意的是 *soxB* 基因引物及其四株菌的 16S rRNA 在 *A. brierleyi* 菌中扩增出来的条带非常亮，而且条带单一、无非特异性扩增，其扩增片段长度在 200 bp 左右，与实验所设计引物的扩增片段长度 213 bp 非常相符，这说明 *soxB* 基因在四株古菌中存在，并且由 *soxB* 基因序列所设计的引物在四株菌中表现有良好特异性。

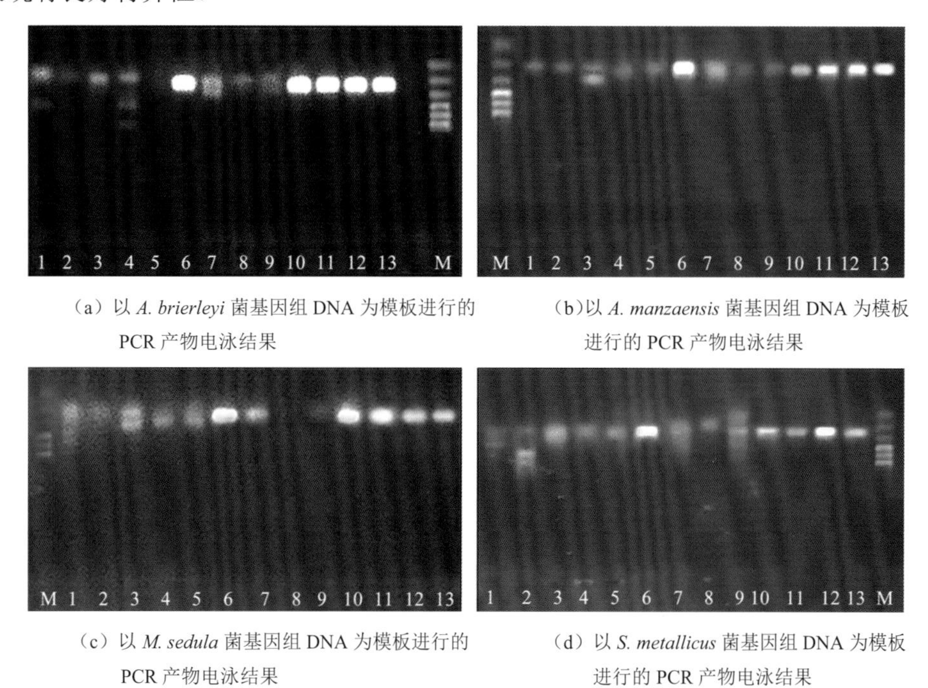

（a）以 *A. brierleyi* 菌基因组 DNA 为模板进行的 PCR 产物电泳结果

（b）以 *A. manzaensis* 菌基因组 DNA 为模板进行的 PCR 产物电泳结果

（c）以 *M. sedula* 菌基因组 DNA 为模板进行的 PCR 产物电泳结果

（d）以 *S. metallicus* 菌基因组 DNA 为模板进行的 PCR 产物电泳结果

图 5.10　硫氧化活性相关基因对应引物 PCR 产物电泳图

M 为 DNA marker；1 *Msed_2080* 基因；2 *Sat* 基因；3 *Msed_0963* 基因；4 *Msed_0553* 基因；5 *Msed_2258* 基因；6 *soxB* 基因；7 *Msed_1318* 基因；8 *Msed_1898* 基因；9 *Msed_0484* 基因；10 *16S*（*A. brierleyi*）；11 *16S*（*M. sedula*）；12（*S. metallicus*）；13 *16S*（*A. manzaensis*）

由于 *soxB* 基因引物在四株嗜热古菌中均表现有良好特异性，意味着四株嗜热古菌中都含有相同的硫氧化基因 *soxB*，这是首次得出四株嗜热古菌同时存在 *soxB* 基因的结论。

为从分子生物学角度进一步证实这一结论，以 *soxB* 基因设计引物进行了实时定量 PCR 检验实验。实时定量 PCR 数据采用分析软件 Optical system software Version 1.0 进行处理。PCR 扩增产物的特异性分析根据熔解曲线的峰值及其走势来判定（图 5.11）。基因表达差异的定量分析根据荧光曲线的 Ct 值，以各自的 16S rRNA 管家基因为校正因子计算两种不同能源底物诱导培养下的四株古菌中的目的基因的表达相对于 16S rRNA 管家基因的改变倍数。

阳性定量标准曲线的模板由 *soxB* 基因引物进行普通 PCR 扩增，通过 Nanodrop ND-1000 微量分光光度计对 PCR 扩增产物进行定量，然后将产物的定量结果换算成拷贝数，并依次按 10^2～10^9 copies /μL 的梯度来稀释所得。Real-time qPCR 的标准曲线

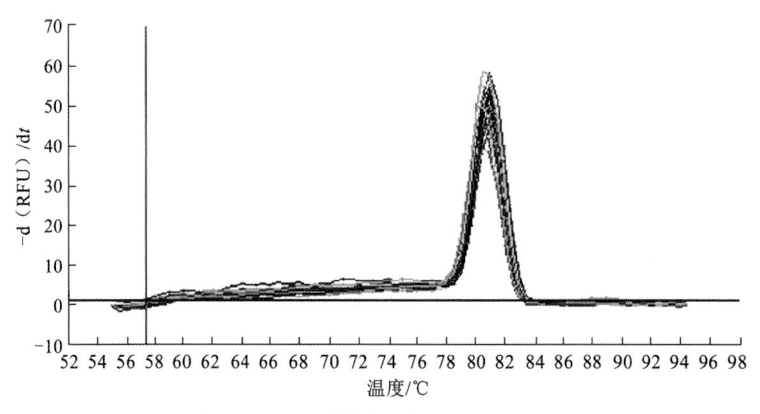

图 5.11 *soxB* 基因扩增产物的熔解曲线

（图 5.12）可知，PCR 的动力学方程相关系数为 0.999，PCR 扩增效率接近于 100%，标准曲线的标准方程是理想的。根据图 5.12 计算四株嗜热古菌在元素硫中生长与在硫酸亚铁中生长 *soxB* 基因的表达情况，如表 5.4 所示。可知，在元素硫中生长的古菌 *soxB* 基因的表达量较其在硫酸亚铁中生长的古菌 *soxB* 基因表达量均明显上调。其中 *A. brierleyi* 菌的 *soxB* 基因在元素硫培养下的表达量较其在硫酸亚铁中培养的表达量上调了近 10 倍，*A. manzaensis* 和 *S. metallicus* 的 *soxB* 基因在 S^0 培养下的表达量较其在硫酸亚铁中分别上调了 6.75 倍和 7.28 倍，与前面三株菌相比，*M. sedula* 菌的 *soxB* 基因在两种能量底物培养下的表达差异相差的倍数相对较少，为 1.62 倍。

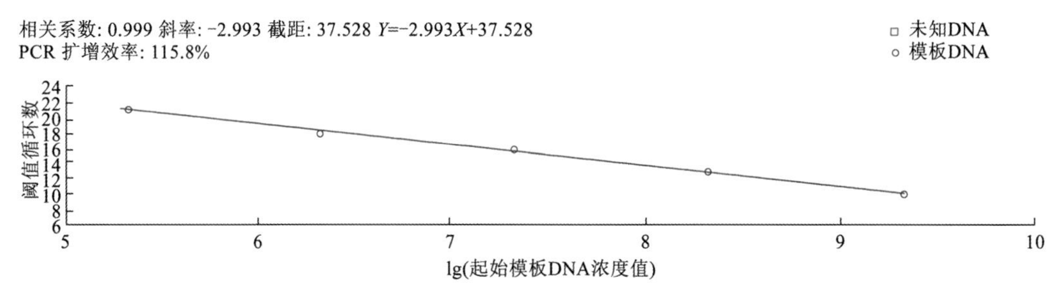

图 5.12 *soxB* 基因目的片段实时定量 PCR 的标准曲线

表 5.4 不同能源底物下古菌 *soxB* 基因的表达差异

菌种	菌株	$\log_2(S^0/Fe)\pm SD$*	*p* 值（t 检验）
A. brierleyi	JCM 8954	9.69±0.32	0.00
A. manzaensis	YN 25	6.75±0.88	0.00
M. sedula	YN 23	1.62±1.08	0.00
S. metallicus	YN 24	7.28±0.87	0.00

*表中 S^0 和 Fe 分别代表以单质硫和硫酸亚铁为能源培养。

注：①使用文献（Quatrini et al., 2006）描述的概率值统计法来确定培养条件对基因表达差异的影响，当概率值 *p* 越接近 0，则说明基因的表达差异越显著，一般 $p<0.05$ 均视为差异显著；②基因的定量以 2 为底的对数值代表，当比值大于|1.0|（相当于基因的表达差异超过 2.0 倍）视为具有不同的表达，即暗示着基因在两种不同条件下具有成倍的表达差异

四株嗜热古菌在元素硫中生长的 *soxB* 基因的表达量均明显高于其在硫酸亚铁中的表达量，这不仅证实了四株嗜热古菌至少有一组相同的功能基因 *soxB* 存在的事实，而且说明了四株嗜热古菌 *soxB* 基因具有底物依赖的转录调节机制即氧化硫的生理基础（Bathe et al.，2007）。四株嗜热古菌 *soxB* 基因的这种机制在其他文献中也有类似报道——在众多参与硫氧化调控过程的酶系统中，*sox* 基因编码的酶是其中至关重要的一部分，它是一个极具多酶系统特征的酶，能够将包括硫化氢、元素硫、硫代硫酸盐及其他硫化物在内的各种还原性硫及硫化合物氧化成硫酸（Harada et al.，2009；Friedrich et al.，2001；Rother et al.，2001）。因此，*sox* 基因家族对硫氧化菌生长过程中的转录调控具有重要的作用（Wilson et al.，2008）。此外，*soxB* 基因作为 *sox* 基因家族中的重要一员，它不仅负责硫化物的氧化，而且是氧化硫代硫酸盐时的一个必需基因（Azai et al.，2009）；也是某些硫氧化菌所特有的功能基因（Krishnani et al.，2010；Pandey et al.，2009）。因此，在硫氧化菌中，*soxB* 基因通常被用作判断与硫氧化有关的 *sox* 途径存在的一个特征，并用作微生物氧化硫化物的一个指标（Krishnani et al.，2010；Harada et al.，2009；Pandey et al.，2009）。

同时，*soxB* 基因的表达结果还显示了两种不同能源底物培养下的四株嗜热古菌彼此之间的 *soxB* 基因表达量有明显的差异，按照它们的表达上调倍数由大到小依次为 *A. brierleyi*＞*S. metallicus*＞*A. manzaensis*＞*M. sedula*。该实验结果并不能反映四株嗜热古菌的硫氧化活性，只能说明它们为了平衡自身细胞内环境，利用环境中不同的能源底物作为电子供体，同时诱导其相关基因产生了不同表达水平（Harada et al.，2009）。而这种不同的表达水平是否来自硫的氧化还是铁的氧化，这里我们无从了解（Friedrich et al.，2001）。为解除疑惑和避免类似现象发生，并探究利用 *soxB* 基因表达差异来代替表征硫氧化活性的指标如菌浓度、pH 及 SO_4^{2-}浓度等，需对四株嗜热古菌的硫氧化活性做进一步分析。

5.3　嗜热古菌硫氧化活性的分子表征

表 5.5 给出了相同能源不同温度下古菌 *soxB* 基因的表达差异结果，可知四株嗜热古菌在以单质硫为能源底物、不同温度条件下的 *soxB* 基因表达变化趋势基本都是一致的。其中 *S. metallicus* 的 *soxB* 基因在相同能源不同温度下的表达上调倍数最大，分别为（$1.79\times10^{-2}\pm0.43$）copies/cell 和（$3.7\times10^{-2}\pm0.40$）copies/cell，这说明 *S. metallicus* 的 *soxB* 基因在四株嗜热古菌中的硫氧化活性最高；而 *A. brierleyi soxB* 基因在不同温度下的表达上调倍数相对变化最大，分别为（$5.0\times10^{-3}\pm0.173$）copies/cell 和（$4\times10^{-2}\pm0.80$）copies/cell，这说明 *A. brierleyi* 在 65℃时 *soxB* 基因的硫氧化活性较高；此外，*A. manzaensis* 和 *M. sedula* 的 *soxB* 基因的硫氧化活性相对较低，其基因表达上调倍数在 1.1×10^{-3}～3.7×10^{-3}。值得注意的是，四株嗜热古菌在两种不同温度条件下的 *soxB* 基因表达差异都不明显，换言之，每种古菌 *soxB* 基因的表达水平基本上是相等的，这种现象说明了 *soxB* 基因可能为四株嗜热古菌中的组成型基因。类似的报道如 *T. crunogena* XCL2 菌（Scott et al.，2006），其体内的硫氧化过程也是通过 *sox* 基因和 *sqr* 基因编码的酶系统完成的。另有报道，*soxB* 基因

能执行各种各样的功能，其中最显著的功能是它们具有全能的自我更新能力（Harada et al.，2009）；此外，*soxB* 还是具有氧化硫代硫酸盐的典型多酶体系 *sox* 中的重要成员，它能够氧化单质硫及各种还原性硫化合物，包括硫化氢与硫代硫酸盐等，因此，在这些硫氧化菌中，*soxB* 基因是硫代硫酸盐氧化成硫酸过程中必不可少的组成成分（Harada et al.，2009；Friedrich et al.，2000）。

表 5.5 相同能源不同温度下古菌 *soxB* 基因的表达差异

菌种	培养温度/℃	待测基因（*soxB*）/（copies/μL）	内参基因（16S）/（copies/μL）	待测基因/内参基因±SD
A. brierleyi	55	3.29×10^5	6.54×10^7	$5.0\times10^{-3}\pm0.17$
	65	8.84×10^5	2.61×10^7	$3.4\times10^{-2}\pm0.80$
A. manzaensis	55	2.51×10^5	6.35×10^7	$3.9\times10^{-3}\pm0.33$
	65	3.01×10^5	8.17×10^7	$3.7\times10^{-3}\pm0.27$
M. sedula	55	5.29×10^4	4.74×10^7	$1.1\times10^{-3}\pm0.52$
	65	7.92×10^4	6.27×10^7	$1.3\times10^{-3}\pm0.45$
S. metallicus	55	1.49×10^5	8.35×10^6	$1.79\times10^{-2}\pm0.43$
	65	2.08×10^6	5.51×10^7	$3.7\times10^{-2}\pm0.40$

注：考虑实时定量 PCR 操作过程中，由于取样时样品的细胞个数不可能完全相同，RNA 提取得率不同，cDNA 反转录效率不同和浓度定量操作误差等客观因素的影响，用于定量分析的单位体积样品的 cDNA 含量并不完全相同，并且相同体积的 cDNA 也并不等同相同数目的细胞。为校正此差异，在计算基因表达结果时，以样品待测基因拷贝数除以此样品内参基因拷贝数的比值作为样品待测基因的相对含量。这里需要指出的是由于选作内参的管家基因在细胞中的表达量或在基因组中的拷贝数是相对恒定的，它通常正比于细胞数或基因组数量，所以，前面样品待测基因拷贝数与内参基因拷贝数的比值实质为单位细胞的拷贝数（copies/cell）

结合四株嗜热古菌 *soxB* 基因表达差异与四株嗜热古菌氧化单质硫的表观硫氧化活性指标（菌浓度、pH），表 5.6 进一步给出了 *soxB* 基因的表达水平与表观硫氧化活性表观参数之间的关系。

表 5.6 相同能源不同温度下古菌的表观硫氧化活性指标

菌种	50℃培养条件		65℃培养条件	
	菌浓度/（cells/mL）	pH	菌浓度/（cells/mL）	pH
A. brierleyi	4.08×10^7	2.32	7.76×10^7	2.14
A. manzaensis	3.04×10^7	2.36	6.72×10^7	2.20
M. sedula	2.72×10^7	2.44	6.72×10^7	2.28
S. metallicus	3.04×10^7	2.31	7.60×10^7	2.06

由表 5.6 可知，四株嗜热古菌在以单质硫为能源底物不同温度培养条件下的菌浓度和 pH 发生了明显的变化，其中 65℃培养条件下四株嗜热古菌的生长情况明显比 55℃条件

下的生长情况好，而在相同温度条件下，四株嗜热古菌由于长期在单质硫中传代保存，菌与菌之间的生长情况趋近。但在实际生物氧化过程中，面对的通常是一些混合体系，硫氧化往往是所有微生物共同作用的结果，因而很难从菌浓度的变化结果中直观地判断哪种菌的硫氧化能力最大，哪种菌的硫氧化能力最小。退而言之，即便是在单一菌体系中，菌的生长量也并不能真实反映它们的硫氧化能力，因为不同种类的单位菌硫氧化能力大小不一样，而且相同数量的单位菌在不同生长阶段的硫氧化能力大小也不一样（Franzmann et al.，2005）。Konishi 等（1995）和 Ceskova（2002）也曾报道，他们在 *Acidithiobacillus* spp.氧化元素硫过程中，对比了细菌生物量与其硫氧化率的关系，发现随着时间的推移，细菌数量不断地增长，而硫的氧化率并没有相应地提高，最后他们认为一旦生物量达到一个临界值，即达到硫氧化开始稳定的初始阶段，该硫氧化率与细菌数量之间的直接关系便不存在了。所以，对于表 5.6 所列的四株嗜热古菌在单质硫中的生长情况，很难认定菌浓度最大的 *A. brierleyi* 一定就是硫氧化活性最大的功能菌，事实上后面的数据分析也否定了这一点。与菌生长状况相伴的另一表观硫氧化活性指标 pH 随着菌浓度的变化也发生了一定的变化，虽然这种变化在单一体系中可以用来说明浸矿微生物的硫氧化活性，但对于一个复杂的浸矿体系而言，这种变化与其硫氧化活性并不是完全对应的。如 Franzmann 等（2005）认为，硫酸的形成相对于硫氧化速率有一个较大稳定阶段，硫酸形成的时间无法从硫氧化率的数据中计算获得，它会随着时间的推移而变化无常；又如前文中提到的，由于一些环境因素和中间产物的形成，最低的 pH 或最高的 SO_4^{2-} 浓度并不一定出现在硫氧化菌硫氧化活性最高的阶段。由此可见，复杂体系中各种理化因素对 pH 的影响常常增加准确判断硫氧化活性大小的难度。因此，仅仅依靠微生物的生长量、pH 的变化很难从根本上体现浸矿微生物的真实硫氧化活性。

然而，若以四株嗜热古菌 *soxB* 基因的表达量乘以对应条件下的菌浓度，将很容易并且能直观地判断单位体积内不同菌的硫氧化活性。将相同能源不同温度下的四株嗜热古菌的表观硫氧化活性指标转换为硫氧化功能基因 *soxB* 的表达量，如表 5.7 所示。

表 5.7 相同能源不同温度下嗜热古菌硫氧化功能基因 *soxB* 的表达量

菌种	*soxB* 基因的表达量/（copies/mL）*	
	50℃培养条件	65℃培养条件
A. brierleyi	2.04×10^5	2.64×10^6
A. manzaensis	1.19×10^5	2.49×10^5
M. sedula	2.99×10^4	8.74×10^4
S. metallicus	5.44×10^5	2.81×10^6

*硫氧化功能基因 *soxB* 的表达量（copies/mL）=单位菌的硫氧化功能基因 *soxB* 的表达量（copies/cell）×菌浓度（cells/mL）

由表 5.7 可直观地看到 65℃培养条件下四株嗜热古菌在单质硫中的氧化活性由高到低依次是 *S. metallicus*＞*A. brierleyi*＞*A. manzaensis*＞*M. sedula*，它们的硫氧化活性大小

分别为 2.81×10^6、2.64×10^6、2.49×10^5 和 8.74×10^4。由于该实验体系是以单质硫为唯一能源底物的单一体系，其结果与 pH 及硫酸根离子浓度的变化趋势基本吻合（数据未列出），但与菌浓度的分析结果有些差别，如体系中显示 *A. brierleyi* 的菌浓度最大，但菌浓度排在第二的 *S. metallicus* 由于单位菌的硫氧化活性较高，总体上表现出最大的硫氧化活性；同样 *A. manzaensis* 与 *M. sedula* 的菌浓度大小一致，而由于单位 *A. manzaensis* 菌的硫氧化活性较 *M. sedula* 高，总体上 *A. manzaensis* 的硫氧化活性明显高于 *M. sedula*，其原因主要与浸矿菌自身的硫氧化活性大小不一有关。由此可见，利用 *soxB* 基因的表达差异来表征硫氧化活性不仅可以概括宏观环境因素的影响，同时还可兼顾包括菌体自身等微观因素的影响，它避免了类似依靠微生物表观硫氧化活性的表象来判断其本质的误差，因而体现了浸出体系中硫氧化菌的实际硫氧化能力。简而言之，利用 *soxB* 基因的表达差异来表征硫氧化活性，由于该方法不受限制因素的影响，更能客观地体现硫氧化菌的硫氧化活性。

5.4　嗜热古菌混合菌群落结构变化

soxB 基因的表达差异可直接表征硫氧化活性，而且不受环境因素的影响。基于此，结合 DGGE 分析结果可阐明四株嗜热古菌在不同环境条件（温度和 pH）下浸出黄铜矿过程中的群落结构及其硫氧化活性，如图 5.13～5.16 所示。

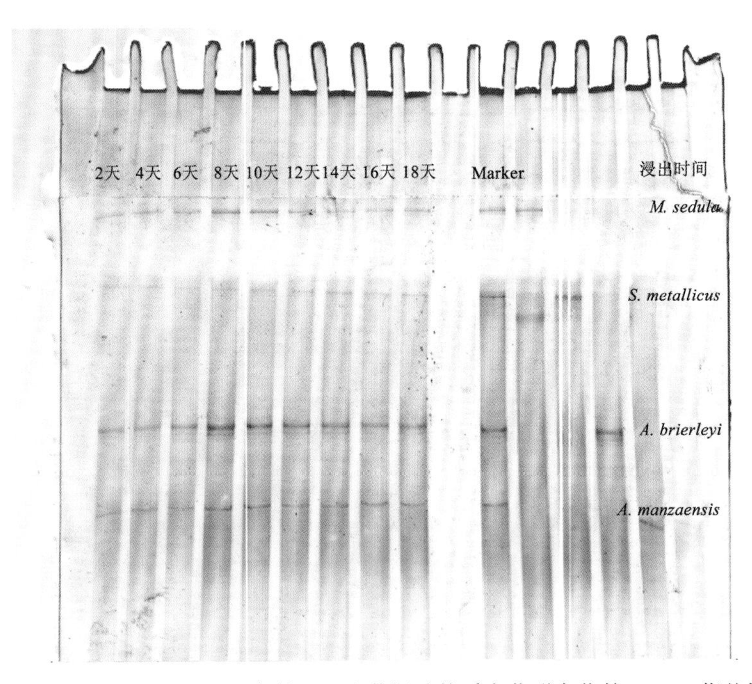

图 5.13　嗜热古菌在 55℃条件下浸出黄铜矿体系中菌群变化的 DGGE 指纹图谱

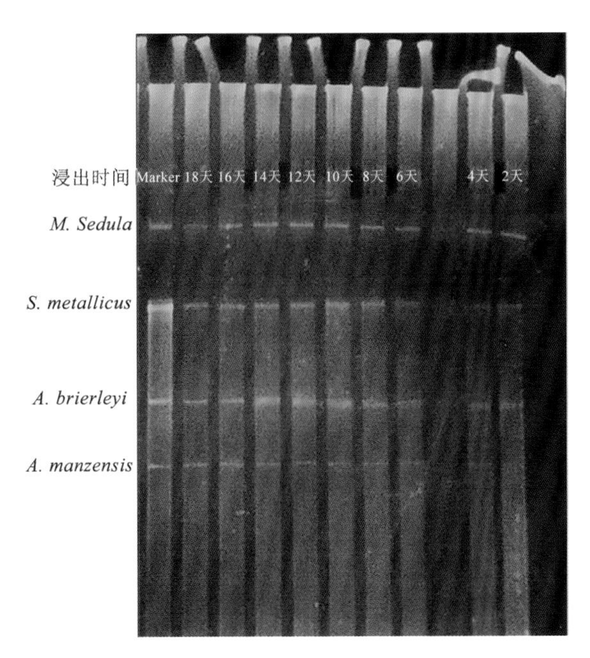

图 5.14　嗜热古菌在 65℃条件下浸出黄铜矿体系中菌群变化的 DGGE 指纹图谱

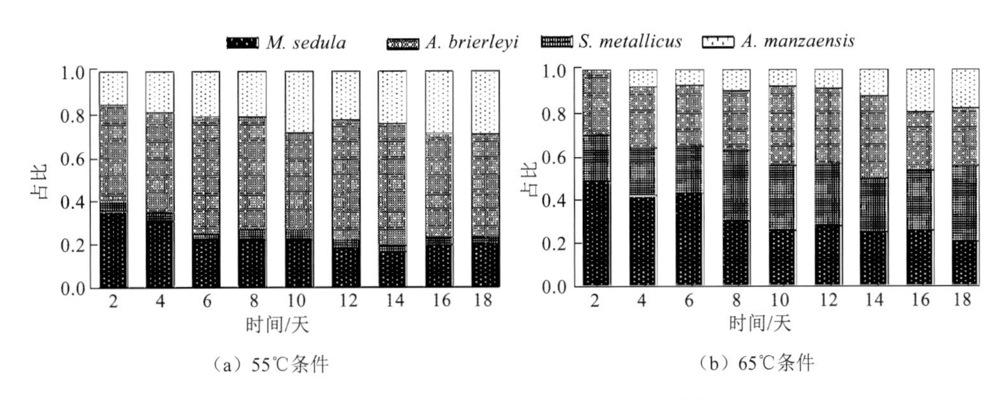

图 5.15　DGGE 图谱条带的相关灰度分析

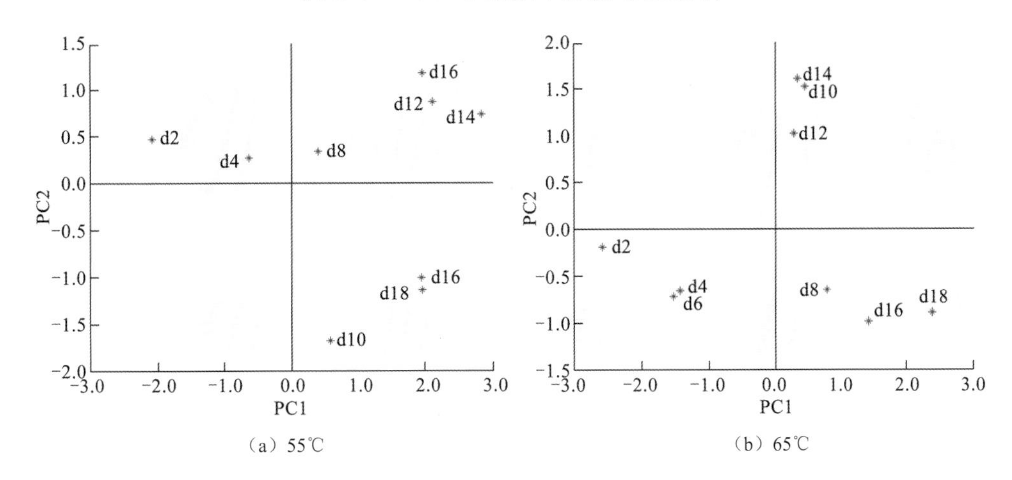

图 5.16　嗜热古菌浸出黄铜矿菌群变化的 DGGE 指纹图谱的主成分分析

图 5.13 给出了由嗜热古菌在 55℃条件下浸出黄铜矿过程中的 DGGE 指纹图谱，四株嗜热古菌在 55℃条件下浸出黄铜矿时均能检测到生长，但 *S. metallicus* 生长明显处于劣势，而 *A. brierleyi* 则明显地表现为优势菌，同时 *A. manzaensis* 和 *M. sedula* 长势一直比较稳定。指纹图谱条带的相关灰度分析［图 5.15（a）］也证实了这一现象，即 *A. brierleyi* 以 50%左右的绝对优势比例出现在整个浸出过程中，而 *S. metallicus* 的生长比例一直维持在很低水平；另外，虽然 *A. manzaensis* 和 *M. sedula* 生长相对比较稳定，但从相关灰度分析结果可知，前者的生长量在不断增长，而后者的生长量却在逐渐下降。

图 5.14 给出了嗜热古菌在 65℃条件下浸出黄铜矿过程中的 DGGE 指纹图谱。该温度条件下，在浸出的第 2 天，体系中主要检测到 *M. sedula*、*A. brierleyi* 和 *S. metallicus*，而 *A. manzaensis* 基本上没被检测到；此时 *M. sedula* 和 *A. brierleyi* 显示较强的生长趋势，*S. metallicus* 的生长相对较弱。随着浸出时间的推移，从第 4 天开始，四株嗜热古菌均显著被检测到，其中 *S. metallicus* 在较高生长优势的基础上持续增长，所占比例不断提高；与之同时增长的还有 *A. manzaensis*，不过其生长优势远不及 *S. metallicus*；与前两株菌增长趋势相反，*M. sedula* 和 *A. brierleyi* 在绝对生长优势下都呈现衰弱的趋势，但仍然占有相当比例。对指纹图谱条带的相关灰度分析进一步证实了上述分析［图 5.15（b）]，即在浸出的第 18 天 *M. sedula*、*S. metallicus*、*A. brierleyi* 和 *A. manzaensis* 在浸出体系中所占比例分别为 20.5%、34.8%、26.5%和 18.2%，很明显 *S. metallicus* 在浸出末期以最高占比成为最优势的菌种。

对以上两种温度条件下的菌群结构进行主成分分析（PCA），更直观地了解菌群结构在浸出过程中的这种差异变化（图 5.16），可知嗜热古菌在两种不同温度下的群落结构既有相似性又有差异性，其相似性为两种不同温度条件下的黄铜矿浸出过程大致都可以分为三个阶段，不同的是各个阶段的优势菌群不完全一样。第一阶段为浸出的第 2～6 天，它们各自体系中样品间距离较近，说明其群落结构较相似，两种体系中均以 *A. brierleyi* 为优势菌，*M. sedula* 次之，*S. metallicus* 和 *A. manzaensis* 在两种体系中的变化较大。第二阶段为浸出的第 8～14 天，此阶段两个体系各自内部的群落结构相似，其中 55℃体系中以 *A. brierleyi* 为优势菌，其次为 *M. sedula* 和 *A. manzaensis*，*S. metallicus* 仅少量生长；65℃体系中以 *A. brierleyi*、*S. metallicus*、*M. sedula* 为优势菌，*A. manzaensis* 生长量较少。第三阶段为浸出的第 16～18 天，此阶段聚类较明显，其中 55℃体系中以 *A. brierleyi* 为优势菌，*A. manzaensis* 生长超过了 *M. sedula* 成为第二大优势菌，*S. metallicus* 仍然仅少量生长；65℃体系中 *S. metallicus* 升为第一大优势菌，其他嗜热古菌比例比较接近。除此之外，65℃体系浸出阶段性较 55℃体系的浸出阶段性明显，尤其是第 8 天在两种体系中过渡性明显。

以上两种不同温度条件下嗜热古菌群落结构的变化差异可能与温度对它们的影响直接相关，因为浸矿微生物群落组成及其结构变化随着浸出环境的温度变化而发生相应的改变（Plumb et al.，2008b)。尤其是当环境温度远离微生物的最适生长温度时，它们的生长会受到抑制，甚至死亡，这与我们在该批次实验过程中遇到的另一种情况相一致，我们在此实验过程的同时还设计了 75℃及 85℃两个温度梯度的实验，但最终都因浸出一段时间后菌群数量太少或基因组提不出来，而停止了对其研究。造成此现象的原因有可能是相对较高的温度通过改变蛋白质、核酸等生物大分子的结构与功能，以及细胞结构如细胞膜的流动性及完整性来促使微生物加速生长、繁殖和新陈代谢，从而导致了它们的快速生长，而超高温度会直接导致蛋白质或核酸的变性失活，从而造成浸矿微生物的死亡（温建康 等，2009）。此外，令我们感到惊奇的是 *S. metallicus* 作为一种嗜热古菌，它在不同环境条件下表现得非常不稳定，其原因有待于进一步的研究。

图 5.17 给出了嗜热古菌在初始 pH 1.0 条件下浸出黄铜矿过程中的 DGGE 指纹图谱，在该 pH 条件下，虽然 *M. sedula* 和 *A. brierleyi* 在浸出期间稍微有些波动，但从始至终两株菌都为该条件下的优势菌群；其次 *A. manzaensis* 的生长有下降趋势，而 *S. metallicus* 在浸出开始阶段没有被检测出来，随着浸出时间的推移，*S. metallicus* 的生长有所上升，但一直处于弱势生长趋势。对该指纹图谱条带的相关灰度分析印证了这一现象［图 5.18（a）］，在初始 pH 1.0 时，*M. sedula* 和 *A. brierleyi* 为浸出体系的优势菌，其比例分别维持在 18.5%～44.2%和 35.2%～49.5%；*A. manzaensis* 在浸出前半段时间的比例为 18.5%～28%，但在后期降为 9.1%；*S. metallicus* 在浸出的第 6 天才开始有少量菌被检测到，而且这个量一直持续至最后。

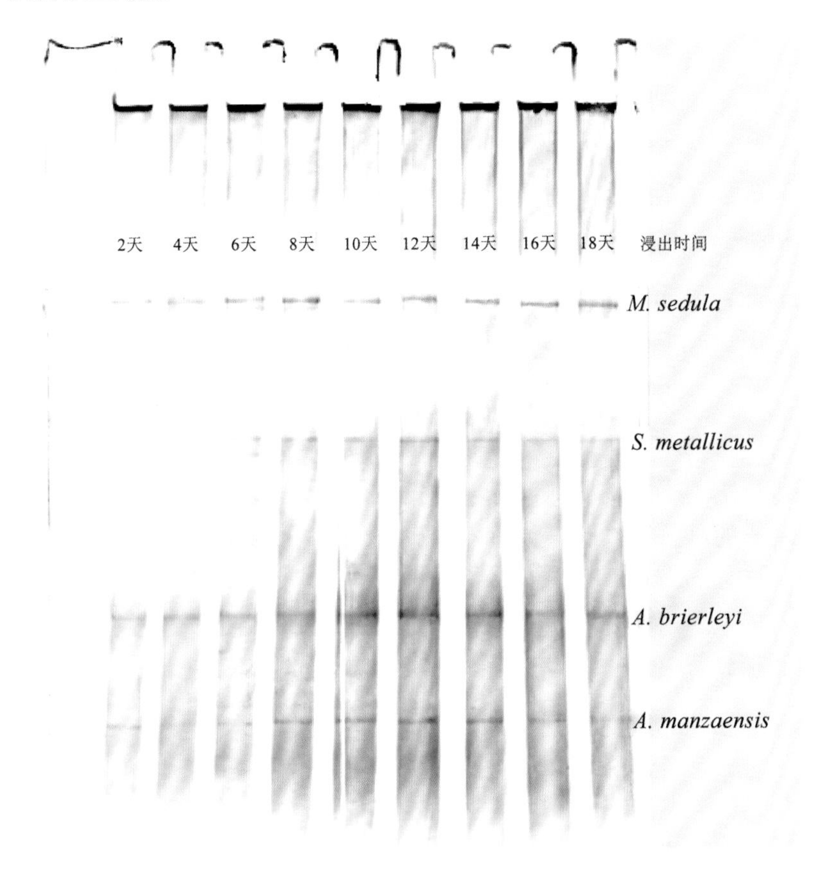

图 5.17 嗜热古菌在初始 pH 1.0 条件下浸出黄铜矿体系中菌群变化的 DGGE 指纹图谱

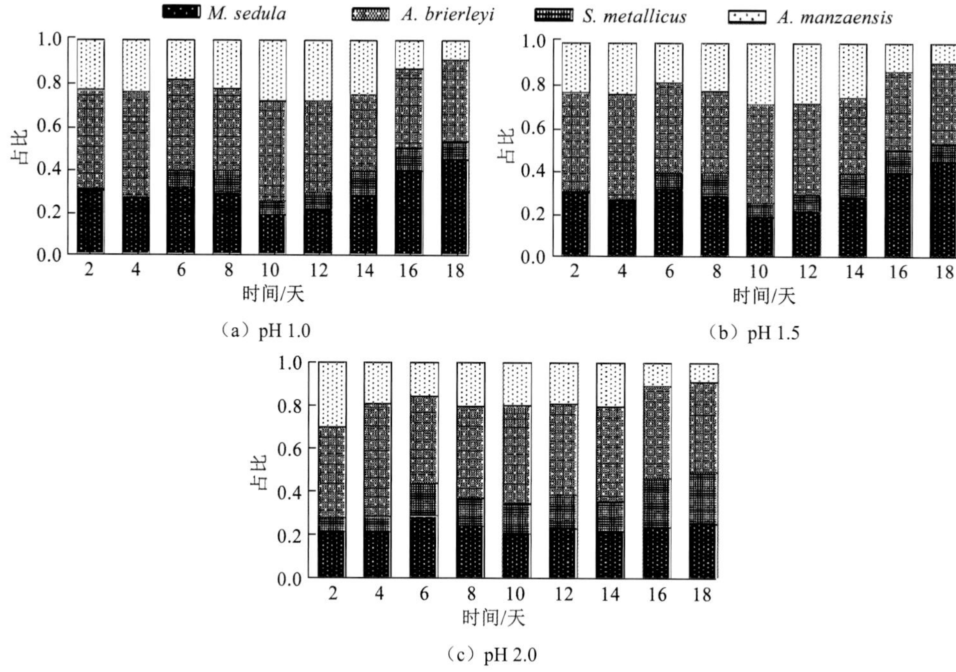

（a）pH 1.0　　（b）pH 1.5

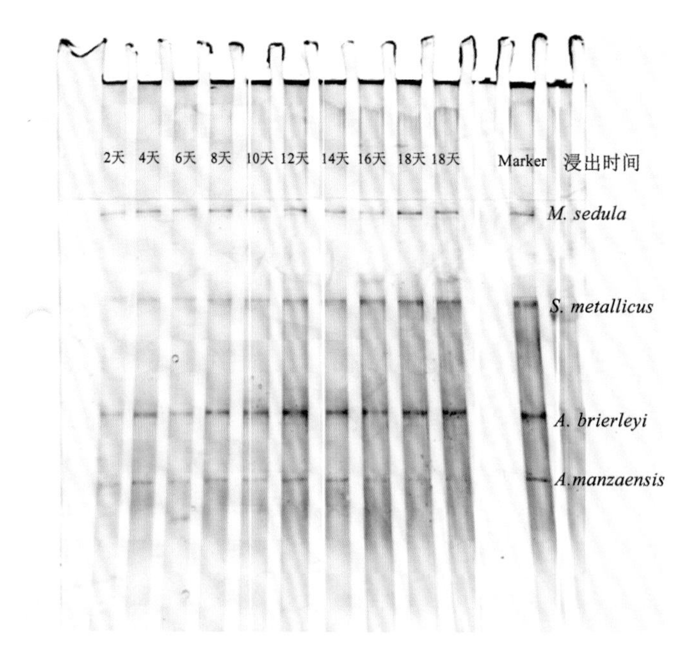

（c）pH 2.0

图 5.18　DGGE 图谱条带的相关灰度分析

图 5.19 给出了嗜热古菌在初始 pH 2.0 条件下浸出黄铜矿过程中的 DGGE 指纹图谱，初始pH 2.0条件下浸出黄铜矿过程中的DGGE指纹图谱与初始pH 1.0条件下的指纹图谱类似，不同的是 *S. metallicus* 在初始 pH 2.0 条件下由浸矿初期的弱势菌不断增长，其生长比例逐渐提高，直至最后与 *M. sedula* 菌浓度相当，仅次于 *A. brierleyi* 的生长量［图 5.18（c）]。

图 5.19　嗜热古菌在初始 pH 2.0 条件下浸出黄铜矿体系中菌群变化的 DGGE 指纹图谱

此外，初始 pH 1.5 条件［图 5.18（b）］同前述 65℃条件下浸出黄铜矿体系中的菌群变化，这里不再赘述。

三种不同初始 pH 条件下浸出黄铜矿过程中的主成分分析发现嗜热古菌在不同初始 pH 条件下的群落结构的聚类现象并不是非常显著（图 5.20）。体系中各个样品之间的距离相差较远，这反映了浸出阶段的过渡现象明显，同时说明了不同初始 pH 条件下的各个体系内的群落结构均有很大差异，即不同初始 pH 对嗜热古菌浸出黄铜矿过程中的群落结构具有重要影响。

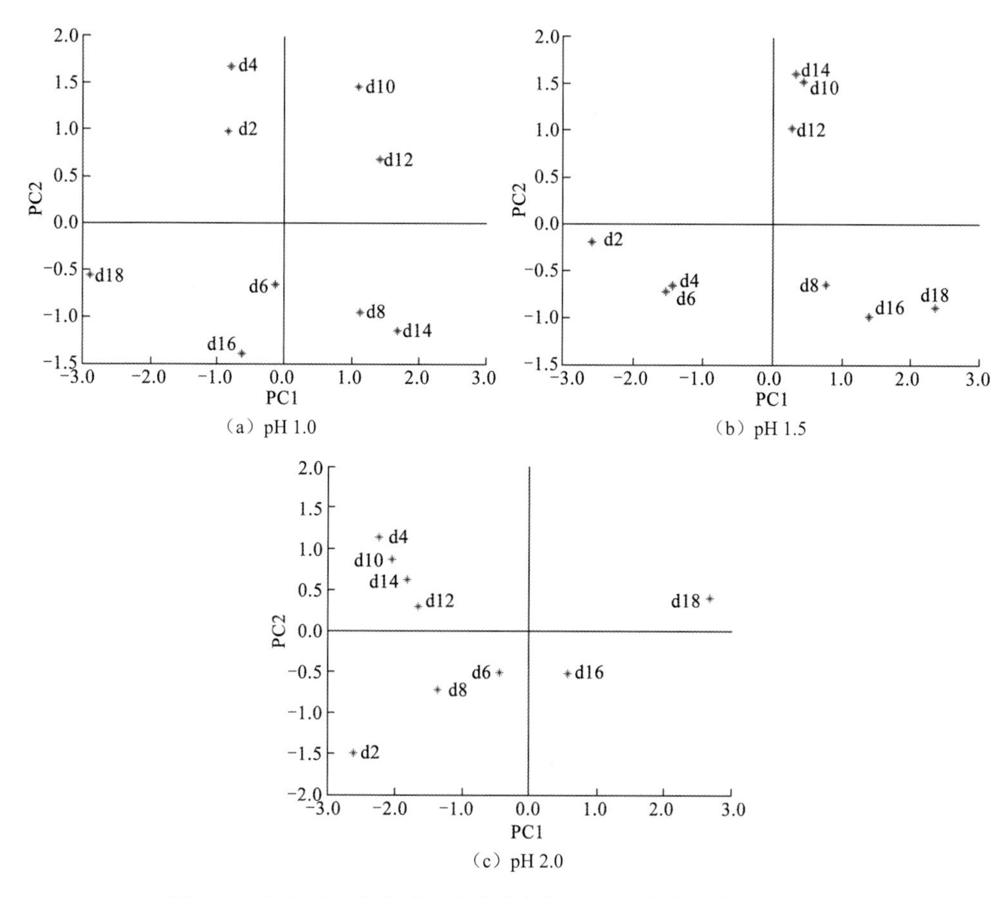

图 5.20　混合浸出黄铜矿体系菌群变化 DGGE 电泳图谱主成分分析

结合上述不同温度和 pH 条件下的 DGGE 的研究，表明了不同的环境条件对嗜热古菌浸出黄铜矿过程的群落结构影响明显，其中群落结构中 *S. metallicus* 所受环境条件的影响最大，除在初始 pH 1.5 及温度 65℃的环境条件下，它在浸出过程中是起主要作用的，甚至以最高生物量占比成为体系中的优势菌种，它在其他环境条件下基本上都表现为弱势生长趋势，这一现象与前面表观硫氧化活性分析的结果是一致的，但是对于它在不同环境条件下表现得非常不稳定的原因有待于进一步的研究。*A. brierleyi* 在所有浸矿体系的群落结构中均表现为优势菌种，其原因有可能是黄铜矿的氧化分解会释放出如 S^0 和 Fe^{2+}

等微生物生长所需的能源物质，其中 S^0 的完全氧化相比 Fe^{2+}能释放出更多的能量（Sand et al., 2006），因此，S^0 的氧化能更多地促进硫氧化能力强的微生物的生长和繁殖（曾伟民，2010）。在四株嗜热古菌中作为 Fe^{2+}氧化能力最弱的 *A. brierleyi*（Vilcáez et al., 2008a），在能源底物竞争激烈的环境下充分氧化硫来提供能量，从而使得它在浸矿体系中成为优势菌，这同时说明了 *A. brierleyi* 具有相对较强的适应性和硫氧化能力。在此期间，*M. sedula* 和 *A. manzaensis* 由于各自的特性而随着微环境的变化也发生相应改变。

5.5 嗜热古菌群落演替及其与黄铜矿浸出率的对应关系

DGGE 技术能够对嗜热古菌浸出黄铜矿过程中群落结构进行动态分析，但是该技术无法给出嗜热古菌的细胞生长数量和基因表达水平方面的信息（邢德峰 等，2006）。为进一步了解嗜热古菌群落演替及其与黄铜矿浸出率的对应关系，需借助 Real-time qPCR 扩增的嗜热古菌硫氧化功能基因 *soxB* 提供的信息，并结合浸出体系中的表观硫氧化活性，对不同浸矿环境条件下嗜热古菌群落功能基因 *soxB* 的表达量及其与黄铜矿浸出率的关系进行分析。

5.5.1 不同温度下嗜热古菌群落演替及其与黄铜矿浸出率的关系

图 5.21 给出了不同温度下嗜热古菌群落功能基因 *soxB* 的表达量与菌群浓度变化的关联图。从该图可以看出，嗜热古菌群落演替过程中功能基因 *soxB* 的表达量与菌群浓度的变化趋势存在明显的差异。在浸出前期，由于群落结构变化较小（图 5.15），群落功能基因 *soxB* 的表达量与菌群浓度变化趋势基本一致。但随着菌群结构的演替变化，到浸出第 6 天，由于不同的古菌具有不同的硫氧化活性，群落功能基因 *soxB* 的表达量与菌群浓度变化趋势开始发生了偏离现象。其中在 65℃温度条件下，群落功能基因 *soxB* 的表达量随着菌群浓度的急剧下降并没有发生相应的剧烈变化，尤其是到浸出的第 10 天，菌群浓

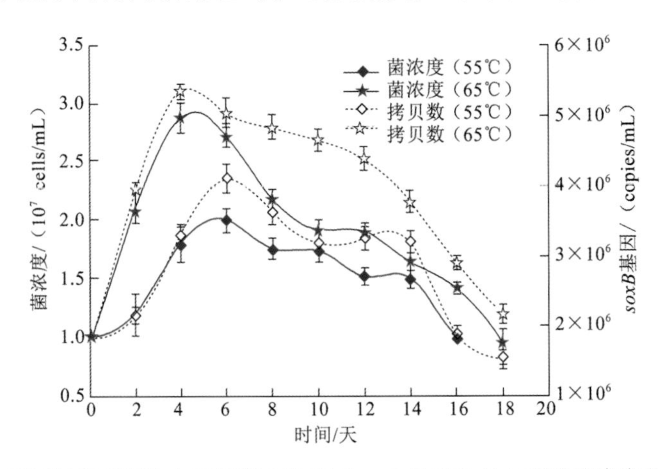

图 5.21 不同温度下嗜热古菌群落功能基因 *soxB* 的表达量与菌群浓度变化的关联图

度下降到一个相对低点，然而群落功能基因 *soxB* 的表达量却仍维持在较高位点。从图 5.15 可以看出，该群落结构在浸出第 10 天的优势菌主要是 *A. brierleyi* 和 *S. metallicus*，而这两株菌的硫氧化活性最强（表 5.5）；与此相反，在 55℃温度条件下浸出的第 10 天，菌群浓度有一个上升趋势，而群落功能基因 *soxB* 的表达量却下降到较低位点；在 55℃温度条件下浸出的第 10 天，具有较强硫氧化活性的 *A. brierleyi* 和 *S. metallicus* 总量明显降低。到浸出后期，由于生物总量减少的影响，群落功能基因 *soxB* 的表达量与菌群浓度并没有显著的区别，同呈下降趋势。

由此可知，除菌浓度外，群落演替过程中的优势菌群及其硫氧化活性也是影响硫氧化结果的一个重要因素。同时，群落功能基因 *soxB* 的表达差异包含了以上所有相关信息，所以它更能体现嗜热古菌在浸矿过程中的群落演替。

图 5.22 为不同温度下嗜热古菌群落功能基因 *soxB* 的表达量与黄铜矿浸出率的关联图。从该图中可以看出，嗜热古菌群落功能基因 *soxB* 表达量的差异与黄铜矿浸出率的变化存在一一对应的关系。除了在浸出前期，随着菌群落功能基因 *soxB* 表达量的急剧上调，铜离子浸出率也迅速增长，还有两个特征峰表现得非常明显。第一个特征峰出现在 65℃温度下的第 4 天，随着群落功能基因 *soxB* 表达量达到最高峰，铜离子浓度增长速率也相应地达到最大值；随后群落功能基因 *soxB* 表达量开始缓慢下降，铜离子浓度增长速率也开始缓慢下降。到浸出的第 12 天出现了第二个特征峰，表现为群落功能基因 *soxB* 表达量下降速度达到最慢时，铜离子浓度增长速率相应地有所提升。类似的现象同样出现在 55℃温度下的第 6 天和第 14 天。

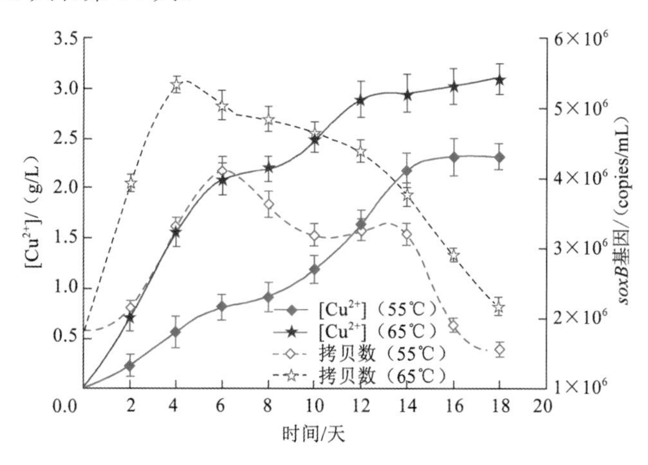

图 5.22　不同温度下嗜热古菌群落功能基因 *soxB* 的表达量与黄铜矿浸出率的关联图

根据上述分析，群落功能基因 *soxB* 的表达量更能体现嗜热古菌在浸矿过程中的群落演替，并且它们与黄铜矿浸出率存在一一对应的关系。

5.5.2　不同 pH 下嗜热古菌群落演替及其与黄铜矿浸出率的关系

图 5.23 为不同 pH 下嗜热古菌群落功能基因 *soxB* 的表达量与菌群浓度变化的关联图。从该图可以看出，嗜热古菌群落演替过程中功能基因 *soxB* 的表达量与菌群浓度的变

化趋势存在明显的差异。值得注意的是，在三种不同 pH（1.0、1.5、2.0）条件下，它们之间存在相似的生长趋势但不同的生长量，其中在 pH 1.0 条件下的嗜热古菌的生长量一直占据着优势，而 pH 2.0 条件下的生长量在整个浸出过程中都显示为三者中最低的；对照它们的功能基因 *soxB* 的表达量则没有这一规律出现，同时让我们感到意外的是，在整个浸出过程中，菌群浓度最高的 pH 1.0 条件下，功能基因 *soxB* 的表达量居然比菌群浓度最低的 pH 2.0 条件下的功能基因 *soxB* 表达量低，而菌群浓度居中的 pH 1.5 条件下的功能基因 *soxB* 表达量在三者之中最高。这可能与硫氧化结果与菌浓度、群落演替过程中的优势菌及其硫氧化活性等因素有关。

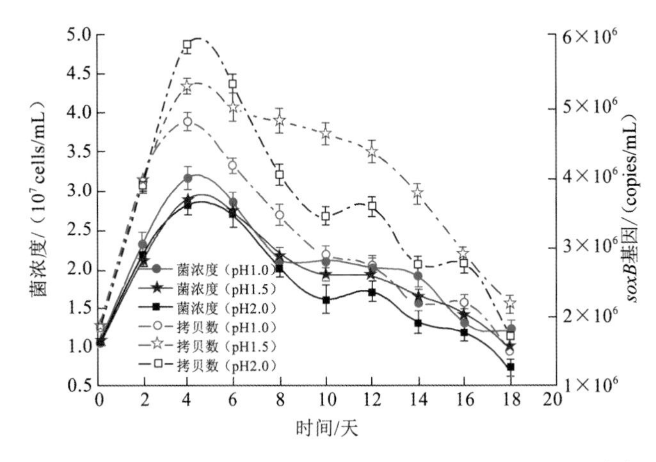

图 5.23　不同 pH 下嗜热古菌群落功能基因 *soxB* 的表达量与菌群浓度变化的关联图

图 5.24 为不同 pH 下嗜热古菌群落功能基因 *soxB* 的表达量与黄铜矿浸出率的关联图。从该图中同样可以看出，嗜热古菌群落功能基因 *soxB* 表达量的差异与黄铜矿浸出率的变化存在一一对应的关系。除此之外，我们发现嗜热古菌在三种不同 pH（1.0、1.5、2.0）条件下的浸出液中铜离子浓度的变化并不明显，它们分别为 3.0 g/L、3.06 g/L 和 3.09 g/L，即铜离子的浸出率分别为 93.7%、95.6%和 96.5%。分析其原因可能为当浸出体系中的铜

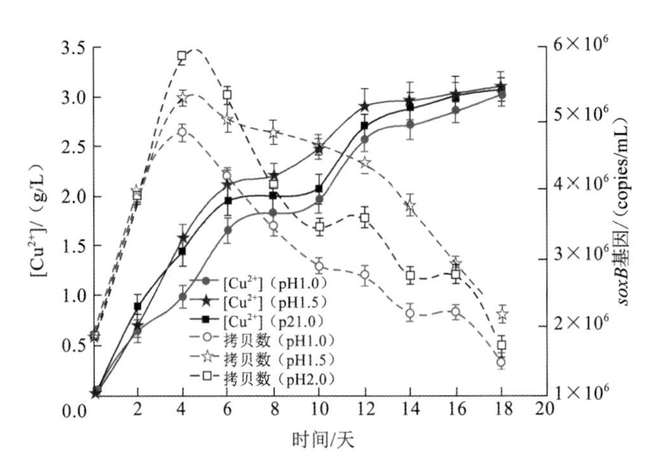

图 5.24　不同 pH 下嗜热古菌群落功能基因 *soxB* 的表达量与黄铜矿浸出率的关联图

离子浓度达到一定的饱和程度时，铜离子也会与铁矾类物质结合发生沉淀现象，从而导致溶液中的铜离子浓度减少并维持在一定水平上（Bigham et al.，2010；Acevedo，2000）。这些沉淀物随着溶液中 pH、温度、铁离子浓度、沉淀率及其他化学组成的变化而变化（Gramp et al.，2009，2008；Wang et al.，2006；Drouet et al.，2003；Jambor et al.，1983）。实验在浸出的第 4 天，虽然 pH 2.0 条件下的硫氧化活性高于 pH 1.5 条件下的硫氧化活性，但前者溶液中的铜离子浓度却略低于后者，其原因可能是因为在较高 pH 条件下，铜离子更容易发生金属离子共沉淀现象（Guo et al.，2010；Klauber，2008；Dutrizac，2004），事实上，在这一阶段也发现浸出溶液中开始出现土黄色沉淀物（Zhu et al.，2011）。因此，黄铜矿的浸出率不仅仅是铜离子的溶出问题，还与溶出后的沉淀发生有关。

由 5.4 节所述可知，不同环境条件对嗜热古菌浸出黄铜矿过程群落演替及黄铜矿的浸出率具有显著影响，其中不同温度对群落演替及黄铜矿的浸出率影响较大，而不同 pH 对其影响相对较小。温度对群落演替及黄铜矿浸出率的影响主要通过两个方面产生作用：一个方面是通过影响浸出体系中微生物的生长量、群落结构及其各组成成员的硫氧化活性等因素，从而影响群落演替，并最终导致不同的黄铜矿浸出效率；另一个方面主要是通过影响化学反应动力学，从而影响黄铜矿的浸出速率，并最终导致不同的黄铜矿浸出效率。前者在前面已详细论述过，关于化学反应动力学方面，在通常情况下，随着浸矿体系温度的升高，其化学反应速率也相应地提高，而且较高的温度能够减少浸出过程中覆盖在矿物表面的元素硫和其他中间产物的影响，从而提高黄铜矿的浸出率（Rawlings et al.，2003）。在 65℃温度条件下对黄铜矿的浸出率大大超过其在 55℃温度条件下的浸出率，该结论与前面的理论相互印证。

pH 对群落演替及黄铜矿浸出率的影响也和温度一样，主要通过上述两个方面产生作用；但关于浸出体系的 pH 对黄铜矿浸出率的影响也存在其他观点，有人认为，较低的 pH（1.0）能够促进铜的浸出（Liu et al.，2010；Vilcáez et al.，2009b），也有人认为较高的 pH（2.0）更利于铜的浸出（Córdoba et al.，2009）。

总而言之，温度和 pH 都是影响嗜热古菌生物浸出效果的重要因素，在它们的影响下，嗜热古菌浸出黄铜矿过程中的群落演替及黄铜矿的浸出率具有显著差异。同时嗜热古菌群落功能基因 *soxB* 的表达量更能体现浸矿过程中的群落演替，并且它们与黄铜矿浸出率存在一一对应的关系。然而不可否认，浸出过程是一个非常复杂的生化反应体系，其间有很多已知或未知的因素对黄铜矿的浸出起着重要作用，只是尽可能地减少这些因素的影响和更客观地反映体系中浸矿微生物的真实硫氧化活性及其与金属离子浸出率的关系。

5.6　嗜热古菌–黄铜矿作用过程中的硫氧化活性及硫形态

黄铜矿生物浸出的硫氧化活性与硫形态之间也存在密切的关联。在对比上述提到的四株嗜热古菌及其混合菌硫氧化活性的基础上，通过测定浸出过程中菌浓度、pH、ORP、硫酸根离子浓度、铜离子浓度和铁离子浓度，并结合 XRD、拉曼光谱和硫的 K 边 X 射线近边结构光谱等手段能有效地对这种关联开展研究。

5.6.1 嗜热古菌及其混合菌的硫氧化活性

图 5.25～图 5.27 显示了嗜热古菌单一菌及其混合菌的硫氧化活性。由图 5.25 可知，与单一菌实验相比，嗜热古菌混合菌在浸出黄铜矿过程中生长得更好，它表现出更长的对数生长期和稳定期，在浸出的第 12 天，菌的生长量达到最高浓度 7.67×10^7 cells/mL，这与相关文献结果相一致（Zhou et al.，2009）。

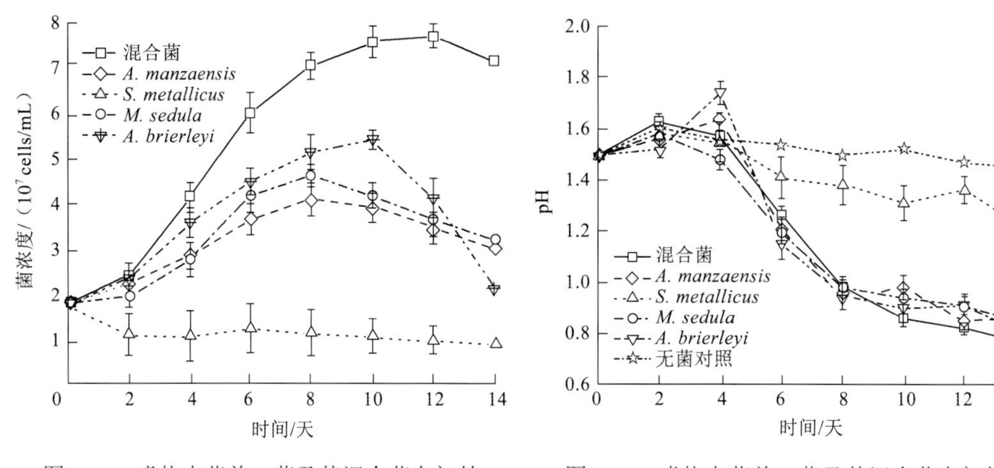

图 5.25　嗜热古菌单一菌及其混合菌在初始 pH 1.5、温度 65℃条件下浸出黄铜矿过程中的菌浓度变化曲线

图 5.26　嗜热古菌单一菌及其混合菌在初始 pH 1.5、温度 65℃条件下浸出黄铜矿过程中的 pH 变化曲线

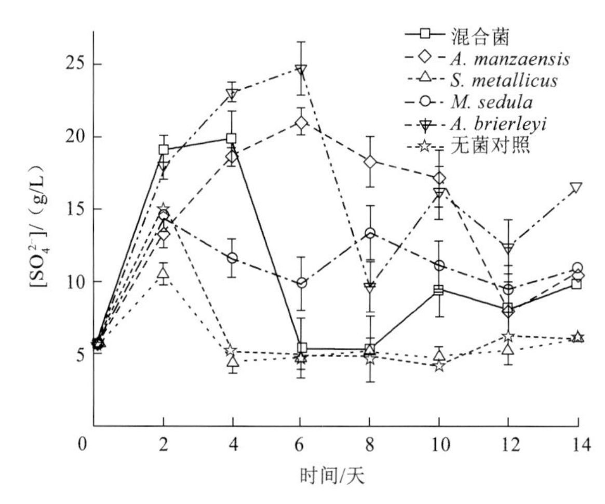

图 5.27　嗜热古菌单一菌及其混合菌在初始 pH 1.5、温度 65℃条件下浸出黄铜矿过程中$[SO_4^{2-}]$变化曲线

此外，在四株嗜热古菌单一菌实验中，*A. brierleyi* 生长得最好，其次为 *M. sedula* 和 *A. manzaensis*，而 *S. metallicus* 生长最差。但在该实验中，它们的硫氧化功能基因 *soxB* 的表达量却显示，四株嗜热古菌的硫氧化活性最大是 *A. brierleyi*，其次为 *A. manzaensis*，*S. metallicus* 因菌浓度最低显得总体硫氧化活性较低（表 5.8）。

表 5.8　嗜热古菌在初始 pH 1.5、温度 65℃条件下浸出黄铜矿过程中的 *soxB* 基因表达差异

时间/天	*soxB* 基因拷贝/（copies/mL）			
	A. manzaensis	*S. metallicus*	*M. sedula*	*A. brierleyi*
2	$5.55\times10^4\pm0.23$	$8.88\times10^4\pm0.52$	$1.56\times10^4\pm0.26$	$5.54\times10^5\pm0.20$
4	$8.14\times10^4\pm0.34$	$7.40\times10^4\pm0.63$	$2.73\times10^4\pm0.42$	$1.03\times10^6\pm0.37$
6	$1.15\times10^5\pm0.41$	$1.48\times10^4\pm0.60$	$4.81\times10^4\pm0.45$	$1.38\times10^6\pm0.33$
8	$1.33\times10^5\pm0.39$	$1.11\times10^4\pm0.55$	$5.46\times10^4\pm0.28$	$1.63\times10^6\pm0.42$
10	$1.26\times10^5\pm0.36$	$7.40\times10^4\pm0.42$	$4.81\times10^4\pm0.32$	$1.73\times10^6\pm0.24$
12	$1.07\times10^5\pm0.40$	$3.70\times10^4\pm0.35$	$4.03\times10^4\pm0.40$	$1.24\times10^6\pm0.50$
14	$8.73\times10^4\pm0.31$	0.00	$3.38\times10^4\pm0.36$	$4.76\times10^5\pm0.27$

从图 5.26 可以看出，pH 在整个浸出过程中具有明显的波动。在初期，所有的 pH 保持上升趋势，之后，pH 急剧下降。这些数据表明，所有的浸矿实验在浸出初期以酸消耗为主，pH 在该阶段明显升高；随后浸出过程产生大量的酸，因而 pH 急剧下降。酸的消耗可能主要是质子攻击矿物所致，而酸的产生主要是来自浸矿微生物的氧化作用（Vilcáez et al.，2008b；Rawlings，2002）。

由图 5.27 可知，混合菌中硫酸根离子浓度在浸出的第 2 天急剧上升至 19.2 g/L，到第 4 天，达到 19.87 g/L，随后快速下降到空白实验水平，并在该水平上出现少量波动阶段。此外，图中还表明四株单一菌中具有不同的硫氧化活性，其中 *A. brierleyi* 菌的硫氧化活性最高，这与前面的实验结果是相一致的。综合观之，每个实验中，硫酸根离子浓度都有一个很大的不规则波动，但最后都趋向于平稳。在浸矿的初期阶段，硫酸根离子浓度的急剧增加可能源自矿物中的硫被氧化成硫酸所致；在浸出中期，硫酸根离子浓度下降到一个很低的值，这可能与黄钾铁矾等沉淀物的形成有关；到了浸矿末期，随着 pH 的下降，黄钾铁矾的形成受到一定的阻碍，因此，硫酸根离子浓度又呈现出平缓的增长趋势。

5.6.2　嗜热古菌及其混合菌作用黄铜矿过程的比较

图5.28给出了四株嗜热古菌及其混合菌浸出黄铜矿中的铜离子和总铁离子浓度变化曲线，可知混合菌浸出实验中铜离子的溶出速率明显高于单一菌实验。混合菌中铜离子浓度在浸出的第14天达到6.13 g/L，远高于 *A. manzaensis* 中的5.11 g/L、*M. sedula* 中的5.06 g/L 和 *A. brierleyi* 中的5.18 g/L。值得注意的是，*M. sedula* 菌在浸出过程中生长量高于 *A. manzaensis* 菌，但前者的黄铜矿浸出率却低于后者。表5.8也说明了这一点，*A. manzaensis* 菌的硫氧化功能基因 *soxB* 的表达量明显高于 *M. sedula*。由图5.28（b）可知，铁离子溶出曲线有一个类似的趋势，其中混合菌中最高的铁离子浓度为3.16 g/L。无菌实验一直呈现很低的黄铜矿浸出水平，其浸出率维持在0.08～0.59 g/L。

黄铜矿浸出过程中铜离子和铁离子浓度的变化与嗜热古菌的硫氧化有关。在浸出的初期阶段，铜离子和铁离子浓度的增加源自酸消耗反应，而且微生物氧化作用所消耗的酸要大于纯化学反应所消耗的酸，这与 pH（图 5.26）及 ORP（图 5.29）的变化结果是相符的；同时，在该期间形成的元素硫被氧化成硫酸，从而导致硫酸根离子浓度的升高（图 5.27）。在该阶段，混合菌和单一菌中铜离子和铁离子浓度的变化并没有明显的区别。

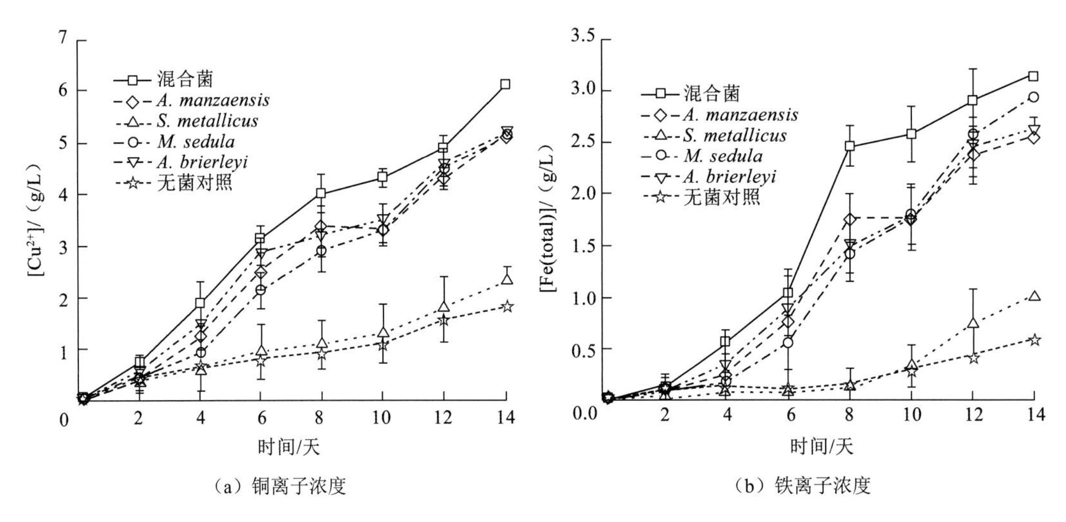

图 5.28　嗜热古菌单一菌及其混合菌在初始 pH 1.5、温度 65℃条件下浸出黄铜矿过程中的铜离子浓度和铁离子浓度变化曲线

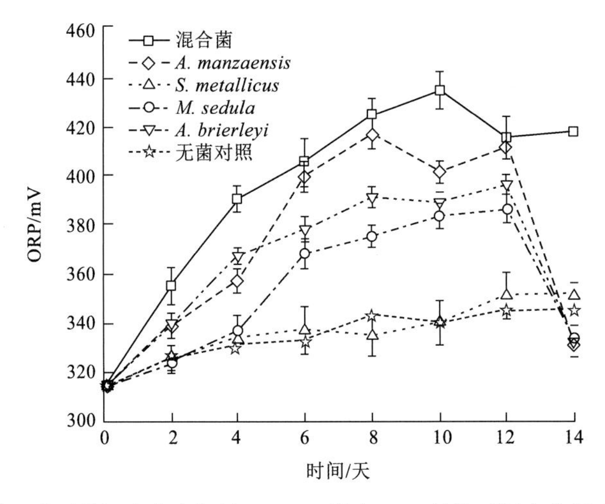

图 5.29　嗜热古菌单一菌及其混合菌在初始 pH 1.5、温度 65℃条件下浸出黄铜矿过程中的 ORP 变化

随后，黄铜矿在混合菌中的浸出率，大大超过其在单一菌中的浸出率。基于这个结果，可推测混合菌具有更高的硫氧化活性，即它能氧化更多的硫形成硫酸，并提供足够的质子以攻击矿物，从而增强黄铜矿的浸出能力，同时，混合菌也具有较高的亚铁氧化活性（Chhatre et al.，2008；Rawlings，2002）。此外，在浸出过程中黄钾铁矾累积所形成的钝化层，可能也部分说明了硫酸根离子浓度降低的原因，同时它对黄铜矿的浸出速率也产生影响。

5.6.3　黄铜矿的表面硫形态分析

图 5.30 给出了黄铜矿原矿及其在混合菌中浸出第 10 天矿渣的 XRD 图谱。从图中可以看出，黄铜矿在生物浸出过程中形成了黄钾铁矾和元素硫。

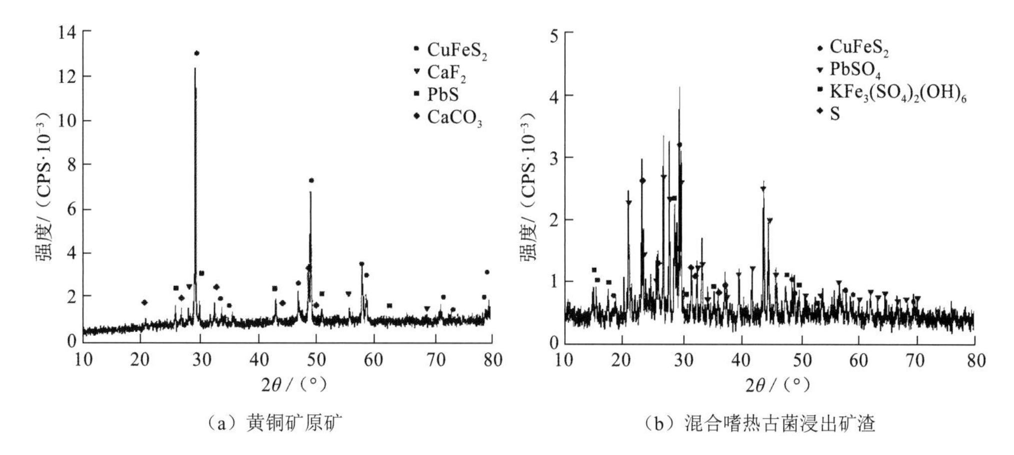

图 5.30　黄铜矿原矿及其混合嗜热古菌浸出矿渣的 XRD 组成分析

图 5.31 给出了黄铜矿原矿及生物浸出第 6 天、第 10 天、第 14 天矿渣的拉曼光谱。黄铜矿原矿的拉曼光谱在 293 cm^{-1} 处有一个黄铜矿的拉曼特征峰；而矿渣的拉曼光谱除黄铜矿特征峰以外，还有三个额外的拉曼特征峰，分别位于 220 cm^{-1}、427 cm^{-1} 和 1 006 cm^{-1}，这些峰都被归属于黄钾铁矾的拉曼特征峰（Xia et al.，2010b；Sasaki et al.，2009）。

图 5.32 给出了不同浸出时间矿渣硫的 K 边 XANES 光谱。由图 5.32 可知，黄钾铁矾特征峰呈增长趋势，黄铜矿特征峰则呈减弱趋势。

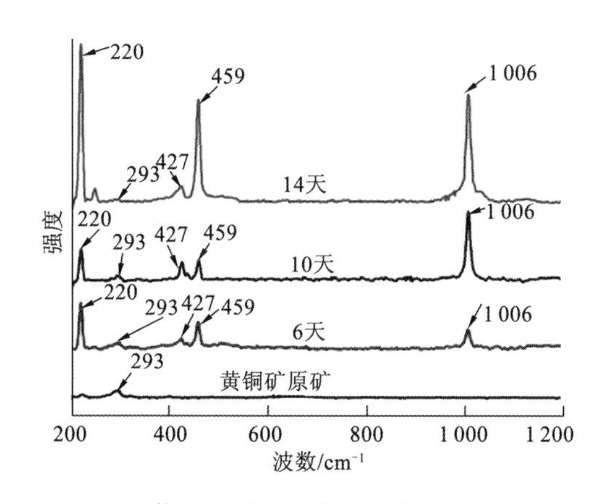

图 5.31　黄铜矿原矿及其混合嗜热古菌在不同时间所浸出矿渣的拉曼光谱

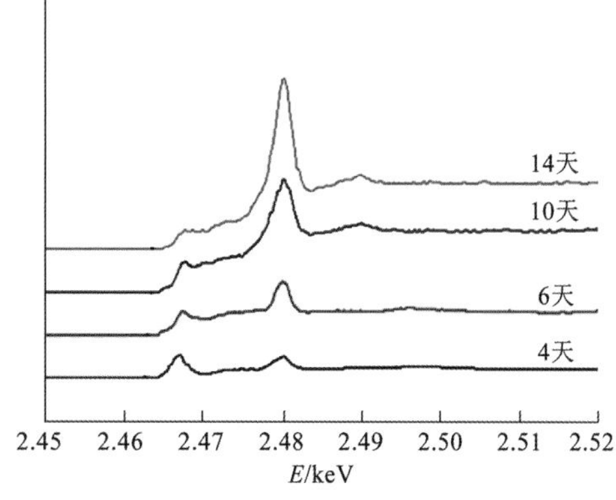

图 5.32　混合嗜热古菌浸出黄铜矿的硫的 K 边 XANES 光谱

硫的 K 边 XANES 光谱的拟合结果（图 5.33）表明黄铜矿在浸出过程中生成了黄钾铁矾、辉铜矿、铜蓝和元素硫等次生产物，其中黄钾铁矾是主要的次生产物。在浸出的前

6 天，黄铜矿逐渐被氧化溶解，随后大量的黄钾铁矾积累在矿渣表面。元素硫在浸出的前 6 天都没有检测到，这表明嗜热古菌混合菌具有较高的硫氧化活性。

另外值得注意的是，除在浸出的第 10 天检测到元素硫外，在浸出的第 6 天，还检测到了 1%的辉铜矿和 14%的铜蓝（图 5.33）。这些中间产物可能存在如下关联。

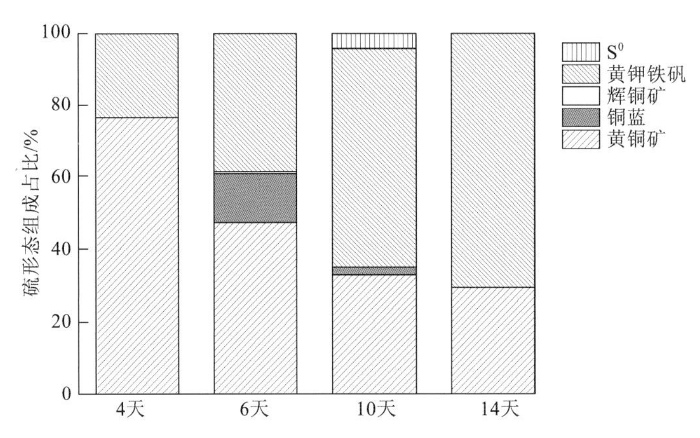

图 5.33　混合嗜热古菌浸出黄铜矿的不同时间浸出矿渣的硫 K 边 XANES 光谱拟合结果

当 ORP 较低时，如混合菌在浸出第 10 天的氧化还原电位最大值为 434 mV，黄铜矿可能被还原为辉铜矿［式（5.6）］（杨益，2010；Xia et al.，2010a；He et al.，2009）。

$$CuFeS_2+3Cu^{2+}+3Fe^{2+}\longrightarrow 2Cu_2S+4Fe^{3+}$$

上述形成的辉铜矿很容易在浸矿微生物的作用下转化成铜蓝［式（5.1）］；然后，铜蓝被缓慢地氧化成硫酸铜［式（5.2）］（Gupta，2006）。而且，辉铜矿与铜蓝的同时存在支持了前面的推测，即在生物浸出实验过程中，铜蓝可能源自辉铜矿的转换结果（Xia et al.，2010a；Watling，2006）。

$$2Cu_2S+O_2+2H_2SO_4\xrightarrow{\text{生物作用}}2CuS+2CuSO_4+2H_2O \tag{5.1}$$

$$CuS+Fe_2(SO_4)_3\longrightarrow CuSO_4+2FeSO_4+S^0 \tag{5.2}$$

5.7　嗜热古菌–黄铜矿作用过程中各因素的关联

影响嗜热古菌生物浸出黄铜矿过程中的因素有很多（Gramp et al.，2009；Wang et al.，2006；Drouet et al.，2003；Rawlings et al.，2003），它们在各个阶段中扮演着不同的角色和起着不同的作用，同时彼此之间相互影响、相互制约。浸出过程中这种具有明显的模糊性、随机性和信息不完全性体系是一个典型的灰色系统。因此，可通过灰色关联理论探究嗜热古菌在浸出黄铜矿过程中的硫氧化活性、群落结构及硫形态之间的关联及其对黄铜矿浸出效率的影响。

5.7.1　灰色关联理论

灰色关联分析是灰色系统理论中的一种分析方法，它是对一个体系动态发展变化态势的量化比较研究，其主旨在于通过研究体系中自变量和因变量之间的数值变化，寻求各因素之间数值变化发展态势的相似或相异程度，并建立某种关联模型用以衡量因素间关联程度的一种分析方法（Kuo et al.，2008）。灰色关联分析的基本思想是根据时间或空间序列数据的曲线集合形状的相似或相异程度来判断各因素关联的紧密性，即各因素关联度的大小，并依此判断引起该体系变化发展的主要因素和次要因素。

1. 系统特征变量与相关因素变量

$X_0(k)$和 $X_i(k)$分别表示系统特征变量和相关因素变量在第 k 次实验时的测试数据，其 n 次实验所测得的相应数据就形成了系统特征变量的数据序列及其相关因素变量的数据序列，见式（5.3）～式（5.4）。

$$X_0=[x_0(1),x_0(2),\cdots,x_0(k),\cdots,x_0(n)] \tag{5.3}$$

$$X_i=[x_i(1),x_i(2),\cdots,x_i(k),\cdots,x_i(n)] \tag{5.4}$$

式中：n 表示数据样本的数量；i 表示与系统特征变量相关的因素变量的个数。

2. 数据的无量纲化处理

系统中各因素存在物理意义不同，计量单位不同或数值的数量级不同，导致数据的量纲不相同而无法用常规方法对其进行比较，并得到正确的结论（刘思峰　等，2008；邓聚龙，2002）。因此，在进行灰色关联分析时，通常要经过算子作用，将相关数据转化为数量级大致相近的无量纲数据，以加强各因素之间的接近性，增强其可比性和分析结果的准确性。数据无量纲化的常用方法有：初值化法、均值化法和区间值化法（刘思峰　等，2008）。文中采用均值化法，即用每列数据平均值去除相同数列中的每一个数据，得到一组新的数据序列（邓聚龙，2002）。数据处理后对应的无量纲数据序列为各变量序列的均值象 $X_0^1(k)$ 与 $X_i^1(k)$，见式（5.5）～式（5.6）。

$$X_0^1=[x_0^1(1),x_0^1(2),\cdots,x_0^1(k),\cdots,x_0^1(n)] \tag{5.5}$$

$$X_i^1=[x_i^1(1),x_i^1(2),\cdots,x_i^1(k),\cdots,x_i^1(n)] \tag{5.6}$$

其中：

$$X_0^1(k)=x_0(k)\Big/\left[\frac{1}{n}\sum_{k=1}^{n}x_0(k)\right],\quad X_i^1(k)=x_i(k)\Big/\left[\frac{1}{n}\sum_{k=1}^{n}x_i(k)\right]$$

3. 灰色关联度计算

数据经无量纲化处理后，新的系统特征变量数据序列和相关因素数据序列分别依据邓氏灰色关联系数定义，根据式（5.7）求得各因素相关系数。

$$\zeta_i(\mathrm{k})=\frac{\Delta_{\min}+\rho\Delta_{\max}}{\Delta_{0i}(k)+\rho\Delta_{\max}} \tag{5.7}$$

式中：$\Delta_{\min}=\min\limits_{i}\min\limits_{k}\Delta_{0i}(k)$ 为两极最小差，$\Delta_{\max}=\max\limits_{i}\max\limits_{k}\Delta_{0i}(k)$ 为两极最大差，$\Delta_{0i}(k)=x_0^1(k)-x_i^1(k)$ 为绝对差。此外，式中 ρ 为分辨系数，它是为了削弱最大绝对差值由于过大而可能产生失真的影响。为了加大数据结果的差异性，分辨系数的数值可以根据实际进行调整，一般可取 0～1.0。值得注意的是，分辨系数 ρ 数值的变化只会改变相对数值的大小，不会影响灰色关联度的排序。

各因素的关联系数只表示不同时刻数据间的关联程度，但要整体反映系统特征变量数据序列和相关因素数据序列之间的关联程度，有必要对各个不同时刻的关联系数集中求其平均值，即根据灰色关联度定义［式（5.8）］，求得系统特征变量对其相关因素变量的灰色关联度。

$$\gamma(x_0^1,x_i^1)=\frac{1}{n}\sum_{k=1}^{n}\xi_i(k) \tag{5.8}$$

5.7.2 硫氧化活性–群落结构–硫形态的灰色关联分析

1. 确定分析序列

影响黄铜矿生物浸出效率的硫氧化活性相关因素有菌浓度、pH、$[SO_4^{2-}]$、ORP；群落结构中影响黄铜矿生物浸出效率的群落组成有 *A. brierley*、*S. metallicus*、*A. manzaens* 和 *M. sedula*；因不同硫形态赋存形式存在而影响黄铜矿生物浸出效率的主要有黄钾铁钒。在此，以初始 pH 1.5 和温度为 65℃环境条件下的黄铜矿浸出率为因变量，以浸出过程中的菌浓度、pH、$[SO_4^{2-}]$、ORP 及群落结构中各菌（*A. brierley*、*S. metallicus*、*A. manzaens* 及 *M. sedula*）的硫氧化功能基因 *soxB* 的表达量和黄钾铁钒生成量为自变量建立一种关联模型。同时将反映系统行为特征的数据序列，即黄铜矿的浸出率设置为参考序列 $X_0(k)$；将影响系统行为的相关因素组成的数据序列，即菌浓度、pH、$[SO_4^{2-}]$、ORP，群落结构中各菌的硫氧化功能基因 *soxB* 的表达量和黄钾铁钒的生成量设置为比较序列 $X_i(k)$，实验数据见表 5.9。

表 5.9 嗜热古菌浸出黄铜矿的硫氧化活性及其浸出率等各种数据样本

因素		数据序列	不同浸矿时间/天							
			4	6	8	10	12	14	16	18
黄铜矿的浸出率	$[Cu^{2+}]$/(g/L)	$X_0(k)$	1.56	2.19	2.29	2.57	2.83	2.85	2.91	2.95
表观硫氧化活性	菌浓度/(10^8 cells/mL)	$X_1(k)$	2.88	2.73	2.18	1.92	1.90	1.65	1.42	0.95
	pH	$X_2(k)$	1.38	1.31	1.10	1.33	0.66	1.21	1.19	1.15
	$[SO_4^{2-}]$/(g/L)	$X_3(k)$	17.86	25.20	8.59	5.28	11.57	8.88	9.49	6.92
	ORP	$X_4(k)$	533	554	574	570	579	573	569	560

续表

因素		数据序列	不同浸矿时间/天							
			4	6	8	10	12	14	16	18
群落微生物 *soxB* 基因表达量	总表达量/(10^6 copies/mL)	$X_5(k)$	5.34	5.04	4.84	4.65	4.39	3.77	2.91	2.17
	M.sedula/(10^5 copies/mL)	$X_6(k)$	1.58	1.52	0.85	0.64	0.69	0.54	0.47	0.25
	S.metallicus/(10^6 copies/mL)	$X_7(k)$	2.32	2.20	2.65	2.13	2.01	1.51	1.46	1.22
	A.brierley/(10^6 copies/mL)	$X_8(k)$	2.78	2.61	2.03	2.40	2.25	2.13	1.30	0.86
	A.manzaensis/(10^4 copies/mL)	$X_9(k)$	8.21	7.28	7.80	5.34	6.06	7.44	10.3	6.32
硫形态	黄钾铁矾/%	$X_{10}(k)$	23.4	38.3	51.9	60.7	67.1	70.5	84.5	89.1

2. 灰色关联度计算

用灰色相对关联方法对以上参考数据序列 $X_0(k)$和比较数据序列 $X_i(k)$进行均值化法无量纲化处理和序列的始点零化像，然后根据式（5.7）和式（5.8）分别求出相关因素的关联系数和关联度，其分辨系数 ρ 取值 0.5。具体计算如下：

1）原始数据序列的建立

参考序列 $X_0(k)=\begin{bmatrix}1.56 & 2.19 & 2.29 & 2.57 & 2.83 & 2.85 & 2.91 & 2.95\end{bmatrix}$

$$\text{比较序列 } X_i(k)=\begin{bmatrix} 1.56 & 2.19 & 2.29 & 2.57 & 2.83 & 2.85 & 2.91 & 2.95 \\ 2.88 & 2.73 & 2.18 & 1.92 & 1.90 & 1.65 & 1.42 & 0.95 \\ 1.38 & 1.31 & 1.10 & 1.33 & 0.66 & 1.21 & 1.19 & 1.15 \\ 17.86 & 25.20 & 8.59 & 5.28 & 11.57 & 8.88 & 9.49 & 6.92 \\ 533 & 554 & 574 & 570 & 579 & 573 & 569 & 560 \\ 5.34 & 5.04 & 4.84 & 4.65 & 4.39 & 3.77 & 2.91 & 2.17 \\ 1.58 & 1.52 & 0.85 & 0.64 & 0.69 & 0.54 & 0.47 & 0.25 \\ 2.32 & 2.20 & 2.65 & 2.13 & 2.01 & 1.51 & 1.46 & 1.22 \\ 2.78 & 2.61 & 2.03 & 2.40 & 2.25 & 2.13 & 1.30 & 0.86 \\ 8.21 & 7.28 & 7.80 & 5.34 & 6.06 & 7.44 & 10.3 & 6.32 \\ 23.4 & 38.3 & 51.9 & 60.7 & 67.1 & 70.5 & 84.5 & 89.1 \end{bmatrix}$$

2）无量纲化处理

对上述参考序列 $X_0(k)$和比较序列 $X_i(k)$采用均值化法无量纲化处理，得到新的矩阵 $X_0^1(k)$ 和 $X_i^1(k)$：

$$X_0^1(k)=\begin{bmatrix}0.674 & 0.946 & 0.999 & 1.110 & 1.222 & 1.231 & 1.257 & 1.274\end{bmatrix}$$

$$X_i^1(k)=\begin{bmatrix} 0.674 & 0.946 & 0.999 & 1.110 & 1.222 & 1.231 & 1.257 & 1.274 \\ 1.463 & 1.387 & 1.107 & 0.975 & 0.965 & 0.838 & 0.721 & 0.483 \\ 1.138 & 1.081 & 0.907 & 1.097 & 0.544 & 0.998 & 0.982 & 0.949 \\ 1.569 & 2.214 & 0.755 & 0.464 & 1.017 & 0.780 & 0.834 & 0.608 \\ 0.956 & 0.994 & 1.030 & 1.023 & 1.039 & 1.028 & 1.021 & 1.005 \\ 1.298 & 1.225 & 1.176 & 1.130 & 1.067 & 0.916 & 0.707 & 0.527 \\ 1.809 & 1.741 & 0.973 & 0.733 & 0.790 & 0.618 & 0.538 & 0.286 \\ 1.217 & 1.154 & 1.390 & 1.117 & 1.054 & 0.792 & 0.766 & 0.640 \\ 1.386 & 1.270 & 1.012 & 1.168 & 1.122 & 1.036 & 0.648 & 0.418 \\ 1.258 & 1.115 & 1.195 & 0.818 & 0.928 & 1.140 & 1.578 & 0.968 \\ 0.434 & 0.710 & 0.962 & 1.125 & 1.244 & 1.307 & 1.566 & 1.652 \end{bmatrix}$$

3）$X_0^1(k)$和$X_i^1(k)$的灰色关联度计算

采用式（5.7）～式（5.8）对$X_0^1(k)$与$X_i^1(k)$的灰色关联度进行计算，得到其灰色关联度矩阵$\boldsymbol{E}_1$：

$$\boldsymbol{E}_1=[0.553 \quad 0.592 \quad 0.572 \quad 0.659 \quad 0.578 \quad 0.521 \quad 0.599 \quad 0.564 \quad 0.605 \quad 0.560]$$

采用同样的方法可以求出嗜热古菌在以初始 pH 1.5、温度为 55℃环境条件和初始 pH 1.0 与 pH 2.0、温度为 65℃下浸出黄铜矿的各特征因素变量与相关因素变量之间的关联度$\boldsymbol{E}_2$、$\boldsymbol{E}_3$和$\boldsymbol{E}_4$，结果如下：

$$\boldsymbol{E}_2=[0.589 \quad 0.562 \quad 0.587 \quad 0.573 \quad 0.597 \quad 0.563 \quad 0.573 \quad 0.600 \quad 0.629]$$

$$\boldsymbol{E}_3=[0.755 \quad 0.786 \quad 0.760 \quad 0.773 \quad 0.752 \quad 0.676 \quad 0.752 \quad 0.753 \quad 0.759]$$

$$\boldsymbol{E}_4=[0.564 \quad 0.553 \quad 0.529 \quad 0.577 \quad 0.580 \quad 0.680 \quad 0.581 \quad 0.514 \quad 0.590]$$

3. 计算结果及分析

根据上述计算结果可知,影响黄铜矿生物浸出率的各因素灰色关联度如表 5.10 所示。

表 5.10　嗜热古菌在不同环境条件下浸出黄铜矿的影响因素灰色关联度分析结果

因素		数据序列	浸矿系统特征变量			
			1	2	3	4
表观硫氧化活性	菌浓度/(10^8 cells/mL)	$X_1(k)$	0.553	0.589	0.755	0.564
	pH	$X_2(k)$	0.592	0.562	0.786	0.553
	[SO_4^{2-}]/(g/L)	$X_3(k)$	0.572	0.587	0.760	0.529
	ORP	$X_4(k)$	0.656	0.573	0.773	0.577
群落微生物 *soxB* 基因表达量	总表达量/(10^6 copies/mL)	$X_5(k)$	0.578	0.597	0.752	0.580
	M.sedula/(10^5 copies/mL)	$X_6(k)$	0.521	0.563	0.676	0.680
	S.metallicus/(10^6 copies/mL)	$X_7(k)$	0.599	0.573	0.752	0.581

续表

	因素	数据序列	浸矿系统特征变量			
			1	2	3	4
群落微生物 *soxB* 基因表达量	*A.brierley*/(10^6 copies/mL)	$X_8(k)$	0.564	0.600	0.753	0.514
	A.manzaensis/(10^4 copies/mL)	$X_9(k)$	0.605	0.629	0.759	0.590
硫形态	黄钾铁矾/%	$X_{10}(k)$	0.560			

注：1，2 分别代表嗜热古菌在温度 65℃和 55℃温度，初始 pH 1.5 条件下浸出黄铜矿的系统特征变量；3，4 分别代表嗜热古菌在初始 pH 1.0 和 pH 2.0，温度为 65℃条件下浸出黄铜矿的系统特征变量

根据表 5.10，比较嗜热古菌在温度 65℃、初始 pH 1.5 条件下浸出黄铜矿的系统特征变量与相关因素变量的关联度，可以发现，环境因子对黄铜矿浸出效率的影响由大到小依次是 ORP、pH 和硫酸根离子浓度。这说明在该环境条件下，黄铜矿的氧化主要以 Fe^{3+} 的氧化作用为主［式（5.9)］，其次为质子对黄铜矿的攻击作用［式（5.10)］，该结论与金属硫化矿的生物作用机制是一致的（Crundwell，2003；Rawlings，2002；Sand et al.，2001，1995），即金属硫化矿的生物浸出主要是源自氧化剂 Fe^{3+}的氧化作用，而 Fe^{3+}被还原形成的 Fe^{2+}同时被微生物酶重新氧化成 Fe^{3+}的作用机制。随后，浸出过程中形成的硫酸根离子不断累积，并对黄铜矿的浸出率产生较重要的影响。同时，这些影响还渗透到浸出体系中微生物的生长和作用机制方面（Simmons et al.，2008)。

$$CuFeS_2 + 4Fe^{3+} \longrightarrow Cu^{2+} + 5Fe^{3+} + 2S^0 \tag{5.9}$$

$$CuFeS_2 + O_2 + 4H^+ \longrightarrow Cu^{2+} + Fe^{2+} + 2S^0 + 2H_2O \tag{5.10}$$

此外，嗜热古菌在初始 pH 2.0、温度 65℃条件下浸出黄铜矿时，环境因子的相关度大小依次为 ORP、pH 和硫酸根离子浓度，这与嗜热古菌在初始 pH 1.5、温度 65℃条件下的浸出结果相一致。但嗜热古菌在较低 pH（1.0）和较低温度（55℃）条件下浸出黄铜矿时，其环境因子的相关度大小排序与前两者各不相同，其中在较低 pH（1.0）条件下，各环境因子关联度大小依次为 pH＞ORP＞硫酸根离子浓度，在较低温度（55℃）条件下的环境因子关联度大小依次为硫酸根离子浓度＞ORP＞pH。以上结果可能的原因为，在较高 pH 条件下，黄铜矿的氧化以 Fe^{3+}作用为主，而在较低 pH 条件下，黄铜矿的氧化以 H^+的攻击作用为主；此外，在较低温度条件下，黄铜矿生物浸出体系中的化学反应动力学降低，同时容易产生钝化层阻碍黄铜矿的浸出［式（5.11)］，因而，相比其他环境条件而言，微生物的作用及其硫酸根离子浓度对黄铜矿浸出率的影响明显提高。

$$3Fe^{3+} + 2SO_4{}^{2-} + 6H_2O + M^+ \rightleftharpoons MFe_3(SO_4)_2(OH)_6 + 6H^+ \tag{5.11}$$

其次，从微生物对黄铜矿浸出率的关联度来分析它们之间影响，发现总菌数生长趋势的菌浓度及其总的硫氧化功能基因 *soxB* 的表达量与黄铜矿浸出率的关联度在不同环境条件下都表现得一致，即其关联度基本上在它们的相应浸矿微生物体系中排序大致相同，而且硫氧化功能基因 *soxB* 的表达量比菌浓度对黄铜矿浸出率的关联度更高，这再次印证了硫氧化功能基因 *soxB* 的表达量更能体现浸矿过程中微生物的硫氧化活性。此外，群落结构中的嗜热古菌因其在不同条件下的组成及比例不同，因而它们对黄铜矿浸出率的关联度都不一致，其原因与不同环境条件对它们生长及其作用机制的影响有关（Simmons et al.，2008)。

第 6 章　嗜酸硫氧化菌胞内外硫（球）分子形态

嗜酸硫氧化菌浸出金属硫化矿过程中，金属硫化矿通过硫代硫酸盐途经或者聚硫化氢途经氧化到硫酸根离子，其中会产生多种不同形态的硫，包括单质硫和还原型硫化物。与可溶性硫化物不同，单质硫完全疏水并且在生物浸出过程中很容易形成硫颗粒沉积在矿物表面从而阻碍金属硫化矿的进一步浸出。在某些情况下，还会产生一些不溶于水的硫球作为中间产物或者是末端产物，它以硫溶胶形式存在于细胞胞内或者是细胞胞外，这种现象与嗜酸菌属硫的生物氧化存在一定关联性（何环，2008）。由于硫有着丰富的化学价态（−2～+6），有关细胞胞内外硫球硫化学形态缺乏统一的认识，通过硫的 K 边 XANES 方法能有效地解决相关问题。

6.1　嗜酸硫氧化菌作用下 S^0 的化学形态转变：以 *A. ferrooxidans* 为例

6.1.1　*A. ferrooxidans* 对 Fe^{2+} 和 S^0 利用的差异

细菌在亚铁和单质硫（α-S_8）中生长时具有不同的生理生化特征。图 6.1 给出了 *A. ferrooxidans* 分别在亚铁和 α-S_8 中生长时的生长曲线和细胞形貌。从图 6.1（a）可知，细菌在亚铁中生长速度明显快于在 α-S_8 中的生长速度，但 100 h 后，在 α-S_8 中生长的细菌浓度明显高于在亚铁中生长的细菌，菌浓度达到 10^8 cells/mL。扫描电镜结果［图 6.1（b）（c）］表明亚铁和 α-S_8 中生长的细菌存在差异性。在普通光学显微镜下观察就可以发现，在 α-S_8 培养基生长细菌明显比在亚铁培养基瘦长，并且在含 α-S_8 培养基生长的细菌链生现象明显。

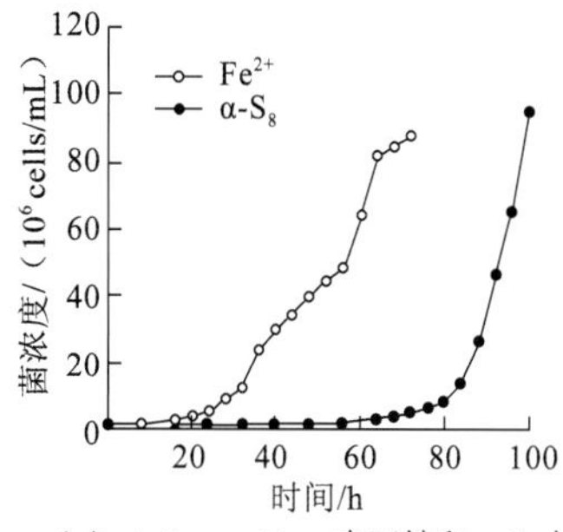

（a）*A. ferrooxidans* 在亚铁和 α-S_8 中生长氧化情况

（b）亚铁中生长细菌扫描电镜照片

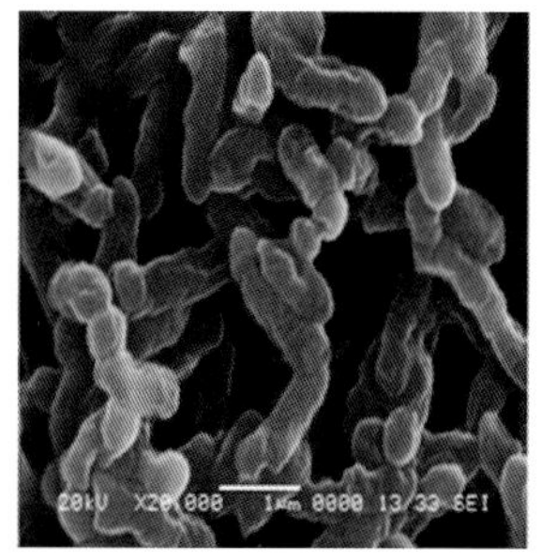

（c）α-S_8 中生长细菌扫描电镜照片

图 6.1　*A. ferrooxidans* 在亚铁和 α-S_8 中生长氧化情况，以及亚铁中生长细菌扫描电镜照片和 α-S_8 中生长细菌扫描电镜照片

6.1.2　*A. ferrooxidans* 作用前后 α-S_8 的红外和硫 K 边 XANES 光谱

A. ferrooxidans 在氧化利用 α-S_8 时，两者相互作用，*A. ferrooxidans* 分泌两性胞外物质，改变硫表面亲疏水性的同时，细胞会吸附到 α-S_8 表面，导致细菌和硫粒的表面性质发生明显变化，如图 6.2 所示。

图 6.2　α-S_8 在去离子水（无机相）和二硫化碳层（有机相）中分布图

（a）细菌作用后 α-S_8；（b）标准 α-S_8；（c）标准 μ-S。细菌作用后的 α-S_8 部分溶解在二硫化碳中，部分形成絮状沉淀悬浮在有机相中，并且在有机相和无机相之间还有一层明显的不溶物（a），而细菌未作用的 α-S_8 全部溶解于二硫化碳相（b）、μ-S 全部沉积在二硫化碳层底部（c），由此可说明细菌作用后的 α-S_8 表面亲疏水性发生了明显的变化

上述这种变化可通过红外和硫的 K 边 XANES 光谱等方法进行表征。图 6.3 给出了 α-S_8 经细菌作用前后的 FTIR 光谱，可发现 α-S_8 经细菌处理后的光谱图明显比作用前复杂。在 1 051 cm^{-1} 处产生的吸收峰可能是 C—H 吸收峰；1 650 cm^{-1} 处的吸收峰是羰基的特征峰，表示可能为吸附在 α-S_8 上的物质中含有醛、酮或酰胺类的功能基团；在 2 500～3 600 cm^{-1} 的强而宽吸收峰，是 α-S_8 表面出现了—OH 和—NH。这些基团的产生表明 α-S_8 经过细菌作用后，生成了一系列有机质成分。因此，可以推断 α-S_8 表面被细胞分泌的一些两性分子所修饰，导致细胞表面性质发生明显变化。另一方面，α-S_8 的特征峰 838 cm^{-1} 在经细菌作用后蓝移至 845 cm^{-1}，说明 α-S_8 与有机质发生了某种化学键合的作用。

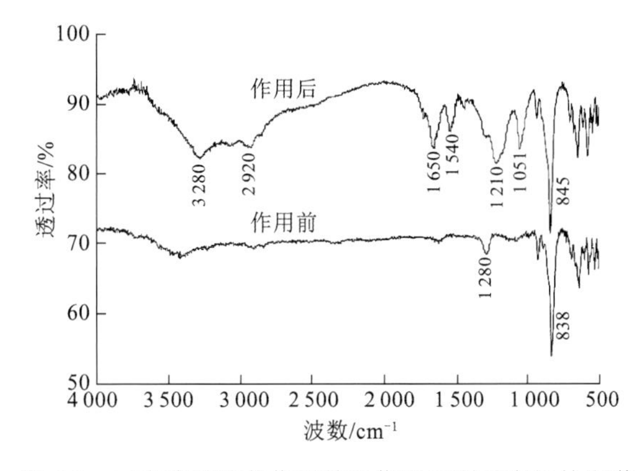

图 6.3　元素硫经细菌作用前和作用后所对应红外光谱

细菌作用前后的 α-S_8 与标准 μ-S 的硫 K 边 XANES 光谱［图 6.4（a）］表明这三种物质的吸收峰均出现在 2.470 5 keV 处，但是吸收峰的宽度及峰的形状还是存在细微的差异，细菌作用后的硫吸收谱图明显介于 α-S_8 和 μ-S 的吸收谱图之间，这说明细菌作用后的 α-S_8 有可能部分已经变成了 μ-S，这也说明图 6.2（a）中悬浮在有机相和漂浮在有机相表面的物质有可能就是细菌修饰后形成的 μ-S。将漂浮在有机相表面的物质通过分液漏斗分离后转到离心管中，用去离子水洗涤多次后再离心分离，收集到的样品冷冻干燥后均匀涂抹到碳导电胶带，测量样品硫的 K 边 XANES 光谱，比较样品与 μ-S 及连四硫酸盐的吸收光谱可知，样品吸收谱几乎与 μ-S 的谱图相吻合［图 6.4（b）］，这进一步说明细胞修饰后的 α-S_8 确实部分变成了 μ-S。图 6.5 给出了细胞作用后 α-S_8 的硫 K 边 XANES 光谱的拟合结果，拟合后发现 α-S_8 和 μ-S 在样品中所占比例为 62.8%和 37.2%，拟合结果也证明细菌作用后的 α-S_8 确实有部分变成了 μ-S。可推测 α-S_8 首先被富含巯基的蛋白活化为多聚硫化物再进一步被微生物氧化利用。

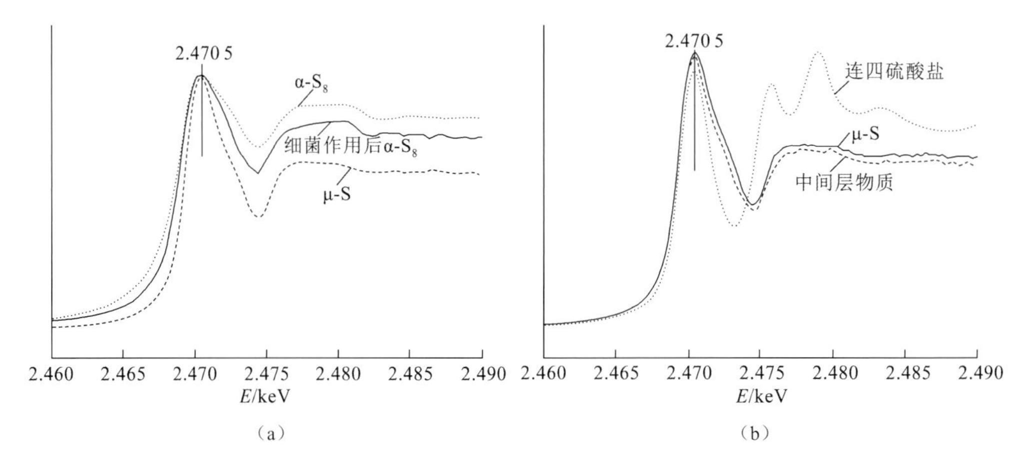

图 6.4 硫的 K 边 XANES 光谱

（a）标准 α-S_8（点线）、μ-S（虚线）及细菌作用后 α-S_8（实线）；（b）被细菌作用的 α-S_8 经二硫化碳处理后的中间层物质（虚线）、标准 μ-S（实线）、连四硫酸盐（点线）

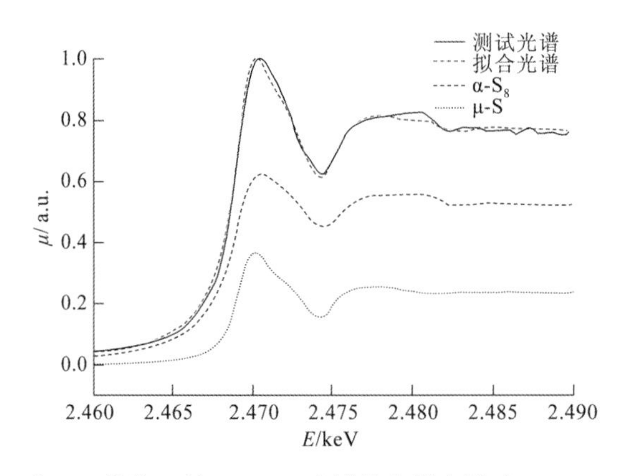

图 6.5 以标准 α-S_8 和 μ-S 的硫 K 边 XANES 光谱为参照光谱时，*A. ferrooxidans* 细菌作用后 α-S_8 的硫的 K 边 XANES 光谱（测试光谱）及拟合光谱

6.1.3　*A. ferrooxidans* 细胞亚微结构特征

以 α-S_8 为能源底物生长的 *A. ferrooxidans* 细胞透射电镜切片中存在一些高电子透射颗粒［图 6.6（a）］，这些颗粒直径大约为 50 nm，能谱分析表明这些颗粒的主要组成成分为硫［图 6.6（b）］，这表明 *A. ferrooxidans* 在 α-S_8 中生长时会在细胞胞内累积硫颗粒。

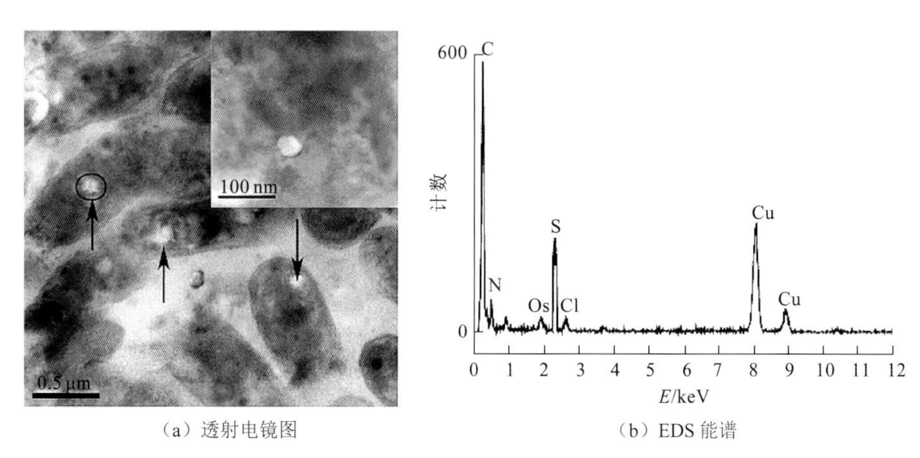

（a）透射电镜图　　（b）EDS 能谱

图 6.6　以 α-S_8 为能源底物生长 *A. ferrooxidans* 细胞切片透射电镜图

（a）图中插入部分为胞内颗粒局部放大照片，以及图中黑圈所示细胞内颗粒 EDS 成分分析（b）

6.1.4　*A. ferrooxidans* 细胞的硫 K 边 XANES 光谱

利用亚铁中生长的嗜酸氧化亚铁硫杆菌作为空白对照，将亚铁中生长细菌的硫的 K 边 XANES 吸收光谱直接和甲硫氨酸、半胱氨酸和硫酸锌的吸收光谱比较［图 6.7（a）］。通过与参比化合物的吸收光谱进行比较发现，亚铁中生长的细胞对应的吸收光谱中在 2.471 4 keV 处吸收峰主要是由细胞内含硫氨基酸中硫原子内层电子往 C-S 共用电子带跃迁所致。2.480 4 keV 处吸收峰很明显是硫酸根的吸收峰，这可能源于样品中硫酸盐的吸

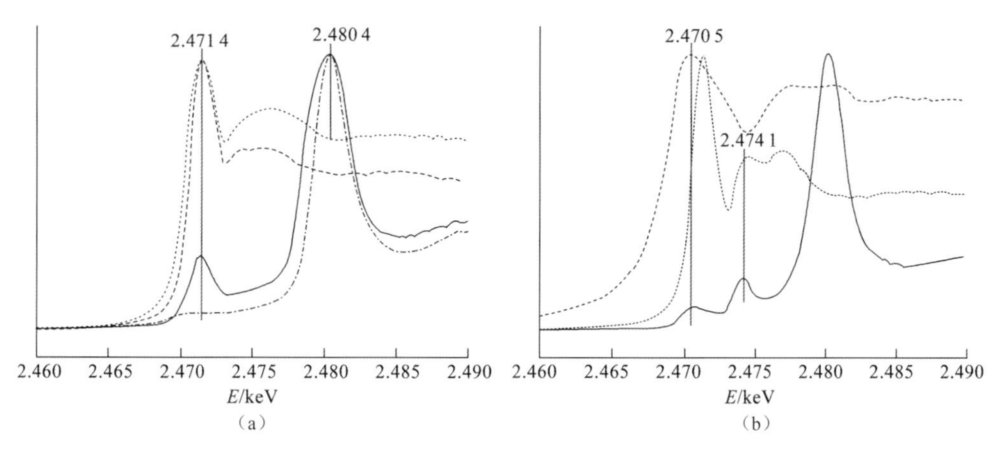

图 6.7　细胞的硫 K 边 XANES 光谱

（a）亚铁中培养的 *A. ferrooxidans* 细菌（实线），甲硫氨酸（虚线），半胱氨酸（虚线），硫酸锌（虚点线），（b）α-S_8 中生长的 *A. ferrooxidans*（实线），还原型谷胱甘肽（点线）和 α-S_8（虚线）

收峰，因为细菌培养基中含有大量的硫酸盐。这说明亚铁中生长的细胞并没有硫颗粒的累积，因为在硫的特征吸收峰位置 2.470 5 keV 处并没有出现相应的吸收峰。相比之下，α-S_8 中生长的细胞在 2.470 5 keV 和 2.474 1 keV 处有一个明显的吸收峰［图 6.7（b）］，通过与参比化合物的吸收峰进行比较，这两个峰有可能是由细胞累积的硫颗粒（Prange et al.，1999）和巯基的里德伯跃迁所致（Prange et al.，2002）。由此说明富含巯基的蛋白质和酶参与了 *A. ferrooxidans* 氧化利用 α-S_8 的过程。

对亚铁和 α-S_8 中生长细胞的硫的 K 边 XANES 光谱进行拟合（图 6.8 和表 6.1），结果发现亚铁中生长的细胞胞内硫的吸收光谱主要源于含硫的氨基酸和多肽，而 α-S_8 中生长的细胞中硫的吸收光谱中却有还原型谷胱甘肽和 μ-S 的吸收谱，表明巯基（还原型谷胱甘肽是细胞中富含巯基物质）在 α-S_8 的生物氧化过程中扮演重要角色，且 α-S_8 经由细胞氧化利用后部分以 μ-S 的形式出现在细胞内。

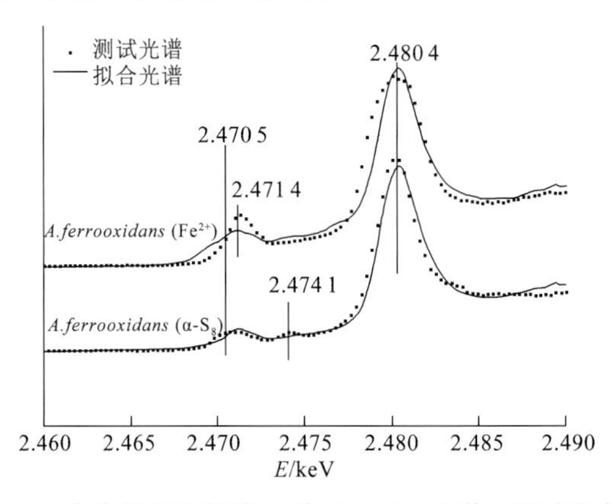

图 6.8　亚铁和 α-S_8 中生长细胞的硫 K 边 XANES 光谱（测试光谱）及拟合光谱

表 6.1　利用不同标准化合物硫的 K 边 XANES 光谱拟合样品的吸收光谱结果

样品	硫形态组成占比/%					
	RSH	RSSR	RSR	α-S_8	μ-S	硫酸根
Fe^{2+}	—	4.6	8.7	—	—	86.7
S	8.4	—	—	—	0.8	89.8

注：Fe^{2+},S：亚铁，单质硫和硫代硫酸钠中生长细胞；RSH：reduced glutathione（还原型谷胱甘肽）；RSSR：oxidized glutathione（氧化型谷胱甘肽）；RSR：methionine（甲硫氨酸）

6.1.5　*A. ferrooxidans* 胞外蛋白质组硫 K 边 XANES 光谱

A. ferrooxidans 在亚铁和 α-S_8 中生长细胞胞外蛋白质组硫 K 边 XANES 光谱具有明显区别［图 6.9（a）］。与甲硫氨酸和半胱氨酸的 XANES 光谱比较，α-S_8 中生长细胞胞外蛋白质在 2.471 1 keV 处吸收峰与半胱氨酸和甲硫氨酸 C-S 特征吸收峰叠合，并且峰的高度和宽度和半胱氨酸的特征吸收峰相近，这说明其特征吸收峰主要是源于半胱氨酸；而相比之下亚铁中生长细胞胞外蛋白质在此处吸收峰较弱，这说明 α-S_8 中生长细胞胞外蛋白质中半胱氨酸的相对含量明显增加；因为收集的胞外蛋白质样品未经透析处理，所以亚铁

和 α-S_8 中生长的细胞胞外蛋白质在 2.480 4 keV 处有硫酸盐的特征吸收峰。拟合结果表明，α-S_8 中生长细胞胞外蛋白质硫的吸收谱主要由 41.4%还原型谷胱甘肽，23.7%氧化型谷胱甘肽和 34.8%硫酸盐叠加而成，而亚铁中生长细胞由于其硫酸盐吸收值过高，掩盖了其他含硫成分吸收，其光谱拟合结果很不理想［图 6.9（b）］，不过结合图 6.9 结果，可以确定在 α-S_8 中生长细胞其体内富含巯基蛋白质相对含量明显增加。

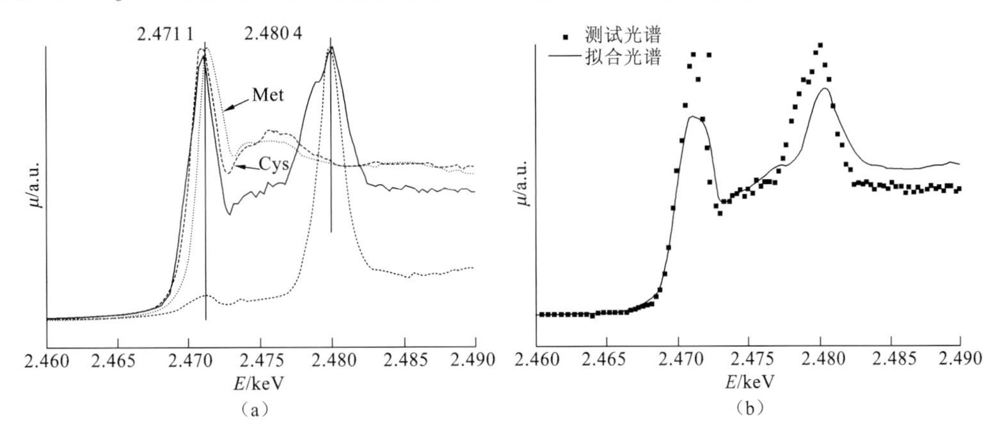

图 6.9　*A. ferrooxidans* 胞外蛋白质组硫的 K 边 XANES 光谱及拟合光谱

（a）半胱氨酸（虚线）、*A. ferrooxidans* 在亚铁（点线）和 α-S_8（实线）中生长的细胞胞外蛋白质硫的 K 边 XANES 光谱，（b）α-S_8 中生长细胞的吸收光谱（测试光谱）及拟合光谱

6.1.6　*A. ferrooxidans* 菌毛蛋白硫 K 边 XANES 光谱

基于比较蛋白质组学分析，*A. ferrooxidans* 在 α-S_8 基质中生长时其胞外有一种菌毛蛋白（AFE_2621：pilin，putative，cell envelope，surface structures）参与细胞表面结构构成，并与细菌在元素硫表面的吸附相关。将该菌毛蛋白进行原核表达并进行硫的 K 边 XANES 光谱分析，发现其吸收峰在边前与半胱氨酸的较为相似［图 6.10（a）］；拟合结果显示甲硫氨酸和半胱氨酸对样品光谱贡献分别占 17.5%和 82.5%［图 6.10（b）］。

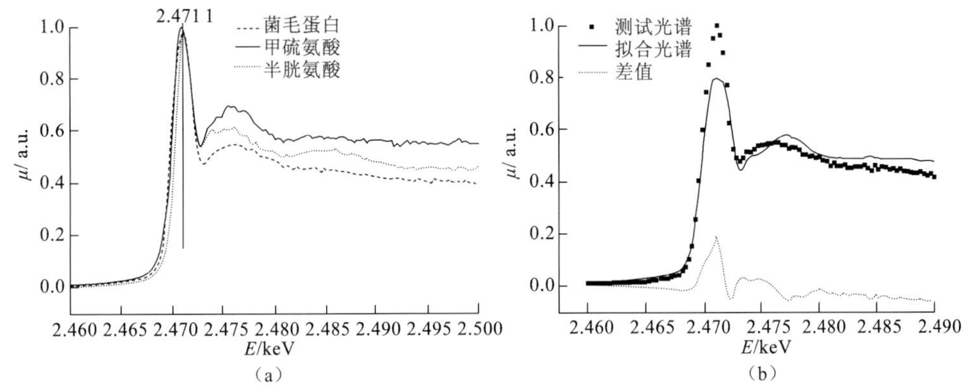

图 6.10　*A. ferrooxidans* 菌毛蛋白硫的 K 边 XANES 光谱及拟合光谱

（a）半胱氨酸（点线），甲硫氨酸（实线）和 *A. ferrooxidans* 的菌毛蛋白 AFE_2621（虚线）；（b）*A. ferrooxidans* 的菌毛蛋白 AFE_2621 的测试光谱和拟合光谱及测量光谱和拟合光谱之间的差减谱

6.2 嗜酸硫氧化菌胞内外硫（球）的化学形态差异：以 *A. ferrooxidans* 和 *A. caldus* 为例

6.2.1 *A. ferrooxidans* 和 *A. caldus* 对 S^0 和 $S_2O_3^{2-}$ 利用的差异

A. ferrooxidans 和 *A. caldus* 在 α-S_8 和硫代硫酸钠生长时具有不同的表观硫氧化特征。*A. ferrooxidans* 在硫代硫酸钠和 α-S_8 中培养 8 天达到稳定期，培养液 pH 分别降到 2.4 和 1.4［图 6.11（a）（b）］。*A. caldus* 在硫代硫酸钠和 α-S_8 培养 3～4 天达到稳定期，培养液 pH 对前者上升到 6.1 后逐渐下降［图 6.11（c）］，对后者逐渐降到 1.5［图 6.11（d）］。

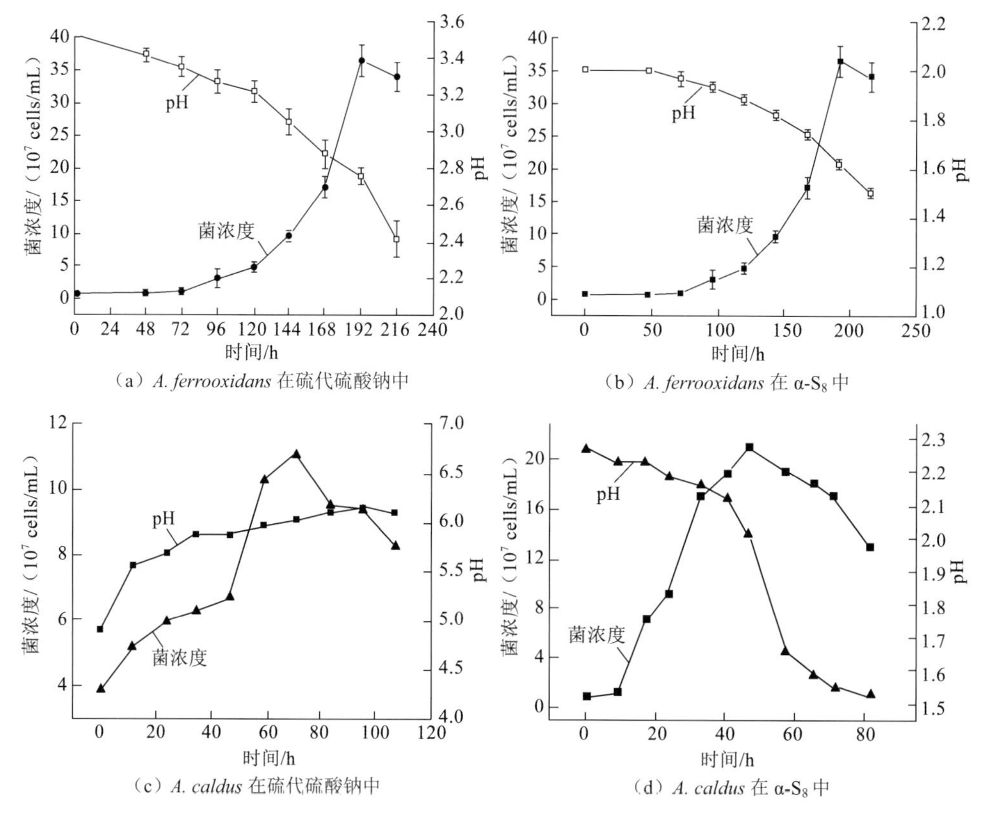

图 6.11 *A. ferrooxidans* 和 *A. caldus* 在 α-S_8 和硫代硫酸钠中生长氧化情况

6.2.2 *A. ferrooxidans* 和 *A. caldus* 在 S^0 和 $S_2O_3^{2-}$ 中生长细胞显微结构的差异

A. ferrooxidans 和 *A. caldus* 在硫代硫酸钠中生长时形成胞外颗粒的外形存在明显差异，后者的胞外颗粒直径明显大于前者，且颗粒外有一层膜状物质［图 6.12（a）（b）］，

该物质主要组成为硫［图 6.12（c）］。与此同时，*A. ferrooxidans* 在 α-S_8 和硫代硫酸钠中生长时细胞内均显示有硫球的累积［图 6.13（a）（b）］，而在 *A. caldus* 细胞内未观察到硫球累积［图 6.13（c）（d）］。

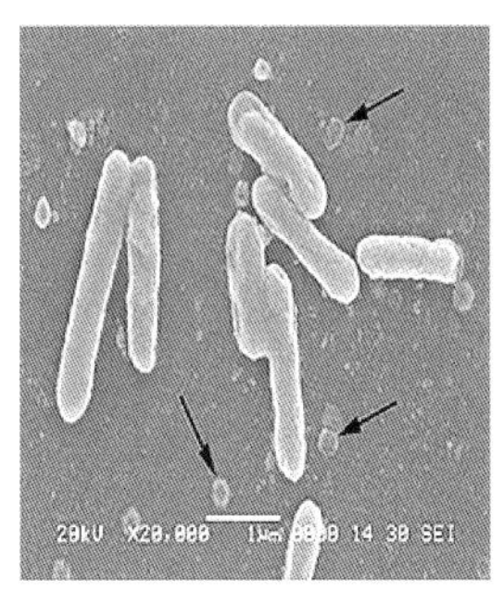

（a）*A. ferrooxidans* 细胞

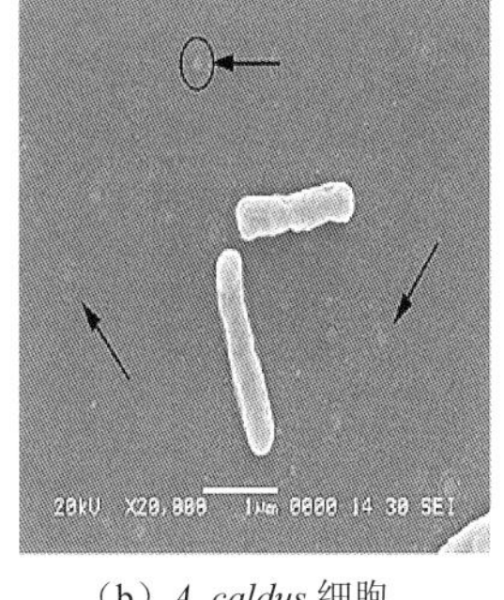

（b）*A. caldus* 细胞

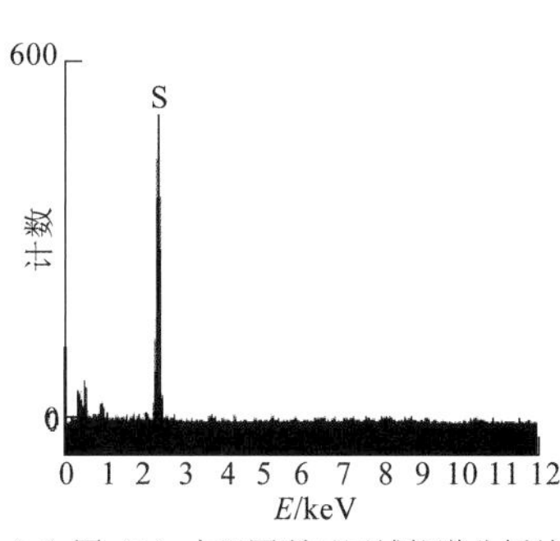

（c）图（b）中黑圈所示区域能谱分析结果

图 6.12　细胞在硫代硫酸钠中生长时扫描电子显微镜照片及能谱分析结果

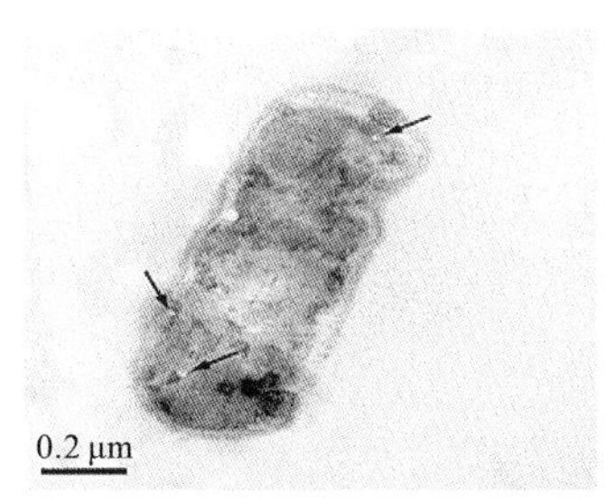

（a）*A. ferrooxidans* 在 α-S_8 中

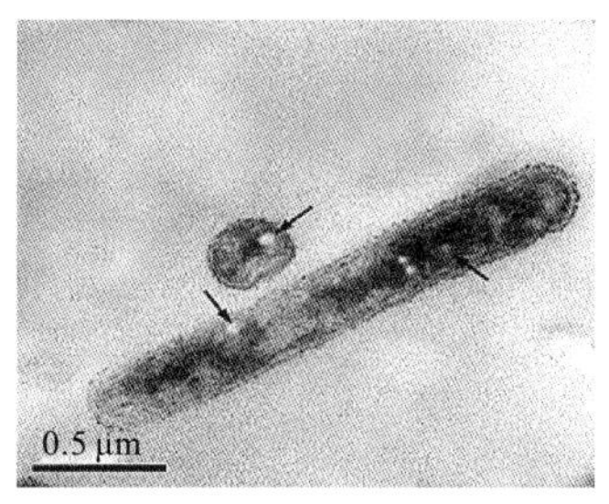

（b）*A. ferrooxidans* 在硫代硫酸钠中

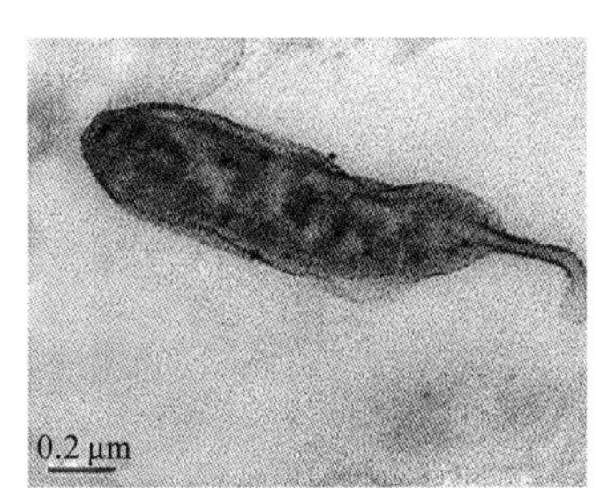

（c）*A. caldus* 在 α-S_8 中

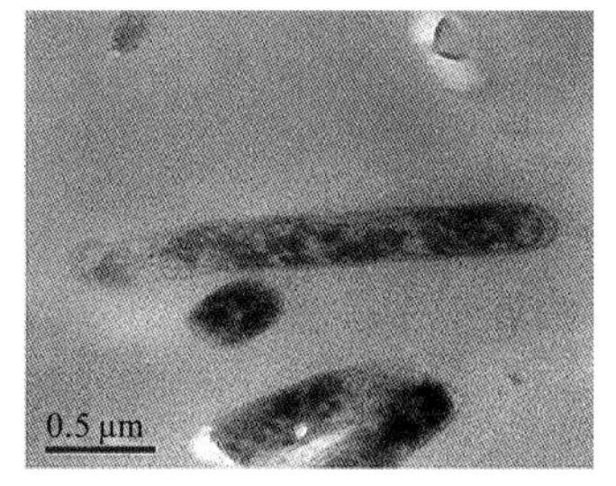

（d）*A. caldus* 在硫代硫酸钠中

图 6.13　α-S_8 和硫代硫酸钠中生长细胞的透射电镜照片

根据 Bryant 等（1983），图（a）和（b）中箭头指示的高电子透射区域为细胞胞内累积的硫球

6.2.3　*A. ferrooxidans* 和 *A. caldus* 胞内外硫球硫 K 边 XANES 光谱

A. ferrooxidans 和 *A. caldus* 在硫代硫酸钠中生长时胞外硫球的硫的 K 边 XANES 光谱均在 2.470 5 keV 处存在特征吸收峰（图 6.14）；后者的吸收光谱还在 2.475 9 keV 和 2.480 4 keV 处有明显的吸收峰，这些吸收峰的位置与连四硫酸盐标样的吸收峰（详见 4.1.1 小节）大致相同，但是在 2.480 4 keV 处吸收峰能量位置略有偏移，这种偏移可能是与硫原子相连的侧链上官能团的影响所致。拟合结果发现 *A. ferrooxidans* 在硫代硫酸钠

中形成胞外硫球主要是由 α-S_8 和含硫氨基酸组成如还原型谷胱甘肽和氧化型谷胱甘肽，其中各自所占的比例为 85.6%、1.8%和 12.5%。而 *A. caldus* 在硫代硫酸钠中形成的胞外硫球主要是由沉积硫、硫酸盐和硫代硫酸钠组成，所占比例分别为 48.9%、51%和 0.8%（图 6.15 和表 6.2）。

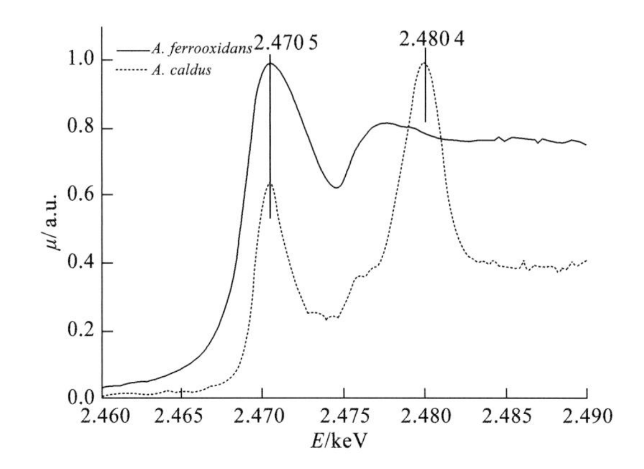

图 6.14　*A. ferrooxidans* 和 *A. caldus* 在硫代硫酸钠中形成胞外硫球中硫的 K 边 XANES 光谱

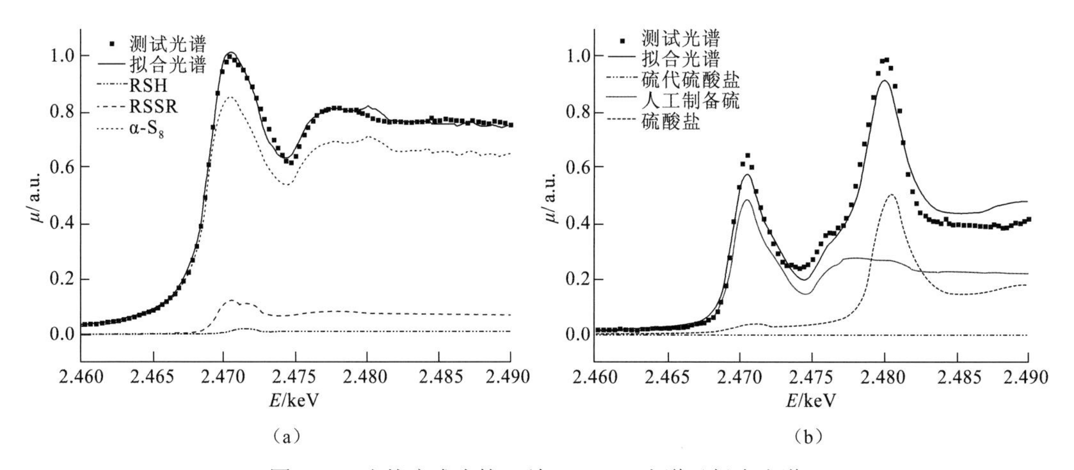

图 6.15　胞外硫球硫的 K 边 XANES 光谱及拟合光谱

(a) 参比物质（α-S_8，还原型谷胱甘肽 RSH，氧化型谷胱甘肽 RSSR）及 *A. ferrooxidans* 在硫代硫酸钠中形成胞外硫球的吸收光谱（测试光谱）和其拟合光谱；(b) 参比物质（硫代硫酸钠，人工制备的沉积硫，硫酸盐）及 *A. caldus* 在硫代硫酸钠中形成的胞外硫球的吸收光谱（测试光谱）和其拟合光谱（Steudel and Eckert，2003）；人工制备的沉积硫指向硫代硫酸钠溶液中缓慢滴加稀硫酸而形成的化学沉积硫

表 6.2　利用不同标准化合物硫的 K 边 XANES 光谱拟合样品的吸收光谱结果

细菌	样品	硫形态组成占比/%								
		RSH	RSSR	RSR	Se	μ-S	α-S_8	$S_2O_3^{2-}$	$S_4O_6^{2-}$	SO_4^{2-}
AF	EXS	1.8	12.5	—	—	—	85.6	—	—	—
AC	EXS	—	—	—	48.9	—	—	0.1	—	51.0
AF	Fe^{2+}	—	4.6	8.7	—	—	—	—	—	86.7
	α-S_8	8.4	—	—	—	0.8	—	—	—	89.8

续表

细菌	样品	硫形态组成占比/%								
		RSH	RSSR	RSR	Se	μ-S	α-S_8	$S_2O_3^{2-}$	$S_4O_6^{2-}$	SO_4^{2-}
AF	$S_2O_3^{2-}$	2.5	6.8	8.4	—	—	13.8	—	4.51	58.9
AC	α-S_8	18.6	1.1	—	—	—	—	—	—	77.1
	$S_2O_3^{2-}$	11.3	1.9	—	—	—	—	3.53	20.77	60.1

注：AF 为 *A. ferrooxidans*；AC 为 *A. caldus*；EXS 为胞外硫球；Fe^{2+}、α-S_8、$S_2O_3^{2-}$ 为亚铁、α-S_8 和硫代硫酸钠中生长细胞；RSH 为还原型谷胱甘肽；RSSR 为氧化型谷胱甘肽；RSR 为甲硫氨酸；Se 为人工制备沉积硫

A. ferrooxidans 在亚铁中生长时胞内硫球的硫 K 边 XANES 光谱主要由 2.471 4 keV 和 2.480 4 keV 处的两个强吸收峰组成［图 6.16（a）］；光谱拟合结果表明主要由甲硫氨酸、氧化型谷胱甘肽和硫酸盐的吸收峰叠加而成［图 6.16（a）和表 6.2］，其中硫酸盐的吸收峰很有可能是培养基中硫酸根的吸收所致。*A. ferrooxidans* 在 α-S_8 和硫代硫酸钠中生长时，在 2.470 5 keV 处均存在一个明显的吸收峰，光谱拟合结果表明其分别为 μ-S 和 α-S_8［图 6.16（a）和表 6.2］；然而 *A. caldus* 在 α-S_8 和硫代硫酸钠中生长时，其吸收光谱相应位置并未出现相应的谱峰［图 6.16（b）］。此外，*A. ferrooxidans* 和 *A. caldus* 在 α-S_8 中生长时，在 2.474 1 keV 处均出现了一个小的吸收峰，该处吸收峰可能是由巯基的里德伯跃迁所致（Prange et al.，2002，1999）。

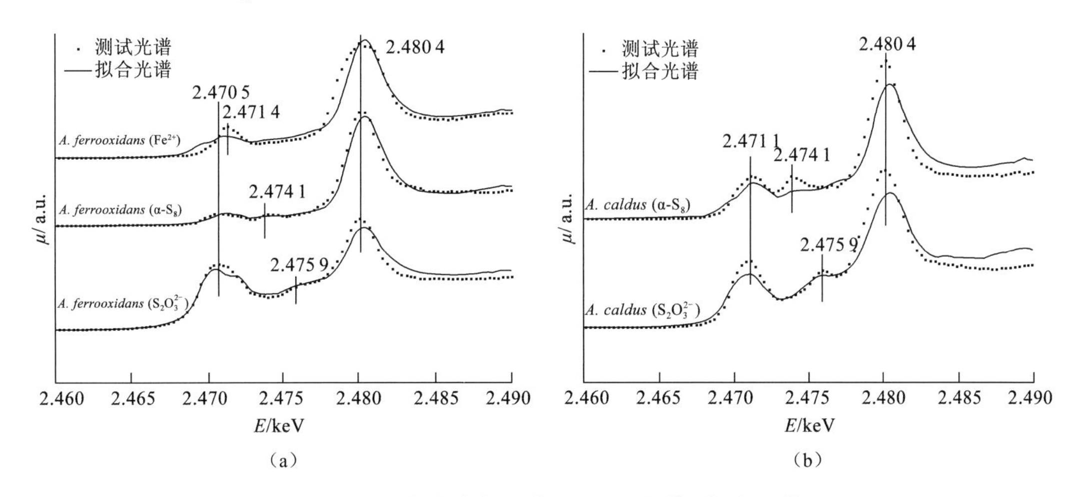

图 6.16　胞内硫球硫 K 边 XANES 光谱及拟合光谱

（a）硫酸亚铁、α-S_8 和硫代硫酸钠中生长的 *A. ferrooxidans* 细胞中的吸收光谱（测试光谱）和拟合光谱，（b）α-S_8 和硫代硫酸钠中生长 *A. caldus* 细胞中的吸收光谱（测试光谱）和拟合光谱

由表 6.2 可知，*A. ferrooxidans* 和 *A. caldus* 在 α-S_8 和硫代硫酸钠中生长时，细胞胞内还原型谷胱甘肽的相对含量均明显增加，谷胱甘肽是生物体内富含巯基的多肽物质，表明巯基在这两种菌利用 α-S_8 过程中扮演重要角色。*A. ferrooxidans* 和 *A. caldus* 在硫代硫酸钠中生长时，细胞胞内硫的 K 边 XANES 光谱在 2.475 9 keV 处均出现一个吸收峰，光谱拟合结果表明该处吸收峰可能是由连四硫酸盐或硫代硫酸盐中磺酸基团所致，表明这两种菌在利用硫代硫酸钠过程中在细胞胞内累积连四硫酸盐和/或硫代硫酸盐。

已有研究提出嗜酸硫氧化菌中有关硫的代谢过程往往包含着几个过程：①胞外环状硫（α-S_8）经活化后与硫醇键合形成硫烷硫（R-SS_nH）（Rohwerder et al.，2003b），然后被转运到周质空间被硫双加氧酶（sulfur dioxygenase，SDO）氧化成亚硫酸根（Sugio et al.，2005）；②硫烷硫也可以被还原为硫化氢，然后被硫化物–醌氧化还原酶（sulfide quinone reductase，SQR）进一步氧化为 S^0（Wakai et al.，2004）；③形成的 S^0 可以与①中生成的亚硫酸根离子反应形成硫代硫酸盐，然后被硫代硫酸盐–醌氧化还原酶（thiosulfate quinone oxidoreductase，TQO）氧化成连四硫酸盐（Rohwerder et al.，2007），后者可能进一步被连四硫酸盐水解酶（tetrathionate hydrolase，TTH）水解为 S^0、硫代硫酸根离子和硫酸根离子（Kanao et al.，2007）。显然，在上述三个过程中，硫的活化、SQR 和 TTH 代谢过程中都有可能产生 S^0。据此可以推测 *A. ferrooxidans* 在 α-S_8 和硫代硫酸钠中所形成的胞内硫球可能就是模型中所提到的 S^0。α-S_8 中生长的 *A. ferrooxidans* 细胞硫的 K 边 XANES 光谱上有巯基的吸收峰出现，说明细胞胞内的硫球是以 μ-S 存在，而不是 α-S_8。*A. ferrooxidan*s 在硫代硫酸钠中生长时，最有可能产生胞内硫球的步骤就是 TTH 过程，但是很难推测出硫球中硫的具体化学形态，表 6.2 中拟合结果表明，这些形态中可能有硫代硫酸盐、连四硫酸盐、硫酸盐、亚硫酸盐、硫球中硫及细胞本身有机硫等。虽然 *A. caldus* 在两种培养基中生长时胞内没有硫球累积，但其胞内也富含巯基蛋白质，说明 *A. caldus* 也可能具有类似的元素硫的生物氧化过程。

有关硫代硫酸盐氧化途径目前主要有两种观点，*Paracoccus* 硫氧化途径和 S_4 中间产物途径（Kelly et al.，1997），其中后一种途径是嗜酸菌包括 *A. ferrooxidans* 和 *A. thiooxidans* 等氧化硫代硫酸盐的途径。在此代谢过程中，连四硫酸盐是主要的中间代谢产物。从 *A. ferrooxidans* 和 *A. caldus* 在硫代硫酸盐中生长时细菌的 XANES 光谱可知，氧化代谢硫代硫酸盐过程中有连四硫酸盐特有的磺酸基团对应吸收峰出现（2.475 9 keV），说明这两种菌在硫代硫酸盐利用过程中产生了类似的中间产物。

A. ferrooxidans 在硫代硫酸钠中累积胞外硫球很大部分是由 α-S_8 组成（表 6.2），该结果与 Prange 等（2002）所报道的结果有所不同，但和 Steudel 等（2003，1987）所报道的结果相似。Prange 等（2002）通过硫 K 边 XANES 光谱拟合硫球中硫的吸收光谱认为 *A. ferrooxidan* 主要是连多硫酸盐，即中间是硫链，两端是磺酸基团；而 Steudel 等（2003，1987）通过高效液相色谱分析认为胞外硫球主要由连多硫酸盐和环状硫构成。这些不同研究中关于硫球中硫的化学形态的差异性可能是由于所分析样品来自细菌不同生长时期，因为 Steudel 和 Eckert（2003）认为由硫代硫酸钠形成的连多硫酸盐聚集体在一定条件下会转变成疏水硫溶胶，其中疏水硫溶胶核心是环状硫，两端是磺酸基团。另一方面，*A. caldus* 在硫代硫酸钠中生长时累积胞外硫球主要组成成分为沉积硫和硫酸盐及少量硫代硫酸钠（表 6.2），这与 Prange 等（2002）和 Steudel 等（2003，1987）所报道结果均存在较大差异。由于硫代硫酸钠在 pH 低于 4.2 的酸性培养基中才会发生酸解，而 *A. caldus* 在硫代硫酸钠中生长时其 pH 逐渐上升，并且从初始 pH 4.8 上升到最终 pH 6.1 后逐渐下降，由此可知溶液中细胞周围局部酸度可能较低，这会引起硫代硫酸钠的化学酸解形成沉积硫，其主要成分有可能是 $S_n(SO_3)_2^{2-}$，结构可能与 Steudel 和 Eckert（2003）报道的类似，即中心为环状硫（S_6、S_7、S_8 周围结合较多 SO_3^{2-}）。

第7章　典型嗜酸硫氧化菌利用不同形态S^0的分子基础

在生物浸出过程中S^0主要以环状硫的形态存在，在少数情况下以短链状的多聚硫化物（S_n^{2-}）和末端封闭有机基团的长链状存在（Xia et al.，2010a；Klauber，2008）。环状硫的形成被认为是由不稳定的S_n^{2-}聚合形成，这些不稳定的S_n^{2-}形成于硫化矿表面的单硫化物（S^{2-}）（Acres et al.，2010；Klauber，2008）。另一方面，S^0（主要是α-S_8）的生物氧化被认为首先由硫氧化微生物胞外具有高反应活性的巯基（—SH）活化，形成—S_nH（$n \geq 2$）复合体，然后转移到周质空间被进一步氧化（Peng et al.，2013；Xia et al.，2013；Sugio et al.，2005）。由第6章有关嗜酸硫氧化菌胞内外琉球的分子形态特征，可知嗜酸硫氧化菌氧化利用元素硫过程中可能存在环状硫（α-S_8）与链状硫（μ-S）之间转化。研究不同温度特性硫氧化微生物对两种不同形态S^0的利用和硫形态转化对了解硫的生物氧化机理具有重要意义（聂珍媛，2017；刘红昌，2016）。

7.1　不同形态单质硫的制备及表征

不同形态S^0包括8个硫原子构成的环状硫（α-S_8）和链状的多聚硫（μ-S），其制备方法如下：α-S_8的制备是以升华硫为原料，将升华硫（分析纯，购自中国国药集团化学试剂有限公司）充分溶解在CS_2溶液中，通过过滤法去除不溶性的物质，黄色透明的滤液加入等比例的无水乙醇，单斜晶系的α-S_8过夜析出，将上层清液倒掉后收集下层晶体沉淀，冷冻干燥后用研钵研磨为粉末，过200～400目筛后低温保藏待用。μ-S的制备以非充油型聚合μ-S为原料，将IS-60置于适量的CS_2溶液中不停搅拌，20 min后弃CS_2相，此过程至少需要重复5次，之后将处理过的μ-S真空干燥，过200～400目筛后低温保藏待用。采用上述方法制备的标准样品α-S_8和μ-S具有显著不同的形貌特征（图7.1）。

（a）α-S_8

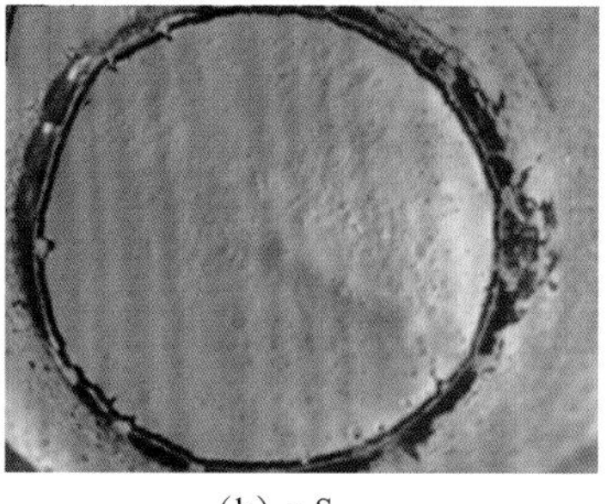
（b）μ-S

图7.1　制备的标准样品α-S_8和μ-S

XRD 和拉曼光谱可有效表征 α-S_8 和 μ-S 的结构特征。XRD 结果［图 7.2（a）］表明，制备的 α-S_8 与数据库中的正交晶系的 α-S_8 图谱（PDF 08-0247）一致，制备的 μ-S 是典型的无定型态。拉曼光谱的结果［图 7.2（b）］表明这两种不同形态单质硫的拉曼峰的位置和相对强度与文献结果一致（Blight et al.，2009；Eckert et al.，2003；Steudel et al.，2003）。需要特别指出的是，α-S_8 和 μ-S 的拉曼光谱具有显著区别，其中在 474 cm^{-1} 处的吸收峰可特异性表征 α-S_8；在 459 cm^{-1} 处的吸收峰可特异性表征 μ-S。

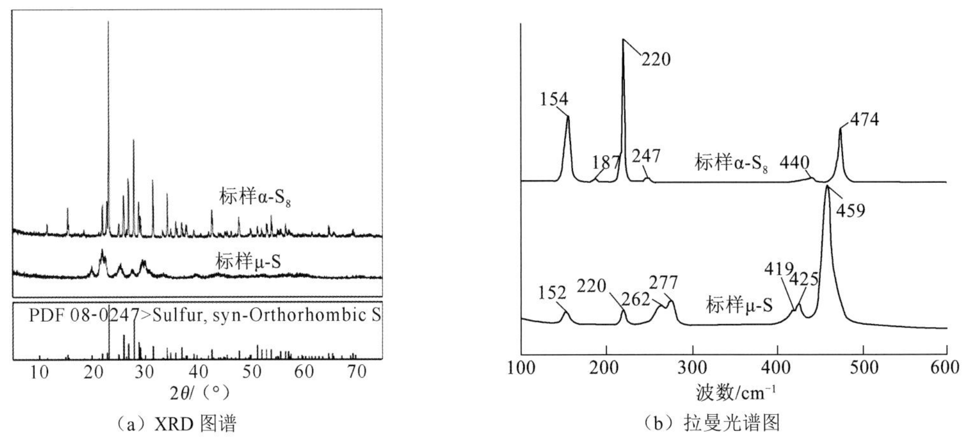

（a）XRD 图谱　　（b）拉曼光谱图

图 7.2　标准样品 α-S_8 和 μ-S 的 XRD 图谱和拉曼光谱图

图（a）中下面的方框是标准数据库中正交晶系 α-S_8 的 XRD 图谱（PDF 08-0247）

7.2　典型嗜酸硫氧化菌对 α-S_8 和 μ-S 利用的差异

硫氧化微生物对于元素硫的利用可用菌对生长、pH 和硫酸根离子浓度变化及表面形貌变化来表征。图 7.3、图 7.4、图 7.5 分别给出了三种典型硫氧化微生物 *A. manzaensis*、*S. thermsulfidooxdans* 和 *A. ferrooxidans* 利用不同形态单质硫时菌浓度、pH 变化和硫酸根离子浓度变化曲线。分析结果可以发现，这三种不同温度特性硫氧化微生物对两种不同形态 S^0 的利用存在显著差异。具体如下：

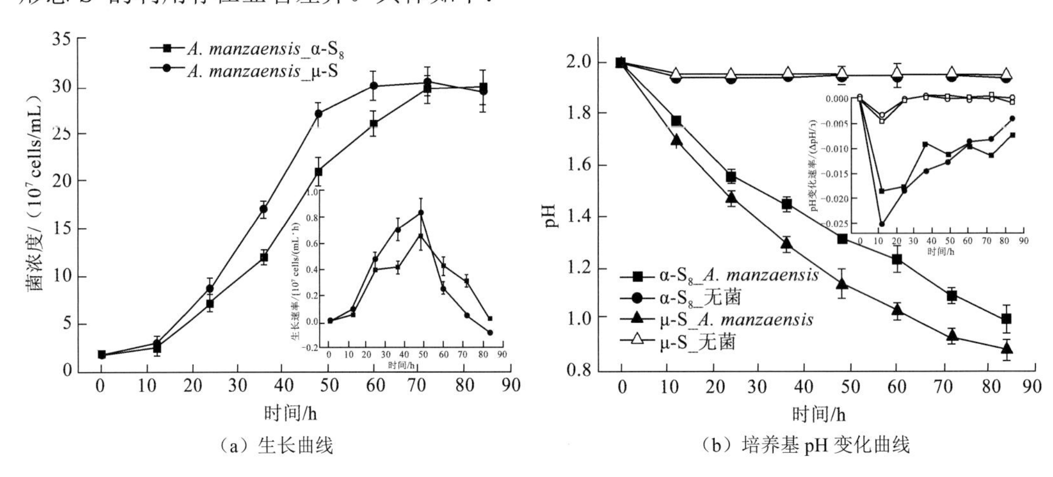

（a）生长曲线　　（b）培养基 pH 变化曲线

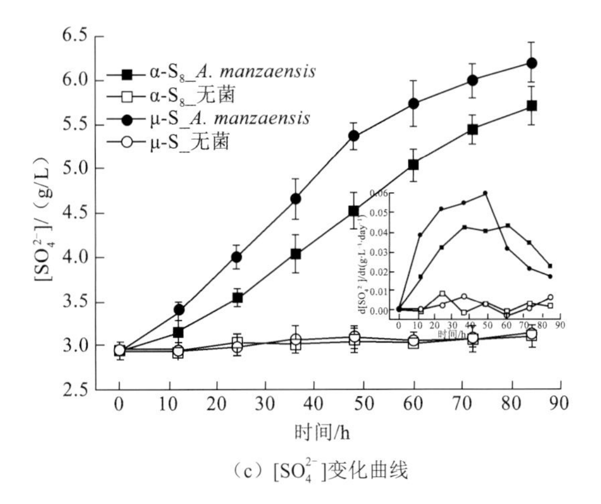

（c）$[SO_4^{2-}]$变化曲线

图 7.3 *A. manzaensis* 分别以 α-S_8 和 μ-S 为能源底物生长时的生长曲线、培养基 pH 变化曲线和$[SO_4^{2-}]$变化曲线

每幅图中的小图指每小时生长速率（a）、pH 变化速率（b）和硫酸根离子产生速率（c）

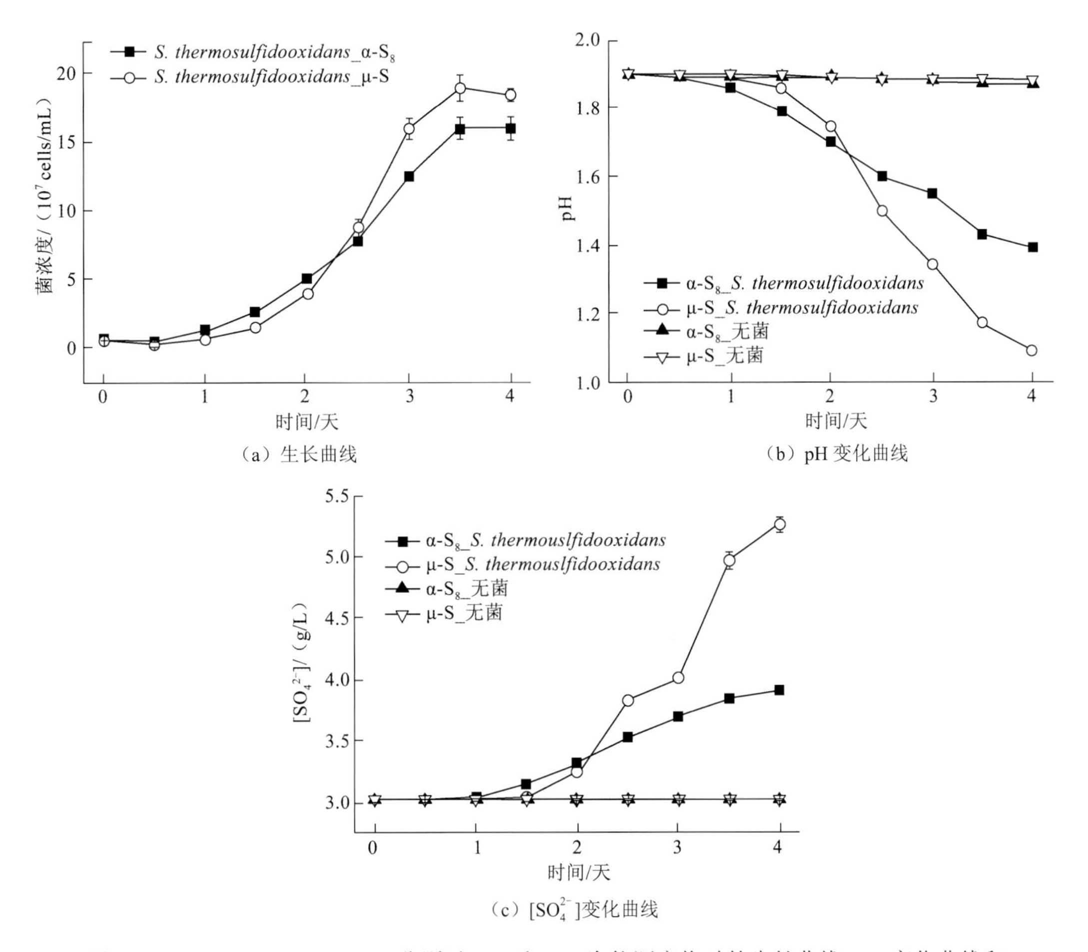

（a）生长曲线

（b）pH 变化曲线

（c）$[SO_4^{2-}]$变化曲线

图 7.4 *S. thermosulfidooxidans* 分别以 α-S_8 和 μ-S 为能源底物时的生长曲线、pH 变化曲线和$[SO_4^{2-}]$变化曲线

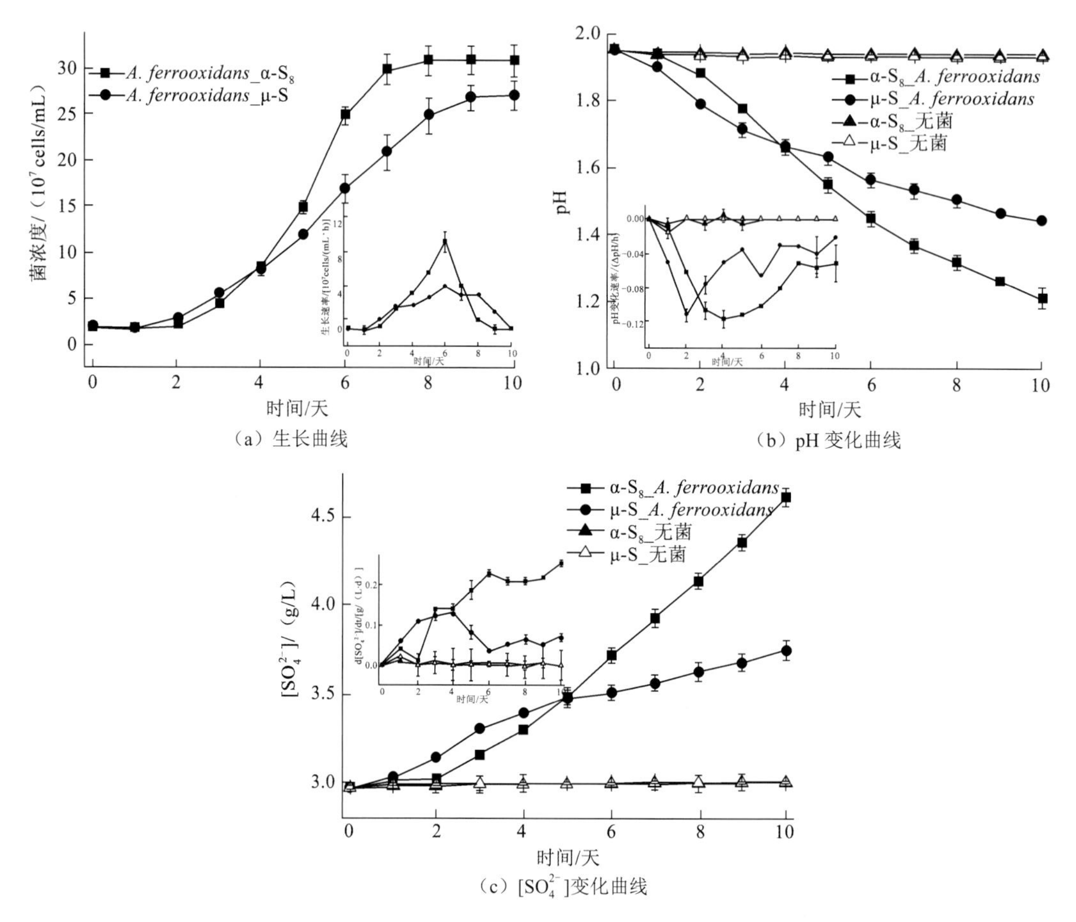

图 7.5　分别以 α-S_8 和 μ-S 培养 *A. ferrooxidans* 时细胞生长曲线、pH 变化曲线和[SO_4^{2-}]变化曲线

图（a）、（b）、（c）中的小图分别指每天生长速率、pH 变化速率和硫酸根离子产生速率

对 *A. manzaensis* 而言，该菌以 μ-S 为能源底物生长时比以 α-S_8 为能源底物生长早约 24 h 进入对数期，并且在 μ-S 中生长时该菌在对数期具有较高的生长速率。但是 *A. manzaensis* 在这两种 S^0 中生长时在对数期细胞浓度没有明显区别［图 7.3（a）］。*A. manzaensis* 以 μ-S 为能源底物生长时 pH 降低的速率和[SO_4^{2-}]降低的速率比以 α-S_8 为能源底物生长时要快；而无菌对照组 pH 和[SO_4^{2-}]基本上没有明显变化。硫氧化微生物以单质硫为能源底物生长时培养基中 pH 和[SO_4^{2-}]的变化主要是由于其对 S^0 的氧化利用[图 7.3（b）（c）]，表明 *A. manzaensis* 在 μ-S 中生长时比在 α-S_8 中生长时具有较高的表观硫氧化速率。

对 *S. thermosulfidooxidans* 而言，该菌在含 μ-S 培养基中生长时比在 α-S8 中具有较长的延滞期，但是对数期时的生长速率较高并且在稳定期具有更高的细胞浓度［图 7.4（a）］。*S. thermosulfidooxidans* 分别在含 α-S_8 和 μ-S 的培养基中 pH 随时间降低的曲线[图 7.4（b）]，以及硫酸根离子浓度随时间增加的曲线［图 7.4（c）］与细胞密度随时间变化具有相似趋势。对比无菌对照组，溶液中的 pH 和硫酸根离子浓度基本上没有变化，说明 *S. thermosulfidooxidans* 存在时 pH 和硫酸根离子浓度变化主要是由于该菌对硫的氧化。

以上结果表明，*S. thermosulfidooxidans* 在 μ-S 中生长时对数期硫氧化速率比在 α-S_8 中快。

对 *A. ferrooxidans* 而言，该菌以 α-S_8为能源底物进行生长时比以 μ-S 为能源底物生长时有较长的延滞期，但是会早1天进入稳定期并且在稳定期具有较高的细胞浓度，而且 *A. ferrooxidans* 以 α-S_8为能源底物进行生长时在第1～3天具有较低的生长速率，在第3～7天具有较高的生长速率［图7.5（a）］。这些结果表明 *A. ferrooxidans* 对 μ-S 比 α-S_8具有较好的适应性，但是过了适应期之后对 α-S_8能更快速利用。pH 和硫酸根离子浓度结果表明，经过 *A. ferrooxidans* 的利用，含 α-S_8培养基的 pH 比含 μ-S 培养基更低，同时硫酸根离子浓度更高。从第3天开始，含 α-S_8培养基 pH 降低的速率［图7.5（b）］以及硫酸根离子浓度增加的速率［图7.5（c）］比含 μ-S 培养基要高。这表明适应能源底物后 *A. ferrooxidans* 在 α-S_8中生长时比在 μ-S 中生长时具有较高的硫氧化活性。

不同元素硫经嗜酸硫氧化微生物作用后，表面形貌变化存在显著差异。图 7.6 给出了典型嗜热古菌 *A. manzaensis*、中度嗜热菌 *S. thermosulfidooxidans* 和嗜中温菌 *A. ferrooxidans*

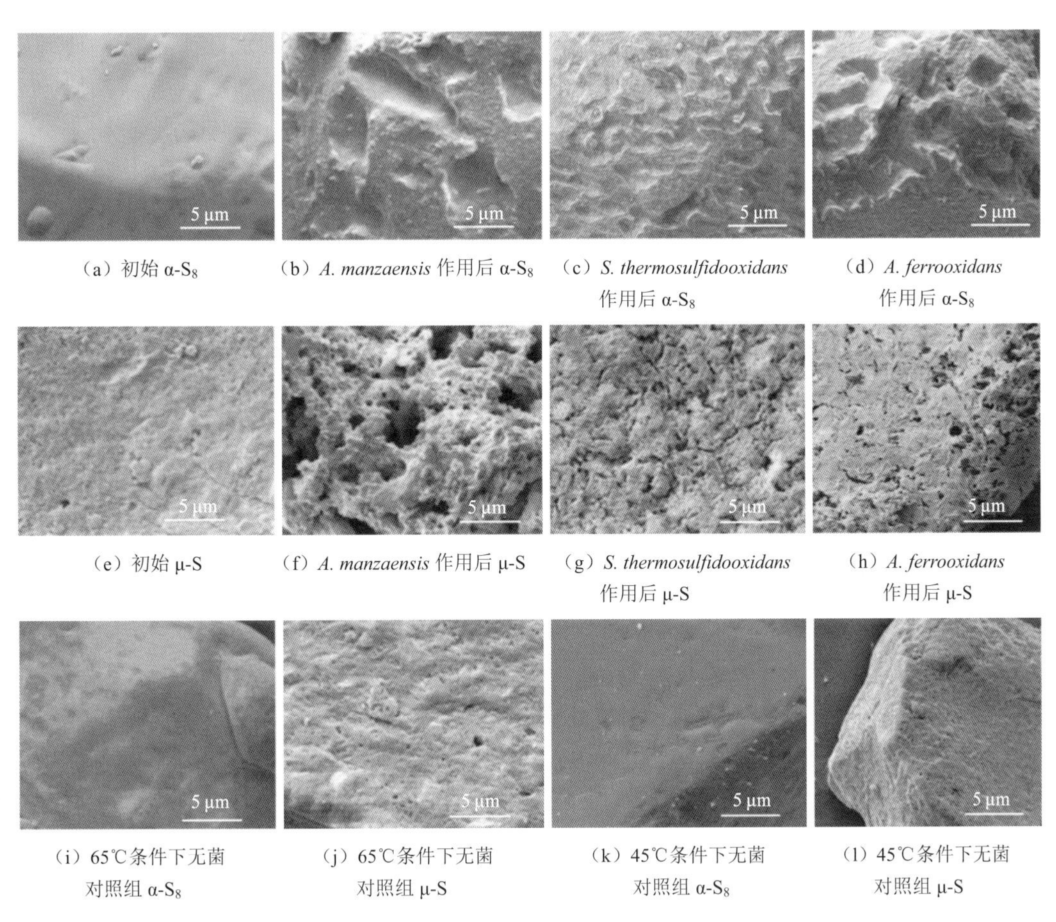

（a）初始 α-S_8　（b）*A. manzaensis* 作用后 α-S_8　（c）*S. thermosulfidooxidans* 作用后 α-S_8　（d）*A. ferrooxidans* 作用后 α-S_8

（e）初始 μ-S　（f）*A. manzaensis* 作用后 μ-S　（g）*S. thermosulfidooxidans* 作用后 μ-S　（h）*A. ferrooxidans* 作用后 μ-S

（i）65℃条件下无菌对照组 α-S_8　（j）65℃条件下无菌对照组 μ-S　（k）45℃条件下无菌对照组 α-S_8　（l）45℃条件下无菌对照组 μ-S

图 7.6　初始 α-S_8 和 μ-S，无菌对照组作用后 α-S_8 和 μ-S 及三种典型浸矿菌作用后 α-S_8 和 μ-S 表面形貌

作用前后 α-S_8 和 μ-S 表面形貌。对于这三种硫氧化微生物而言，都发现 α-S_8 经过细胞作用后其表面形成了明显的腐蚀坑，而 μ-S 经过生物作用后变得疏松多孔。这表明这几种硫氧化微生物与 α-S_8 的相互作用主要发生在硫表面，而和 μ-S 的相互作用过程中会形成硫的“穿孔现象”。硫氧化微生物对 μ-S 的穿孔现象可能与 μ-S 的结构有关—μ-S 是无定型链状硫，这也可能是不同硫氧化微生物利用不同形态单质硫的原因之一。作为对照，不同温度体系下，无菌组的 α-S_8 和 μ-S 与原始样品相比其表面形貌并无显著性变化。

7.3　典型硫氧化菌对 α-S_8 和 μ-S 硫形态转化的差异

浸矿微生物不仅对 α-S_8 和 μ-S 的氧化利用特征不同，而且对 α-S_8 和 μ-S 利用过程中有着不同的硫形态转化特征。有关硫形态转化之间的差异可通过硫 K 边 XANES 光谱学并结合红外光谱、XRD、拉曼光谱等手段表征。

图 7.7 给出了 *A. manzaensis*、*S. thermosulfidooxidans* 和 *A. ferrooxidans* 细胞的 FTIR 光谱。这些光谱上的吸收峰的标注如下：波数为 3 100～3 500 cm^{-1} 的宽峰是由于—OH、—NH 和—NH_2 基团；波数在 1 622～1658 cm^{-1} 的峰及 1 550 cm^{-1} 附近的吸收峰分别代表—C═O 伸缩和—NH_2 振动，这两处的吸收峰表示二级酰胺键的存在（—CONH—）；波数在 1 448 cm^{-1} 附近的吸收峰指—CH_3 和—CH_2 基团的弯曲振动；波数在 1200～1 250 cm^{-1} 和 1 040～1 220 cm^{-1} 的吸收峰分别是由于—C═S 和—S═O 基团。与原始 α-S_8 和 μ-S 的 FTIR 光谱相比，经过浸矿菌作用后 α-S_8 和 μ-S 的 FTIR 光谱变得复杂，而且出现了上述描述细胞 FTIR 的吸收峰，这表明经过微生物的生长这两种 S^0 的表面都吸附了一定量的细胞。

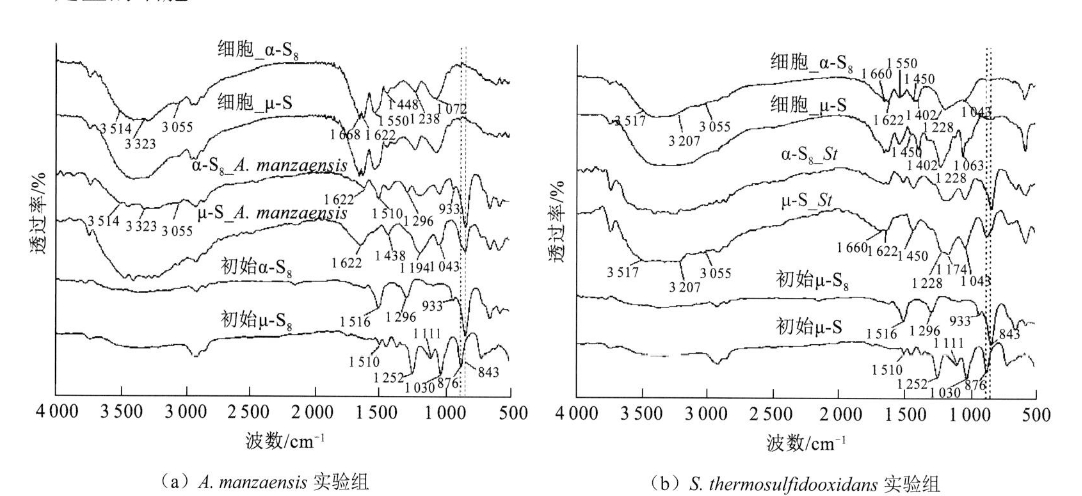

（a）*A. manzaensis* 实验组　　（b）*S. thermosulfidooxidans* 实验组

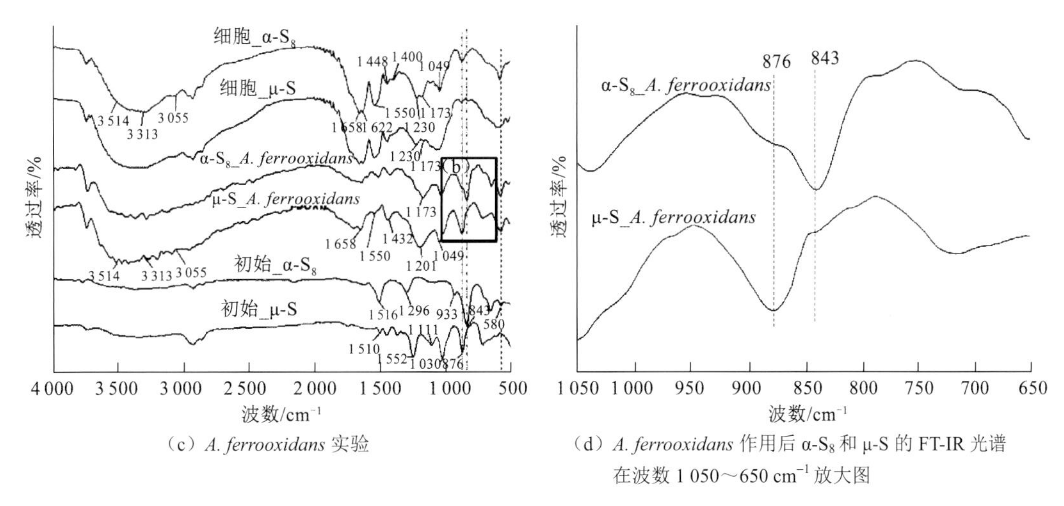

（c）*A. ferrooxidans* 实验

（d）*A. ferrooxidans* 作用后 α-S_8 和 μ-S 的 FT-IR 光谱在波数 1 050～650 cm^{-1} 放大图

图 7.7　分别以 α-S_8 和 μ-S 为能源底物培养的 *A. manzaensis*、*S. thermosulfidooxidans*、*A. ferrooxidans* 细胞，以及这三种菌作用前后 α-S_8 和 μ-S 的 FTIR 光谱

需要特别指出的是，标准样品 α-S_8 在 843 cm^{-1} 处的吸收峰及 μ-S 在 876 cm^{-1} 处的吸收峰明显不同，可以作为这两种不同形态单质硫 FTIR 光谱的特征峰。从图 7.7 的结果可知，经过 *A. manzaensis* 和 *S. thermosulfidooxidans* 作用后 μ-S 的 FTIR 光谱在 843 cm^{-1} 处出现了新的峰，表明在培养过程中 μ-S 很可能转化成了 α-S_8。而在 α-S_8 及 α-S_8 中培养 *A. ferrooxidans* 细胞的 FTIR 光谱上 876 cm^{-1} 处出现了新的吸收峰；在 μ-S 及 μ-S 中培养 *A. ferrooxidans* 细胞的 FTIR 光谱上 843 cm^{-1} 处出现了新的吸收峰。这些结果表明 *A. ferrooxidans* 作用下这两种硫同素异形体可能相互转化。

在 FTIR 光谱分析的基础上，通过拉曼光谱和 XRD 分析可进一步获得 α-S_8 和 μ-S 在结构和晶型转化方面的信息。图 7.8 分别给出了典型嗜热古菌 *A. manzaensis* 作用前后的 α-S_8 和 μ-S 及无菌对照组的 α-S_8 和 μ-S 的拉曼光谱和 XRD 谱图。由拉曼光谱可知［图 7.8（a）］，经过 *A. manzaensis* 作用后 α-S_8 以及无菌对照组 α-S_8 与标准样品 α-S_8 相比，其拉曼峰并无明显变化；而经过 *A. manzaensis* 作用后的 μ-S 在 459 cm^{-1} 处的峰变得非常弱，无菌对照组的 μ-S 在 459 cm^{-1} 处也出现了较弱的峰。通过对标准样品 α-S_8 和 μ-S 的拉曼光谱进行比较可知，波数为 474 cm^{-1} 和 459 cm^{-1} 处的峰分别是 α-S_8 和 μ-S 的特征峰，这表明经过 *A. manzaensis* 作用后 μ-S 转化为了 α-S_8，同时无菌对照组中也有少量 μ-S 转化为了 α-S_8。由 XRD 结果可知［图 7.8（b）］也表明经过 *A. manzaensis* 作用后的 α-S_8 和无菌对照组的 α-S_8 与标准样品的 α-S_8 相比并无明显变化。而经过 *A. manzaensis* 作用后 μ-S 的 XRD 图谱上出现了与 α-S_8 相同的衍射峰，同时无菌对照组 μ-S 的 XRD 图谱上也出现了个别 α-S_8 的衍射峰。综合拉曼光谱和 XRD 结果，表明经过 *A. manzaensis* 的作用，大部分 μ-S 都转化为了 α-S_8，同时无菌对照组也有少量的 μ-S 转化为了 α-S_8。

图 7.9 给出了经过 *S. thermosulfidooxidans* 作用后的 α-S_8 和 μ-S 及无菌对照组的 α-S_8 和 μ-S 的拉曼光谱和 XRD 谱图。与 *A. manzaensis* 的作用情况类似，*S. thermosulfidooxidans* 作用后部分 μ-S 都转化为了 α-S_8。

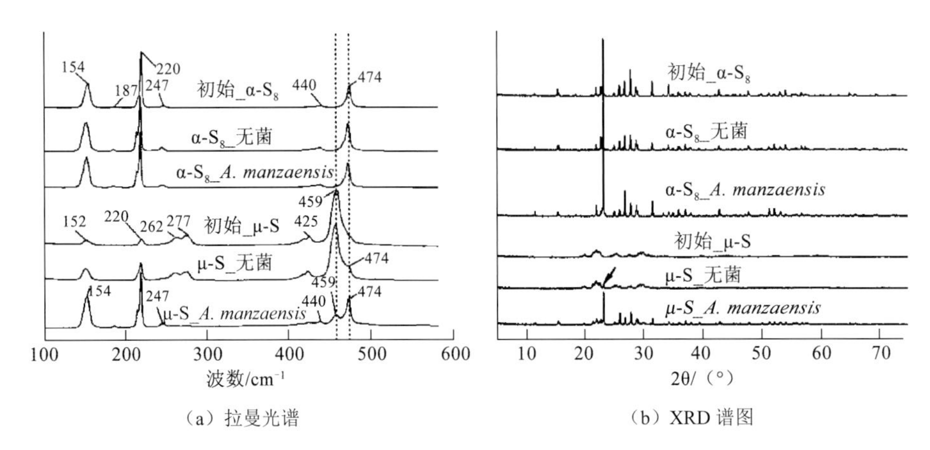

图 7.8　原始的 α-S_8 和 μ-S，无菌对照组 α-S_8 和 μ-S 及 *A. manzaensis* 作用后 α-S_8 和 μ-S 的拉曼光谱和 XRD 谱图

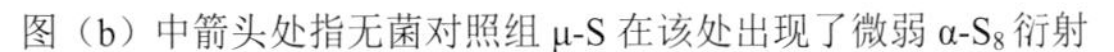

图（b）中箭头处指无菌对照组 μ-S 在该处出现了微弱 α-S_8 衍射

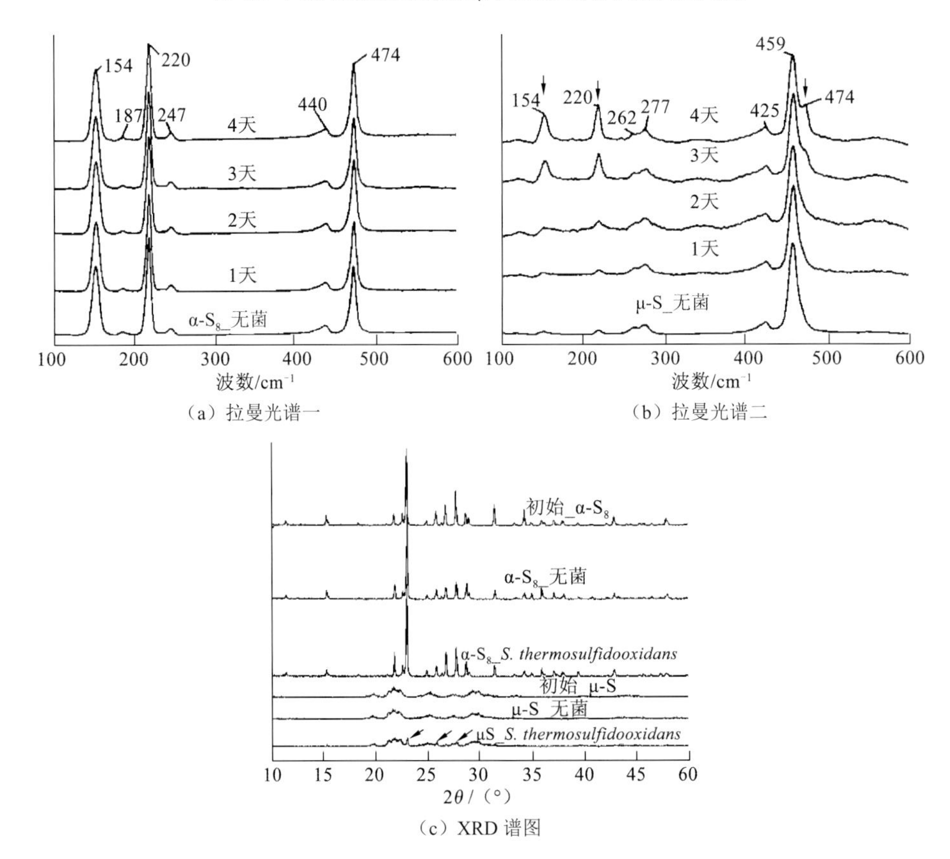

图 7.9　原始的 α-S_8 和 μ-S，无菌对照组 α-S_8 和 μ-S 及 *S. thermosulfidooxidans* 作用后 α-S_8 和 μ-S 的拉曼光谱和 XRD 谱图

箭头处指 *S. thermosulfidooxidans* 作用后 μ-S 在该处出现了微弱 α-S_8 衍射峰

利用硫的 K 边 XANES 光谱进一步表征不同形态 S^0 之间转化的量的关系。图 7.10 给出了 *A. manzaensis*、*S. thermosulfidooxidans* 和 *A. ferrooxidans* 作用前后的 α-S_8 和 μ-S，

以及无菌对照组的 α-S_8 和 μ-S 的硫形态。相应的拟合结果见表 7.1 所示。拟合结果表明，μ-S 经过 *A. manzaensis* 的作用后，其组成变为 92.1%的 α-S_8 和 7.9%的 μ-S；无菌对照组处理的 μ-S 组成变为 8.9%的 α-S_8 和 91.1%的 μ-S；对于经过 *A. manzaensis* 的作用后及无菌对照组的 α-S_8，其组成并无变化。经过 *S. thermosulfidooxidans* 的作用，μ-S 在第 2 天开始逐渐转化为 α-S_8，其中到第 4 天，μ-S 表明由 37.7%的 α-S_8 和 μ-S 的 62.3%的组成。但是 *S. thermosulfidooxidans* 作用过程中，α-S_8 表面未拟合到 μ-S，这与 XRD 和拉曼光谱的结果一致；*S. thermosulfidooxidans* 作用过程中，α-S_8 和 μ-S 的转化显著不同。α-S_8 经过 *A. ferrooxidans* 作用后，表面由 68.3%的 α-S_8 和 31.7%的 μ-S 组成；μ-S 经过 *A. ferrooxidans* 作用后，其表面由 36.9%的 α-S_8 和 63.1%的 μ-S 组成。这些结果表明，经过 *A. ferrooxidans* 作用后，α-S_8 和 μ-S 发生了相互转化。

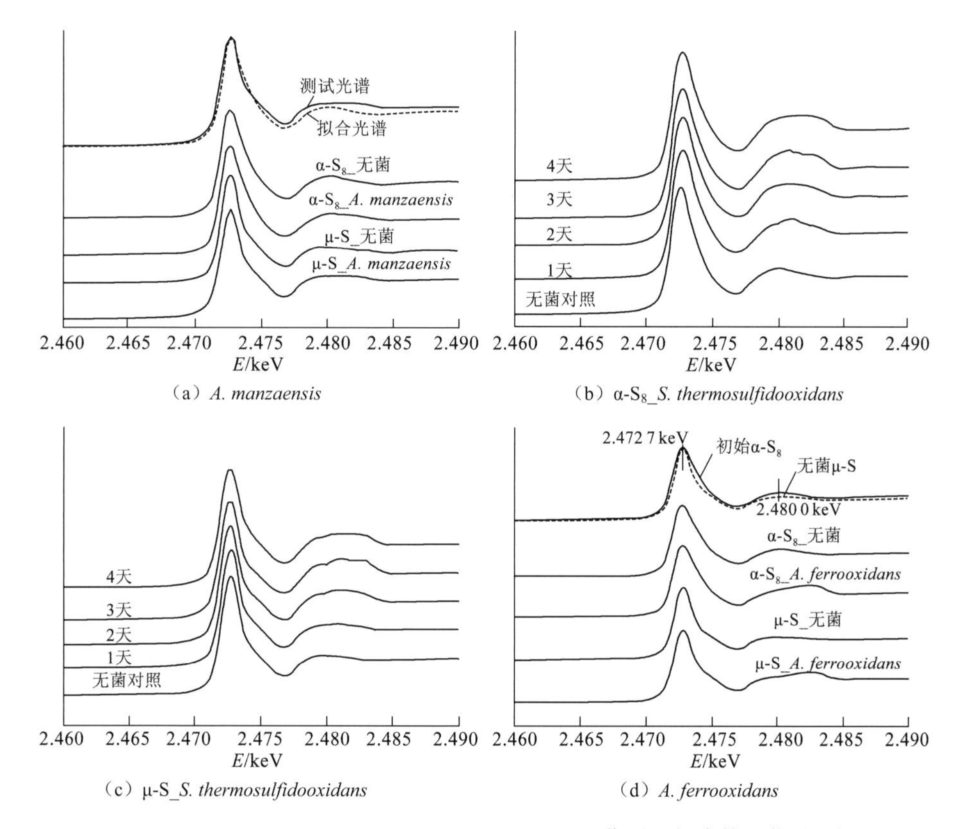

图 7.10　*A. manzaensis*、*S. thermosulfidooxidans*、*A. ferrooxidans* 作用及相应的无菌对照组 α-S_8 和 μ-S 的硫 K 边 XANES 光谱

表 7.1　细菌作用前后 α-S_8 和 μ-S 表面硫的 K 边 XANES 光谱的拟合结果

微生物种类	样品	处理时间	硫形态组成占比/%	
			α-S_8	μ-S
A. manzaensis	α-S_8	无菌对照	100.0	—
		3.5 天	100.0	—

续表

微生物种类	样品	处理时间	硫形态组成占比/%	
			α-S_8	μ-S
A. manzaensis	μ-S	无菌对照	8.9	91.1
		3.5 天	92.1	7.9
S. thermosulfidooxidans	α-S_8	无菌对照	100.0	—
		1 天	100.0	—
		2 天	100.0	—
		3 天	100.0	—
		4 天	100.0	—
	μ-S	无菌对照	—	100.0
		1 天	—	100.0
		2 天	2.8	97.2
		3 天	15.8	84.2
		4 天	37.7	62.3
A. ferrooxidans	α-S_8	无菌对照	100.0	—
		10 天	68.3	31.7
	μ-S	无菌对照	—	100.0
		10 天	36.9	63.1

由此可知，*A. manzaensis*、*S. thermosulfidooxidans* 和 *A. ferrooxidans* 对不同形态 S^0 具有不同的转化关系。而对无菌对照组而言，只在 65℃发现 8.9%的 μ-S 发生了转化，α-S_8 并未发生转化，在 30℃α-S_8 和 μ-S 都没有发生转化；*S. thermosulfidooxidans* 在作用 μ-S 过程中，μ-S 在第 2 天开始逐渐转化为 α-S_8，到第 4 天，37.7%的 μ-S 转化为了 α-S_8；在 48℃无菌对照组的 α-S_8 和 μ-S 都没有发生转化。这表明嗜热硫氧化微生物与嗜中温硫氧化微生物对不同形态 S^0 之间存在显著差异，温度的不同可能是造成这种差异的重要原因之一。

可以推断，硫氧化微生物在利用 μ-S 的过程中，S_n^{2-} 的产生会加速 μ-S 向 α-S_8 的转化[式（7.1）]；同时，随着温度的增加，转化的速率会增加。这可能是嗜热菌能够在 μ-S 中生长较快，并且 *A. manzaensis* 比 *S. thermosulfidooxidans* 能够将更多的 μ-S 转化为 α-S_8 的原因。根据 Rohwerder 等（2003b）的研究，这些 α-S_8 进一步通过式（7.2）被利用。

$$\text{链状}\,\mu\text{-S} \longrightarrow S_n^{2-} \longrightarrow \text{环状}\,\alpha\text{-}S_8 \tag{7.1}$$

$$S_8 + P\text{–}SH \longrightarrow (P\text{–}SS_8H) \longrightarrow P\text{–}SS_nH \quad (\text{P 表示蛋白质，}n \geqslant 1) \tag{7.2}$$

根据式（7.1），链状 μ-S 向着较稳定的 α-S_8 的转化在热力学上比较容易发生，反过来较稳定的 α-S_8 向着链状 μ-S 的转化可能在热力学上是很难发生的。但是，当 S_n^{2-} 通过硫氧化微生物胞外蛋白质巯基键合时，这种热力学上不利的反应可能会变得较易发生[式（7.3）]。*A. ferrooxidans* 以元素硫为能源底物生长时，其胞内外会不断产生和积累硫球，这些硫球通常以两端有有机基团的长链状硫、α-S_8 和多聚硫化物等形式存在（何环等，2008；Kleinjan et al.，2003；Janssen et al.，1999）。据此，可以推断 *A. ferrooxidans* 通过式（7.3）把 α-S_8 转化为 S_n^{2-} 或链状硫，后者再经由式（7.4）被利用。

$$\text{环状 } \alpha\text{-}S_8 \longrightarrow S_n^{2-} \tag{7.3}$$

$$S_n^{2-} + P\text{-}SH \longrightarrow P\text{-}SS_nH \tag{7.4}$$

7.4　典型嗜酸硫氧化菌对不同形态 S^0 转化的分子基础

S^0 的活化被认为是硫氧化的关键步骤（Peng et al.，2012；Zhang et al.，2009）。胞外蛋白质巯基在硫活化中起到重要作用（Liu et al.，2015f；Xia et al.，2013）。根据前文介绍，S^0 具有多种形态，其中环状 α-S_8 和链状 μ-S 在自然状态下能够相对稳定存在（Steudel et al.，2003）。根据硫活化模型（Bonnefoy，2010；Valdés et al.，2008a；Rohwerder et al.，2003b），α-S_8 可能被巯基首先活化成短链状的多聚硫，进而被微生物进一步利用。由于上述三种不同代谢特性的硫氧化微生物对 α-S_8 和 μ-S 具有不同的利用和硫形态转化特征，针对上述三种典型硫氧化微生物对这两种形态 S^0 利用差异开展比较蛋白质组学研究有利于在分子水平揭示硫氧化机理。

7.4.1　胞外硫活化相关蛋白质基因的筛选

1. *A. manzaensis* 胞外硫活化相关蛋白质的 2-DE 差异表达谱

A. manzaensis 分别在 α-S_8、μ-S 和 Fe^{2+} 这三种能源底物中生长时，胞外蛋白质的 2-DE 图谱有显著差异（图 7.11）；但无论是 α-S_8 还是 μ-S，其活化相关蛋白质点都主要分布在碱性段和酸性段。通过对这些硫活化相关蛋白质的序列测定及生物信息学分析，可以获得 *A. manzaensis* 对两种不同形态 S^0 活化机理的相关信息。

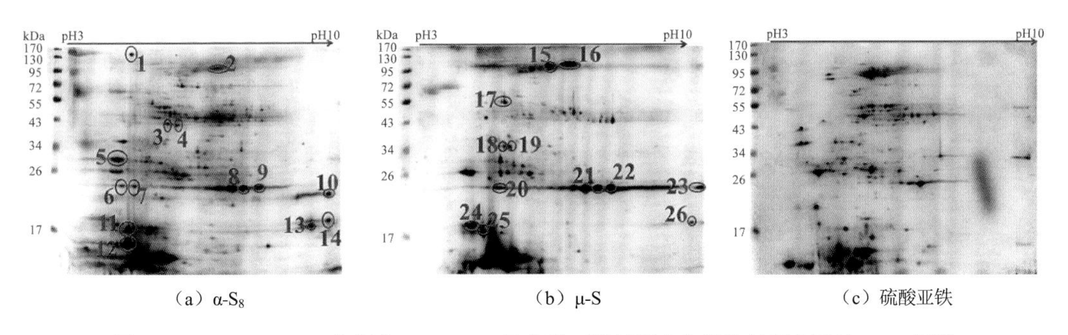

（a）α-S_8　（b）μ-S　（c）硫酸亚铁

图 7.11　*A. manzaensis* 分别在 α-S_8、μ-S 及硫酸亚铁基质中生长胞外蛋白质的 2-DE 图谱

图中数字表示硫活化相关蛋白质斑点，它们分别通过（a）与（c）、（b）与（c）中蛋白质斑点的位置和强度的比较而获得

2. 差异蛋白点的 MALDI-TOF MS/MS 鉴定

针对上述不同形态 S^0 中生长的 *A. manzaensis* 胞外表达明显上调或者特异性表达的蛋白质斑点，通过 MALDI-TOF MS/MS 鉴定和 Mascot 数据数筛选（张成桂，2008），发现 26 个可能与元素硫活化相关的蛋白质（表 7.2）。

表 7.2　基于比较蛋白质组学 *A. manzaensis* 菌表面硫活化相关蛋白质斑点鉴定结果（$p<0.05$）

蛋白点*	NCBI 序列号	鉴定蛋白质功能	菌种	蛋白质分子量/等电点
1	gi|917845999	假定蛋白	*Sulfolobus islandicus*	163129/5.77
2	gi|332694348	保守的假定蛋白	*Acidianus hospitalis*	48665.4/7.03
3	gi|503541050	D-粘酸脱水酶	*Acidianus hospitalis*	42119.9/5.4
4	gi|503541050	D-粘酸脱水酶	*Acidianus hospitalis*	42119.9/5.4
5	gi|612167172	谷氧还蛋白	*Acidianus copahuensis*	25841.9/4.66
	gi|503541338	谷氧还蛋白	*Acidianus hospitalis*	26768.4/4.67
6	gi|332694619	过氧化物歧化酶	*Acidianus hospitalis*	24296.3/6.71
	gi|7110573	Fe-过氧化物歧化酶	*Acidianus ambivalens*	24326.3/6.71
	gi|612170351	过氧化物歧化酶	*Acidianus copahuensis*	24164.1/6.44
7	gi|332694619	过氧化物歧化酶	*Acidianus hospitalis*	24296.3/6.71
	gi|7110573	Fe-过氧化物歧化酶	*Acidianus ambivalens*	24326.3/6.71
	gi|612170351	过氧化物歧化酶	*Acidianus copahuensis*	24164.1/6.44
8	gi|612170351	过氧化物歧化酶	*Acidianus copahuensis*	24164.1/6.44
	gi|332694619	过氧化物歧化酶	*Acidianus hospitalis*	24296.3/6.71
	gi|7110573	Fe-过氧化物歧化酶	*Acidianus ambivalens*	24326.3/6.71
9	gi|332694619	过氧化物歧化酶	*Acidianus hospitalis*	24296.3/6.71
	gi|7110573	Fe-过氧化物歧化酶	*Acidianus ambivalens*	24326.3/6.71
	gi|612170351	过氧化物歧化酶	*Acidianus copahuensis*	24164.1/6.44
10	gi|503541427	ATP 酶	*Acidianus hospitalis*	36612/8.57
11	gi|612170409	硫还原蛋白 DsrE	*Acidianus copahuensis*	15340.4/4.72
	gi|503542415	DsrE 家族蛋白	*Acidianus hospitalis*	14609.1/4.86
12	gi|612170409	硫还原蛋白 DsrE	*Acidianus copahuensis*	15340.4/4.72
	gi|503542415	DsrE 家族蛋白	*Acidianus hospitalis*	14609.1/4.86
13	gi|756978656	ATP 酶	*Desulfurococcus amylolyticus*	68444/8.46
14	gi|332694027	保守的假定蛋白	*Acidianus hospitalis*	65120 /6.97
15	gi|332694619	过氧化物歧化酶	*Acidianus hospitalis*	24296.3/6.71
	gi|7110573	Fe-过氧化物歧化酶	*Acidianus ambivalens*	24326.3/6.71

续表

蛋白点*	NCBI 序列号	鉴定蛋白质功能	菌种	蛋白质分子量/等电点
16	gi|332694619	过氧化物歧化酶	*Acidianus hospitalis*	24296.3/6.71
	gi|7110573	Fe-过氧化物歧化酶	*Acidianus ambivalens*	24326.3/6.71
	gi|612170351	过氧化物歧化酶	*Acidianus copahuensis*	24164.1/6.44
17	gi|503542667	FAD 氧化酶	*Acidianus hospitalis*	48846.7/5.52
18	gi|503541057	葡萄糖内酯酶	*Acidianus hospitalis*	32360.6/5.87
19	gi|503541057	葡萄糖内酯酶	*Acidianus hospitalis*	32360.6/5.87
20	gi|332694619	过氧化物歧化酶	*Acidianus hospitalis*	24296.3/6.71
	gi|7110573	Fe-过氧化物歧化酶	*Acidianus ambivalens*	24326.3/6.71
21	gi|332694619	过氧化物歧化酶	*Acidianus hospitalis*	24296.3/6.71
	gi|7110573	Fe-过氧化物歧化酶	*Acidianus ambivalens*	24326.3/6.71
22	gi|332694619	过氧化物歧化酶	*Acidianus hospitalis*	24296.3/6.71
	gi|7110573	Fe-过氧化物歧化酶	*Acidianus ambivalens*	24326.3/6.71
23	gi|332694619	过氧化物歧化酶	*Acidianus hospitalis*	24296.3/6.71
	gi|7110573	Fe-过氧化物歧化酶	*Acidianus ambivalens*	24326.3/6.71
24	gi|503542415	DsrE 家族蛋白	*Acidianus hospitalis*	14609.1/4.86
	gi|612170409	硫还原蛋白 DsrE	*Acidianus copahuensis*	15340.4/4.72
25	gi|503542415	DsrE 家族蛋白	*Acidianus hospitalis*	14609.1/4.86
	gi|612170409	硫还原蛋白 DsrE	*Acidianus copahuensis*	15340.4/4.72
26	gi|503542351	ATP 酶	*Acidianus hospitalis*	44018/8.50

*所列序号与图 7.11 一致

需要特别指出：①中间有一部分蛋白点的鉴定结果对应同一个（类）蛋白质，表明该蛋白质很可能存在不同的异构体（彭安安，2012；Chi et al.，2007）；②在 *A. manzaensis* 基因组未知的情况下，需要参考同属的具有蛋白测序信息的其他菌种，甚至不同属的菌种，导致部分蛋白点的检索结果不止对应一条信息。

生物信息学分析进一步表明，在 α-S_8 培养下共有 1 个假定蛋白点、2 个保守的假定蛋白点、2 个 D-粘酸脱水酶（D-galactarate dehydratase）蛋白点、1 个谷氧还蛋白（glutaredoxin）点、4 个超氧化物歧化酶（superoxide dismutase）蛋白点、2 个 ATP 酶（ATPase）蛋白点和 2 个硫还原蛋白（sulfur reduction protein DsrE）点；在 μ-S 培养下共有 6 个超氧化物歧化酶（superoxide dismutase）蛋白点、1 个 ATP 酶（ATPase）蛋白点、2 个硫还原蛋白（sulfur reduction protein DsrE）点、1 个 FAD 氧化酶（FAD-linked oxidase）斑点和 2 个葡萄糖内酯酶（gluconolaconase）蛋白点（表 7.3）。其中不止一个超氧化物歧化酶和硫还原蛋白点在两种不同形态硫中都检测到，表明这两种蛋白很可能与元素硫的活化氧化密切相关。

表 7.3 按 *A. manzaensis* 培养条件及蛋白质斑点的鉴定结果进行归类

鉴定蛋白质功能	蛋白质斑点	
	α-S_8 中生长的 *A. manzaensis*（以 Fe^{2+}生长菌为对照）	μ-S 中生长的 *A. manzaensis*（以 Fe^{2+}生长菌为对照）
假定蛋白	1	
保守的假定蛋白	2，14	
D-粘酸脱水酶	3，4	
谷氧还蛋白	5	
超氧化物歧化酶	6，7，8，9	15，16，20，21，22，23
ATP 酶	10，13	26
硫还原蛋白 DsrE	11，12	24，25
FAD 氧化酶		17
葡萄糖内酯酶		18，19

在这几种酶或者蛋白质中，粘酸脱水酶是催化产生环烃类碳水化合物的重要酶类，可能在 *A. manzaensis* 适应和活化单质硫中起到重要作用。通过提取分离 *A. manzaensis* 胞外物质，发现了大量的粘酸和环烃类的碳水化合物，而这类物质在嗜中温菌中含量极少且不易检测到。谷氧还蛋白是巯基–二硫键氧化还原酶家族的重要组分，在调节氧化还原反应中起到重要作用；硫氧化蛋白在许多还原反应中作为氢供体，是一类广泛存在的热稳定的作为氢载体的蛋白质(彭安安，2012；Quatrini et al.，2009；张成桂，2008； Valdés et al.，2008a，2008b；Friedrich et al.，2005；Müller et al.，2004；Rohwerder et al.，2003b)。需要特别指出的是，通过生物信息学分析表 7.3 中的蛋白质序列，发现约一半的蛋白质具有较多的半胱氨酸（Cys）及 CXXC、CXXXXC 结构域。Cys 残基上的巯基在生化反应中具有特殊性质，使得 Cys 存在的结构域往往能够为生物体的一系列生理生化反应提供氧化还原对，成为功能蛋白质的氧化还原活性中心（Kaakoush et al.，2007；Leichert et al.，2006；Rohwerder et al.，2003b；Raina et al.，1997）。

3. 元素硫活化相关蛋白质编码基因的筛选、验证及引物设计

与硫活化相关的蛋白质编码基因的筛选分为两步：①根据表 7.2 中用 MALDI-TOF MS/MS 鉴定的蛋白质斑点查找对应的基因，设计引物，以 *A. manzaensis* 基因组 DNA 为模板进行 PCR，对 PCR 产物采用琼脂糖凝胶电泳进行切胶回收并测序；②对测定的序列重新设计引物并进行后续的 RT-qPCR 验证。

首先，针对 MALDI-TOF MS/MS 鉴定和 Mascot 数据筛选的蛋白质编码基因，根据已测序同属不同种或亲缘关系比较近的菌的蛋白质基因序列设计引物，在 *A. manzaensis* 基因组 DNA 中用普通 PCR 对未测序基因进行扩增。实验初期针对每个基因设计多对引物，通过 PCR 和琼脂糖凝胶电泳分析，挑选能扩增的蛋白质编码基因和引物序列（即 PCR 产物的凝胶电泳条带清晰）（表 7.4）。

表 7.4　基于 MALDI-TOF MS/MS 鉴定和 Mascot 数据筛选的蛋白基因的引物序列信息

蛋白质斑点	引物序列（5′→3′）	退火温度/℃	扩增长度/bp
1	F: GAGTGGGTTGACGCGTATTT R: GAGCCTCGAGGTGATGAAAG	47	210
3	F: GGTGGAGAGTATCGGTGCAT R: GAGGACGTGTGGGATTGACT	50	181
5	F: CCTTCCTGCCCTTACTGTCC R: CGTTGGCACTGACATTACTTGA	52	156
6	F: TCCAGCAGGTAAAGGTGGAG R: TGCTCGAACTCGTCCAAGAT	52	246
10	F: TCCTGCAACATTTGATGACG R: TTCTGCAGCAGCTTTCCAGT	52	409
11	F: TCAAAAGCTTGGCAGGAAGA R: TTCTATCCGCATCCATCGTT	48	208
17	F: GTTGGAGGAGCGATTTCTGA R: CGCTACCCACAAACAAGTGA	48	842
18	F: CTGGGCAGGGACTATGAACA R: CTACGGTCATTCCGTCAGGA	48	269
26	F: ACTTGGGGAAGGAATTTGGA R: TCACCATAATCAGGCGGTTT	48	486
16S 参考基因	F: TAGGGCTAAGCCATGGGAGT R: CCTTTAAGTTTCGCCCTTGC	55	840

利用这些引物，以 *A. manzaensis* 基因组 DNA 为模板，进一步在最佳退火温度下进行 PCR。PCR 产物的琼脂糖凝胶电泳结果（图 7.12）表明，这几个蛋白质基因的 PCR 产物的电泳图谱都有清晰的条带。其中，第 5、6、10、11、18 号蛋白基因的条带只有一个，结果较好；但第 1、3、26 号蛋白基因有大小两个条带，第 17 号蛋白因有三个条带，造成多条带的原因主要是引物的非特异性扩增，其原因是引物是根据同属不同种或亲缘关系比较近的菌的基因组设计的。需要特别注意的是 16S 参考基因的条带是单一条带，而且与表 7.4 中该基因目的产物长度（840 bp）一致。

将扩增产物的琼脂糖凝胶电泳条带进行切胶纯化并测序（对于有非特异性扩增的条带，选择最亮的条带进行分析），获得目标蛋白质斑点所对应基因的序列，同时通过生物信息学分析验证目标菌株 16S 基因（表 7.5）。这里需要特别指出的是，图 7.12 中部分基因的 PCR 产物虽然有不同的条带，但是测序后比对的结果表明，这些条带都属于同一基因上面的片段。通过 *A. manzaensis* 基因组中扩增测序所得的 DNA 序列（表 7.5）与原始序列（表 7.2）比对，发现两者具有较高的相似性，表明 *A. manzaensis* 中可能存在与其他硫氧化古菌类似的硫氧化系统。

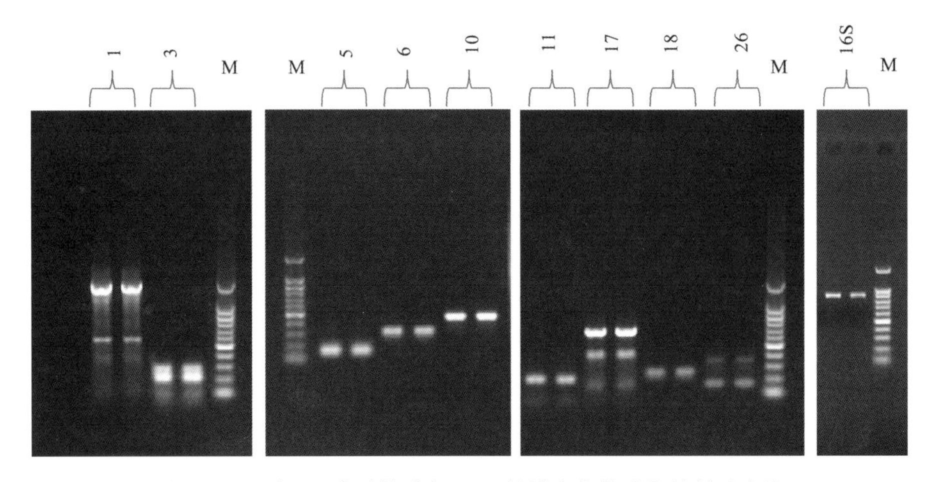

图 7.12　以表 7.4 中引物进行 PCR 扩增产物的琼脂糖凝胶电泳

图上面数字 1、3、5、6、10、11、17、18、26 对应表 7.5 中的蛋白质斑点序号，M 表示 DNA marker（从上到下大小分别是 1 500 bp、1 000 bp、900 bp、800 bp、700 bp、600 bp、500 bp、400 bp、300 bp、200 bp、100 bp）

表 7.5　对图 7.12 中基因扩增条带切胶纯化测序后部分片段

蛋白质斑点	基因序列（部分）
1	CAGCTCCTATCTTCCAGTTAAATTTTATTATCCTCCTTTCAGCAGGGAAAAATTGATATCCACTTGA ATTCCTCTTGAATAAAATATCCATATACCATTTTATTTCTCCTAAATAATTCTCTAATGACTCTGG ATTTTCGTTAAGTGTAGAAAAGATAAAACCAGCATAGTTCTCAGTCTTTAGTTCTAATAAACCAT ATCTTTCTTTGTCTAGTTCTCCATATGCTAAGGCCTCTAATGAAACTCCTATAAGTTTGCCGTTAG AATTAAATGTCCATCCATGATATGGACAAGTTATAAATTTGGAATTTCCTTTTTCTGCTTTAACT ATTTGAAGTCCTCTATGAGGGCATATATTGAGAAAGACTCTAATTCTATTATCTTGTCCTCTG
3	GAAGCTCGAAAGGTCGGAATGGTGAAGAACTCGCGCAGGTCGGATTTTAACATTTTTTTACTTCAA ATTTTGAAAAAATATCTTTTACTCTCCATTTCATTGCTTCACTTACTTCTAATGCAACTGCTCCTG CATTTGGCTGGCCATAAACAACTACATCTCCTTCTTTACCATATATAACAACTGGTATTACAAGT AAATCTTCCTCTCCATTTACCATGACAAAAGTAGTACC
5	TTTGGTAGCCTATGAAGCGTGTAAAGCTAATAAGTGTGATATAATATCTGAGGTTGTAGAAGCATA TGAGAATCAAGATATAGCAGAGAAGTATCAAGTAATAGCCAGTGCC
6	TTTTTGCAGCAGTTGGTGTGGTAAAAAAAGATAAAATAGTACCAAGCATTGTTAAAAAAGCCGGA TTAAAATTAGTTCTAGCTGGATTAACTGGAATAGACGGACTAGGAGGAGCTTCTTTTGCTTCCAG AAAACTGAGTGGAGAAGACGAAATTGGTGC
10	GCTGAAGGATTTAGGAAAGTAACTGCAGAGTATGTTAAAGAGTTCGCTAGAAGAAAAGATACTGA ATTAGATCCTTTTGAAACTGTAAGAAATGTATTTTGGGCAAAATACGTTTGGCAAGCAAAGAAT GCCGTGACTAGCTCACAAGTAGATTATGAATTACTTATGAGATGGTTCTCAGAAAATATTCCTAT ACAATACGATAATTTTGAAGATGTATACAGAGCATATGATGCACTATCAAGAGCATCTTTATTTT TAAGCAGAGCAAAAACAGTTAGTTGGGACTTCTTAAGCTATACTTTTGACTTAATGGGTCCAGG AGTAGCAATGGCAGAGAAAGAAAAACAGAGCACTAACTGG

续表

蛋白质斑点	基因序列（部分）
11	GTGTTTGTGGCACATATCCTTTAGGCTTTGTACGCAGACGTACATTTTTACTCCATTATCCTTAGCC ATGTCGAAGAAGTGTATAAATGGATTTCCGCCTTTCTTTCTCTCATCTTCTTGCCATTTCTTTGAT AATAATAGAGGTCCTTTTATCATGAAGAATACTGAAGTTTCGTATTCCATTGAAGCCGATATTGA AGCC
17	AACCTTGAGGTTCTGCTAAGTATTGTCCAGTAATTAGCTCGTACATTTGTGGAATTGAATTAACAGTT AATAAAACTTCATGATGTTGAATAGCAAAATTTTGAGCCATTTGATAATTATTACCTTCTGCTAAA GCCATCATTTGAGGTACTACTAGATAGTATACTCCTCCTTGATACAATTGAACTATCCTTTGATATA CTACTCCAGTAGAATACATATACCCCTCTAATCCTACATCGCCTAAGAAATACATCGATTTATTTA AGCTAGATTGCTGGCCTGTCATAGATGATAAGAACATAACAGTAGCAGAATCAGTCTTTACAGCT CCTCCAACGTTTATTGGCGAAGGAGCAGTTATATAGAGATAATAATCGTAAGAAGTTAAAGGCTG ATAAGCTAACATTGAAGATATTACTGCAGCTCCTTTAGCTCCCGATAAATACCCATTTCCAGAGCT ATATAGTCCACCTATAAATACTCTACCATTTCCATACGTTACATATGCATATTGGCTAGCTATAGTA TGTGCAGGGAATACAGGATTAATTAAATAATCTTGTGAATTTCCTAAACTAGCTGGAGGATCG
18	TAGAAAAAAATGCTGAGTCAATTGACAGTTTCTAATGGTTTAGGATGGAATCCTGAGAATAATATTA TGTATTTGATAGATAGTCCGATAAGAAAAGTATATTCTTTTGATTACGATCTAAATAAGGGAGA GATTTTTAATAGAAAAGTATTAATAGATTTCAAAGATGAAGTAGGTAATCCTGACGGAATGACC GTAGAAGAA
26	TATGATTGAGACTAGAAAAGAGCATCTTACTAATCCTACTCAAGGTAGAGGGGTTAAATCTAAAG TTAAACTTTACGCTAAAAACGATGGAAGAGTAGAAGGAGAAGTTTATAATGATTTAGGAGCTTA CGCTTATACAATAAATACAAATACTCCTGCATTTATTGCTAGCTCAAAATA
16S	GGAACGATTCTTTGTCGAAAGGCCCTTAGGCTGTATCCCGTCTAAGGGTGCCCGAGGATAGGGCTG CGGCCCATCAGGCTGTTGGCGAGGTAACGGCTCGCCAAACCGATAACGGGTAGGGGCCGTGAG AGCGGGAGCCCCCAGTTGGGCACTGAGACAAGGGCCCAGGTCCTACGGGGCGCACCAGGCGCG AAACGTCTCCAATGCGGGAAACCGTGAGAGCGCTACCCCCAGTGCCCTCGAAAGAGGGCTTTTC CCTACTGCAGACAGGTAGGGGAATAAGCGGGGGGCAAGGCTGGTGTCAGCCGCCGCGGTAATA CCAGCCCCGCGAGTAGTCGGGACGCTTACTGGGCTTAAAGCGCCCGTAGCCGGCCCTAAAAGTC ACTGCTTAAAGCCCCGGGCTCAACCCGGGAAAGGGCAGTGATACTATAGGGCTAGGGGGCGGG AGAGGCCGGAGGTACTCCCAGAGTAGGGGCGAAATCCACAGATCCTGGGAGGACCACCAGTGG CGAAAGCGTCCGGCCAGAAC

根据测序结果（表 7.5）重新设计引物，如表 7.6 所示，进一步以 *A. manzaensis* 基因组 DNA 作为模板进行 PCR 扩增。经琼脂糖凝胶电泳分析，发现扩增产物的条带单一，说明引物特异性好（图 7.13）。对扩增产物进一步测序后的 DNA 序列与表 7.5 中的序列比对，结果发现两者 100%重合，这表明表 7.6 中所提供的引物序列能特异性扩增表 7.5 中的核酸序列，可用于后续的 RT-qPCR 实验。

表 7.6　根据表 7.5 中测序后序列重新设计的用于 RT-qPCR 的引物序列信息

蛋白质斑点	引物序列（5′→3′）	退火温度/℃	扩增长度/bp
1	F: CTCCTTTCAGCAGGGAAAAA R: AGAGGCCTTAGCATATGGAGAA	52	204
3	F: GAAGCTCGAAAGGTCGGAAT R: TGCAGGAGCAGTTGCATTAG	52	134
5	F: TTGGTAGCCTATGAAGCGTGT R: GGCACTGGCTATTACTTGATACTT	52	111
6	F: GCAGCAGTTGGTGTGGTAAA R: GCACCAATTTCGTCTTCTCC	52	155
10	F: AAGCAAAGAATGCCGTGACT R: TTGCTACTCCTGGACCCATT	52	213
11	F: TGTGGCACATATCCTTTAGGC R: GGCTTCAATATCGGCTTCAA	52	197
17	F: AGCTAGATTGCTGGCCTGTC R: ATCGGGAGCTAAAGGAGCTG	52	176
18	F: CAGTTTCTAATGGTTTAGGATGGAA R: CGGTCATTCCGTCAGGATTA	52	171
26	F: AGATTGAGACTAGAAAAGAGCATC R: TGAGCTAGCAATAAATGCAGGA	52	173
16S 参考基因	F: AGAGGGCTTTTCCCTACTGC R: GCCCCTACTCTGGGAGTACC	52	232

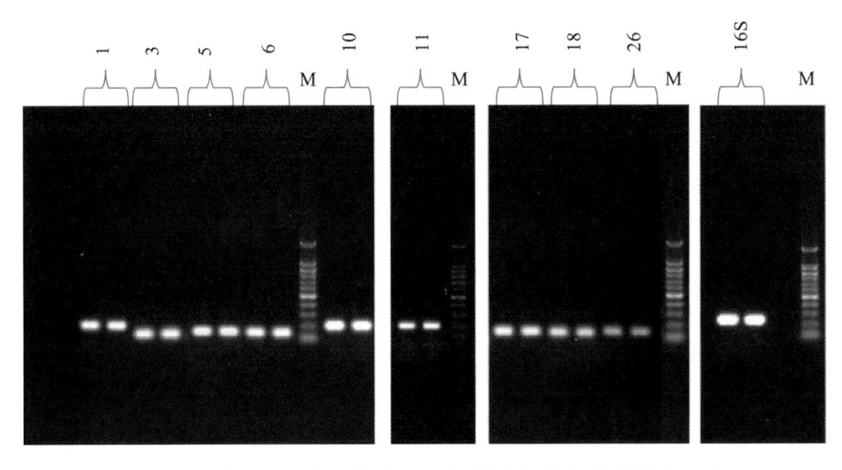

图 7.13　以表 7.6 引物进行 PCR 扩增产物的琼脂糖凝胶电泳

数字 1、3、5、6、10、11、17、18、26 对应表 7.6 中的蛋白质斑点序号，M 表示 DNA marker（从上到下大小分别是 1 500 bp、1 000 bp、900 bp、800 bp、700 bp、600 bp、500 bp、400 bp、300 bp、200 bp、100 bp）

4. *S. thermosulfidooxidans* 和 *A. ferrooxidans* 胞外硫活化蛋白质基因的筛选

类似地，分别筛选得到了 *S. thermosulfidooxidans* 和 *A. ferrooxidans* 胞外硫活化蛋白质基因（表 7.7）。

表 7.7　*S. thermosulfidooxidans* 和 *A. ferrooxidans* 胞外硫活化相关蛋白质基因

菌种	硫活化相关基因 NCBI 登录号	参考基因
S. thermosulfidooxidans	*gi|521043193*、*gi|521043153*、*gi|928935447*、*gi|655864177*	*DQ650351*
A. ferrooxidans	*Afe_0168*、*Afe_0258*、*Afe_0416*、*Afe_0500*、*Afe_1306*、*Afe_2051*、*Afe_2854*、*Afe_2239*、*Afe_2903*	*Afe_2854*

由于 *S. thermosulfidooxidans* 和 *A. ferrooxidans* 这两种菌的基因组已知，分别提取其基因组后，以总 DNA 为模板，直接对设计的引物进行 PCR 和琼脂糖凝胶电泳验证，对单一条带切胶回收测序验证，对最终确定的引物进行 RT-qPCR 验证。

表 7.8 和图 7.14 分别给出了 *S. thermosulfidooxidans* 胞外硫活化相关蛋白质基因及 PCR 扩增后的产物进行琼脂糖凝胶电泳。由图 7.14 可知，扩增产物条带的长度大小与表 7.8 中所选基因的目的产物长度一致。对图 7.14 中电泳条带测序后与原始基因序列一致，因此可用于后续的 RT-qPCR 实验。

表 7.8　*S. thermosulfidooxidans* 胞外硫活化相关蛋白质基因及引物序列信息

基因序号	登录号	基因功能	引物序列（5′ →3′ ）	退火温度/℃	扩增长度/bp
1	*gi|521043193*	假定蛋白	F: ATTACCAGCGTTTGGTGGAG R: AAGCATTTCCCACAGTCCAG	52	215
2	*gi|521043153*	假定蛋白	F: AGACGGCATTGCTATGGTTC R: ATCCGTTGTTCAACGACCTC	52	180
3	*gi|928935447*	假定蛋白	F: GTGGAAGGCGCTGTAGAAAG R: CCGGTAACCTGCACCTAAAA	52	192
4	*gi|655864177*	假定蛋白	F: AGGCCTTCTAACTCGGCTTC R: CAAGCGCTGCAAATAAAACA	52	155
16S	*DQ650351*	16S rRNA	F: GCGGTGAAATGCGTAGAGAT R: GCGGGGTACTTAGTGCGTTA	52	195

表 7.9 和图 7.15 分别给出了 *A. ferrooxidans* 胞外硫活化相关蛋白质基因及 PCR 扩增后的产物进行琼脂糖凝胶电泳。由图 7.15 可知，扩增产物条带的长度大小与表 7.9 中所选基因的目的产物长度一致。对图 7.15 中电泳条带测序后发现与原始基因序列一致，因此可用于后续的 RT-qPCR 实验。

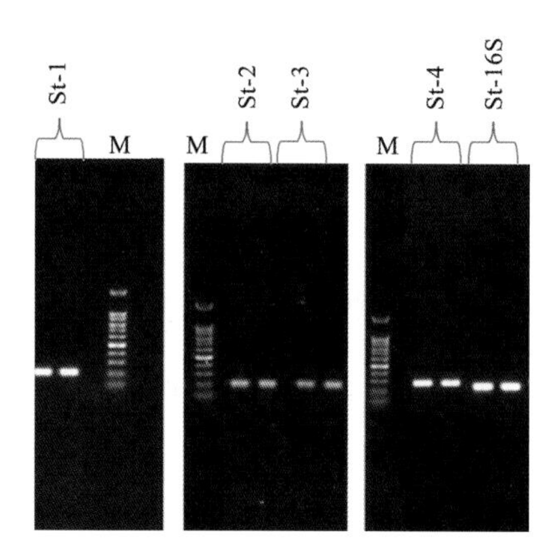

图 7.14 以表 7.8 中引物进行 PCR 扩增产物的琼脂糖凝胶电泳

St-1、St-2、St-3、St-4、St-16S 分别对应表 7.8 中的基因序号 1、2、3、4、16S，M 表示 DNA marker（从上到下大小分别是 1 500 bp、1 000 bp、900 bp、800 bp、700 bp、600 bp、500 bp、400 bp、300 bp、200 bp、100 bp）

表 7.9 *A. ferrooxidans* 胞外硫活化相关蛋白质基因及引物序列信息

基因序号	登录号	基因功能	引物序列（5’→3’）	退火温度/℃	扩增长度/bp
1	*Afe_0168*	假定蛋白	F: GATCACCAGAAGCAGCAACA R: AATGGGTTACGACTGCTTGG	52	208
2	*Afe_0258*	假定蛋白	F: CACCGGCTTTTACTCGGATA R: AGGCCAGACTCAACTCCAGA	52	134
3	*Afe_0416*	菌毛蛋白，假定的	F: GGGTAATCCTGCCTACACGA R: TATCCGGTCGTGGTTAAAGC	52	207
4	*Afe_0500*	保守的假定蛋白	F: AAAGAGGTTTCTGCCCGAAT R: GCTTTGTGCTGACCCTTTCT	52	197
5	*Afe_1306*	假定蛋白	F: TCTGAATGACATCCCCATGA R: ATCATTTCCGGTTGTGGGTA	52	219
6	*Afe_2051*	假定蛋白	F: GTCCTGGTACCGGAATGATG R: CCCGGGACTTGACTTTTTC	52	103
7	*Afe_2239*	假定蛋白	F: CACCTTCACCCAGAACACCT R: GAAGCCGTCATTCCAGGATA	52	247
8	*AFE_2903*	保守的假定蛋白	F:TTCGAGGCGACCTTCATACT R:GGACCTACGGTGACATTGCT	52	245
16S	*Afe_2854*	16S rRNA	F: GTCTCCAGAAAAGCGGACAC R: TGGAAGATGGACGTATGCAG	52	220

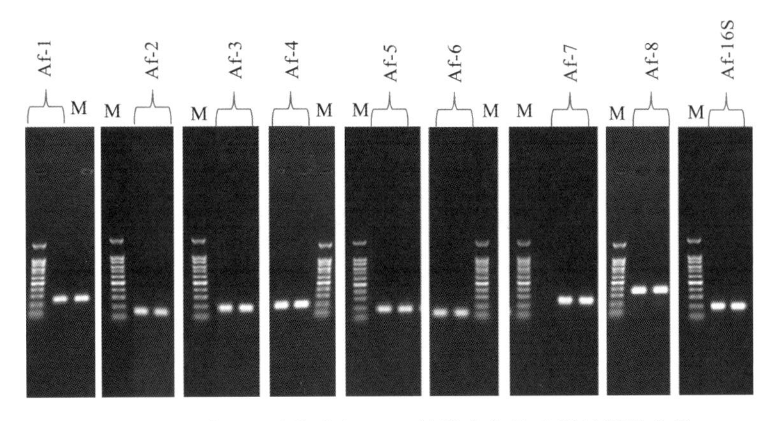

图 7.15　以表 7.9 引物进行 PCR 扩增产物的琼脂糖凝胶电泳

Af-1、Af-2、Af-3、Af-4、Af-5、Af-6、Af-7、Af-8、Af-16S 分别对应表 7.9 中的基因序号 1、2、3、4、5、6、7、8、16S，M 表示 DNA marker（从上到下大小分别是 1 500 bp、1 000 bp、900 bp、800 bp、700 bp、600 bp、500 bp、400 bp、300 bp、200 bp、100 bp）

7.4.2　胞外硫活化相关蛋白质编码基因的功能验证

A. manzaensis、*S. thermosulfidooxidans*、*A. ferrooxidans* 分别在不同形态单质硫和亚铁中生长至对数中后期时，提取 RNA 进行反转录及 cDNA 第二链的合成后，以 cDNA 为模板，对表 7.6 中的引物序列进行 RT-qPCR。结果（表 7.10）发现，对于 *A. manzaensis* 而言，第 1、3、5、6、11、17、18 号蛋白质基因在两种不同形态 S^0 中与在 Fe^{2+}基质中相比明显表达上调；而第 10 号蛋白质基因在 α-S_8 基质中与在 Fe^{2+}基质中相比并无显著差异，在 μ-S 基质中与在 Fe^{2+}基质中相比明显表达下调；第 26 号蛋白质基因在两种不同形态 S^0 中都明显表达下调。以上结果表明第 1、3、5、6、11、17、18 号蛋白质基因与这两种不同形态 S^0 的活化都密切相关；而第 10、26 号蛋白质基因可能与铁氧化相关。

表 7.10　不同典型浸矿菌所选基因 RT-qPCR 表达结果

菌种	蛋白质斑点或登录号	$lb[n(α\text{-}S_8)/n(Fe)]±SD$	$lb[n(μ\text{-}S)/n(Fe)]±SD$
A. manzaensis	1	5.52±0.61	1.21±0.70
	3	9.26±0.51	10.36±1.10
	5	12.07±1.17	11.82±1.02
	6	9.31±0.82	12.54±0.78
	10	−0.14±0.46	−2.13±0.92
	11	9.81±1.21	10.19±1.18
	17	5.76±0.69	6.25±0.81
	18	2.75±0.37	5.04±0.44
	26	−6.11±0.98	−3.98±0.65
	16S	0.00±0.08	0.00±0.12
S. thermosulfidooxidans	*gi|521043193*	4.74±0.63	6.73±0.67
	gi|521043153	3.21±1.24	6.29±1.44

续表

菌种	蛋白质斑点或登录号	$lb[n(\alpha\text{-}S_8)/n(Fe)]\pm SD$	$lb[n(\mu\text{-}S)/n(Fe)]\pm SD$
S. thermosulfidooxidans	*gi|928935447*	5.49±0.63	3.08±0.93
	gi|655864177	3.05±1.19	7.04±1.13
	DQ650351 (16S)	0.00±0.57	0.00±0.59
A. ferrooxidans	*Afe_0168*	8.41±0.92	5.70±0.72
	Afe_0258	2.03±1.34	1.07±1.30
	Afe_0416	8.82±0.88	6.39±0.86
	Afe_0500	5.74±1.06	2.80±0.34
	Afe_1306	5.01±1.34	3.08±0.84
	Afe_2051	5.25±0.47	5.77±0.44
	Afe_2239	8.48±1.47	4.29±0.95
	Afe_2903	8.07±1.16	4.91±0.76
	Afe_2854 (16S)	0.00±0.33	0.00±0.42

注：在计算 S^0（$\alpha\text{-}S_8$ 或 $\mu\text{-}S$）与亚铁基质中 SOMs 相关基因的表达差异时，各自用 16S rDNA 基因作内参校正 RT-qPCR 操作中的随机误差和系统误差；表达差异的结果分别用 $lb[n(\alpha\text{-}S_8)/n(Fe)]\pm SD$ 和 $lb[n(\mu\text{-}S)/n(Fe)]\pm SD$ 表示。根据生物信息学和统计学分析，当某个基因的 $lb[n(\alpha\text{-}S_8)/n(Fe)]\pm SD$（或 $lb[n(\mu\text{-}S)/n(Fe)]\pm SD$）的绝对值大于 1 时，表明该基因在两种能源底物的表达量有显著差异

对于 *S. thermosulfidooxidans* 和 *A. ferrooxidans* 而言（表 7.10），所选的与硫活化相关的蛋白质编码基因在两种不同形态 S^0 中与在 Fe^{2+}基质中相比明显表达上调，表明所选基因与不同形态 S^0 的利用密切相关。

综合考虑表 7.10 中三种不同温度特性的典型硫氧化微生物的胞外硫活化蛋白质基因在不同形态 S^0 中和在 Fe^{2+}中的表达结果，不难发现，这三种菌与硫活化相关的蛋白质基因在不同形态 S^0 中的表达都是上调的，这表明这三种硫氧化微生物在元素硫的活化上具有相关性，或者说可能具有相同的元素硫活化机理。进一步分析这三种菌分别在这两种不同形态 S^0 和 Fe^{2+}基质中生长时胞外巯基的表达差异，发现 *A. manzaensis* 在 $\alpha\text{-}S_8$、$\mu\text{-}S$ 能源底物中培养胞外巯基表达量分别是 Fe^{2+}能源底物生长时的 2.00 倍、2.03 倍；*S. thermosulfidooxidans* 在 $\alpha\text{-}S_8$、$\mu\text{-}S$ 能源底物中培养胞外巯基表达量分别是 Fe^{2+}能源底物生长时的 2.32 倍、2.25 倍；*A. ferrooxidans* 在 $\alpha\text{-}S_8$、$\mu\text{-}S$ 能源底物中培养胞外巯基表达量分别是 Fe^{2+}能源底物生长时的 3.14 倍、2.57 倍，这些结果进一步表明了巯基在元素硫（无论何种形态的 S^0）利用中发挥重要作用。据此可以推测这些胞外蛋白质巯基在硫活化中的重要作用，以及这几种硫氧化菌对不同形态 S^0 的活化机制，如式（7.5）、式（7.6）所示。

$$\alpha\text{-}S_8 + P\text{-}SH \longrightarrow (P\text{-}SS_8H) \longrightarrow P\text{-}SS_nH \quad (n \geqslant 1) \tag{7.5}$$

$$\mu\text{-}S + P\text{-}SH \longrightarrow P\text{-}SS_nH \tag{7.6}$$

需要特别指出，虽然这三种硫氧化微生物对不同形态单质硫具有相同的活化机理，但是它们对不同形态单质硫的利用和硫形态转化却不尽相同（Liu et al.，2015c；Nie et al.，

2014; Liu et al., 2013)，造成这些差异的原因有可能是：①α-S_8 和 μ-S 的结构不同，造成了硫氧化微生物对其利用和形态转化的差异；②这三种菌的培养温度不同，不同温度条件下，也会造成硫形态的差异，而微生物的存在放大了这种差异；③除活化作用之外，元素硫被活化后，不同硫氧化微生物的氧化过程不同。其中第①、②点原因的可能性较大。对于第③点原因来说，虽然上述三种硫氧化微生物在元素硫的活化上具有相关性，但是由于硫的氧化过程包括微生物对元素硫的活化、跨膜转运、胞内或者周质空间进一步氧化利用三个主要过程，对于活化过程的解析还不足以反映后续的跨膜转运和进一步氧化过程。

第 8 章　嗜酸铁/硫氧化微生物生物膜

8.1　生物膜的形成过程

8.1.1　自然界中的生物膜

自然界中，以细菌、微藻及古菌为主的微生物在面对极端生存环境（高温、极寒、高压和高盐等）时，其本身基于自我保护、营养吸收和固定、增强细胞通信等需要产生胞外多聚物（EPS），以改变和/或适应周围环境。一般地，EPS 介于固体底物表面与细胞之间，并在微生物与底物吸附方面起着桥联的关键作用。含 EPS 的微生物通常不是孤立存在的，而是彼此之间发生联合形成菌落从而增强其在基质表面的吸附行为，并逐渐形成数目较多的微菌落和成片生物膜（biofilm）（图 8.1）。

（a）岳麓山脚下的湖面被绿藻生物膜覆盖

（b）湘江江面出现的成片蓝藻

图 8.1　自然界中的生物膜

生物膜可以看作在基质表面的一层“垫子”，它一般在两相界面（固-液、固-气或液-气）中出现，且常见于固体底物表面和液-气界面。生物膜的主要功能是保护细胞群体免受环境中的不良影响，如缺水、缺乏营养、辐射、氧化及渗透压力等。同时，生物膜结构受到许多因素的影响，包括底物浓度、细胞运动行为和细胞通信，以及胞外多糖、蛋白质或脂质结构变化等（Flemming et al.，2010）。本节以最常见的固体表面生物膜形成为例，来探讨生物膜形成过程。

8.1.2　生物膜在固体表面的形成过程

一般地，固体表面生物膜的形成是一系列连续过程：①浮游微生物接触并附着在固体介质表面；②附着微生物定殖并形成离散的菌落；③微菌落分泌产生 EPS，扩大吸附面积，相互之间逐渐连接形成具有三维结构的生物膜；④后期部分生物膜细胞脱落，吸附到新的基质表面。生物膜的形成是动态可逆的过程，具体表现在解离后的生物细胞仍具有对底物基质的亲和能力，并可能重新吸附到底物表面或其他基质表面（Ling et al.，2018；Luanne et al.，2004）。具体形成过程见图 8.2。

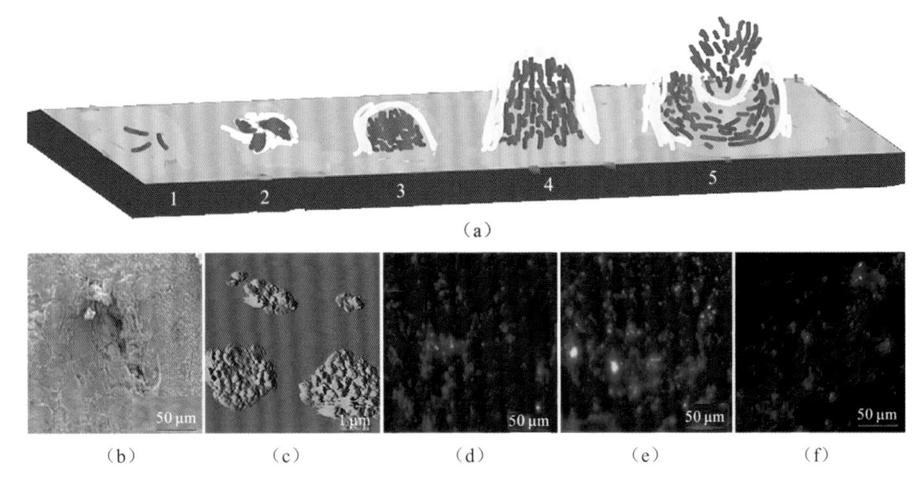

（a）

（b）　（c）　（d）　（e）　（f）

图 8.2　生物膜形成过程

（a）生物膜形成示意图（1、2、3、4、5 分别表示生物膜不同形成阶段，1 为初始附着，2 为产生 EPS（不可逆吸附），3 为生物膜结构初步形成，4 为生物膜成熟和 5 为单个细胞的解离）；（b）～（f）分别对应（a）中生物膜形成的 1～5 阶段

矿物表面生物膜的形成是微生物浸矿过程的重要基础。一方面，特异性微生物的选择性吸附是矿物浸出的先决条件；同时，矿物种类、表面元素种类及含量分布、晶体结构缺陷及钝化层的存在对其本身溶解也具有重要的作用。一般地，对表面形貌高度差异化的矿物而言，细菌更倾向作用于表面晶格缺陷或不平整的区域（凹槽、沟壑、小孔等），可能这些部位有着更易利用的化学底物或是易于附着。可以肯定的是，细菌吸附到矿物表面后分泌大量的 EPS，进而在矿物表面形成生物膜。大量附着于矿物表面的生物膜细胞增强了微生物-矿物的相互作用，并有利于矿物的溶解过程。

8.1.3　有关硫化矿表面生物膜的研究

硫化矿生物浸出过程中，生物膜的形成始于细菌对能源底物的吸附。以元素硫为例，嗜酸硫氧化细菌对元素硫的氧化，首先要求细菌和元素硫相互接触吸附。Gourdon 等（1998）通过研究嗜酸氧化亚铁硫杆菌（*A. ferrooxidans*）和嗜酸氧化硫硫杆菌（*A. thiooxidans*）在元素硫基质中的生长动力学发现，元素硫的氧化由吸附在其表面的细菌来完成，细菌吸附的有效性决定了硫微粒被氧化利用的高效性。

吸附过程不仅仅是细菌胞外 EPS 单方面的附着，更取决于细菌所处的生长环境，属于诱导表达。Sampson 等（2000）比较研究元素硫与黄铁矿培养下细菌 EPS 成分发现，前者培养中细菌 EPS 组分含有较多的脂肪酸和油脂类化合物，但糖和糖醛酸含量较少，这种胞外多聚物的组成可能有利于细菌通过疏水作用吸附在元素硫表面；而在可溶性无机含硫化合物基质培养的细菌表面几乎没有胞外多聚物的形成。Sharma 等（2003）通过将亚铁基质中生长的 *A. ferrooxidans* 转移到元素硫和黄铁矿中，发现细菌胞外蛋白质含量明显提高，这些蛋白质很可能作为表面活性成分参与细菌与固体基质间的界面反应。Zhang 等（2009）发现当嗜酸氧化亚铁硫杆菌以元素硫为生长基质时，细胞会被诱导产生特异性胞外成分，包括脂多糖和若干种胞外蛋白质等，在元素硫的修饰和氧化过程中发挥重要功能，并促使细菌吸附到疏水性的硫表面，促成细菌胞外功能性蛋白质与元素硫的键合。

此外，以铁为主要元素的能源底物在浸出过程中对微生物的生长和表面特性及胞外 EPS 组分的形成也具有重要的影响。以 *A. manzaensis* 为例，Nie 等（2015）比较研究不同能源底物生长下细菌的吸附效率，发现 *A. manzaensis* 在黄铜矿、黄铁矿及黄铁矾石表面的吸附速度较快；而对 S^0 的吸附较弱，且并不会吸附到石英等表面。这些证明细菌吸附具有一定的目的性，并且很大程度上受能源底物影响，同时硫化矿物的复杂性很可能使其具有比元素硫更能吸引微生物附着的优势，其中的机理有待深入研究。

微生物吸附到基质表面，并逐渐发展形成生物膜，这一过程离不开 EPS 组分与基质表面的相互作用。随着研究技术的发展，人们对生物膜的了解开始由宏观动态吸附转为微观分子机制研究。通过基于同步辐射的微区元素分析、X 射线吸收近边结构光谱、二维扫描透射 X 射线显微镜检和傅里叶变换红外光谱等技术，我们首次对微生物–矿物相互作用过程中的胞外组分进行原位分析，发现了发挥重要功能的胞外巯基（—SH）和铁复合物，并推测 EPS 组分中的羧基（—COOH）、氨基（—NH_2）等有机小基团会与浸出体系中的金属离子发生共价键合形成金属螯合物（如铁/钙等复合物），进而促进细菌在矿物表面的吸附，并加强“接触–溶解”过程（Liu et al.，2018；Nie et al.，2016，2015；Liu et al.，2015f；Xia et al.，2013）。通过建立细菌胞外蛋白质–矿物表面金属微观键合作用，使得人们能够进一步解析细菌吸附和生物膜形成过程，这无疑提供了一个全新的角度。

8.2 生物膜观察与分析

生物膜的形成包括微生物在矿物表面的初始吸附、产生 EPS 并形成三维结构的生物膜等过程，因此，不同阶段生物膜的研究手段也有所区别。针对生物膜形成的表征，近年来发展了包括原子力显微镜（AFM）、荧光显微镜（fluorescence micrcscope，FM）和激光扫描共聚焦显微镜（laser scanning confocal microscope， LSCM）等为主的显微镜检技术，并逐渐成为常规的研究方法。

8.2.1　生物膜形成过程观察

1. SEM/AFM 观察

SEM 是观察物体表面形貌的最直观手段之一，可直接观察材料表面凹凸不平的细微结构，成像具有立体感，与 EDS 分析相结合可同时进行形貌观察和微区成分分析。SEM 可直观有效地对细菌初始吸附阶段进行观察和判断，是了解早期吸附行为的有效手段。

细菌的初始吸附行为受能源底物，表面微结构及其化学形态的影响。Ling 等（2018）通过 SEM 观察 *S. metallicus* 在不同黄铜矿表面的初始吸附，如图 8.3 所示，并对微区元素含量进行能谱分析，发现在吸附初期细菌的吸附行为主要取决于矿物微结构和表面化学元素的种类及含量。朱泓睿（2016）研究发现 *A. manzaensis* 在黄铜矿表面的吸附量与 Fe、S 元素含量呈线性关系。Ling 等（2018）针对 *S. metallicus* 进行类似实验，如图 8.4 所示，培养至第 4 天，细菌的吸附量随着 Fe 含量所占比例的增加而增加，说明铁作为能源物质有利于细菌吸附；而细菌吸附量与 S 含量所占比例呈负相关，可能与硫的形态或硫被微生物氧化成硫酸根分布到溶液中等有关。

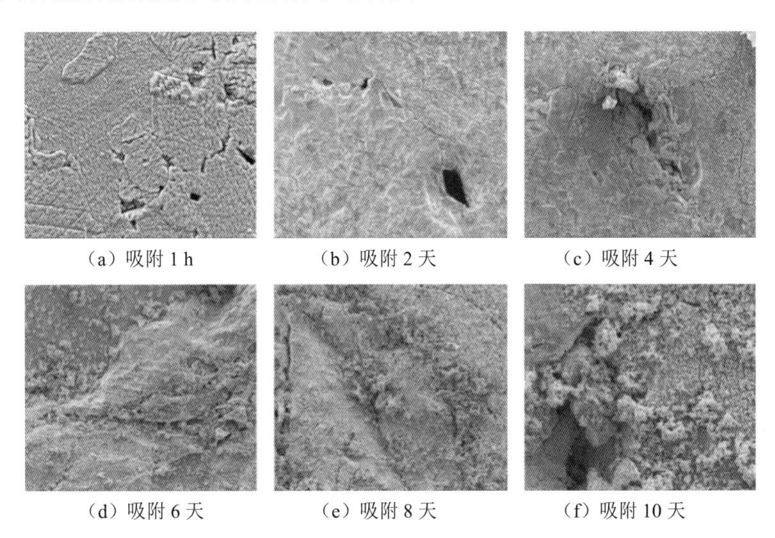

（a）吸附 1 h　（b）吸附 2 天　（c）吸附 4 天
（d）吸附 6 天　（e）吸附 8 天　（f）吸附 10 天

图 8.3　−0.54 V 处理的黄铜矿表面 *S. metallicus* 吸附不同时间的 SEM 图（Ling et al.，2018）

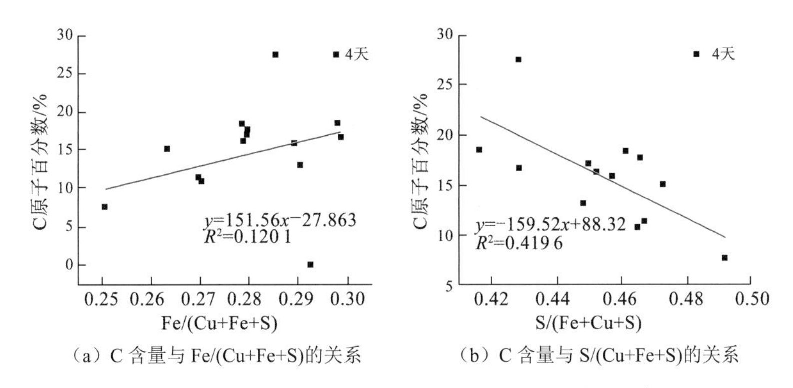

（a）C 含量与 Fe/(Cu+Fe+S)的关系　（b）C 含量与 S/(Cu+Fe+S)的关系

图 8.4　C 含量与 Fe/(Cu+Fe+S)的关系及 C 含量与 S/(Cu+Fe+S)的关系（Ling et al.，2018）

Xia 等（2015）通过恒电位电化学氧化/还原获得不同表面结构的黄铜矿，研究 *A. manzaensis* 在其上的初始吸附情况，发现 *A. manzaensis* 的吸附行为受到黄铜矿结构及表面化学形态的影响较大，并在氧化电位 0.67 V 下吸附效果最好（图 8.5）。进一步地，通过 SEM/EDS 比较研究不同 Fe 比例合成类黄铜矿片表面的 *A. manzaensis* 吸附行为，发现当 Cu、Fe、S 比例为 1∶0.6∶2 时，矿片表面有最大的生物吸附量（图 8.6）。

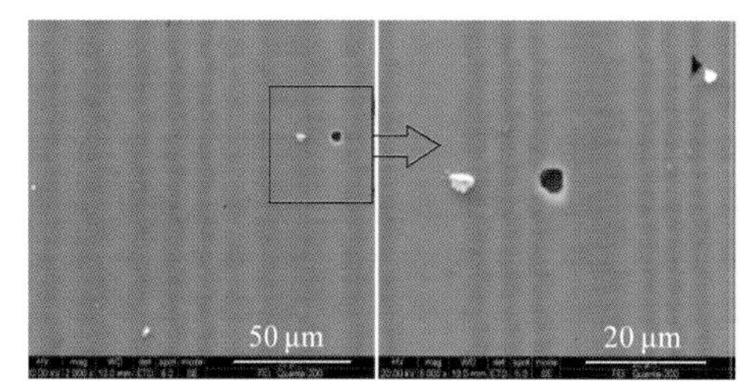

（a）原始矿片

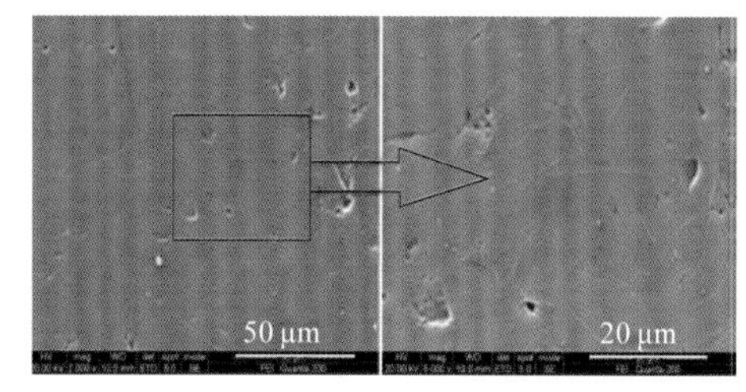

（b）0.67 V 氧化

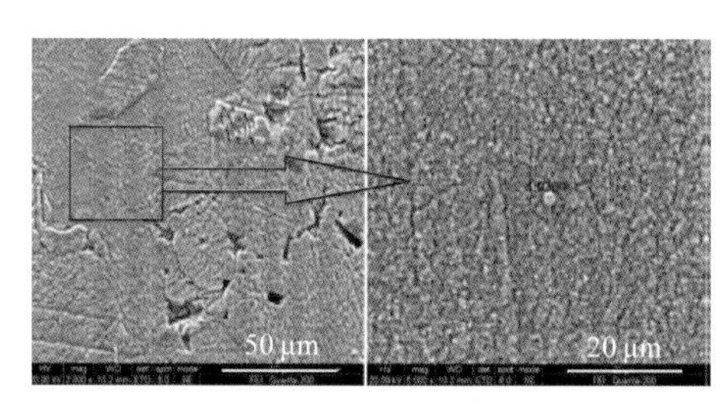

（c）−0.54 V 还原

图 8.5　细菌吸附后矿片表面扫描电镜图

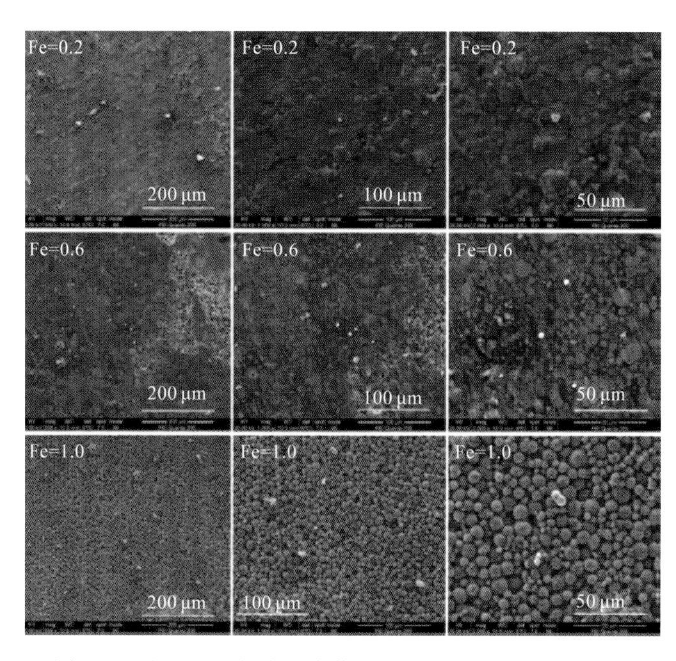

图 8.6　不同 Fe 比例合成类黄铜矿的细菌吸附扫描电镜图

红色括号为吸附在矿物表面的细菌细胞

AFM 可对各种样品或材料表面进行纳米级别的形貌分析，其分辨能力最高可达 0.1 nm，可在细菌初始吸附于矿物表面及生物膜形成过程的原位表征中扮演相当重要的角色。

不同能源底物中生长的细菌 EPS 组成有着较大的差异，且这种差异与底物直接相关。Liu 等（2018）通过 AFM 研究 *A. manzaensis* YN-25 在四种能源底物（FeS_2、$CuFeS_2$、S^0、$FeSO_4$）培养下胞外 EPS 组分的变化，如图 8.7 所示，发现不同底物中生长的 *A. manzaensis* EPS 组分差异较大，蛋白质、多糖和脂质是胞外 EPS 的基础性成分，而 eDNA 含量较少。

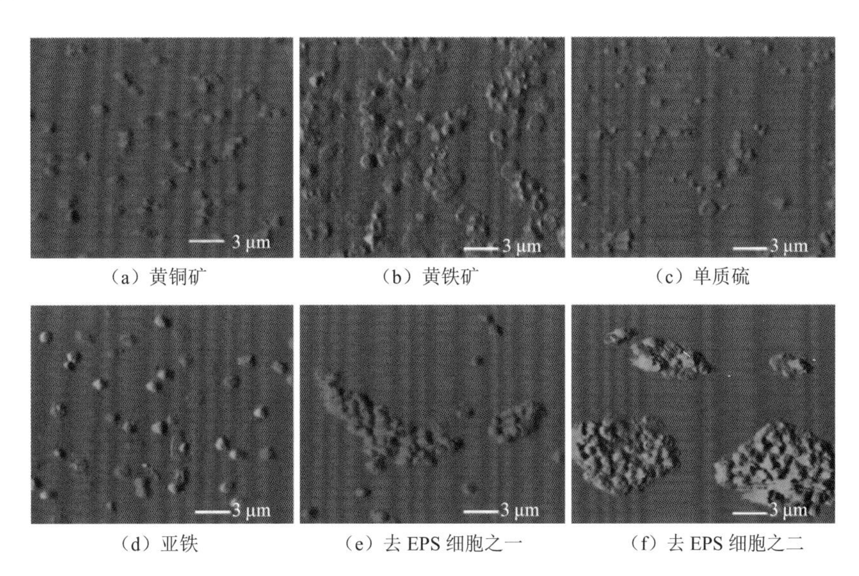

（a）黄铜矿 （b）黄铁矿 （c）单质硫

（d）亚铁 （e）去 EPS 细胞之一 （f）去 EPS 细胞之二

图 8.7 不同底物条件下细菌吸附 AFM 结果（Liu et al.，2018）

利用 AFM 还可以测量嗜酸微生物和矿物表面的相互作用力。Diao 等（2014）通过 AFM 研究发现黄铜矿上生长的 *A. ferrooxidans* 与矿物的相互作用力最强，而亚铁或 S^0 中细胞与底物之间的作用力要低得多。Zhu 等（2012）借助 AFM 研究发现黄铜矿的浸出效率与细胞黏附力呈正相关；对比 *A. ferrooxidans*、*A. thiooxidans* 和 *L. ferrooxidans* 三种菌与黄铜矿的相互作用大小，发现 *L. ferrooxidans* 对黄铜矿的黏附力最高。

2. 荧光染色镜检

荧光染色镜检是基于生物大分子（蛋白质、核酸、脂质等）与染料的特异性结合，在紫外光照射下，特异性染料复合物会发出具有特征性的荧光，通过观察荧光强弱、面积和厚度等来判断物质组成变化和演变过程。细菌在矿片表面的初始吸附过程较快，荧光镜检无法对其精确观察，但针对后期生物膜的形成可以做到原位观察，以此发现生物膜形成的一般规律。针对 *S. metallicus* 在不同结构黄铜矿表面的吸附行为和生物膜形成情况，Ling 等（2018）通过 DAPI（4′，6-二脒基-2-苯基吲哚）核酸染色的 FM 结果发现：生物膜在细菌吸附第 6 天开始形成（图 8.8）。

激光扫描共聚焦显微镜（LSCM）结合荧光染料是原位无损检测生物膜最重要的工具之一。利用荧光染料在紫外光照射下的发光特性，当其与特定目标结合时，可以观察到胞外物质多糖、蛋白质、脂质及核酸的存在与分布。这些方法的使用直观地揭示了复杂生物膜体系的形成过程。王蕾（2017）通过 DAPI 和 FITC（fluorescein isothiocyanate，异硫氰酸荧光素）分别对核酸和蛋白质染色，并采用 LSCM 观察黄铜矿片表面菌的初始吸附时期及后期菌的生长和生物膜形成时期特定位置细菌的吸附情况。图 8.9 显示，在蓝色的亮点周围围绕着绿色的光圈，同时也有少部分绿色和蓝色重叠的部分。这意味着用 FITC 标记的蛋白质大部分存在于细胞外，也有少部分存在于细胞内部。

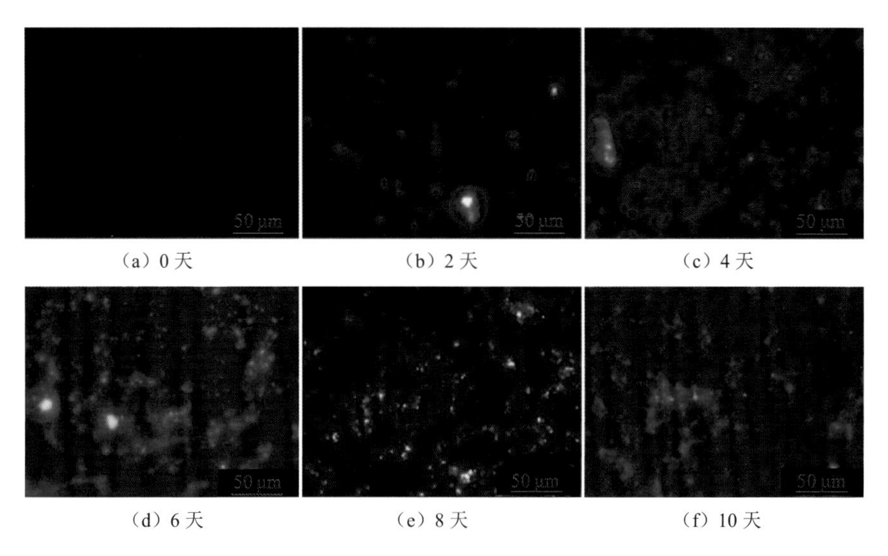

（a）0 天　（b）2 天　（c）4 天

（d）6 天　（e）8 天　（f）10 天

图 8.8　*S. metallicus* 在未处理的黄铜矿表面不同时间吸附的荧光原位显微镜图

图中，蓝色部分为 DAPI 标记的细菌

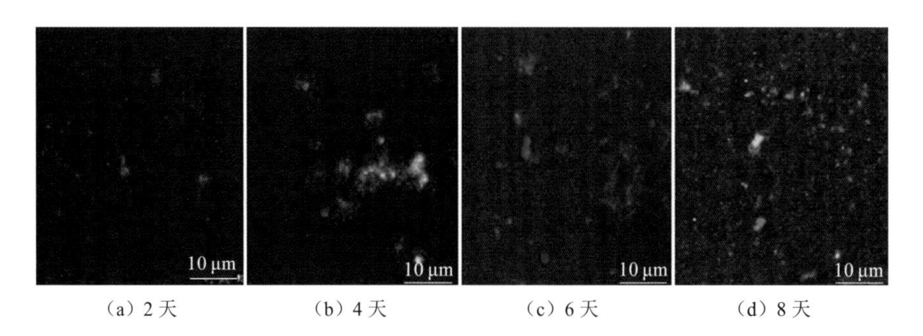

（a）2 天　（b）4 天　（c）6 天　（d）8 天

图 8.9　*A. manzaensis* 在黄铜矿表面吸附的 LSCM 图

图中蓝色和绿色分别为 DAPI 和 FITC 标记的细菌

8.2.2　胞外成分原位分析

1. 基于同步辐射技术的胞外基团分析

由于以 EPS 为结构基础的生物膜成分比较复杂，并且随吸附时间、吸附位置及微生物种类而有所差异，因此，做到准确标记胞外膜组分，并对主要的多糖、蛋白质、脂类及核酸进行实时监测就显得尤为重要。

Xia 等（2013）基于同步辐射的 STXM 和 μ-XRF 图谱比较分析 *A. ferrooxidans* 胞外巯基（—SH）的含量及分布情况，如图 8.10 所示。其中，通过对钙离子二维 STXM 成像进行分析［图 8.10（a）～（d）］，观察到生长在 S^0 上的 *A. ferrooxidans* 胞外硫醇基团的高效表达，证明在硫氧化过程中，—SH 基团在其中发挥了重要作用（详见 10.3.2 小节）。

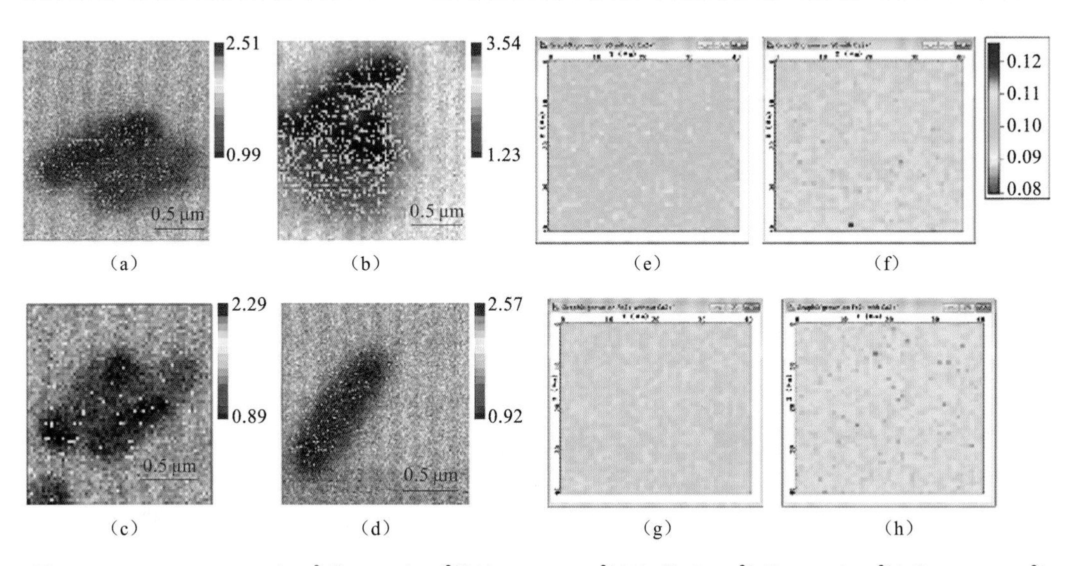

图 8.10　*A. ferrooxidans* 在 S^0［（a）无 Ca^{2+}标记，（b）Ca^{2+}标记］和 Fe^{2+}［（c）无 Ca^{2+}标记，（d）Ca^{2+}标记）］中生长的 STXM 结果及 *A. ferrooxidans* 在 S^0［（e）无 Ca^{2+}标记，（f）Ca^{2+}标记）］和 Fe^{2+}［（g）无 Ca^{2+}标记，（h）Ca^{2+}标记）］中生长的 μ-XRF 结果

2. 基于特异性荧光素标记的胞外大分子分析

基于同步辐射的原位分析技术能够精确分析胞外基团的类型及含量，具有广阔的应用前景。但是，考虑同步辐射技术的实验时间有限导致其应用的局限性，有必要深入挖掘其他的胞外物质分析技术，例如，特异性的凝集素作为一种能够可逆结合生物大分子的蛋白质或糖蛋白，且不改变生物大分子的本身结构，可以结合荧光镜检进行胞外 EPS 组分的定位分析和观察。因此，该技术将成为重要的 EPS 原位表征手段，并将广泛应用。

EPS 是了解嗜酸微生物生物膜的形成过程与作用机理的结构化学基础，针对特定微生物–矿物作用体系，研究 EPS 组成中蛋白质、多糖、脂质和胞外核酸等生物大分子的微观分布及作用机理将成为生物膜研究的重点方向之一。为研究胞外多糖复合物分布状况，Zhang 等（2015）基于凝集素的荧光技术（fluorescence lectin-binding analysis，FLBA）研究不同能源底物（黄铁矿、元素硫）中细菌在底物表面的吸附行为。细菌氧化利用 S^0 后更容易在其表面的裂缝、浅层孔洞处形成微弱的生物膜［图 8.11（a）］；同时，细菌更倾向吸附于存在物理结构缺陷的初始 S^0 表面［图 8.11（b）（c）］。这些结果说明经特异性凝集素标记的胞外多糖（生物膜）分布并不均匀，主要吸附在 S^0 表面裂缝和沟槽的部位，并形成较大的聚集体和生物膜，证明细菌在能源底物表面的初始吸附行为受到底物表面物理结构的影响。

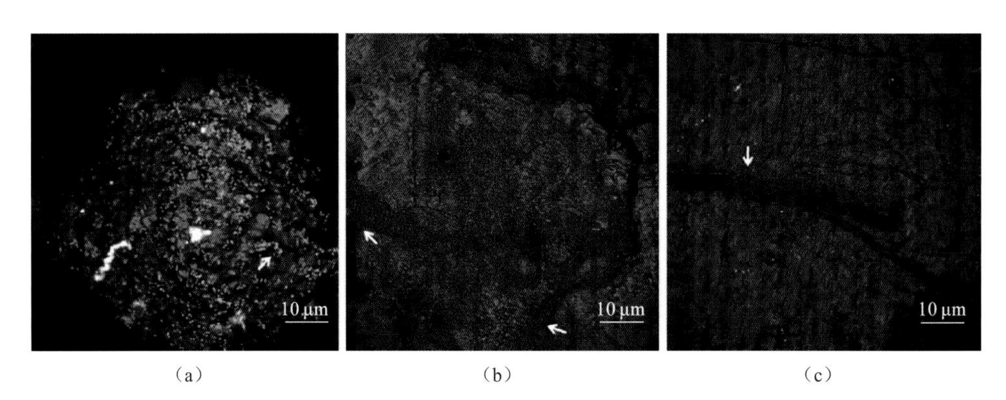

（a）　（b）　（c）

图 8.11　*Acidianus* sp. DSM 29099 在不同 S^0 表面的 LSCM 染色结果（Zhang et al.，2015）

图（a）、（b）、（c）中 S^0 表面的细菌吸附行为由特异性凝集素 SybrGreen、SyproOrange、Syto 64 分别进行染色表征，箭头表示细菌倾向吸附的 S^0 表面区域

第 9 章　嗜酸铁/硫氧化微生物胞外多聚物

微生物胞外多聚物（EPS）是生物膜的重要组成成分。EPS 的组成和赋存形式在微生物-矿物相互作用过程中起着重要的作用。一方面，作为微生物–矿物界面的主要接触反应场所，EPS 物质的组成和形态在浸矿菌的铁硫氧化活性和矿物的界面溶出过程中起着重要的作用。另一方面，在细胞通过 EPS 的桥接形成生物膜过程中，EPS 的组成和性质对细胞与固体底物吸附、重金属离子吸附和沉淀及抗酸和耐热特性等能力起到决定性作用，对微生物适应极端环境也具有重要作用和意义。

9.1　EPS 结构与组成

EPS 按空间结构分类，可以分为溶解型 EPS（soluble EPS，S-EPS）和结合型 EPS（bound EPS，B-EPS）两类，如表 9.1 所示（More et al.，2014）。溶解型 EPS 是微生物分泌到外界环境的可溶性物质，其主要组成包括大分子物质、胶质物和黏液。结合型 EPS 是附着于细胞表面的聚合物，按从细胞中分离提取的方法分类，可以分为紧密黏附的胞外聚合物（tightly EPS，T-EPS）和松散附着的胞外聚合物（loosely EPS，L-EPS）。其中紧密黏附的 EPS 位于内层，紧密、稳定地附着在细胞表面，其外形由细胞膜外形决定；而松散附着的 EPS 则附着在紧密黏附的 EPS 上，结构松散，无固定形状（More et al.，2014）。松散附着的 EPS 易受环境因素影响，且可以被细菌作为能源物质利用，且仅占胞外聚合物总量的 0.6%～13.5%，对 EPS 总含量变化影响较小（Comte et al.，2006）。紧密黏附的 EPS 组成成分复杂，它由多种有机大分子物质组成，且多糖和蛋白质为主要成分（表 9.2）；其他成分（如核酸、腐殖质等）较为常见，但含量较低（Jahn et al.，1998）。EPS 按其亲疏水性划分，亲水相主要由糖类构成，如葡萄糖、鼠李糖及岩藻糖等，疏水相主要是由脂肪酸链构成，包括 C_{12} 脂肪酸链、C_{16} 脂肪酸链及 C_{18} 脂肪酸链等。EPS 上还具有各种类型的功能基团，如羧基、磷酰基、氨基和巯基等（More et al.，2014）。

表 9.1　EPS 的空间结构类型及功能

类型	亚类及内涵	作用及功能
结合型 EPS	紧密结合的内层（又称荚膜层），位于细胞表面，各种大分子排列紧密且与细胞结合牢固，不易脱落	物质和能量交换
	松散结合的外层（又称黏液层），位于紧密黏附的 EPS 外围，结构松散，可向外围环境扩展，无明显边缘，具有流动性	保护和维持作用
溶解型 EPS	微生物代谢和自溶等产生的生物大分子物质，游离于溶液中而非吸附于细胞表面	改变溶液黏度

表 9.2 EPS 的主要成分、含量及功能

主要成分	质量分数/%	功能
多糖	40～95	黏附，细菌细胞的絮凝，保持水分，吸附有机和无机物质，酶的固定，营养物质和屏障作用
蛋白质	1～60	黏附，细菌细胞的絮凝，保持水分，吸附有机和无机物质，酶的固定，电子供体或受体，屏障作用
核酸	1～10	黏附，细菌细胞的絮凝，营养物质，遗传信息交换，细胞组分外排
脂质	1～10	细胞组分外排

细菌 EPS 组成结构中，革兰氏阳性菌的 EPS 结构复杂，因为 EPS 上多糖类物质类型与结构多样。而革兰氏阴性菌 EPS 多糖的结构则相对简单，通常是由包括 D-葡聚糖的同多糖或杂多糖构成，后者通常由以二糖到八糖单位重复排列而成，多糖水解后通常只有 2～4 种单糖，其中很多的多糖都可以被乙酰基团修饰。某些细菌的 EPS 中具有缩酮或糖醛酸，可以形成阴离子糖链，从而能够结合环境中的正价金属离子（Crundwell，2003）。

在微生物–矿物相互作用中，EPS 介导着细菌与矿物初始吸附作用，并对生物膜的形成与传质及功能发挥起到重要作用。EPS 的产生决定于体系中的微生物种类和能源底物类型，同时受到环境条件（如 pH、ORP、pO_2、离子强度）等因素的影响，导致其组成、结构存在显著差异，进而决定细菌生物膜性质，导致不同的微生物–矿物相互作用体系存在显著差异。

9.2 EPS 性质对能源底物的响应

微生物–矿物相互作用的关键在于微生物对矿物能源底物的有效响应。在该响应过程中，微生物与矿物表面相互影响。其中，微生物表面 EPS 性质不断变化，促进微生物对矿物的适应，进而实现对矿物的有效作用。

9.2.1 嗜酸氧化亚铁硫杆菌适应元素硫细胞表面性质的变化

嗜酸硫氧化细菌能够有效消解和利用生物浸出过程产生的硫，这既能预防元素硫层形成，也能促进细菌自身生长，从而促进浸矿动力学反应。嗜酸硫氧化细菌的胞外物质（蛋白质、糖类和脂类等）介导着细胞对元素硫的吸附过程，进而将硫转运到细胞周质空间而氧化。显然，嗜酸硫氧化细菌对元素硫的有效吸附，细菌吸附的有效性决定了其氧化利用硫的高效性。

细菌对能源的适应是细菌有效吸附和利用能源底物的前提。细菌对不同能源底物的适应过程存在显著差异。通常可通过细胞浓度和离子浓度变化、菌和能源底物的表面形貌和理化性质的变化来表征细菌对能源底物的适应过程。图 9.1～图 9.2 分别显示了典型嗜酸硫氧化细菌——嗜酸氧化亚铁硫杆菌（*Acidithiobacillus ferrooxidans*）利用元素硫和硫代硫酸盐能源底物过程中的细胞浓度和形貌变化，由图 9.1 可知，细菌在以硫代硫酸盐为能源时生长到稳定期的细胞浓度大于以 S^0 作为能源时，而在 S^0 中的生长速率慢于在

硫代硫酸盐中的生长速率，且在 S^0 中生长有较长的迟缓期，表明嗜酸氧化亚铁硫杆菌能够优先利用可溶性能源底物。

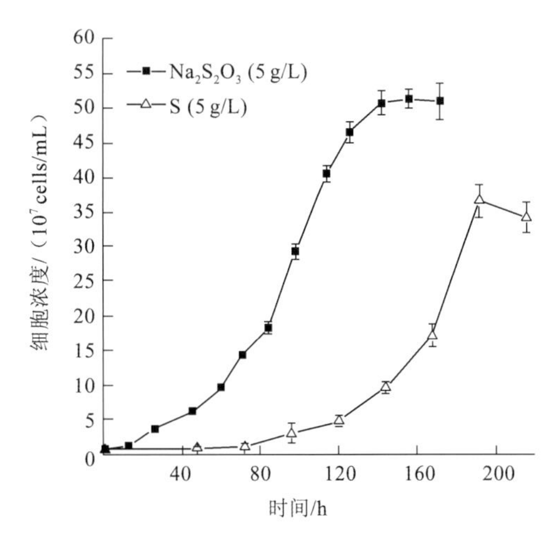

图 9.1　*A. ferooxidans* 在元素硫和硫代硫酸盐培养基质中的生长曲线

A. ferrooxidans 以硫代硫酸盐为能源基质时，细菌形态个体细长；以 S^0 为能源基质时，细菌相对粗短；细菌作用后硫颗粒变得更加清晰（图 9.2）。

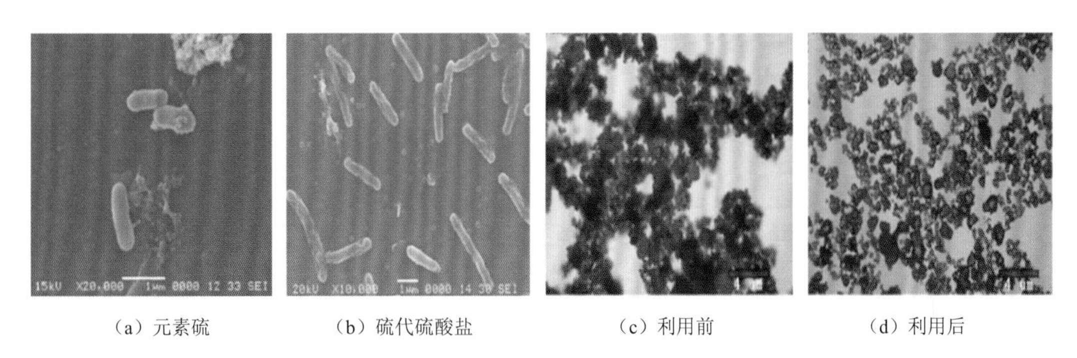

（a）元素硫　（b）硫代硫酸盐　（c）利用前　（d）利用后

图 9.2　嗜酸氧化亚铁硫杆菌在元素硫和硫代硫酸盐中生长时细胞的 SEM 图，及元素硫被细菌利用前和利用后形成硫颗粒的形貌图

进一步利用有机物（正辛烷）–9K 培养基–分层实验方法分析细菌作用前后硫颗粒和细菌的亲疏水性，发现硫颗粒表面由疏水性转变为亲水性，在硫代硫酸盐中的细菌的亲水性较强，而在元素硫中的细菌的疏水性相对较强，前者表面分布主要以亲水性物质为主，而后者表面应该分布更多的两性物质（图 9.3）。

光学显微镜检下，细菌作用后硫颗粒周围的细胞浓度较高［图 9.4（a）］。电镜结果显示，硫颗粒表面有细菌的聚集［图 9.4（b）（c）］，或独立分散地吸附于硫颗粒表面［图 9.4（c）～（f）］，且观察到明显的腐蚀小坑［图 9.4（c）～（e）］；由图 9.4（b）（d）（g）（h）所知，细菌通过分泌大量的胞外物质，使细菌相互黏附，并吸附于硫颗粒表面；并清晰地观察到成泡状的细菌分泌物质包裹着硫颗粒。

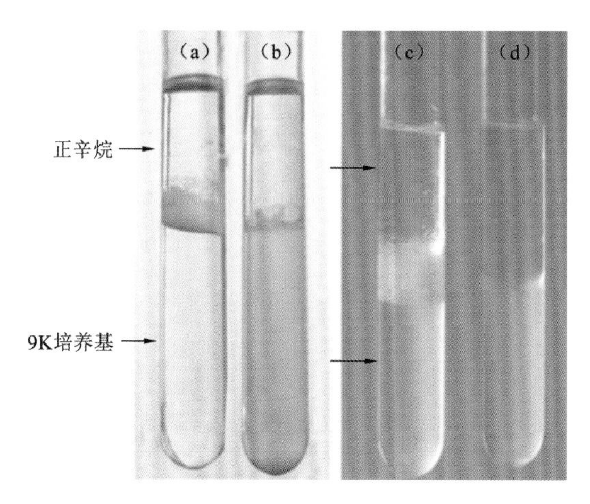

图 9.3 细菌作用前（a）和作用后（b）的元素硫颗粒，以及在元素硫（c）和硫代硫酸盐（d）能源底物中生长的细胞的有机物（正辛烷）–9K 培养基分层实验结果

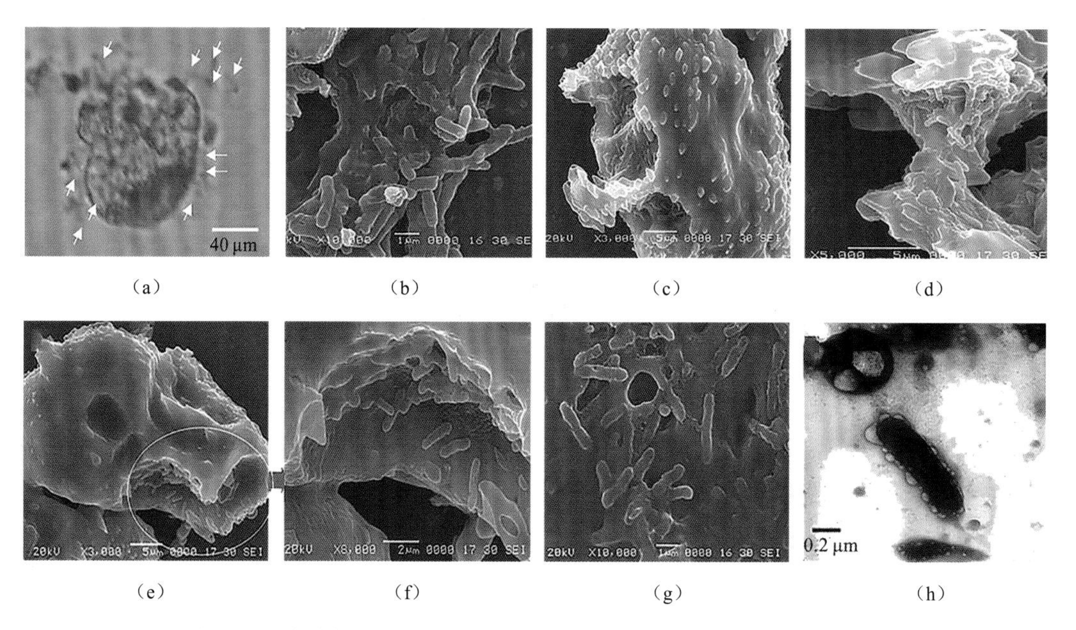

图 9.4 元素硫氧化过程中嗜酸氧化亚铁硫杆菌在硫颗粒上的显微分布

（a）为细菌吸附在硫粉上的光学显微图，（b）、（c）、（d）、（e）和（f）分别为电镜下细菌在硫颗粒上分布的不同方式

FTIR 分析发现相比于在可溶性硫代硫酸盐中，细菌在疏水的元素硫中生长时的光谱复杂得多，含有更为丰富的—CH_2、—CH_3、—NH、—NH_2、—COOH 和—CONH 等功能基团，并具有元素硫键合的特征吸收峰；元素硫经细菌作用后光谱也变得更加复杂，明显含有细菌活性基团（图 9.5）。细菌与能源底物作用过程中相互修饰，导致表面性质发生特定的变化，疏水性的能源底物能诱导细菌表面产生更多的胞外物质。元素硫由疏水性转变为亲水性，说明受到了细菌分泌的两性物质的修饰，这种修饰能够促进细菌对元素硫的吸附及进一步的高效利用。

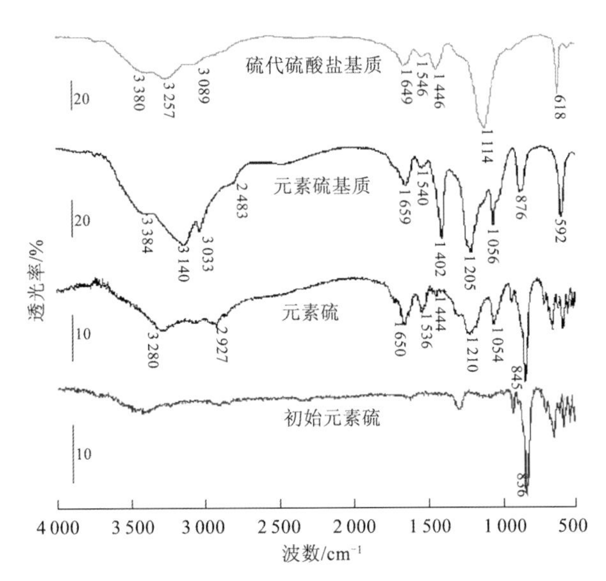

图 9.5　硫代硫酸盐基质和元素硫基质中生长的细菌 FTIR 光谱，*A. ferrooxidans* 作用后元素硫、初始元素硫的 FTIR 光谱

1 054 cm^{-1}处的吸收峰，可能是 C—H 面内弯曲；1 650 cm^{-1}处是羰基的特征吸收峰，可能吸附在元素硫上的物质中含有醛、酮或酰胺类的功能基团；3 280 cm^{-1}的强而宽吸收峰是硫表面出现了—OH，在 2 927 cm^{-1}附近出现的一个宽的峰可能是由于羧基中的—OH 缔合，以二聚物或多聚物的形式出现

9.2.2　不同能源底物对万座嗜酸两面菌细胞表面性质的影响

万座嗜酸两面菌（*Acidianus manzaensis*）是一种极端嗜热的铁硫氧化菌，不同的铁和/或硫能源底物对其生长、表面化学性质和代谢具有显著影响。选择 Fe^{2+}、S^0、黄铜矿和黄铁矿 4 种典型铁硫能源底物，考察 *A. manzaensis* 的生长及其表面性质的变化，可揭示该菌对铁硫能源底物的适应性原理。图 9.6 给出了 *A. manzaensis* 在这 4 种能源底物中的生长行为，可知菌在这 4 种底物中生长时存在显著差异。

A. manzaensis 在黄铜矿能源底物中生长时［图 9.6（a）］，在第 6 天达到最大的细胞浓度 4.6×10^8 cells/mL，之后减少。氧化还原电位随着浸出时间增加，当达到约 550 mV 时增长变得缓慢。pH 随着浸出时间的增加逐渐降低，在第 2～6 天快速降低，pH 的快速降低可能是由于黄铜矿表面的 S^0 等中间产物的氧化及黄钾铁矾的形成。在黄铁矿中生长时［图 9.6（b）］，细胞生长较快，在第 2.5 天达到了稳定期，之后开始降低。浸出液 pH 逐渐降低，在第 5 天降到了 1.11，浸出液的氧化还原电位逐渐增加。在 S^0 中生长时［图 9.6（c）］，细胞首先需要较短的适应期后快速生长并达到稳定期。浸出液的 pH 和氧化还原电位随着浸出时间逐渐增加。在 Fe^{2+}中生长时［图 9.6（d）］，细胞密度在前 2 天逐渐增加，之后逐渐降低，氧化还原电位从 0～3 天逐渐增加并最终基本保持不变。

A. manzaensis 适应不同能源底物之后也呈现不同的吸附行为。图 9.7 给出了适应能源底物的 *A. manzaensis* 细胞对黄铜矿、黄铁矿、石墨、黄钾铁矾、S^0 和石英的吸附行为。细胞在硫化矿物和石墨表面吸附较快并具有较高的吸附率，在 S^0 表面吸附较弱，在石英表面基本不吸附。

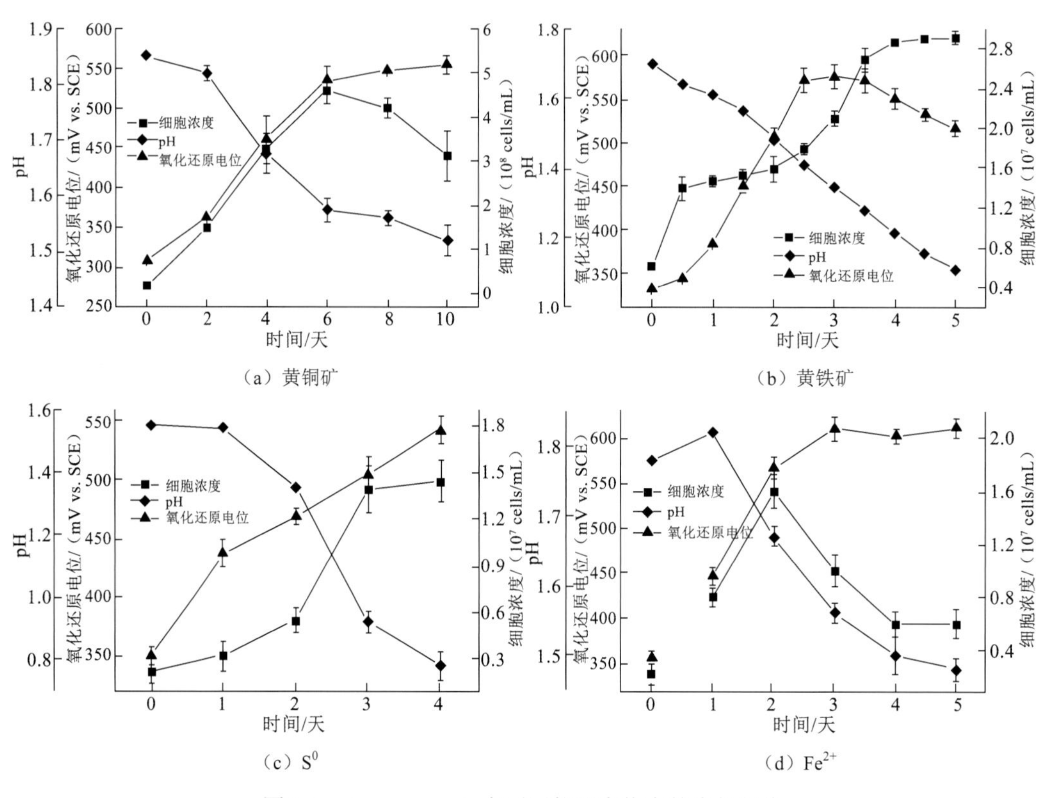

（a）黄铜矿　　（b）黄铁矿

（c）S^0　　（d）Fe^{2+}

图 9.6　*A. manzaensis* 在不同能源底物中的生长行为

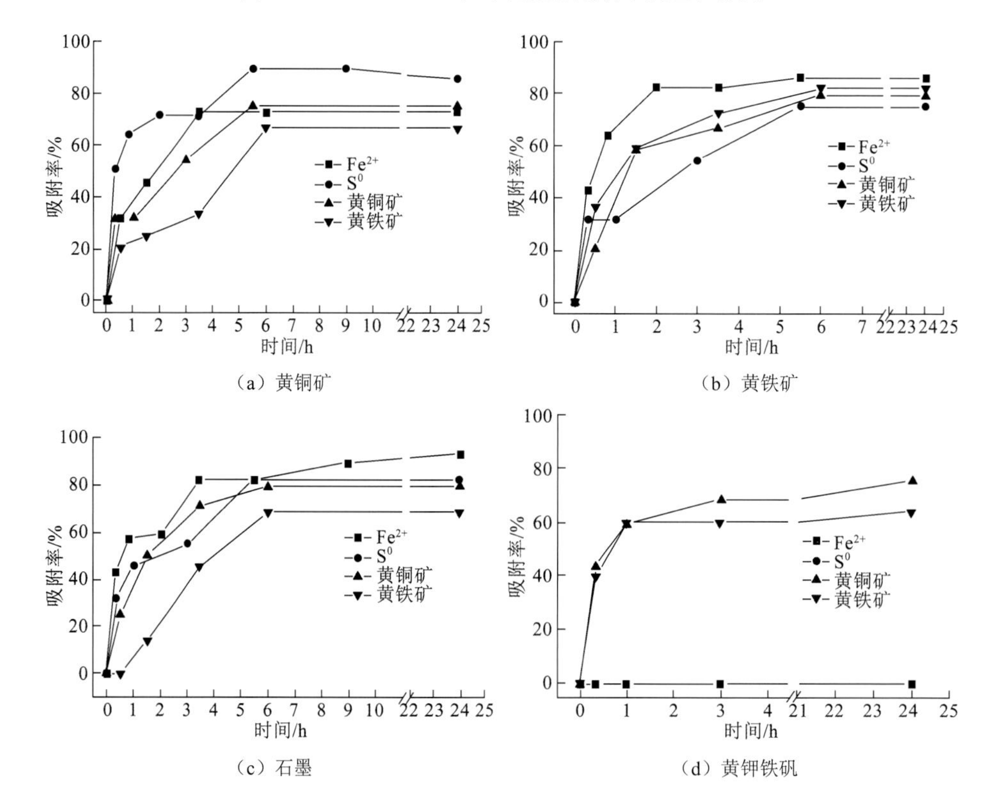

（a）黄铜矿　　（b）黄铁矿

（c）石墨　　（d）黄钾铁矾

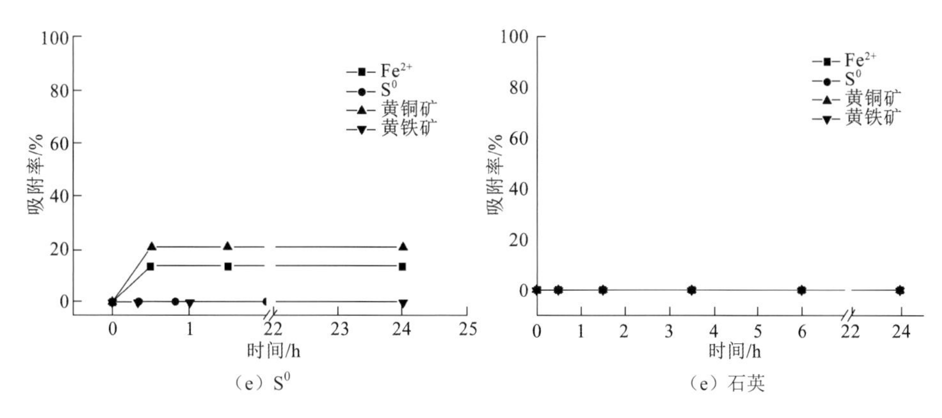

图 9.7　不同能源底物适应的 *A. manzaensis* 在不同矿物表面吸附行为

分析这些矿物和细菌表面的等电点（isoelectric point，IEP），发现黄铜矿（IEP：10.0）、黄铁矿（IEP：8.66）和石墨（IEP：8.50）远高于细菌（IEP：2～3），S^0（IEP：4.73）略高于细胞，而石英（IEP：2.15）与细胞相近。细胞对于黄铜矿、黄铁矿和石墨有较大的静电作用，对于 S^0 的静电作用相对较小，而对于石英基本没有作用。这说明细菌对矿物的吸附不仅取决于细菌–矿物表面的亲疏水性，而且与矿物及细胞表面的等电点有关。

当用黄钾铁矾（IEP：6.80）作为吸附剂时，适应黄铜矿和黄铁矿的细胞具有较高的吸附性能，而适应 S^0 和 Fe^{2+}的细胞基本上没有吸附，这说明黄钾铁矾作为黄铜矿和黄铁矿浸出过程重要的中间产物，可能会影响不同能源底物培养细胞的吸附性能。

上述 *A. manzaensis* 菌的不同生长行为及吸附行为可能与细胞适应能源底物/矿物过程中，细胞与矿物表面结构与性质的（不同）变化有关。

首先，*A. manzaensis* 菌在不同能源底物中生长时，细胞表面包裹着有机–无机壳层，这可从细胞经由盐酸处理前［图 9.8（a）～（d）］、处理后［图 9.8（e）～（h）］的 AFM 形貌图观察到。在盐酸处理前，Fe^{2+}底物生长的 *A. manzaensis* 菌的细胞形态均匀，边缘清晰，大小在 2 μm 左右，高度为 1.2 μm，呈荚膜状分散态，荚膜外有透明物质。当盐酸处理后，细胞基本结构保持完整，但细胞周边出现一些碎片结构。其他三种能源底物（黄铜矿、黄铁矿和 S^0）中菌出现了类似现象。这些细胞胞外的有机–无机壳层决定着细胞的表面特性，进而影响细胞对不同能源底物表面的吸附行为。

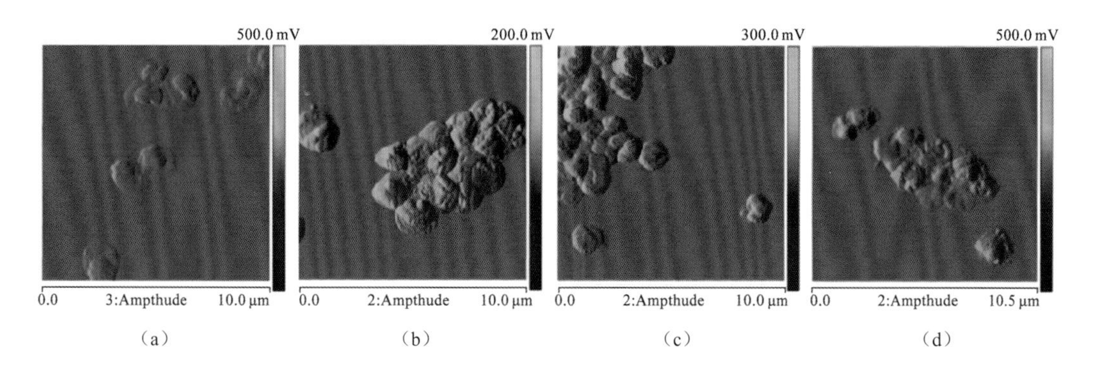

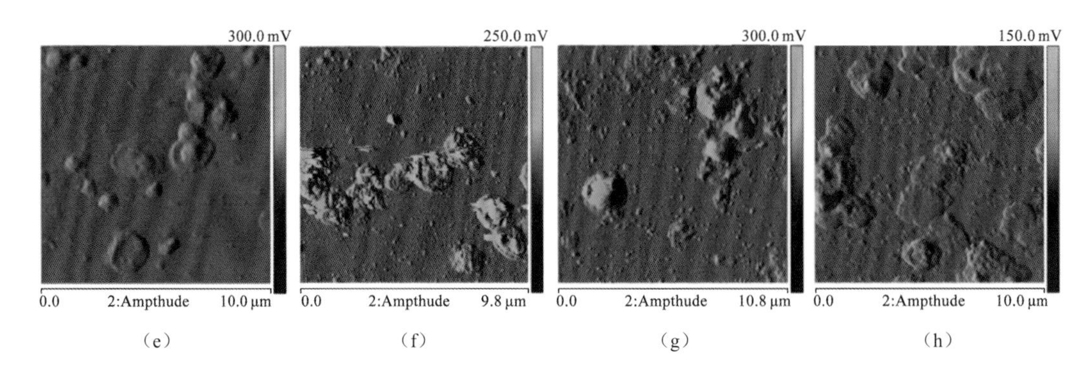

图 9.8　*A. manzaensis* 经盐酸处理前［(a)～(d)］和处理后［(e)～(h)］的 AFM 形貌图

(a)(e) 黄铜矿中生长；(b)(f) 黄铁矿中生长；(c)(g) S^0 中生长；(d)(h) Fe^{2+}中生长

其次，*A. manzaensis* 菌在不同能源底物中生长时具有不同的细胞表面电荷。如图 9.9 中的细胞表面 Zeta 电位所示，在含铁能源底物（黄铜矿、黄铁矿和 Fe^{2+}）生长时，细胞在 pH 为 2 时具有弱正电性，而在 S^0 中生长时具有负电性。其中，在铁/硫固体能源底物（黄铜矿、黄铁矿和 S^0）生长的细胞，其 Zeta 电位在 pH 6～12 的变化趋势相似。随着 pH 的升高，不同能源底物培养细胞在酸性条件下所带负电荷大小的顺序为黄铜矿＞S^0＞黄铁矿≈Fe^{2+}。当 pH 达到 12 时 Zeta 电位的大小顺序为黄铜矿＞黄铁矿≈S^0＞Fe^{2+}。

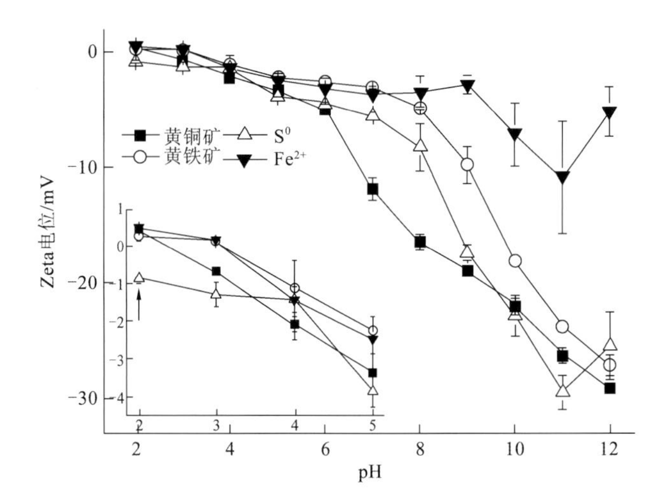

图 9.9　驯化 *A. manzaensis* 细胞表面 Zeta 电位曲线

图中左下角是在 pH 2～5 的放大图

A. manzaensis 菌在不同能源底物中生长时还具有不同的表面酸性基团，这可从其不同 pH-*V* 滴定曲线特征看出（图 9.10）：出现不同的滴定曲线平台，对应的 NaOH 消耗量显著不同（表 9.3）。其中，对于在固体能源底物（黄铜矿、黄铁矿和 S^0）中生长时的细胞，其滴定所消耗的总 NaOH 的量比在 Fe^{2+}中生长细胞的消耗量要多，表明 *A. manzaensis* 在固体能源底物中生长时细胞表面具有较多的酸性基团。

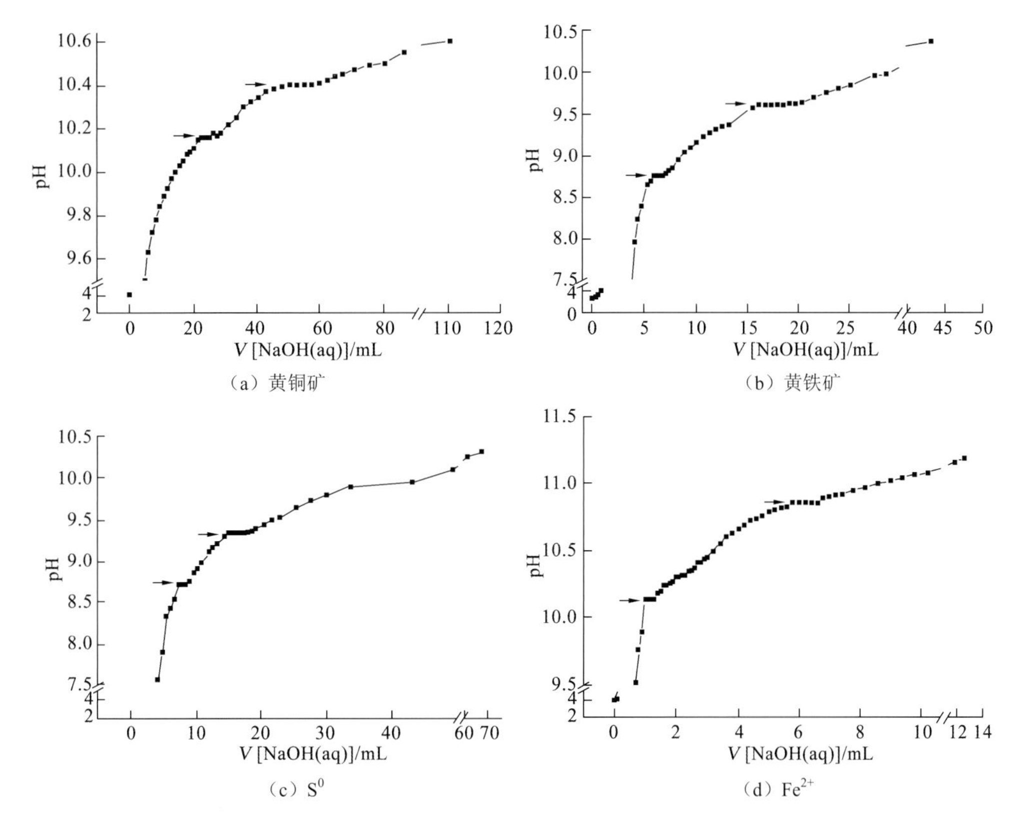

图 9.10 分别在黄铜矿、黄铁矿、S^0 和 Fe^{2+} 能源基质中驯化的 *A. manzaensis* 细胞的 pH-V 滴定曲线

图中箭头显示细胞在碱性端的两个滴定平台，表明至少存在两种不同类型的酸性基团，其中一种与—OH 反应较快，另一种与—OH 反应较慢

表 9.3 根据图 9.10 滴定曲线计算图中箭头处的耗酸量

底物	稳定期 pH	滴定至平台时 NaOH 消耗量/μmol	底物	稳定期 pH	滴定至平台时 NaOH 消耗量/μmol
黄铜矿	10.16	24.0	S^0	8.71	12.0
	10.40	72.0		9.33	18.0
黄铁矿	8.75	9.0	Fe^{2+}	10.13	2.0
	9.60	24.0		10.86	8.0

FTIR 光谱分析［图 9.11（a）］表明 4 种能源底物生长细胞的红外谱图具有一定的相似性，但在较低波数（500～1 200 cm^{-1}）处有着显著的区别［如图 9.11（a）中方框所示］。后者主要是—C—S 和—S═O 基团对应的红外波数（1 200～1 250 cm^{-1} 和 1 040～1 220 cm^{-1}）不同。

UV 吸收光谱进一步表明，上述细胞在波长 200～250 nm 的吸收峰强度不同，其中，在固体能源底物（黄铜矿、黄铁矿和 S^0）中吸收峰强度较大，在可溶性 Fe^{2+}中吸收峰强度较小［图 9.11（b）］。

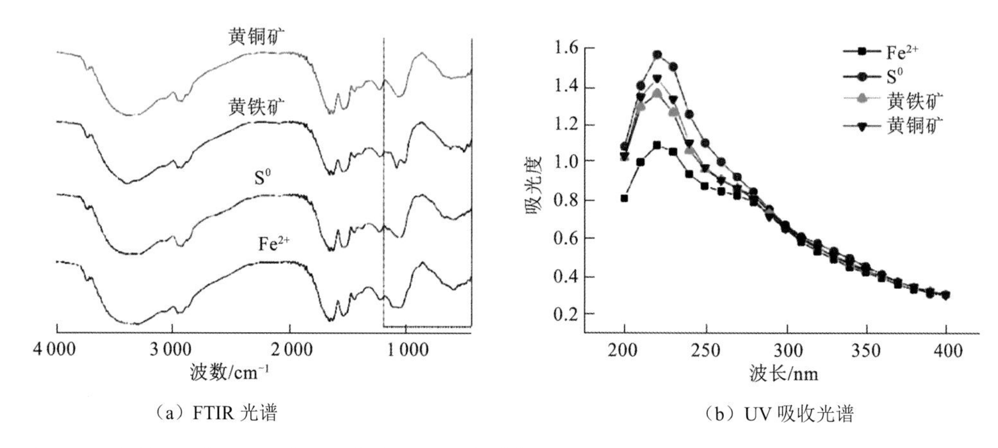

（a）FTIR 光谱　　（b）UV 吸收光谱

图 9.11　黄铜矿、黄铁矿、S^0 和 Fe^{2+}能源基质中驯化 *A. manzaensis* 细胞 FTIR 光谱和 UV 吸收光谱

9.3　EPS 组成与能源底物关联性

在极端酸性和重金属离子累积的浸矿环境中，浸矿微生物 EPS 的组成和性质在细胞与固体底物吸附、重金属离子吸附和沉淀以及抗酸和耐热特性等方面起到决定性作用，对浸矿微生物适应极端环境也具有重要作用和意义（聂珍媛，2017；刘欢，2016）。

图 9.12 显示四种不同温度特性的浸矿菌（包括嗜中温的 *A. ferrooxidans*，中度嗜热的 *L. ferriphilum*、*S. thermosulfidooxidans* 及极端嗜热的 *A. manzaensis*）的 FTIR 光谱。由图可知，这四种细菌的 FTIR 光谱的差异性及相似性都较为明显，都出现醇类 C—O 伸缩振动峰（约 1 130 cm^{-1}）、酰胺基中 C—N 的伸缩振动峰（约 1 440 cm^{-1}）、芳香烃中 C═C 的伸缩振动峰（约 1 540 cm^{-1}）、羰基中 C═O 振动峰（约 1 560 cm^{-1}）、N—H 基团振动峰（约 1 650 cm^{-1}）、烃类物质—CH_2、—CH_3 振动峰（约 3 000 cm^{-1}）。其中，N—H 基团振动峰在嗜热菌 *S. thermosulfidooxidans* 和 *A. manzaensis* 中更明显；烃类振动峰在 *L. ferriphilum* 和 *S. thermosulfidooxidans* 中较明显。

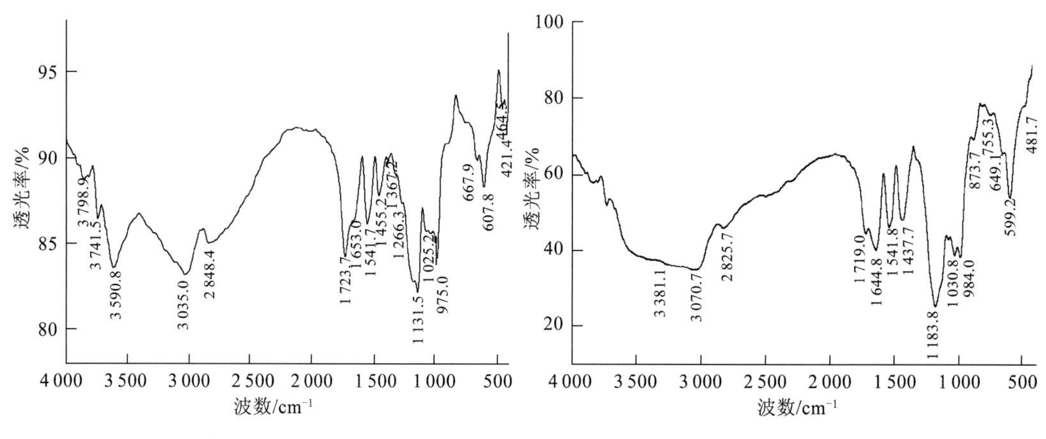

（a）*A. ferrooxidans*　　（b）*S. thermosulfidooxidans*

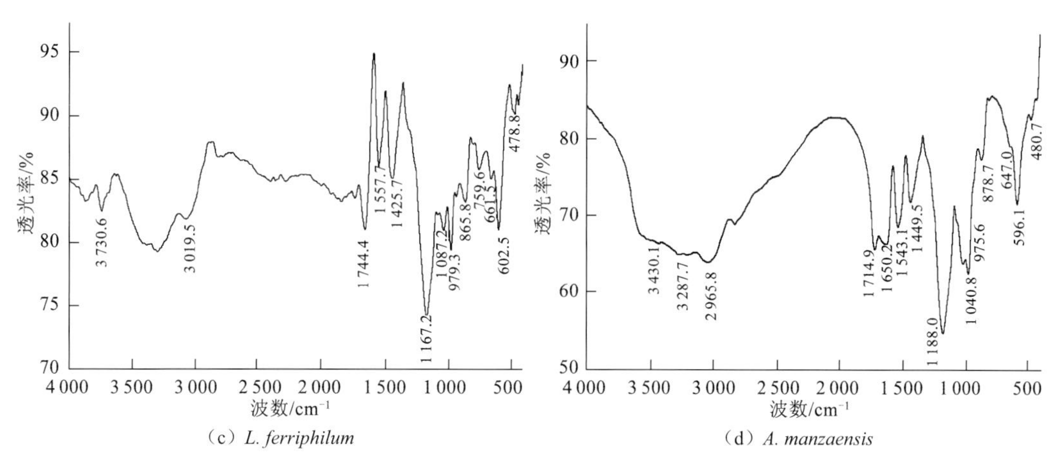

（c）*L. ferriphilum*　　（d）*A. manzaensis*

图 9.12　四种典型浸矿菌细胞的 FTIR 光谱图

进一步针对上述四种菌 EPS 的荚膜层和黏液层进行选择性提取和分析，发现其含量随着能源底物和菌株的不同存在显著差异（图 9.13）。其中，以黄铁矿为能源底物培养下 *S. thermosulfidooxidans* EPS 的质量分数最高，达到了（468.1±11.9）mg/g，显著高于以黄铁矿为能源底物培养的其他三种菌；在 Fe^{2+}能源底物培养下的 *A. ferrooxidans* EPS 质量分数最低，仅有（75.8±3.5）mg/g；以黄铜矿为能源底物培养的 *A. manzaensis* 和 *S. thermosulfidooxidans* 的 EPS 质量分数都达到约 380 mg/g，高于此能源底物培养的 *A. ferrooxidans* 与 *L. ferriphilum*。需要注意的是，除以 S^0 和黄铁矿为能源底物培养的 *A. manzaensis* 外，其他能源底物培养的细胞 EPS 黏液层的含量均高于荚膜层，这表明 EPS 黏液层在细菌应对环境因素时起到了重要作用。

图 9.14～图 9.16 和表 9.4 进一步给出了上述四种菌 EPS 荚膜层和黏液层中蛋白质、多糖、糖醛酸含量及脂质的组成。

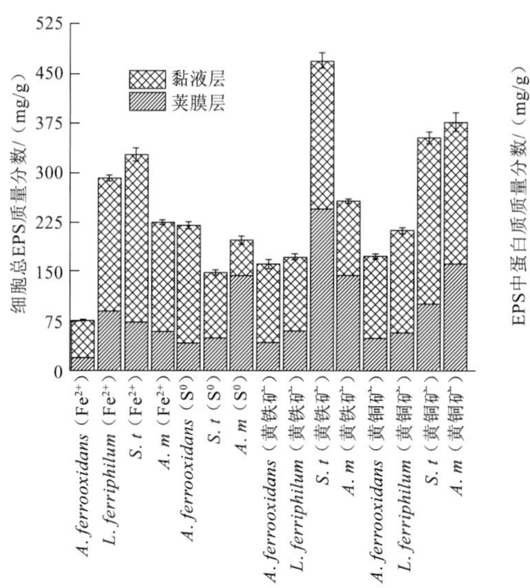

图 9.13　不同能源底物培养下四种典型浸矿菌的 EPS 荚膜层和黏液层的总含量

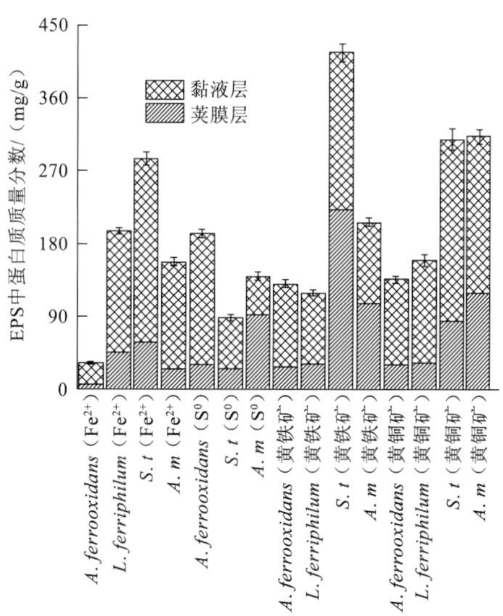

图 9.14　不同能源底物培养下四种典型浸矿菌 EPS 荚膜层和黏液层的蛋白质含量

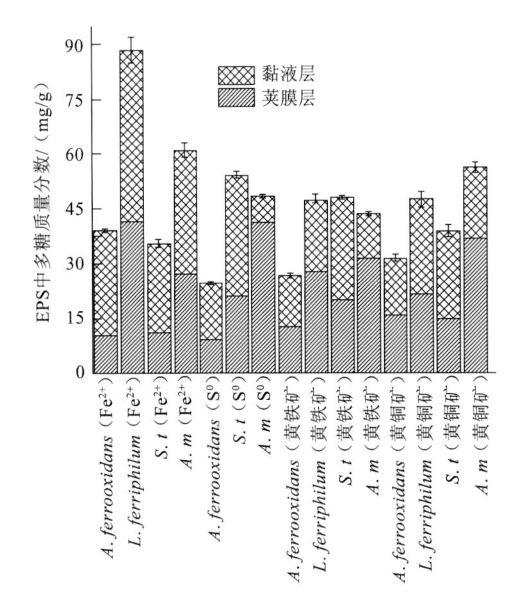

图 9.15　不同能源底物培养下四种典型浸矿菌的EPS 荚膜层和黏液层多糖含量

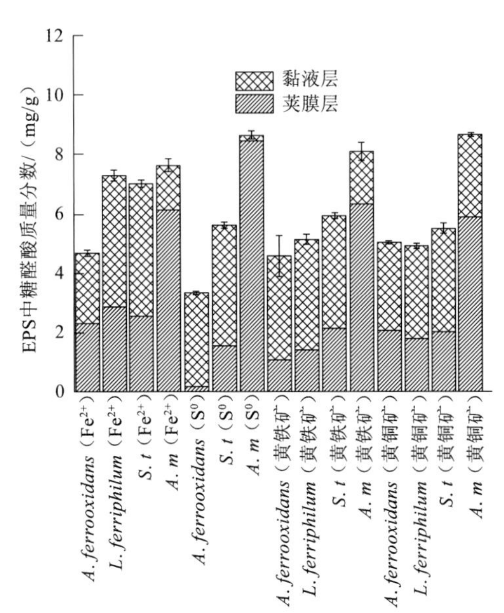

图 9.16　不同能源底物培养下四种典型浸矿菌荚膜层 EPS 和黏液层 EPS 糖醛酸含量

表 9.4　以 Fe^{2+}为能源底物培养的四种典型浸矿菌 EPS 中脂质物质组成类型及含量

脂质类型	质量分数/（mg/g）			
	A. ferrooxidans	*L. ferriphilum*	*S. thermosulfidooxidans*	*A. manzaensis*
$C_{12:0}$	0.05	0.01	ND	ND
$C_{14:0}$	0.01	0.04	0.01	0.18
$C_{15:0}$	0.01	0.30	0.47	0.24
$C_{16:0}$	0.98	1.17	1.00	1.28
$C_{17:0}$	0.10	1.14	1.45	0.37
$C_{18:0}$	0.01	0.03	0.54	0.63
$C_{19:0}$	0.19	0.02	0.06	0.10
$C_{20:0}$	ND	0.02	0.05	0.14
$C_{16:1}$	0.22	0.32	ND	ND
$C_{17:1}$	0.14	ND	0.06	ND
$C_{18:1}$	1.04	0.08	0.10	0.34
$C_{19:1}$	0.04	0.03	ND	ND
$C_{20:1}$	ND	ND	ND	0.08
长链 HCs	0.02	ND	0.06	0.26
多羰基环状 HCs	ND	ND	0.06	0.56
多羟基环状 HCs	0.06	0.02	ND	0.49
合计	2.92	3.19	3.58	4.68

注：ND 表示未检测到

由图 9.14 可知，EPS 黏液层中蛋白质含量均高于荚膜层中蛋白质含量。以 Fe^{2+}为能源底物培养的 *A. ferrooxidans* 总 EPS 中蛋白质含量远远小于其他菌，EPS 质量分数仅为（6.4±0.3）mg/g。对于以 S^0 为能源底物，中温菌总 EPS 中蛋白质含量明显高于中度嗜热菌和极端嗜热菌。对于以不同能源底物培养的 *S. thermosulfidooxidans*，以黄铁矿为能源底物中细胞总 EPS 中蛋白质含量最高，EPS 质量分数为（414.2±9.7）mg/g。对于以黄铜矿为能源底物时，嗜热菌 *S. thermosulfidooxidans* 和 *A. manzaensis* 总 EPS 中蛋白质含量基本相同，约为嗜中温浸矿菌的 2 倍。此外，以 S^0、黄铁矿和黄铜矿培养的 *A. ferrooxidans* 总 EPS 中蛋白质含量基本相同，但远高于 Fe^{2+}能源培养的 *A. ferrooxidans*。对于不同能源培养的 *S. thermosulfidooxidans* 和 *A. manzaensis* 而言，以黄铁矿为能源培养的 *S. thermosulfidooxidans* 和黄铜矿培养的 *A. manzaensis* 分别有着最高的蛋白质含量。这些结果表明蛋白质在 EPS 中处于主导地位。

浸矿菌 EPS 多糖含量分析（图 9.15）表明：最高 EPS 多糖含量出现在 Fe^{2+}中生长的 *L. ferriphilum*，达（88.4±3.6）mg/g；最低 EPS 多糖含量出现在固体能源底物（黄铜矿、黄铁矿和硫）中生长的 *A. ferrooxidans*。对于在黄铁矿中生长的四种菌，*A. ferrooxiadans* EPS 多糖含量最低；其他三种菌含量接近，大约是 *A. ferrooxiadans* 的 2 倍；*A. manzaensis* EPS 荚膜层多糖含量高于其他浸矿细菌。对于 *S. thersulfidooxidans*，其在所有能源中 EPS 多糖含量在黏液层中都显著高于荚膜层，其中在 S^0 中具多糖含量最高。对于 *A. manzaensis*，其在 Fe^{2+}中生长时 EPS 多糖含量最高，在 S^0 中 EPS 荚膜层多糖含量高于黏液层。

进一步对 EPS 糖醛酸含量分析（图 9.16）发现，EPS 糖醛酸含量最高出现在 S^0 中生长的 *A. manzaensis*，为（8.66±0.34）mg/g。对于不同能源底物培养的四种菌，*A. manzaensis* EPS 糖醛酸的含量最多，而 *A. ferrooxidans* 最少。对于 *A. manzaensis*，其在不同能源底物生长时，EPS 荚膜层糖醛酸含量都高于黏液层；而对于其他三种菌，这种现象刚好相反。

浸矿菌 EPS 脂质组成复杂多样，各组分相对含量不高，但呈现出一定的相关性和特异性（表 9.4）：嗜中温菌 *A. ferrooxidans* EPS 脂质含量最低，为 2.92 mg/g，低于中度嗜热菌（3.58 mg/g）；极端嗜热菌 *A. manzaensis* EPS 含量最高，达 4.68 mg/g。

这四种典型浸矿菌 EPS 脂质主要由 C_{12}～C_{20} 脂肪酸、链烃和带羟基或者羰基的环状物质构成（表 9.4）。其中，*A. ferrooxidans* EPS 脂质主要由棕榈酸、油酸和部分十九烷酸构成；*L. ferriphilum* EPS 脂质组分主要是棕榈酸、十七烷酸和少量的十五烷酸；*S. thermosulfidooxidans* EPS 脂质组分主要包括棕榈酸和十七烷酸；*A. manzaensis* EPS 脂质组分除包含棕榈酸和硬脂酸外，还有较多的烃类、带烃基和羰基的类固醇物质（表 9.5），这些物质可能在 *A. manzaensis* 适应高温的生长条件时起到了关键作用。

表 9.5　*A. manzaensis* 中多羟基/羰基环状化合物的化学结构式

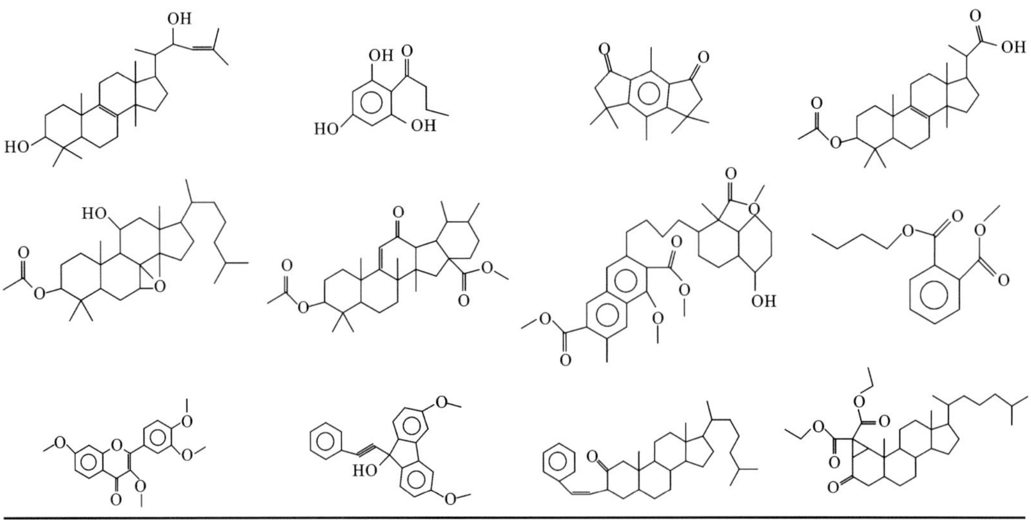

9.4　EPS 铁/碳赋存形态与能源底物的关联性

生物浸出过程很大程度上依赖于嗜酸铁硫氧化微生物对矿物的适应，在适应过程中，EPS 的分泌及矿物表面生物膜的形成起到重要作用。细胞表面碳的赋存形态可客观反映微生物–矿物相互作用过程中 EPS 中有机分子的组成及其键合状态；细胞表面铁的赋存形态可为解析微生物–矿物作用机制提供实验佐证。

基于分离纯化及组成测定等传统表征手段费时，且易受到氧化还原试剂的影响而使 EPS 组成发生变化。基于同步辐射（SR）的微区 X 射线荧光光谱（μ-XRF）和扫描透射 X 射线显微镜检（STXM）成像并结合 XANES 光谱等原位表征方法能有效分析典型浸矿菌细胞表面的铁/碳赋存形态，进而解析微生物–矿物相互作用过程中 EPS 的铁/碳赋存形态的动态变化，阐明细菌对能源底物的作用模式。

9.4.1　典型浸矿菌细胞表面铁赋存形态

盐酸处理能有效剥离细胞表面有机–无机壳层。通过 μ-XRF 测定细胞经盐酸处理前、后铁 K_α 的荧光强度，可间接反映不同能源底物培养细菌表面壳层铁的相对含量差异。图 9.17 显示四种不同温度特性的浸矿菌在含铁能源底物（Fe^{2+}、黄铜矿、黄铁矿）和 S^0 中生长时相对铁含量具有明显差异。其中，在 S^0 中生长的铁硫氧化菌（*A. manzaensis*、*S. thermosulfidooxidans*、*A. ferrooxidans*）铁含量非常低（0.014～0.019 a.u.）；而在含铁能源底物（黄铜矿、黄铁矿、Fe^{2+}）中，四种菌的细胞铁含量高得多（0.771～1.120 a.u.）。在含铁底物中生长的细胞经 6 mol/L HCl 处理之后，其铁含量显著减少；作为对照，与盐酸处理前 S^0 基质中培养的细胞相比，盐酸处理后的细胞铁含量变化不大。这些结果说明含铁底物中的细胞含有大量的铁，且主要键合在细胞表面。

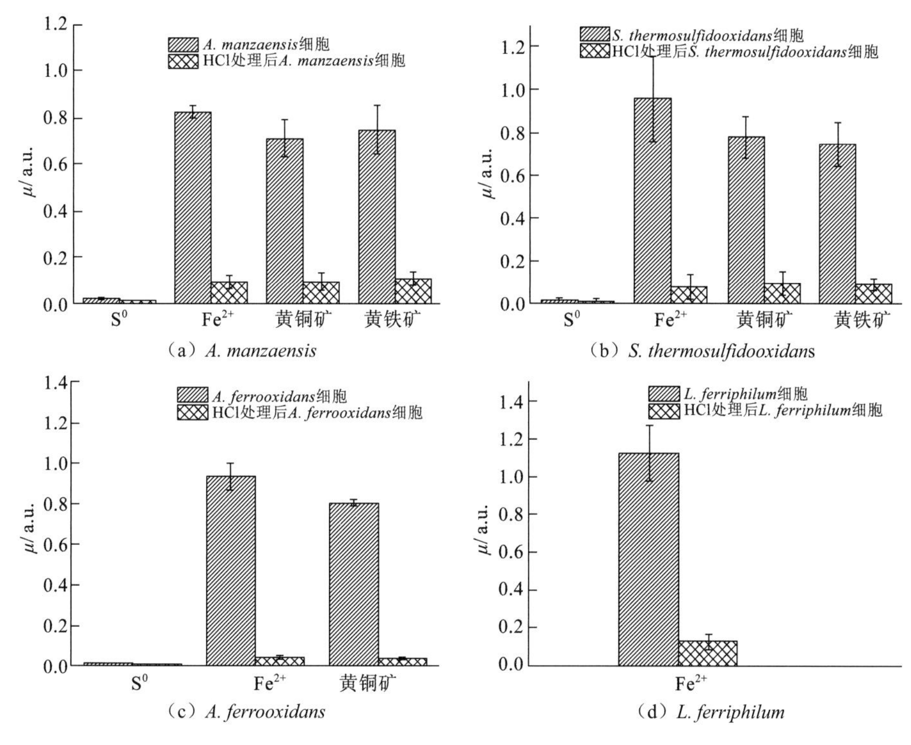

（a）*A. manzaensis*　（b）*S. thermosulfidooxidans*

（c）*A. ferrooxidans*　（d）*L. ferriphilum*

图 9.17　四种典型浸矿菌在不同能源基质中生长时细胞的 μ-XRF 强度

铁的 K 边 μ-XANES 光谱分析进一步给出了上述细胞样品铁的形态。选择 FeO 和 Fe_2O_3 的铁的 K 边 μ-XANES 光谱作为参考光谱（图 9.18）。以铁的 K 边 XANES 光谱吸收跃迁值作归一化，其跃迁范围的中间能量值为吸收边，用来反映铁元素形态的变化。细胞样品铁元素吸收边相对于标准样品的化学位移用来反映其形态变化，用$[Fe^{2+}]/[Fe^{3+}]$比值来表示，如式（9.1）所示，其中$[Fe^{2+}]/[Fe^{3+}]$的比值越低，表明 Fe^{2+}所占的贡献越小（曾昭权，2008）。

$$[Fe^{2+}]/[Fe^{3+}]=(\delta_{Fe_2O_3}-\delta_{unknown})/(\delta_{unknown}-\delta_{FeO}) \tag{9.1}$$

式中：$\delta_{Fe_2O_3}$、δ_{FeO} 和 $\delta_{unknown}$ 分别是 Fe_2O_3、FeO 和未知样品的吸收边。

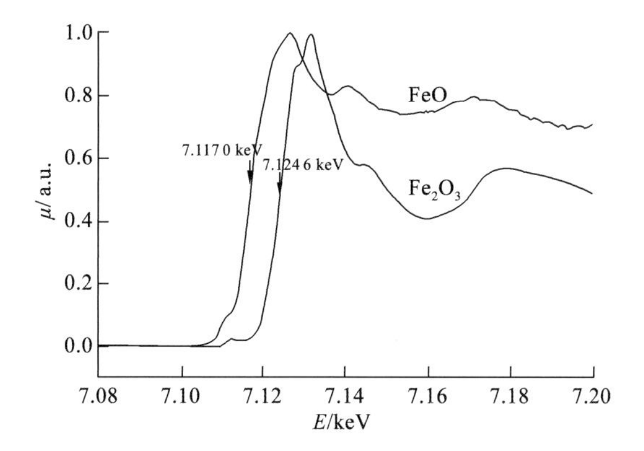

图 9.18　标准物质 FeO 和 Fe_2O_3 的铁的 K 边 XANES 谱

细胞铁的 K 边 XANES 光谱（图 9.19）和[Fe^{2+}]/[Fe^{3+}]比值结果（表 9.6）表明不同能源底物培养的嗜酸铁氧化菌的化学形态显著不同。其中，在 Fe^{2+}中生长的 *A. manzaensis* 细胞，经过盐酸处理后其[Fe^{2+}]/[Fe^{3+}]的比值比处理前显著下降；而在 $CuFeS_2$ 和 FeS_2 中，[Fe^{2+}]/[Fe^{3+}]的比值明显升高，这表明 *A. manzaensis* 在可溶性 Fe^{2+}与不可溶性的含铁矿物中，其铁形态明显不同。其他的嗜酸铁氧化细菌没有这种现象。

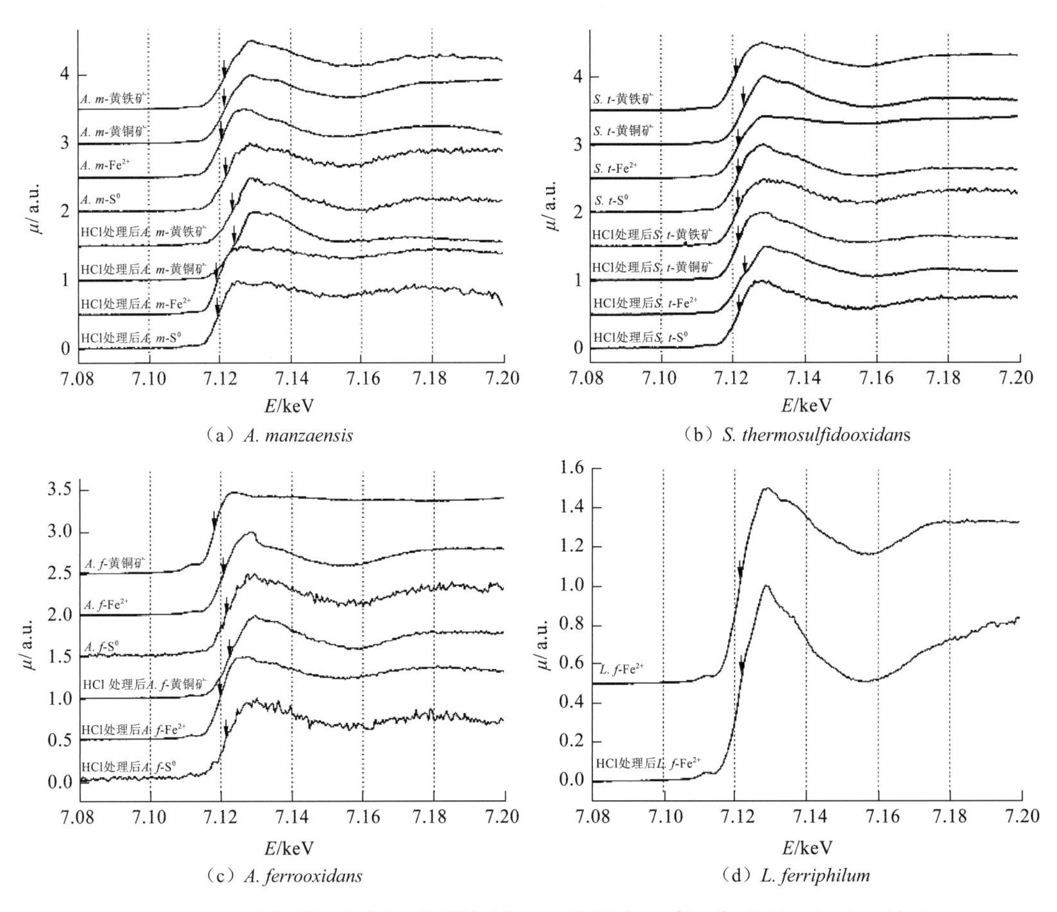

（a）*A. manzaensis*　　（b）*S. thermosulfidooxidans*

（c）*A. ferrooxidans*　　（d）*L. ferriphilum*

图 9.19　四种典型浸矿菌在不同能源基质（黄铜矿、Fe^{2+}、S^0、黄铁矿）中生长时细胞的铁的 K 边 XANES 谱

表 9.6　典型浸矿菌在不同能源基质生长细胞铁形态的化学位移和[Fe^{2+}]/[Fe^{3+}]的比值

样品	电子供体	HCl 处理	吸收边/keV	化学位移/eV	[Fe^{2+}]/[Fe^{3+}]比值
FeO			7.117 0	0	
Fe_2O_3			7.124 6	7.6	
A. manzaensis	$CuFeS_2$	−	7.121 7	4.7	0.62
	FeS_2	−	7.120 2	3.2	1.38
	Fe^{2+}	−	7.121 6	4.6	0.65
	S^0	−	7.121 8	4.8	0.58

续表

样品	电子供体	HCl 处理	吸收边/keV	化学位移/eV	$[Fe^{2+}]/[Fe^{3+}]$比值
A. manzaensis	$CuFeS_2$	+	7.119 7	2.7	1.81
	FeS_2	+	7.119 4	2.4	2.17
	Fe^{2+}	+	7.123 9	6.9	0.10
	S^0	+	7.123 5	6.5	0.17
S. thermosulfidooxidans	$CuFeS_2$	−	7.121 2	4.2	0.81
	FeS_2	−	7.121 7	4.7	0.62
	Fe^{2+}	−	7.122 7	5.7	0.33
	S^0	−	7.120 7	3.7	1.05
	$CuFeS_2$	+	7.121 4	4.4	0.73
	FeS_2	+	7.121 9	4.9	0.55
	Fe^{2+}	+	7.121 2	4.2	0.81
A. ferrooxidans	S^0	+	7.121 1	4.1	0.85
	$CuFeS_2$	−	7.121 3	4.3	0.77
	Fe^{2+}	−	7.120 7	3.7	1.05
	S^0	−	7.117 9	0.9	7.44
	$CuFeS_2$	+	7.121 3	4.3	0.77
	Fe^{2+}	+	7.119 7	2.7	1.81
	S^0	+	7.122 4	5.4	0.41
L. ferriphilum	Fe^{2+}	−	7.121 4	4.4	0.73
	Fe^{2+}	+	7.121 7	4.7	0.62

注：“−”，表示没有用盐酸处理；“+”，表示盐酸处理

进一步通过 STXM 成像技术和堆栈分析研究单细胞铁元素的分布和键合状态。用于 STXM 成像分析的两个能量值取在 Fe_3O_4 的 Fe 的 NEXAFS 光谱边前（*E*2：706.86 eV）和吸收边（*E*1：702.43 eV）上的能量值（图 9.20）。

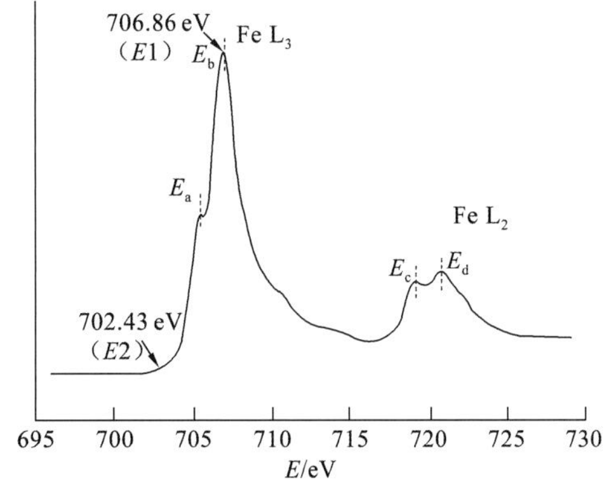

图 9.20　标准物质 Fe_3O_4 铁的 L_2 和 L_3 边 XANES 光谱

E_a、E_b、E_c 和 E_d 分别是铁的 L_2 和 L_3 吸收峰所对应的能量值

图9.21给出了原位表征了铁形态分布和对应的铁的面密度，可知 *A. manzaensis* 在黄铜矿、黄铁矿、Fe^{2+}和 S^0 基质生长时细胞铁面密度分别是 4.31×10^{-5}～23.25×10^{-5} g/cm^2 、 4.43×10^{-5}～20.24×10^{-5} g/cm^2、6.45×10^{-5}～24.06×10^{-5} g/cm^2 和 0.34×10^{-5}～0.46×10^{-5} g/cm^2。这些结果进一步表明，*A. manzaensis* 细胞在含铁底物（黄铜矿、黄铁矿和 Fe^{2+}）中含有较高的铁含量。

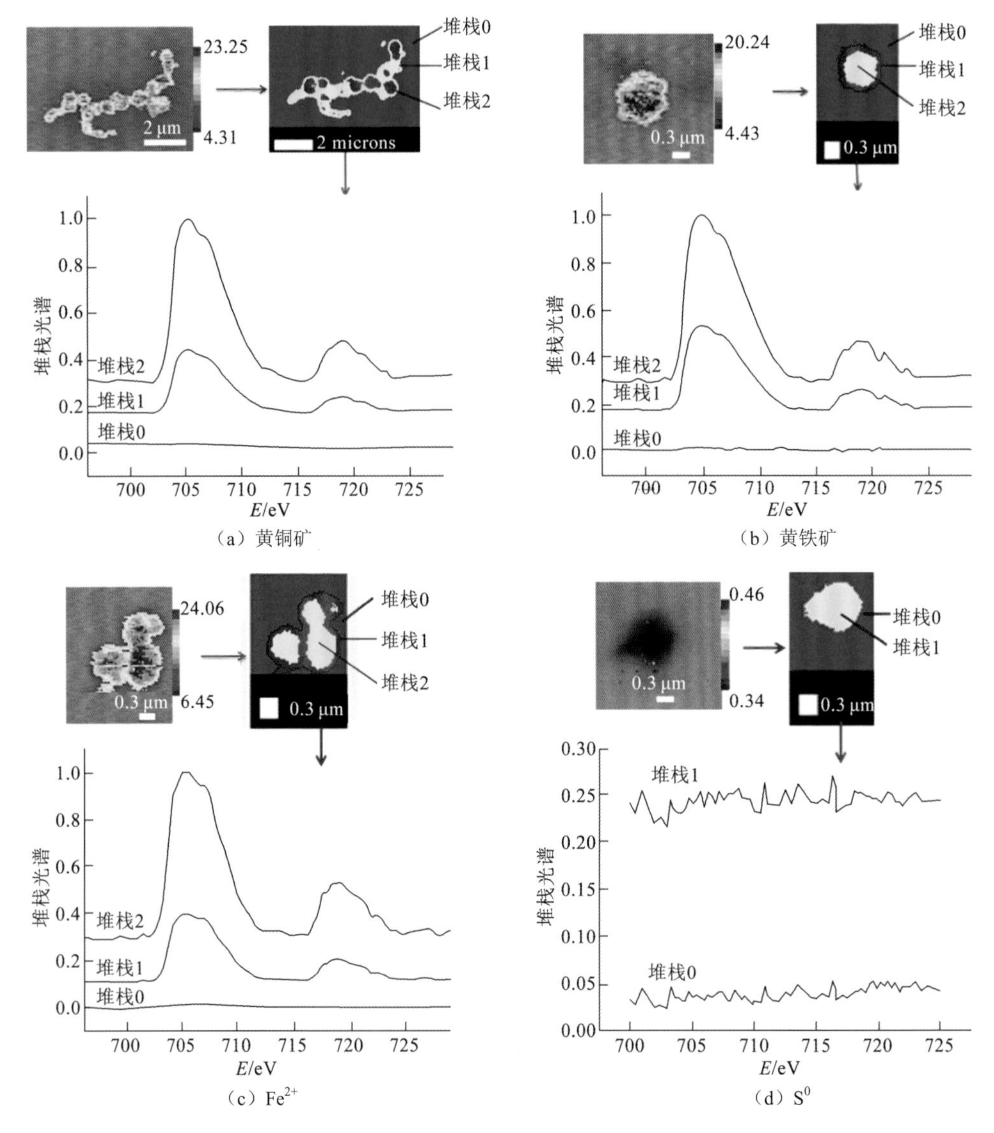

图 9.21　不同能源培养的 *A. manzaensis* 菌铁分布和形态

图（a）～（d）左上角 STXM 图的颜色标尺显示铁的面密度

XANES 堆栈谱清晰地显示含铁基质培养细胞的 Fe 的 L_2 和 L_3 边，但是含硫基质培养的细胞并没有明显的 XANES 光谱吸收峰。不同能源底物培养的 *A. manzaensis* 堆栈光谱的 L_2 和 L_3 边的能量值如表 9.7 所示。由表可知，对于某一种能源底物培养的 *A. manzaensis* 细胞，其堆栈光谱 1 和 2 中对应的 E_a、E_b、E_c 和 E_d 并没有显著区别，这表明对单个细胞而言，其铁形态的分布是均匀的，而且细胞不同部位铁形态没有显著区别；其中每个样品的堆栈光谱 1 和 2 的区别仅仅是由于其铁含量的不同导致。

需要特别注意的是，铁的 STXM 图和堆栈分析反映的是整个细胞的铁形态。进一步分析经 6 mol/L HCl 处理细胞样品的铁的形态和分布，发现在 Fe^{2+}培养的细胞经过酸处理后其铁面密度仅为 0.23×10^{-5}～0.56×10^{-5} g/cm^2，而且没有明显的堆栈光谱（图 9.22）；

表 9.7　不同能源基质培养的 *A. manzaensis* 细胞堆栈谱 L_2 和 L_3 吸收峰对应的能量

能源底物	堆栈区域	E_a	E_b	E_c	E_d
黄铜矿	堆栈 0	ND	ND	ND	ND
	堆栈 1	705.2	706.9	719.1	720.9
	堆栈 2	705.2	706.9	719.1	720.9
黄铁矿	堆栈 0	ND	ND	ND	ND
	堆栈 1	705.0	707.0	719.1	721.1
	堆栈 2	705.0	707.0	719.1	721.1
Fe^{2+}	堆栈 0	ND	ND	ND	ND
	堆栈 1	705.4	706.9	719.1	720.9
	堆栈 2	705.4	706.9	719.1	720.9
S^0	堆栈 0	ND	ND	ND	ND
	堆栈 1	ND	ND	ND	ND

注：①各堆栈光谱 E_a、E_b、E_c 和 E_d 对应于图 9.20 中铁的 L_2 和 L_3 吸收峰所对应的能量值；②ND 为未检测到

在黄铜矿和黄铁矿培养的 *A. manzaensis* 细胞经酸处理后也显示了相似的结果。这些结果表明在含铁基质中生长的 *A. manzaensis* 细胞的铁主要分布在细胞的表面。

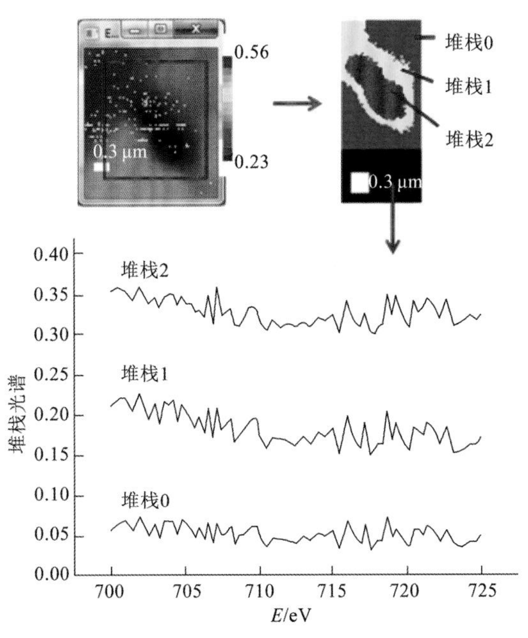

图 9.22　在亚铁能源基质中培养的 *A. manzaensis* 菌经盐酸处理后细胞铁的分布和形态

用含铁标准样品铁的 L 边 XANES 光谱（图 9.23）对图 9.21 中的堆栈光谱进行组成拟合，发现在三种含铁能源底物中，*A. manzaensis* 细胞表面都有黄钾铁矾、草酸亚铁、柠檬酸铁铵和氢氧化铁类物质（表 9.8），表明铁通过与氨基、羧基和羟基等基团键合到细胞表面，同时以黄钾铁矾类无机铁化合物赋存在细胞表面。

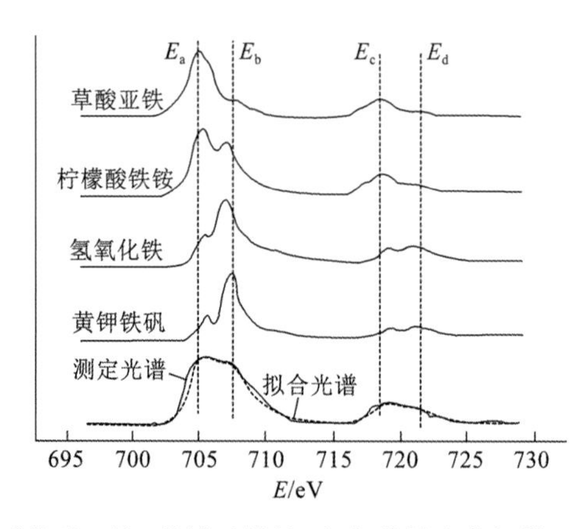

图 9.23 标准物质草酸亚铁、柠檬酸铁铵、氢氧化铁和黄钾铁矾及亚铁为能源基质培养的 *A. manzaensis* 细胞堆栈谱的拟合光谱

表 9.8 含铁能源基质培养的 *A. manzaensis* 细胞堆栈谱的拟合结果

能源底物	铁形态组成占比/%				R 因子/%
	黄钾铁矾	草酸亚铁	柠檬酸铁铵	氢氧化铁	
黄铜矿	17.0 (0.87)	45.4 (1.41)	21.1 (0.91)	16.5 (0.65)	0.082
黄铁矿	17.6 (0.66)	42.4 (1.17)	22.5 (0.83)	17.5 (0.76)	0.063
Fe^{2+}	13.8 (0.62)	48.7 (1.53)	15.8 (0.69)	21.6 (0.94)	0.088

注：括号中的数字表示标准误差

9.4.2 典型浸矿菌细胞表面碳赋存形态

通过碳的 K 边 XANES 光谱法分析细胞表面碳的赋存形态。图 9.24（a）（b）给出了四种能源底物中，*A.manzaensis* 细胞去除 EPS 前后碳的 K 边 XANES 光谱，发现这些光谱的主要吸收峰的位置和强度与去除 EPS 前显著不同［图 9.24（a）］，而与去除 EPS 后非常接近［图 9.24（b）］，说明在四种能源底物中细胞碳的 K 边 XANES 光谱差异主要来自胞外 EPS。

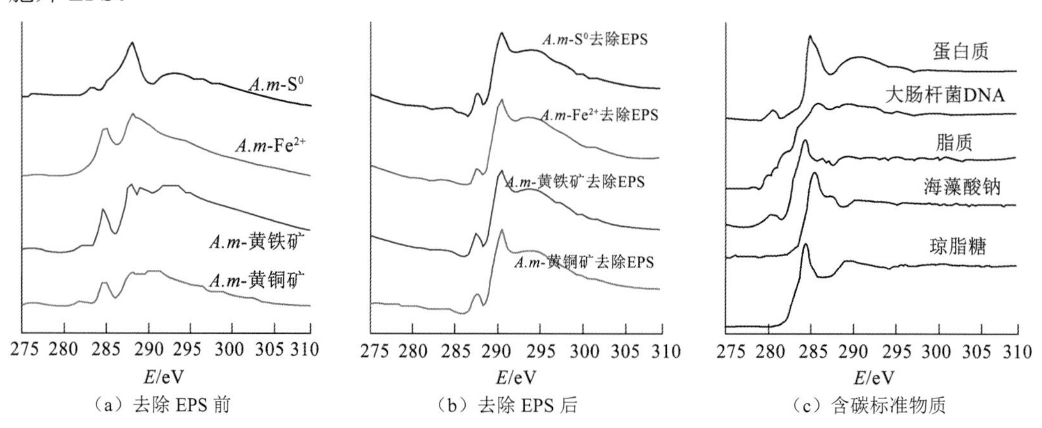

图 9.24 在四种能源底物（黄铜矿、黄铁矿、S^0 和 Fe^{2+}）中，*A.manzaensis* 细胞去除 EPS 前后碳 K 边 XANES 光谱及含碳标准物质碳的 K 边 XANES 光谱

与含碳标准物质（蛋白质、DNA、脂质、海藻酸钠、琼脂糖）碳的 K 边 XANES 光谱［图 9.24（c）］拟合，结果发现不同能源底物中生长的 *A. manzaensis* 细胞表面组分的含量变化很大（图 9.25）。其中，在 $FeSO_4$ 中生长的 *A. manzanensis* 细胞具有较高比例的蛋白质，而在 S^0 中生长细胞含有较多的脂质。与在 S^0 中生长的细胞相比，在黄铜矿和黄铁矿中生长的细胞具有更高的蛋白质含量但更少的多糖。去除 EPS 的细胞表面以多糖为主。在 $FeSO_4$ 中生长的细胞的 EPS 中蛋白质含量最高，占 EPS 总量的 64.3%，核酸和多糖分别占 21.2%和 13.1%。在黄铜矿和黄铁矿中生长的细胞的表面有机成分相似，蛋白质和多糖是最重要的成分，其中在黄铜矿中生长细胞分别占 31.2%和 21.5%，在黄铁矿中生长细胞分别占 46.6%和 17.7%。在 S^0 中生长的细胞，其表面多糖的含量略高于蛋白质，并且其脂质含量比在其他几种能源生长细胞含量大。

图 9.26 进一步给出了不同能源底物培养细胞表面活性基团的拟合结果。由图 9.26 可知，不同能源底物培养细胞表面活性基团的组成存在如下差异：羧基—C（—C═O）和 C—N/C—S 是在 Fe^{2+}中生长细胞表面有机碳的主要赋存形式；羧基—C 和 O—烷基—C（—C—O）是在 S^0 中生长细胞表面有机碳的主要赋存形式；O—烷基—C 和 C—N/C—S 是在黄铜矿和黄铁矿中生长细胞表面有机碳的主要赋存形式。此外，细胞表面都还含有少量的烷基—C 和—C—C 等基团。

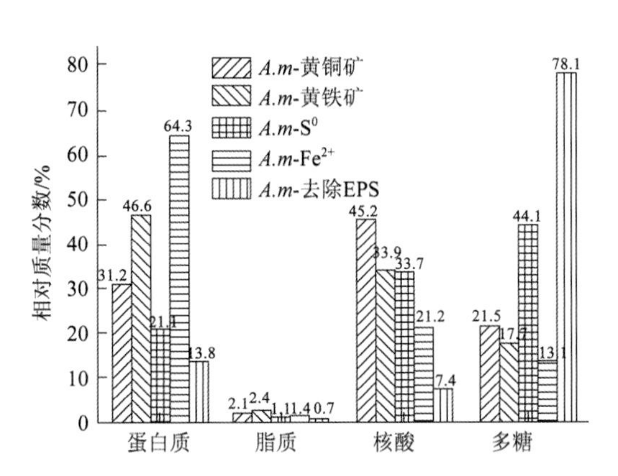

图 9.25　在四种能源底物（黄铜矿、黄铁矿、S^0 和 Fe^{2+}）中生长的 *A. manzaensis* 细胞和去除 EPS 的细胞典型有机物（蛋白质、脂质、核酸和多糖）的占其总有机物的相对含量（以碳形态质量分数计算）

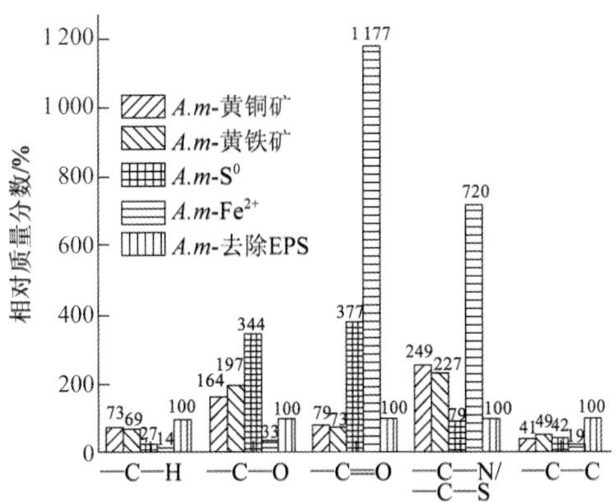

图 9.26　在四种能源底物（黄铜矿、黄铁矿、S^0 和 Fe^{2+}）中生长的 *A. manzaensis* 细胞和去除 EPS 的细胞典型官能团的相对含量（以碳形态质量分数计算）

去除 EPS 的细胞为参比，记作 100%

第 10 章　嗜酸氧化亚铁硫杆菌硫代谢相关特化细胞空间蛋白质

嗜酸硫氧化微生物对元素硫的氧化过程包括微生物对元素硫的吸附、活化与转运过程及细胞内的硫生物氧化过程。其中微生物对元素硫的吸附、活化与转运，不仅与其胞外和外膜蛋白质的结构与功能密切相关，也与其胞外物质的组分及元素硫的分子形态和底物亲疏水性等因素有关。细胞周质空间的硫生物氧化则主要取决于微生物硫氧化相关的酶系、作用途径和活性。针对典型嗜酸硫氧化微生物——嗜酸氧化亚铁硫杆菌（*Acidithiobacillus ferrooxidans*），通过比较空间蛋白质组学（comparative spatial proteomics）方法，筛选和鉴定不同特化细胞空间（胞外、外膜、周质空间）与硫氧化密切相关的蛋白质，分析这些蛋白质在不同环境条件下的差异表达，有利于了解 *A. ferrooxidans* 与环境相互作用时的生理代谢及基因表达特点，筛选和/或验证相关基因的功能，探寻某些未知功能蛋白基因的功能，为嗜酸硫杆菌元素硫活化–氧化模型的完善，以及生物冶金过程中含硫中间产物的微生物转化及效应的阐述奠定基础（杨云，2017；马亚龙，2017；彭安安，2012；张瑞永，2009；张倩，2009；张成桂，2008）。

10.1　嗜酸氧化亚铁硫杆菌细胞结构特征

A. ferrooxidans 分类上属于革兰氏阴性细菌，它拥有革兰氏阴性细菌的基本结构，包括胞外、外膜、细胞周质空间、内膜（质膜）及胞质等。

图 10.1（a）给出了革兰氏阴性细菌的细胞包被（cell envelope）结构（沈萍 等，2009；Mitchell，1961）。外膜结构疏松，是革兰氏阴性菌的重要结构，位于肽聚糖的外侧，其结构类似细胞膜，为液晶态的磷脂双层，除磷脂外还含有多糖和蛋白质。一些特异蛋白质镶嵌在外膜中，其中孔蛋白容许水溶性的小分子通过，以进行细胞内外的物质运输和交换。细菌胞外多聚物附着在外膜表面。革兰氏阴性细菌细胞周质空间中的肽聚糖薄层与细胞质膜之间的间隙较宽，与外膜之间的间隙较窄。细胞质膜包裹着细菌胞浆，由磷脂及蛋白质构成，膜上有多种呼吸酶，参与细胞的呼吸过程。肽聚糖层和外膜的内层之间通过脂蛋白连接起来。脂蛋白（lipoprotein）由类脂和蛋白质构成，类脂一端经非共价键连接到外膜的磷脂上，另一端由共价键连接到肽聚糖肽链中的二氨基庚二酸残基上，使外膜和肽聚糖层构成一个整体。

对于 *A. ferrooxidans* 而言，硫活化转运相关的蛋白质位于胞外及外膜细胞空间，硫氧化相关的蛋白质位于细胞周质空间，与硫氧化相关的呼吸链位于细胞质膜［图 10.1（b）］。

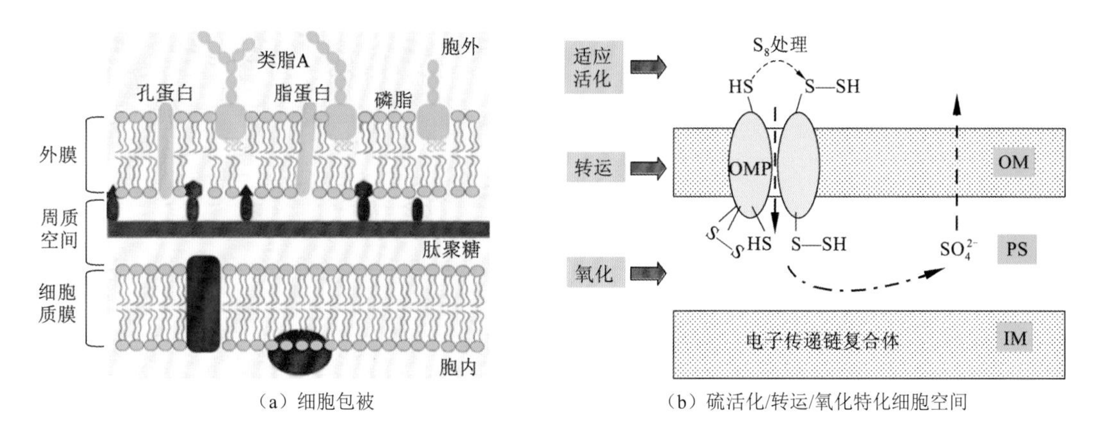

（a）细胞包被　（b）硫活化/转运/氧化特化细胞空间

图 10.1　革兰氏阴性细菌的细胞包被结构示意图（Mitchell，1961）和 *A. ferrooxidans* 硫活化/转运/氧化所涉及特化细胞空间

10.2　特化细胞空间比较蛋白质组学

特化细胞空间比较蛋白质组学，是指目标蛋白及其功能所涉及的特化细胞空间比较蛋白质组学。嗜酸铁氧化硫杆菌硫氧化过程相关的特化细胞空间比较蛋白质组学，是指针对硫活化、转运、氧化等过程所涉及的特化细胞空间，结合不同的能源底物（元素硫、硫代硫酸钠、Fe^{2+}等），选择性提取各过程对应的特化细胞空间蛋白质，开展比较蛋白质组学研究。相比全细胞蛋白质组学研究方法，采用特化细胞空间比较蛋白质组学方法筛选目标蛋白质具有简单、高效、准确度高等优势。

10.2.1　特化细胞空间蛋白质选择性提取

A. ferrooxidans ATCC 23270 胞外蛋白质（extracellular proteins，EPs）可采用热水浴法制备（Zhang et al.，2008b）。一般做法是，将悬浮在磷酸盐缓冲液（PBS）中的细菌细胞在 60℃水浴条件下缓慢摇动孵育 1 h。4℃下 10 000 r/min 离心 15 min 去除不溶性的菌体等物质，收集上清液，通过加入冷的丙酮从沉淀相中获得胞外蛋白质。

外膜蛋白质（outer membrane proteins，OMPs）和周质空间蛋白质（periplasimic proteins，PPs）可采用改良的 Triton X-114 双水相诱导分离法分离（Xia et al.，2009；Lee et al.，1996）。其具体做法如下，将用热水浴处理后的细胞悬浮于 PBS 中，加入 1 mmol/L 的蛋白酶抑制剂苯甲基磺酰氟（PMSF）和 1%的 Triton X-114，4℃缓慢摇动孵育 1 h。4℃下 10 000 r/min 离心 15 min 去除不溶性的菌体等物质，重复数次。取上清液在 37℃孵育 15 min，然后 3 000 r/min 低速离心 10 min 诱导含有疏水性蛋白质的表面活性剂相与含有亲水性蛋白质的水相分层。收集上层水相，即为含有周质空间蛋白质的溶液，加入冷的丙酮沉淀蛋白质。以原体积的 PBS 添加到下层表面活性剂相，分离操作三次。最后收集分离到的表面活性剂相，即为含有外膜蛋白质的溶液，加入 9 倍体积的无水乙醇，−20℃过夜沉淀蛋白质（彭安安，2012）。

10.2.2　双向电泳分离

图 10.2 给出了经透析处理、等电聚焦和 SDS-PAGE 展示后的 2-DE 电泳图。2-DE 图谱较为清晰地展示了分级分离的在元素硫［图 10.2（a）（b）（c）左］、亚铁［图 10.2（a）（b）（c）右］中生长的 *A. ferrooxidans* 胞外、外膜和周质空间蛋白质的概况。

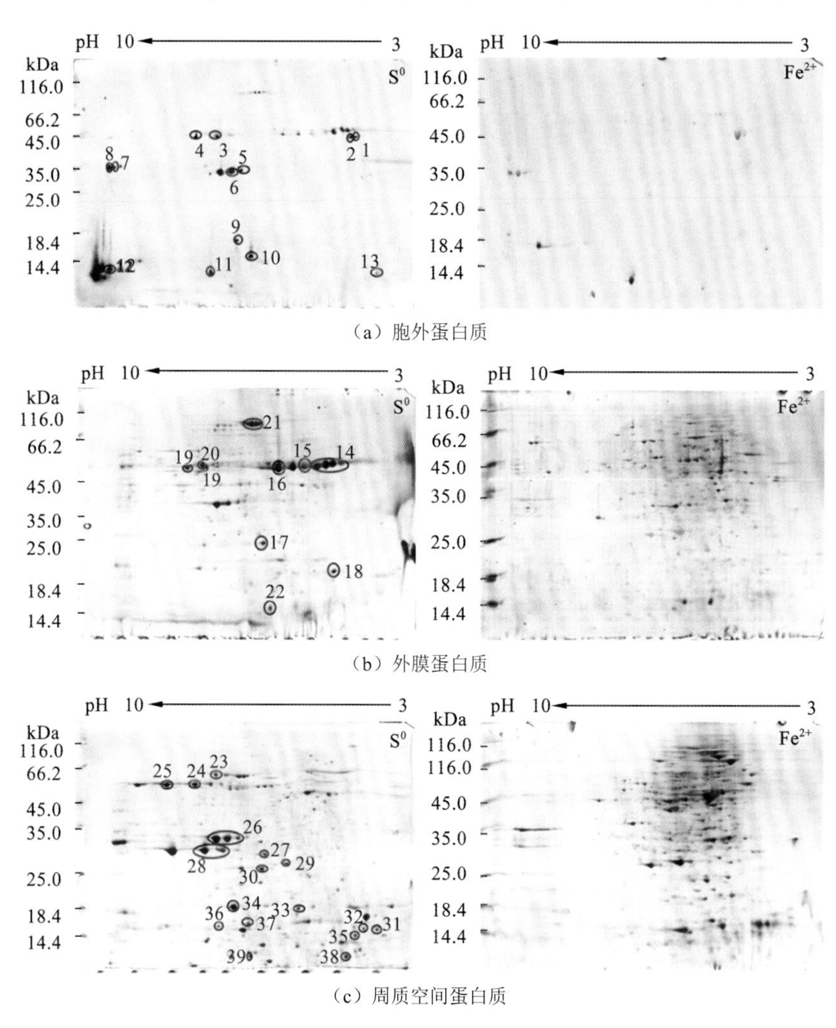

图 10.2　元素硫［(a)(b)(c) 左］和亚铁中［(a)(b)(c) 右］基质中生长的 *A. ferroxidans* 2-DE 图谱比较

以元素硫为能源底物生长的 *A. ferrooxidans* 蛋白质斑点与以硫酸亚铁为能源底物生长的细菌蛋白质点的位置和大小相差较大。其中，在元素硫中生长的 *A. ferrooxidans* 胞外蛋白质斑点灰度明显高于在亚铁中生长的细菌［图 10.2（a）]，表明在元素硫刺激下，相关蛋白质斑点对应的表达量明显上升。在元素硫中生长的 *A. ferrooxidans* 的外膜和周质空间蛋白质斑点分布较为均匀，且有在亚铁中生长的细菌 2-DE 图谱上相同区域和位置缺失或不明显的灰度值较高的蛋白质斑点出现；而在亚铁中生长的 *A. ferrooxidans* 的外膜和周质空间蛋白质斑点分布较为集中在酸性端，斑点数量低于单质硫中生长的细菌的蛋白质 2-DE 图谱，位置和灰度值差异也比较大［图 10.2（b）（c）］，这表明不同的能源基质诱导表达不同的周质空间蛋白质，*A. ferrooxidans* 菌在分别利用硫和铁为能源基质生长时，有各自不同的代谢机制。

以元素硫为能源生长的细菌表达蛋白质的种类较多表明了硫氧化的复杂性，这可能是由硫的价态多样、中间产物复杂引起的。以亚铁为能源生长的 *A. ferrooxidans* 菌的外膜蛋白质斑点数量虽多，但斑点之间量的差异较小，没有灰度值明显高于其他斑点的蛋白质出现，但以单质硫为能源生长的 *A. ferrooxidans* 菌的外膜蛋白质斑点却截然不同，这表明在这两种能源底物中生长时，物质进出细胞有着不同的模式。

比较图谱可发现，少数蛋白质斑点在相同能源基质中生长的细菌不同特化细胞空间的蛋白质 2-DE 图谱上重复出现，但灰度值明显不一样。这可能与一些结构复杂的横跨内外膜和周质空间的功能蛋白质有关，采用 10.2.1 小节所述的分级分离法选择性地分离细胞特化细胞空间蛋白质，能够使性质相近的定位于相应特化细胞空间位置的蛋白质在分离中得到一定的浓缩，从而提高蛋白质斑点筛选的可操作性。

10.2.3　归类及生物信息学分析

针对双向电泳所获得的目标蛋白质，通过激光解吸离子化飞行时间质谱进行测序，获得肽指纹图谱，再结合数据库（NCBInr、SwissProt 和中国生物医学分析中心特色数据库等）通过 Mascot 检索并鉴定（http://mascot.proteomics.com.cn/search_form_PMF.html）。

参考 NCBI（http://www.ncbi.nlm.nih.gov）和 TIGR（www.tigr.org）数据库公布的 *A. ferrooxidans* 全基因组序列数据，对上述鉴定的蛋白质进行功能分类。采用 Protparam 工具（http://web.expasy.org/protparam）在线分析蛋白质的等电点与分子量。通过在线服务器 SignalP 3.0（www.cbs.dtu.dk/services/signalP），TatP 1.0（www.cbs.dtu.dk/services/tatP）（Bendtsen et al.，2005），LipoP 1.0（www.cbs.dtu.dk/services/LipoP）和 SecretomeP 2.0（www.cbs.dtu.dk/services/SecretomeP）用神经网络法（neural network，NN）和隐马尔可夫模型（hidden Markov model，HMM）分析信号肽序列特征。用 PSORTb 3.0（http://www.psort.org/psortb）和 CELLO（http://cello.life.nctu.edu.tw）在线分析蛋白质的亚细胞定位（Hearn et al.，2009）。由 TMHMM 2.0 服务器（www.cbs.dtu.dk/services/TMHMM）和 THUMBUP 服务器（http://sparks.informatics.iupui.edu/Softwares-Services_files/thumbup.htm）在线分析开放阅读框中可能的跨膜区域（Zhang et al.，2008a；Chi et al.，2007）。

经过鉴定，共发现可能与元素硫的活化、转运和氧化密切相关的蛋白质 39 个，蛋白质斑点按识别的顺序依次编号为 1～39，如图 10.2 所示。值得注意的是，中间有部分表达量较高的蛋白质斑点对应鉴定结果为同一个蛋白质，表明该蛋白质有不同异构体存在，构象异构的差异导致了等电点（pI）的轻微差别。已鉴定蛋白质的名称和序列见表 10.1 和表 10.2（表中数字标识了图 10.2 中对应的蛋白质斑点位置）。

表 10.1　*A. ferrooxidans* 硫氧化相关差异蛋白质肽质量指纹数据库检索及生物信息学预测结果

蛋白质斑点	基因位点	NCBI 注释功能	TIGR 注释作用分类	理论分子量(kDa)/pI	信号肽预测	亚细胞定位预测	跨膜螺旋序列预测
1	*Afe_2239*	假定蛋白	无分类	36.71/4.63	Sec.	EX/OM	0
2	*Afe_2903*	保守假定蛋白	能量代谢：多糖生物合成和降解	28.36/5.04	其他	EX/CS	0
3	*Afe_2170*	多糖脱乙酰酶家族蛋白	能量代谢：多糖生物合成和降解	28.84/9.3	其他	EX/IM	1[a,b]
4	*Afe_0168*	假定蛋白	无分类	30.95/10.41	Non-classic.	EX/OM	1[a,b]
5	*Afe_0258*	假定蛋白	无分类	19.91/5.04	Sec./Tat.	EX/CS	0
6	*Afe_0416*	假定的菌毛蛋白	细胞膜，表面结构	17.68/5.09	Non-classic.	EX/PS	0
7	*Afe_1223*	假定蛋白	无分类	21.42/9.17	Non-classic.	EX/PS	0
8	*Afe_1748*	假定蛋白	无分类	20.85/10.2	Non-classic.	EX/PS	1[b]
9	*Afe_1234*	脂质蛋白，假定的	细胞膜	10.15/7.72	Sec./LipoP.	EX/PS	0
10	*Afe_0500*	保守假定蛋白	无分类	14.69/6.87	Non-classic.	EX/PS	0
11	*Afe_2051*	假定蛋白	无分类	7.31/9.93	Tat.	EX/PS	0
12	*Afe_1306*	假定蛋白	无分类	13.82/11.01	其他	EX/PS	0
13	*Afe_1125*	假定蛋白	无分类	11.96/7.76	其他	EX/CS	0
14	*Afe_1620*	假定蛋白	无分类	59.89/10.06	其他	CS/OM	0
15	*Afe_1740*	磷脂酶 D 家族蛋白	未知功能：特异性未知酶	50.93/9.41	其他	CS/OM	0
16	*Afe_2113*	VacJ 脂蛋白	细胞膜	30.04/6.97	Sec./LipoP.	EX/PS	0
17	*Afe_3163*	异分支酸丙酮酸裂解酶，假定的	能量代谢	12.64/5.74	其他	CS/OM	0
18	*Afe_0770*	TonB 家族蛋白	转运和结合蛋白:阳离子/铁载体化合物	19.91/ 5.04	Sec./Tat.	EX/OM	0
19	*Afe_1991*	保守的假定蛋白	无分类	47.67/8.41	Sec./LipoP.	EX/OM	1[b]
20	*Afe_1497*	保守的假定蛋白	无分类	48.71/8.67	Sec./LipoP.	EX/OM	0
21	*Afe_2998*	TonB 依赖型受体	转运和结合蛋白：阳离子/铁载体化合物	87.13/6.55	非经典	OM	1[b]
22	*Afe_2325*	假定蛋白	无分类	13.4/5.61	Tat.	CS/OM	1[a,b]
23	*Afe_0106*	组氨酸激酶感受器	调节功能：蛋白质相互作用信号转导：双组分系统	49.41/ 9.6	Sec.	IM/CS	2[a,b]
24	*Afe_0321*	RNA 聚合酶，β 亚基(rpoC)	转录：依赖 DNA 的 RNA 聚合酶	15.31/7.03	其他	CS/IM	0
25	*Afe_1418*	保守的假定蛋白	无分类	10.07/ 5.3	其他	PS/CS	0

续表

蛋白质斑点	基因位点	NCBI 注释功能	TIGR 注释作用分类	理论分子量(kDa)/pI	信号肽预测	亚细胞定位预测	跨膜螺旋序列预测
26	*Afe_0602*	阳离子 ABC 转运蛋白，周质空间的阳离子结合蛋白，假定的	转运和结合蛋白：阳离子和铁载体化合物	31.72/8.51	Sec./LipoP.	PS/CS	0
27	*Afe_2448*	重金属结合蛋白，假定的	转运和结合蛋白：阳离子携带化合物	6.94/5.17	其他	PS/CS	0
28	*Afe_0522*	肽酰脯氨酰顺反异构酶，PPIC-型	蛋白质命运：蛋白质折叠和稳定	28.00/9.24	Sec./LipoP.	PS/IM	1[a,b]
29	*Afe_0985*	抗氧化酶，AhpC-Tsa 家族蛋白	细胞过程：解毒	22.36/5.69	其他	PS/CS	0
30	*Afe_2982*	保守的假定蛋白	无分类	5.07/11.3	其他	PS	0
31	*Afe_1111*	假定蛋白	无分类	14.48/9.8	Sec.	PS/OM	0
32	*Afe_0657*	硫氧还蛋白（trx）	能量代谢：电子传递	11.96/4.59	其他	PS/CS	0
33	*Afe_2130*	毒力相关蛋白，假定的	细胞过程：发病机理	8.57/5.29	其他	PS/CS	0
34	*Afe_3283*	[Ni/Fe]氢化酶，小亚基	能量代谢：电子传递	38.71/6.75	Tat.	PS/CS	2[a], 3[b]
35	*Afe_3211*	ParB 家族蛋白	细胞过程：细胞分裂	31.81/6.62	Tat.	OM	0
36	*Afe_0674*	FeS 组装支架蛋白 IscU	辅因子、假体基团和载体的生物合成	15.08/5.33	Sec.	CS/PS	0
37	*Afe_2693*	I 型分泌系统 ATPase	蛋白质命运：蛋白质和肽的分泌和转运	80.08/9.12	Tat.	IM/OM	4[a,b]
38	*Afe_3031*	假定蛋白	无分类	16.37/5.93	其他	IM/PS	0
39	*Afe_2715*	乙酰转移酶，GNAT 家族	未知功能：特异性未知的酶	16.12/9.57	其他	IM/PS	0

注：a TMHMM 预测的蛋白质跨膜螺旋序列数；b THUMBUP 预测的蛋白质跨膜螺旋序列预测；表中，OM 为外膜；IM 为内膜；CS 为胞质；PS 为周质空间

表 10.2 在 *A. ferrooxidans* 被鉴定的蛋白质序列列表

蛋白质斑点	基因	蛋白序列
1	*Afe_2239*	MGTLNVQGVASGYAVWQDNKFAGSGNPGNKSASADISNGQVIIQKNSGLVQFYLQAGAY NVMSLGSNFVSTGTFTQNTFGALPVGYLEIAPTDNFNVQIGKLPTLIGAEYTFSYQNWNIE RGLLWGQENAVNKGIANYTMGPVTASVSWNDGFYSNRFNWVTGALTWAINKENSVFF QAGGNMGHTNFAYSSIATTPLQNNESIYDLGYTYTGENLLVTPYVQYTSVPASAVNAYS GITNGSNTSTIGAAVLADYSLTNTMSVAGRVEYIANSGNPNDGAANLTGFGPGSHAWSV TVTPTYQEGGFFARAELSYVDASMPTGFGWSGTSGVGGTQLRGMVEGGFMF

续表

蛋白质斑点	基因	蛋白序列
2	*Afe_2903*	MTYCLTTHVTGGLVFCSDSRTNAGTDNVSIYSKMHHFCWPGDRFLCLLSAGNLATTQGVV KRMQQDIDQDAEIHLLNLGSMAEAADYVGLINAEVQRNQANRDTANTNFEATFILGGQI GAEMPATYMIYPQGNYIHESSDHPFLQIGEIKYGKPILDRVVRPDLSLEAAARCALVSMN STMRSNVTVGPPVELLIYRANSLQVGRYLAFSEEDPFYRSIGERWSQGLLRALDDLPRFA WESAATNLTEETENGGR
3	*Afe_2170*	MRVVWQTVSLLVLFFAIPAWGSGTGRVVPILLYHRFGPVLRDAMTVRTMVFAAQMEYLRS HGYRIVPLKEVVAYIRGVGPPPPPHSVVITADDGHQSVYTDMFPLVQRYHIPVTLFIYPSAI SRASYALTWDELRIMHDSGLVNIQSHTYWHPNFKIEKKRLSPQAYEKFVAMQLEKSRAK LDQELGIKVDMLAWPYGIYNEELIKSAATAGYIAAFTMVRAPAGPSDNVMALPRYLVTD QDTGKTLGRLLTTDSG
4	*AFE_0168*	MPMGYDCLASARRNRCKRTMRDYKNQTSRPQVQEPRPPVPPRQRVTPEDDAEETPSPRAR HWPWVLLLLVIALSAGVWWWIAQIPIATGRPGLSRSGTEASTAATSRNNAAATGQKPPD SPATTRPSAPVPISAAALSSRGGPLTVATSAAASATSTAATRSGVDFNFYQILPAMHVDIP ADILGSGPGIPSAATASSTSVVHQPVTIQVGAFTNRAAAVVLRDRLALLGVSTQMEKAEA GDNSTLYRLRTNTFDSLAAAQPTLAKIRGMGITPLLLGSGIIGSGVNVPLSQSPAP
5	*Afe_0258*	MKDGNGILARILGVTALGLLAARPAWAEGAGLHVIQGGPAYFNAGIGAFNAAGVEPGPGH RGNATLPEIDLEYQSASKLFGIGALWGIVANTNGGFMGYTGFYSDIAWDHWVLTPVLGM GGYNQGRGKYLDGTFQFRLELSLAYQFADQSRLGIKIAHISNAYIANEDPGEDEVLLTYAI PLSFGDHS
6	*AFE_0416*	MSMLVKKAQARAEAGFTLIELMIVIAIIGILAAIAIPQYEQYIVTSKASGVVANFKNALSQST AAVAAAQAGQVTDLNTALNIAGSQDPAAAGNPAYTMGSSPSFCGQVGVDTGGTLNPTG TVNSTFTSQATGIIINVDSKDCASTNLKNAINSALTTTGYTAATASGVSVSPNGGVS
7	*Afe_1223*	MHYSGVTPQASVQHKNVALVTNVTNGTFKTTGCVMELTHKCRELTFSKKALTSNYDRLES SALQQSGALPTLAKNVPSSGWAVETDISTLAPNKYEAIVHYDLGKTLGMGLIPVVGLFTP HYYTMDVNLVDNVTIFHDGKAVWHDRTPVHMKKNISGSRFKIGGTHSEAAYKVYREAQ TSAVSQTMVGLGQAMSKSG
8	*AFE_1748*	MGIGSQCMARLPILAAIPFLLRCGRCRPGARGTRPGDLAGVLKYGTIPGRIAWRLMAQPAG PQRRQNQDQQPLELLDGFRVLCLHLNALCSHVLYIYTAPSQRHASVLPSSAFSGHSVSPG SSRPKAKSLLVHRNGCCSPAERPESFPRKSLQAENRVPDESAAHEDATRAANGCDPAPK AYVGGCAARQAGRGR
9	*Afe_1234*	MRKSSLFLLIGALALAGCANNPYASNGTTADTGGGALLGALAGAVIGNQTGSPLAGAAIGA GVGGLAGYAVGHNGSQPQYQQPQPGYSAPPANNPPCPAGYTCVPGN
10	*Afe_0500*	MNVKYSGQCLCGEISYSVDIEPMFTGNCHCKDCQRSSGSAFIPAMIFPEKNVAVSGEVKYF ESQADSGHMHKRGFCPNCGSQLFARFSNMPGVLGIKAGTLDDSSNYVPKLDFHVGSAAP DFMNPDLPKKKGSAQS

续表

蛋白质斑点	基因	蛋白序列
11	*Afe_2051*	MGPRSEPAARDLTFSRGACCVLTPRTGTHSTACAGSHHSGTRTHTRRAATHTGATVHTAG THACAACGRYGG
12	*Afe_1306*	MPTPETAHLRKMNQTSYFSFRKIGRIAGIISGCGYRTGFRTDEGRGRPADAKYQRQTPKSMP CSRQRKTPMQNALGLVGSGQKAQVSCGSTVTGIMGMSFRNAMHSSNLLPPYFSASLSAA KAIKRS
13	*Afe_1125*	MSKPTELTVHTVRSTKRGSDHYGSCEVCGNECSEHFVATNRRVSVRDDGQHILDGGTSGT YGHMHCLIQRFGNLVAQDSLQRDGNVLLFPQWAVDQIMTKSMGARRAV
14	*Afe_1620*	MNPKTSPSQTRKGRFLSSTETLDDQLSPDGSPRGHHRAVASRVHNKVHRVRGKQGSGAVR SLIRRLLPHAGSNFYKAPSSRGPALQHAGRRCTVKVSYVRSKGPDQWQAHGKYLSREGA QQDGEKGEGFDRDSDSVNLSSRLSSWQEENDPHLFKVILAPEDPLRPEALRDMTRRFNAR IQRQIGRDYEWAAIDHHNTSHPHVHLLIRGKGKLELEPDMIRRGMRAAAQEILTESLGYR SEREIQAARERELDQRRFTALDRGILDKATSAPQGGHLQGYSLVDESPPNLLNDKDRENR RLRLARLEKLVEIGVADKIGPNLWRLEPGWDKALKELQILQTRTKMLAEARALMTEPRC PPQVTKIRAGDRLVGRVLSTGLDEQYDRSFVLIEGVDNRAHIVYQTGSIEKARGRQDLGL RHLVALTGLDRGVAVKDYGIEIPDQGWKRTEIPEAALDDQLAHERRNPPKEMMDPTTGF AAEWHRRLLDRRKQKEKERALQKKRAREQAKPQRGSEIE
15	*Afe_1740*	MVTVIFRSKLEAFMAKNKFLYALLTLSMLMSGCASNLPNAERLAALPVTGPPEIQSNGREL PPAKSKALMDNLEKESGATSILTRQLKLMEEITGKPIIAGNEATLLTGPEAIAMMLEAIRG AKDNINLETYTFSNDKTGRKFASLLLQKQAEGVQVNLIYDSIGSIDTPAAFFRRLRAGGV NVIKYNPTDPFHRDHRKILVVDGKTAFTGGVNITSEEASSGEEKNAAKPWKDADVMIQG PAVAAFQRLFYDTWKRHKGPILPEQDYFPPLKKEGDDYVMAIGSRPGERNRLTYLMYYT AFSNAKNYIHVTAAYFVPNRAIINALTGAAMRGVDVQLILATEDDVPIAVYAGQSYYTH LLKSGVRIYQLKGRILHAKTAVIDGIWSTVGSTNLDMWSFANNKEVNAVIVGKDFAGKM EAMFENDLRNSKKITLKQWRKRSIFERFKESLARLFANWL
16	*Afe_2113*	MAVEVLLVLGLVWYGHSRPPINAVKPKDHVIAVQMMTLPQPPPKVLPKPLPKPVPPKPVLH HVTPPPPPPPHPKMAIPPKLAPTPPAPPVKTATPPTQIPQSVATPAPKPLVTPPPAPPPMSAQQ TASLMGRYVGLLRPMIQQNLHVPAELKAMGMSGKATVEFEISPTGQLLWAKIIQSSPLSA VNRAALAAVKDGGFPPFLKKMPKQNTVFQIDVEVGAGSS
17	*Afe_3163*	MNIERQVEPEACSGMDDVRREIDRIDRAIIAMLGKRFKYVIEASKFKTSEMSVRSPDRFKAM LEMRREWAQLEGLNPDAIAKMYSDLVNHFIEEEMKQWEIHQRTI
18	*Afe_0770*	MAVEVLLVLGLVWYGHSRPPINAVKPKDHVIAVQMMTLPQPPPKVLPKPLPKPVPPKPVLH HVTPPPPPPPHPKMAIPPKLAPTPPAPPVKTATPPTQIPQSVATPAPKPLVTPPPAPPPMSAQQ TASLMGRYVGLLRPMIQQNLHVPAELKAMGMSGKATVEFEISPTGQLLWAKIIQSSPLSA VNRAALAAVKDGGFPPFLKKMPKQNTVFQIDVEVGAGSS

续表

蛋白质斑点	基因	蛋白序列
19	*Afe_1991*	MKKPILAAILSATLAAPALSHAETLKDWLMQSQVSGNIRSYYFNQLYGGSSLPDKYAYSLG GMLRVQTAPVYGISAAVAFYTANDLGANDTGGGQSHLDPLLMGDRTSLNVLGQAYLQY QDPWVQLRVGNLLLNTPWMNPSDAFMIPSTFQAVAIRVTPIKNLQIIGIREFRFKNRIQAD YHRQTLLNFNDHYSYLPDNSIGTLAFGLKGRLMGVHATAWFYRFYGLTNMFYGTLGYT TPTLVGHFRPFADFQYDREWANGAQLAGPVNSTVYGGMAGIQGDFDGVTGQIFAAYDQ IPSRAVTLANGQTLYNGGFISPYTQQYSADPLYTSIMDYGLVDASASGHAWKFGFLLHPL RQVRIKYSYSMYDTAPYLPNVDANYLDVTYSPGGFWKGLSLRNRLALDHSNPYGGYHG TFIDDRLMLQYRFS
20	*Afe_1497*	MQKNILHLVTAASLMGAFNASAQAETLSQFFAKSHIDGQIRSYYFSRLYGTPNTVNAYAYS LAGRINVVTAPFLSGFRIGVSFYTANALGTQPSNPARIDKTLMGTSPSVNALGQAYLEYQ DKWITAKVGNQLVDTPWLNRVGGRVIPVTYQGVTLEAHPFSGLQLSALRMFRWKDRTT DQFYRDNLYYPGHYEGDSLYGGPNVLPAGTPPTNGALAFGAQYHAYHAETAAWFYQFD QFANMFYWSGHYALPTSFVLKPFVDAQFTREWGAGEAFASTGTTLFGQPGQGVNSTNW GVKAGFQFPDGSLWWGYDATELHAHALGGGAIISPYTIGYTADPLYVNSMIQGLVGVGP GHGWRVRAAYWVLPKQVQLTAGYSQFTTYFSGNSNWTHFNVSYFPQGMFRGLCLRDQ VEVGNGGAVGLFPGSGQHSFVYNRVMMTYQF
21	*Afe_2998*	MFTAILFALYPALDAVAYASTANNSDVSKSTPTEKVVKLREIKKKYEKILVGERNIASAMSV IGPDQIKHSSSAESIYSLLKQTPSVNEYQQNIGPGTPVMTVRGVRMSQLAQTLDGIPMTDL LSGGQGAYLSNNIGTVISNGQISGIHVYPGVAPPDRGGFATVGGTVSYTTKTPPKKRYADI FTKVGSFSTDTYGFDASSGKIPGTDGLRVYTRLSQTQTDGYIQNTPARYTDFLFTAIKPYD YGLSKVTGTVIYNTAHGYMISAPNAVAQLDKYGIFYNYPLSEASTLQRNQYLTAILGDST YINSHLVIGAKAFYIHKHSYLAGYLAPNLISESYPYQVNFNNPYSGYGPLPPTAASPGVIPH TYDPVAMFGSYPAGEAAQINISGNTTIGIAPKVNIFIPHNDITIGGLVAQETAGPGGGNYFY GTLDMPKIYGYNSYGNPSSPTNNKQQRTIYSGYLSDKINLLNNKLHIEPGVTITGVSTSNY VPVNQYGTPPQAYTLSNYDKEVLPYLGLSYDVTNKVIAYASYGKGARFAPVADYILGPS GSTTLAPGPETVNAYETGLRYVGKHLYLNFDGFLQNMHGMFSFYTNYLTGYSQYANIGE EQMKGLEFSGKYELNPEWTISGHVSYTNAQYMNSFSATVTPFEGQYGYVFAGNPLASVP NWLAGLRLGYHNHNFHAALMESYTGPQVTTYDLPPTESNPLLQDATTPNPGVKLAPYFL TNLQASYRVPIHQDHLSSITVSLNIDNLLDNHYYLHYYQAYKEYAFAGVGNPYAEAYPG MPRFIEVGLSGRFS
22	*Afe_2325*	MMNFENDGDNGMGYSALGIALLAGAVAGAVTALLFAPQTGDRTREQLRQQANRAWDR VVASRERINERVEELLDTIAIYSEELVQKGKELSDKERQRLNDGIALARGELDRLRRRLS RLD

续表

蛋白质斑点	基因	蛋白序列
23	*Afe_0106*	MGSWLPVRRGTLSMRSFWPRSTLGRTLLLLAVLLLGTQGAVYVLFHQYVLNPAAERFAEF LWQTDHALIAAGADHSAIGTLQWRSPQVMPGTPANNYFLRQSARYLARIAPGAALRVGP ADAHTTWMWIRGDYHQPWLGLRVSPMEFGGRGFMFIRLGIIALCTLLGAWIIVRQINRPL ARLAAEAPRIGRGDMPESLAPIGGPLEVRHLEQAITSMAKDLHRLHEERTLLLTGISHELR TPLSRLLLTLHLQDPDLLAGKAAMLVDVSEMDETIDKFLTLVRSGDEEKVIRVEVTDWV MEMAETGRERYGLEVQVEHAAEATALPPLRCRPLALERVFRNLFDNARRYGGGRLDVQ IIRHPDSTEIRLRDHGPGVPERDIEAMNSGTLPRQSGHGSGIGLRICRRIMALHGGTLRFAN ARTGGLIAKLAFPDHGTVAPGLATSSF
24	*Afe_0321*	MKDLLKLFKQNDQQEEFDAIRIGIASPDKVRSWSFGEVKKPETINYTFKPEREGLFCAKIF GPIKDYECLCGKYKRLKHRGVVCEKCGVEVTQARVRRERMGHIELASPVAHIWFLKS LPSRMGMILDMPLRDIERVLYFEAYVVVDPGVTALERGNILTEDQYLDALEEHGDEFA AKMGAEGIRDLLRGIPLTQEIEQIRNELRESNSDTKTKKLSKRLKILEAFEQSGNRPEWM IMEVLPVLPPDLRPLVPLDGGRFATSDLNDLYRRVINRNNRLKRLLELKAPDIIVRNEKR MLQEAVDALLDNGRRGRAISGPNKRPLKSLADMIKGKQGRFRQNLLGKRVDYSGRSVI VVGPELRLHQCGLPKKMALELFKPFIFNKLEERGLATTIKAAKRLVEQEKPEVWDILEE VIREHPVMLNRAPTLHRLGIQAFEPVLIEGKAIQLHPLVCAAYNADFDGDQMAVHVPL SLEAQLEARTLMMSTNNILSPANGEPVIVPSQDIVLGLYYVSQERADAKGTGGVFADA AEVRRAYETGNLGLHARITVRFRGERIDTTAGRALLGDILPEGLPFSVINRVLKKKVIGE LINTCYRRLGIKDTVIFADQLMYTGFRMATRAGISFGAGDMVTPLEKEGILARSEDEVK AIQAQYTSGLVTEGERYNKVVDIWSRATDEVAKAMMDRVSKDTVYLPDGSSVQQDSF NSIFMMADSGARGSAAQIRQLAGMRGLMAKPDGSIIETPITANFREGLNVLQYFISTHG ARKGLADTALKTANSGYLTRRLVDVTQDLVVVETDCGSEEGLPMTSLVEGGEIIEPLR DRLGRVVAEDVVHPNTGEIVIPRNTLLTERHLSQLDELGVDALKVRSPLTCRSRHGVC ALCYGRDLARGHLVNAGEAVGVIAAQSIGEPGTQLTMRTFHIGGAASRSAAQSSIDIKQ GGVFRYQPNLRLVTHSSGRHVVVGRNGEVTVTDEQGREKERYKVPYGATILVDDNAA VTAGRRVAEWDPHTRPIVSEVGGKISLKDAVEGASVAIQTDEITGLSTLVVIDAKQRPP QGRDLRPVISLLDEHGQDLKLPGTDLPARYFLPAKAIIAVHEGMEIHPGDILARLPVGTT KTRDITGGLPRVAELFEARRPKDFAVIAEHEGIIGFGKDTKGKQRLIITDESGEQHEYLIP KGRHVTVYEGERVSPGEQLVEGQPVPHDILRVLGVQALANYIVDEVQDVYRLQGVRIN DKHIEVILRQMLRRVEVTSSGDSTFIPGDQVDRARVEDENIALEAAGKELPRFTPMLLGI TKASLSTESFISAASFQETTRVLTEAAVSGKVDDLRGLKENVIVGRLIPAGTGLAYHEHR RRLNRGEPVLSLETAVPRDMPVSVSDTP
25	*Afe_1418*	MRAAAINLRALPEQRDLIDHAANLLGKNRSDFMLEAACERAQSVLLDQVFFGLDAEKFRQ FTAMLDAPPRGNEGLERLMAVKAPWESNQA

续表

蛋白质斑点	基因	蛋白序列
26	*Afe_0602*	MLTLIALCAGLGTAQVAAAATIHAVGIENQYANVISQIGGEYVSVTAIQSNPGTDPHAFEA SPAVARELAAAQLVVRNGVGYDGWVRKILRANRNAQRRVIVVQDLLHLPENTPNPHL WYKPETMPAVAQAVAASLTELDPAHAATFAANVRRFDASLKPWYHAIARFKARFGGT PVAVTEPVADYLLEAAGCDIKTPWKLQAAIMNGTDPAPQDVSAQNQLLQRHQVRVFV YNQQVTNSLTASFLSRAQAAKIPVVGVYETMPAGYHYQSWMLAEVNALRNAVEHGT STTVLK
27	*Afe_2448*	MSDIRLKITGMTCGHCVRAVTKALEGVSGVEKADVTLTPGEAVVHGQASAAALIAAVKEE GYDTAVQD
28	*Afe_0522*	MKLRAVILAATVSAFAIPAFAAPVATVNGAAIDNSEVQAIMSMSPALAKEPNAREQVVQNL VNMEVLSQYAVNHKLGQTADVKERLAMAKRQILADAAVEQYVKEHPIPETDIQNAYNK FVQAMGKKEFEVRHILVKTKTEADKIMGDLKAGQKFSALAEKYSIDKASAAHGGELGWI VPGMVVPPFAQAIETAPIDKPVGPVQTQFGYHVIEVQATRALTPPPLSAMKDRIKTQLQQ QEAAKFVSNLRSQAKINITK
29	*Afe_0985*	MAVLVGKAAPDFVAPAVMPDNSINEKFQFSQHIKGKYAVLFFYPLDFTFVCPSEILAFNHRL NEFKSRNTEVIACSVDSHFTHLAWKNTPEEKGGIGHIQLPMVADLSKSIARNYDVLLNDE VALRGSFLIDREGIVRHEVVNDLPLGRNIDEMIRMVDALQFSEEHGEVCPAQWQKGKAG MKPTSEGVADFLAHHGKEL
30	*Afe_2982*	MTILFAGGNGRHFLVFRVAGDSLSDVLRVLHDSMDLPRHLGQRNR
31	*Afe_1111*	MKDGNGILARILGVTALGLLAARPAWAEGAGLHVIQGGPAYFNAGIGAFNAAGVEPGPGH RGNATLPEIDLEYQSASKLFGIGALWGMPAPKSPACGKPQAALLMCALKGGNPGYESA WRVTLESGWNHQKLARPQSAISSPPILFHPLGWRESQCPLERGDGGMGFGGCNTEKTSQ LAVEIARLMREGAAGKEKARALLQAAMSAPAPGTLNGGNLAHRGAKRAG
32	*Afe_0657*	MSDAILYVSDDSFETDVLKSSKPVLVDFWAEWCGPCKMIAPILEEIADEYADRLRVAKFNI DENPNTPPQYGIRGIPTLLLFKAGKLEATKVGALSKAQLTAFLDSQL
33	*Afe_2130*	MEHATVFQINRSQAIRLPKSIAFPADVKRVEVVAIGRMRILVPAGESWESWFDGEGVSADF MESREQPAGQFREPL
34	*Afe_3283*	MDETILDAFRQNGLSRRAFLKFCAATASLLTLPPAAAAAMAEKLAGTLRPTVIYLSYQECT GCLESMTRSFSPTIEHLMFNNISLAFNDTLQAAAGEAAEAARKEAMRKAWGKYILIVDG AVPMGAGGAYCVAAGQSAVDDLRHAAQGAAAIIAVGTCAAFGGVPYAAPNPTGAVPV SEVIRDRPIINVSGCPPIPEVMTGVVVYYLSFGMPALDRQGRPLTFYGNSIHDRCYRRPFY DEGRFAHTFDDEGARNGWCLYELGCKGPVTYNACATLKWNQGTSFPIQSGHGCLGCSE PDFWDKGGFYRPLPAATGHWPRGEVLGGAALGGAVVGVGAAALARSRQHAVAKSAKE ASSPPPREDSHEH

续表

蛋白质斑点	基因	蛋白序列
35	*Afe_3211*	MKRVGLGRGLDALFASEGGAGAAMREVPLDVLQRGRYQPRGLISAESLEELTASIRSQGVV QPIVIRAIGGGRYEIVAGERRWRAAQLAGLSHIPAVVRECSDEQALAIGIIENIQRQALNPL EEAQALQRLLDEFGLSHEALAESLGRSRAAISNQLRLLRLCPDLHPHVENGALSAGHARA LLTLPDGRQVQIAERVVREALSVRATERLVQAEGRIKAPKAEPDANVAALSARIAARLGL PVDLRAQGRGGELRIRWENPEQEAALFQYLGVSLDDDESGYSALDGLHRRV
36	*Afe_0674*	MAYSEKVIDHYEHPRNVGALDKDDSGVGTGMVGAPACGDVMRLQIRVNGQGIIEDAKFK TYGCGSAIASSSLVTEWVKGKTLDEAMAIKNSQIAEELELPPVKIHCSVLAEDAIKAAVE DYRKKQGGASTAAQPEMAGAQAAH
37	*Afe_2693*	MTAEENHGGATGPAAQGKAGGIASSGLQCLALIAGYYQRPCNAEQLARALGMSEPILPLG KIILAAREVRLVAKAVQLKWTDLARQTYPVMAELRDGNYLVLARFENNRLVAVDPQRG QLILDEATLHQVWTGRVLLIKPRFEWNAAGQRFGLRWFIPIILKYRQPVIEVLVAAFVVQ MFGLAMPLFIQLVIDRVLVYHSLPTLDILAVGMLVVIAFETTLNVLKTLMMTHTTNRIDV TLGARLFAHVLRIPMRYFESRTVGSTVARVRELEVVRQFLTGPTLMAFIDVWFVGIFLVV LFFYSVRLTLVVLATIPFMVGISLLVFPILRRLLQERFDRGAENQSFLVETITGIQTVKALA VESRIYQRWEQSLSRYVMASYRVDRLAGVTGSLTQMIQRMGTLAILWVGVKLTLSGDIS VGELIAFQMISGQVTGPILRLAQLWQHFQQVGVSVSRMGDLMNTPAEPVIDIGKASPGSL HGRVTLENVHFRYTADGDEVLKGISFDIPAGSFVGIVGRSGSGKSTLAKMLQRLYLPDSG NVLIDGIDLRHVEPNWLRRQIGVVLQDNFLFSGTIRENIAMVYPEAPLDRIIAAAELAGAH EFISKLPDAYDTKVGERGDSLSGGQRQRIAIARALLGDPRILIFDEATSALDYESERIIWKN LSKICQGRTVFMAAHRLASIRSADIVLVLDDGRLAEYGAHQALMAQKGIYALLARDEAE EGA
38	*Afe_3031*	MDFDPAAVQAAVHLDAGLCHRWRREWGLLMDLAVWGELRSTQIGLPGKLRKRVLEFGE RLRSYGSDRSWIPHPREQIKNALSTSLQTRESLEKVSEIAGQFSNGADIAAFRTVWEALSA ALMADMVAREELLVRLLNQQYQEEV
39	*Afe_2715*	MPPAYRPRFFAGLVAYQTTQLQQAMGYSQEVAHDLAYHQIQGVQQDDAGLTHRHLVAAK WKKNIIGGAWYMAVPERASSLLWIMIEDAHRGQGHGRRLLAHVAEQARAAGATGLVLH VFTANTAAVTLYRKLGFSDIGKEMFLSW

由表 10.1 可知，未知功能蛋白质占了近一半（49%），细胞被膜（cell envelope membranes）类蛋白质主要来自胞外和外膜，能量代谢（energy metabolism）类蛋白质主要来自周质空间，转运结合（transport and binding proteins）类蛋白质主要来自外膜和周质空间［图 10.3（a）］。

综合用信号肽在线分析工具基于神经网络法和隐马尔可夫模型两种算法分析筛选的蛋白质对应的序列可发现，表 10.1 所示已鉴定的 39 个在细胞以单质硫为能源生长时表达上调的蛋白质中，有 12 个具有经典的 Sec.型信号肽（其中 6 个同时具有 LipoP.信号肽，一个同时具有 Tat.信号肽）；另有 6 个具有 Tat.型信号肽，以与经典途径不同的双精氨酸途径（Twin-arginine，Tat)分泌到周质空间和细胞胞外；此外，还有 6 个非经典和 15 个其他途径分泌蛋白质（Mori et al.，2001）[图 10.3（b）]。

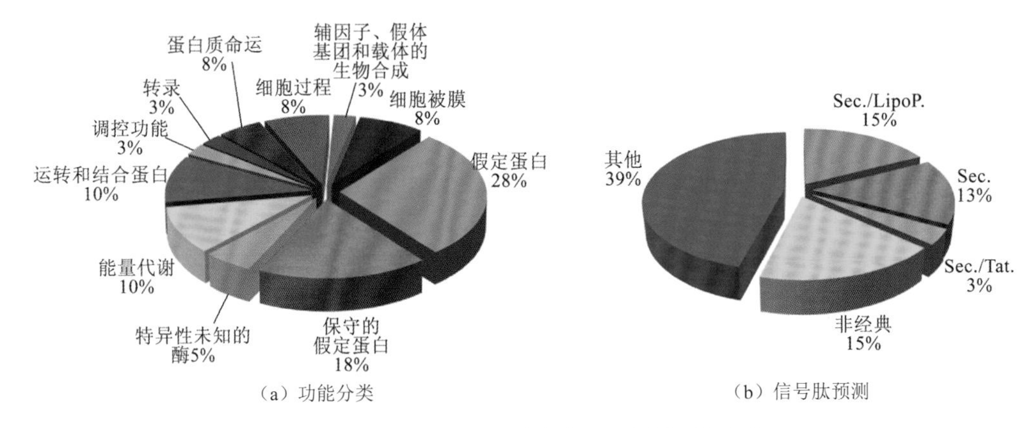

图 10.3 *A. ferrooxidans* 硫氧化相关蛋白质统计图

由表 10.2 序列结果可知，在单质硫中 *A. ferrooxidans* 菌表达明显上调的 39 个蛋白质中，约 70%含有半胱氨酸残基，其中有部分蛋白质中半胱氨酸丰度较高，含有一两个-CXXC-基序，作为蛋白质氧化还原活性中心（Leichert et al.，2006）。这些蛋白质大部分来自细胞包被，其半胱氨酸活性巯基在元素硫活化–氧化过程中起重要作用（Schippers et al.，1999）。

其他重要的相关蛋白质包括：菌毛蛋白（AFE_0416）、未知功能蛋白质（AFE_1620）、I 型分泌系统 ATP 酶（AFE_2693）、保守的未知功能蛋白质（AFE_1991 和 AFE_1497）、TonB 家族蛋白（AFE_0770）、TonB 依赖型受体蛋白（AFE_2998）、硫氧还蛋白（AFE_0657），AhpC-Tsa 家族蛋白（AFE_0985）、重金属结合蛋白（AFE_2448）、含有铁硫簇的[Ni/Fe]氢化酶小亚基蛋白（AFE_3283）和铁硫簇组装支架蛋白（AFE_0674）。

对于 AFE_1620，在 Genbank 数据库中比对发现，其序列与同一物种（*A. ferrooxidans* ATCC 53993）已经得到注释的 IV 型分泌途径的 VirD2 菌毛类似蛋白序列高度同源；而在 Pfam 蛋白质家族数据库中比对发现，该蛋白质与亚硫酸盐输出（Sulfite exporter TauE/SafE）家族蛋白质亲缘关系较近，并且具有一个功能未知的结构域（domain of unknown function）DUF3363。菌毛蛋白 AFE_0416，可能与细菌对疏水性元素硫的吸附及生物膜的形成等有关。

对于 AFE_2693，I 型分泌途径在 *A. ferrooxidans* 菌以单质硫为能源生长时比较活跃，主要负责转运离子、药物分子及分子量在 20～900 kDa 的蛋白质。

对于 AFE_1991 和 AFE_1497，其序列与 *A. ferrooxidans* ATCC 53993 的外膜孔蛋白 OprD 家族高度同源。OprD 家族蛋白质具有典型的 β-桶结构，定位于膜上，是代谢物质进出细胞的特异性通道（Hancock et al.，2002）。AFE_1991 和 AFE_1497 表达量上升，表明该蛋白质可能与元素硫代谢物质进出细胞周质空间有关。

对于 AFE_0770 和 AFE_2998。TonB 依赖型受体是定位于革兰氏阴性细菌外膜上的β-桶蛋白质。TonB 复合体感受细胞外界的信号刺激，并将其通过两层膜转导到胞质中，启动相关基因的转录激活。TonB 是一种活跃的转运蛋白。TonB 蛋白将膜上的质子动力势传递到外膜主动运输蛋白（Larsen et al.，2003）。大肠杆菌中，TonB 蛋白与外膜上的受体蛋白作用，这些受体蛋白往往具有对底物的高亲和力，或者具有消耗能量特异性将底物摄入周质空间的功能（Chimento et al.，2003）。AFE_0770 和 AFE_2998 表达量上升，表明元素硫进入细胞周质空间的过程与主动运输有关。

对于 AFE_0602，属于 ABC（ATP-binding cassette）跨膜转运蛋白家族。该家族的蛋白质一般具有一个 ATP 结合域，通过六个跨膜螺旋形成一个物质跨膜通道，靠 ATP 水解提供能量进行运输（Basavanna et al.，2009）。ATP 转运蛋白在革兰氏阴性细菌的抗性、物质吸收、蛋白质分泌、吸附、应激、压力胁迫下的生长等方面都具有重要作用（Basavanna et al.，2009）。

对于 AFE_0657，作为抗氧化剂通过半胱氨酸巯基/二硫键间的交换协助其他蛋白质的还原，防止氧化应激压力，是谷胱甘肽（GSH）系统的补充（Hansen et al.，2006）。

对于 AFE_0985，主要参与细胞的脱毒作用，作为抗氧化剂防止细胞过程活动中所产生的一些活性硫对细胞的氧化损伤。对于 AFE_2448，可与金属离子形成复合体从而降低重金属对细胞的毒害作用。

对于 AFE_3283 和 AFE_0674，铁硫簇在 *A. ferrooxidans* 的硫酸盐还原、硫化物氧化和生物硫循环中有重要作用（Zheng et al.，2009）。

此外，蛋白质 AFE_0321（依赖 DNA 的 RNA 聚合酶，β 亚基）、AFE_3211（ParB 家族蛋白）、AFE_0522（肽酰脯氨酰顺反异构酶，PPIC-型）和 AFE_2715（乙酰转移酶，GNAT 家族），分别与蛋白质的转录翻译过程、细胞分裂增殖过程、蛋白质的加工修饰等生理过程相关，当 *A. ferrooxidans* 从亚铁基质中转移到单质硫基质中生长时，这些蛋白质表达量明显升高，表明这些蛋白质相关的细胞功能在细菌氧化代谢硫元素时得到了明显加强。

10.2.4　硫氧化相关蛋白质功能验证

利用 RT-qPCR 对硫氧化相关蛋白质功能进行验证。图 10.4 和表 10.3 分别给出了所选蛋白质基因普通 PCR 产物的琼脂糖凝胶电泳和 RT-qPCR 结果。

由图 10.4 可知，其片段大小符合预期。产物经测序并在 NCBI 中进行序列 BLAST 比对分析，相似性达到 99%以上，证明引物特异性良好。以 16S rRNA 基因作为内参校正 RT-qPCR 操作中的系统误差和随机误差，以亚铁氧化酶基因（*rus*）为参照，并用 t-检验 *p* 值进行统计学显著性检验，通过 RT-qPCR 方法验证了双向电泳结果，由表 10.3 可知，筛选到的蛋白质对应的基因在转录水平上均显著表达上调，表明这些蛋白质与 *A. ferrooxidans* 硫代谢密切相关。

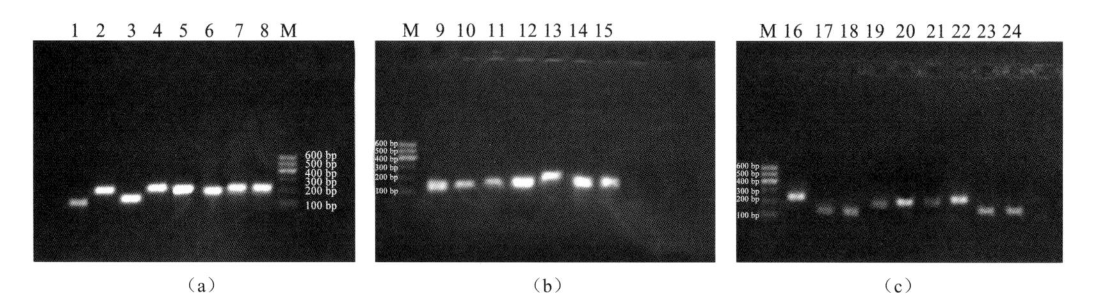

图 10.4　目的片段 PCR 扩增产物的琼脂糖凝胶电泳结果

M 为 DNA marker（天根 Marker I，分子量 100～600 bp）；1～8 代表选定的胞外蛋白质基因的扩增产物片段（1—*Afe_2051*；2—*Afe_0416*；3—*Afe_0258*；4—*Afe_1306*；5—*Afe_0500*；6—*Afe_0168*；7—*Afe_2170*；8—*Afe_2239*）；9～15 代表选定的胞外蛋白质基因的扩增产物片段（9—*Afe_1991*；10—*Afe_3163*；11—*Afe_1497*；12—*Afe_2998*；13—*Afe_1260*；14—*Afe_2325*；15—*Afe_2113*）；16～22 代表选定的周质空间蛋白质基因的扩增产物片段（16—*Afe_0602*；17—*Afe_3283*；18—*Afe_0657*；19—*Afe_0985*；20—*Afe_1111*；21—*Afe_3031*；22—*Afe_3283*）；23～24 代表参考基因 *rus* 和 16S rRNA 的扩增产物片段（23—*Afe_3146*；24—*Afe_2854*）

表 10.3　所选基因以硫（S）和亚铁（Fe^{2+}）为能源底物时 RT-qPCR 差异表达结果

基因位点		NCBI 注释功能	$\log_2(S/Fe^{2+})\pm SD$
胞外蛋白质基因	*Afe_0168*	假定蛋白	3.03±0.56
	Afe_0258	假定蛋白	7.59±0.73
	Afe_0416	菌毛蛋白，假定的	4.61±0.47
	Afe_0500	保守的假定蛋白	7.14±0.57
	Afe_1306	假定蛋白	2.87±0.43
	Afe_2051	假定蛋白	1.42±0.63
	Afe_2239	假定蛋白	4.28±0.54
	Afe_2170	多糖脱乙酰酶家族蛋白	7.74±0.34
	Afe_2903	保守的假定蛋白	2.29±0.27
外膜蛋白质基因	*Afe_3163*	异分支酸丙酮酸裂解酶，假定的	13.09±0.93
	Afe_1991	保守的假定蛋白	14.21±0.63
	Afe_1497	保守的假定蛋白	12.03±0.83
	Afe_2998	TonB 依赖性受体	9.08±0.50
	Afe_2325	假定蛋白	9.58±0.72
	Afe_1620	假定蛋白	9.47±1.27
	Afe_2113	VacJ 脂蛋白	3.62±0.58
周质空间蛋白质基因	*Afe_0602*	阳离子 ABC 转运蛋白，周质空间的阳离子结合蛋白，假定的	3.94±0.48
	Afe_0985	抗氧化酶，AhpC-Tsa 家族	8.43±0.87
	Afe_1111	假定蛋白	7.06±0.61
	Afe_0657	硫氧还蛋白（trx）	7.41±0.78

续表

基因位点		NCBI 注释功能	$log_2(S/Fe^{2+})\pm SD$
周质空间蛋白质基因	*Afe_3283*	[Ni/Fe]氢化酶，小亚基	5.51±0.96
	Afe_0674	铁硫族组装支架蛋白 IscU	3.76±0.55
	Afe_3031	假定蛋白	6.55±0.61
参考基因	*Afe_2854*	16S rRNA	0
	Afe_3146	铜蓝蛋白	−1.84±0.22

10.3　元素硫活化/氧化机制

10.3.1　元素硫活化/氧化相关蛋白质

1. 谷胱甘肽还原酶

元素硫的活化依赖于低分子量硫醇（如谷胱甘肽，GSH）的存在，低分子量硫醇将元素硫的活化（$GSH+S_8 \longrightarrow GS_9H \longrightarrow \cdots \longrightarrow GS_nH$）转运到细胞周质空间，作为硫双加氧酶的底物，整个过程如图 10.5 所示。在这个过程中，低分子量硫醇扮演着催化剂的角色（Silver et al.，1968；Suzuki，1965）。Rohwerder 等（2003b）用嗜酸细菌细胞为研究对象，发现依赖于 GSH 的硫双加氧酶（SDO）的真正底物为 GSSH[式（10.1）～式（10.3）]。

$$S_8+GSH \longrightarrow GS_9H \longrightarrow \cdots \longrightarrow GS_nH+\frac{9-n}{8}S_8 \tag{10.1}$$

$$GS_xH+GS_yH \longrightarrow GS_{x+y-1}G+H_2S, \qquad x>1, y>1 \tag{10.2}$$

$$GSSG+O_2+H_2O \xrightarrow{SDO} GSH+SO_3^{2-}+2H^+ \tag{10.3}$$

元素硫（环状 S_8：在自然条件下，最稳定的状态）在细胞外，被利用之前已经由环状硫转变为能被微生物利用的活化形态的线状硫。在细胞内，元素硫氧化为亚硫酸盐的生物化学过程不仅是依赖于 GSH 的二硫键的还原反应，同时也是再生 GSH 的过程（图 10.5）。

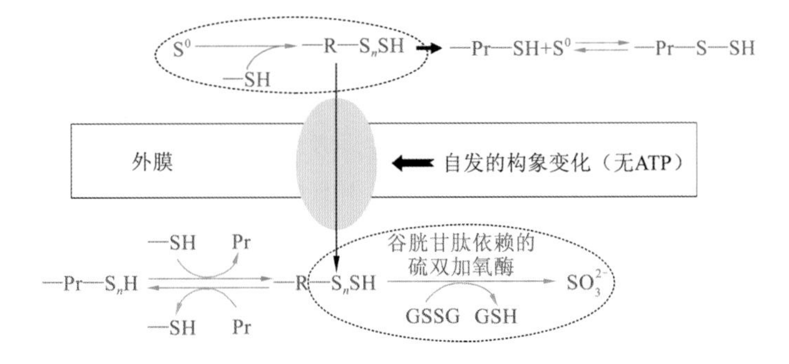

图 10.5　GSH 在嗜酸硫杆菌硫生物氧化过程中的作用机制

Pr 指蛋白质；圆圈中为 GSH 在硫生物氧化过程中涉及的关键反应

在细胞内，毫摩尔级的GSH 负责稳定细胞内相对较低的氧化还原潜能及细胞还原性的内环境。而细胞内谷胱甘肽还原酶和 NADPH 的共同作用，维持细胞内[GSH]/[GSSG]高浓度比，保证了细胞内还原性 GSH 处于一定的含量，进而保障细胞内还原性环境。

1）*A. ferrooxidans* 中谷胱甘肽还原酶基因的克隆与表达载体的构建

图 10.6 给出了谷胱甘肽还原酶基因（*gr*）经 PCR 扩增之后的琼脂糖凝胶电泳图。PCR 扩增产物经 1%的琼脂糖凝胶电泳分析，有相应大小的条带出现［图 10.6（a)］。该基因全长为 1 350 bp，编码 449 aa。重组载体 pET28a-*gr* 成功地转入 *E. coli* BL21 后，经提取重组质粒 pET28a-*gr* 及用 *Bam*H I 和 *Hin*d III 双酶切产物的电泳，证实了目的基因的成功插入［图 10.6（b)］，又经测序验证，序列在克隆过程中没有发生碱基突变，在插入到表达载体过程中没有发生移码突变。

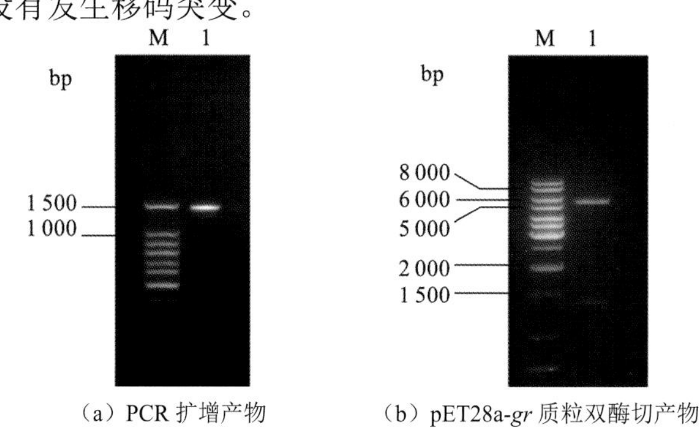

（a）PCR 扩增产物　（b）pET28a-*gr* 质粒双酶切产物

图 10.6　*gr* 基因 PCR 扩增产物及 pET28a-*gr* 质粒双酶切产物的琼脂糖凝胶电泳图

M 为 DNA marker

2）表达产物的 SDS-PAGE

对已成功插入目的基因的 *E. coli* BL21 进行诱导后，将其总蛋白进行电泳，可以看到一条明显的分子量近似于 49 kDa 条带［图 10.7（a)］，通过软件分析得知蛋白质诱导表达量可达到总蛋白的 60%左右，以包含体形式存在。IPTG 诱导后的细胞经超声波破碎后，以 12 000 r/min 离心收集，用 His-tag 亲和层析柱分离纯化蛋白质，经 SDS-PAGE 表明含有 6 个 His 的融合蛋白质分子量近似于 50 kDa［图 10.7（b)］。

3）重组 GR 融合蛋白质的活性检测

重组 GR 融合蛋白质在 *E. coli* 获得表达后，经亲和层析分离纯化。复性后的 GR 在20℃、pH 7.6 条件下进行体外酶活性检测，利用还原型烟酰胺腺嘌呤二核苷酸磷酸（reduced nicotinamide adenine dinucleotide，NADPH）的摩尔吸光系数的变化计算出复性后的 GR 酶活性为 140 U/mg（图 10.8）。该复性后的 GR 活性与从寄生虫 *Onchocerca volvulus* 克隆表达的 GR 酶活力体外实验相似（Muller et al.，2007）。

有趣的现象是，当酶活性检测体系中加入还原型烟酰胺腺嘌呤二核苷酸（reduced nicotinamide adenine dinucleotide，NADH）时，GR 也能以 NADH 作为电子供体将氧化型谷胱甘肽（GSSG）转变为还原型谷胱甘肽（GSH）。通过分光光度计检测出 NADH 的摩尔吸光系数的变化，计算出复性后的 GR 酶活性为 56 U/mg。

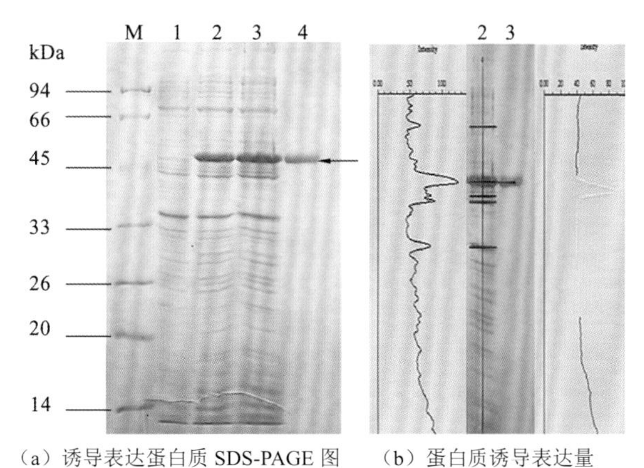

（a）诱导表达蛋白质 SDS-PAGE 图　　（b）蛋白质诱导表达量

图 10.7　诱导表达蛋白质 SDS-PAGE 图及蛋白质诱导表达量

M，标准蛋白质；泳道 1：未经 IPTG 诱导的细菌总蛋白；泳道 2 和 3：分别在 0.5 mmol/L 和 1 mmol/L IPTG 诱导后的工程菌总蛋白；泳道 4：经 Hi-Trap 亲和层析纯化后的 GR 蛋白质；箭头：GR 蛋白质移动的距离

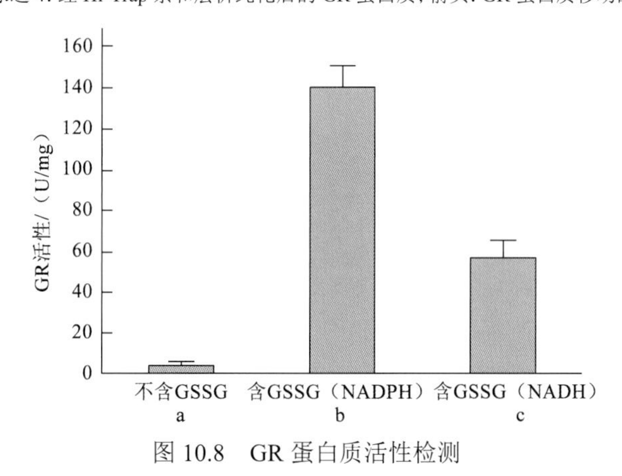

图 10.8　GR 蛋白质活性检测

a 不含 GSSG 检测体系；b 含 GSSG 检测体系，以 NADPH 为底物；c 含 GSSG 检测体系，以 NADH 为底物

曾有研究报道酒色着色菌（*Chromatium vinosum*）和野油菜黄单胞菌（*Xanthomonas campestris*）中的 GR 也能以 NADH 作为电子供体（Loprasert et al.，2005）。这三种 GR 共有的特点就是能以 NADPH 或 NADH 作为电子供体，但是对 NADH 的亲和力不强，表现出的酶活力不高。

4）GR 序列分析

对 *A. ferrooxidans*、*E. coli*、Yeast、*Photorhabdus*、human、*Delftia*、*Pseudomonas*、*Anabaena* 和 *Xanthomonas* 的 GR 推演氨基酸序列进行多序列比对可以得出，GR 均有若干功能性的结构模体，如 GSSG 结合区域、氧化还原性的二硫键区域，以及与 NADPH 结合的保守精氨酸残基（图 10.9）。

绝大多数来源不同的 GR 都含有高度保守的 NADPH 结合位点序列（RX_5R），其中第一个精氨酸残基在 RX_5R 结构中具有高度保守性。但是在 *A. ferrooxidans* 中，发现 GR 有一个独特的 NADPH 结合序列（RX_5N），其第一个精氨酸残基被天冬酰胺残基所取代

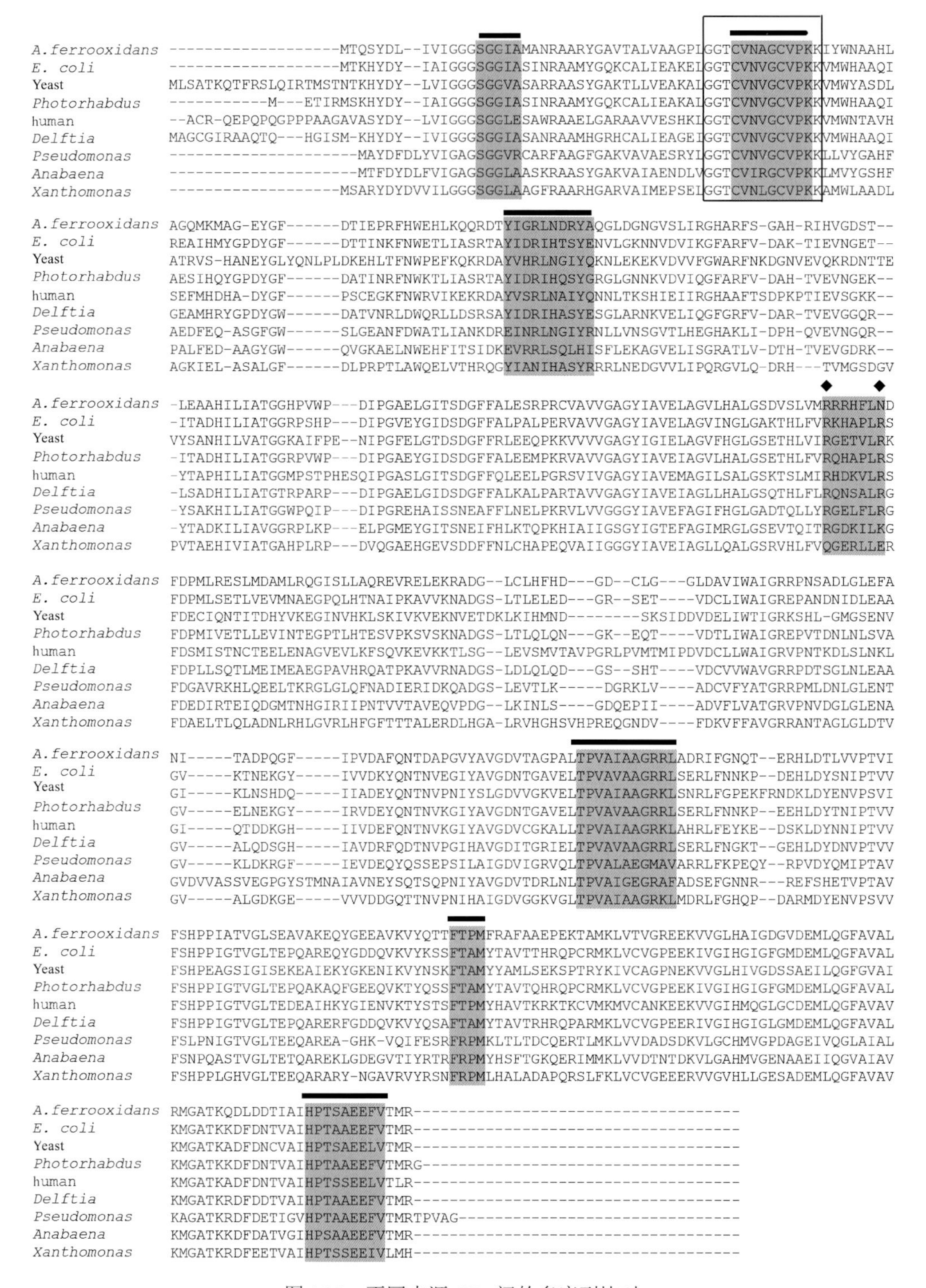

图 10.9　不同来源 GRs 间的多序列比对

A. ferrooxidans [AFE_2666]，*E. coli* [YP_859101.1]，Yeast [P41921]，*Photorhabdus* [NP_927730.1]，human[gi 2392351]，*Delftia* [ZP_01580701.1]，*Pseudomonas* [YP_260503.1]，*Anabaena* [YP_322757.1]和 *Xanthomonas campestris* pv. Phaseoli [AAW59415.1]。序列共有的特征：▬为谷胱甘肽结合序列；盒区为具有氧化还原活性的二硫键区域；保守的 NADPH 结合位点上精氨酸残基在 *A. ferrooxidans* 中被天冬酰胺取代，在 *Anabaena* 中被赖氨酸取代，标记为◆

（图 10.9）。在 *Anabaena* 中 GR 的一个精氨酸残基被赖氨酸取代从而形成 RX_5K 结构（Jiang et al.，1995），在 *Xanthomonas* 中 GR 的 NADPH 结合位点序列（RX_5K）的两个精氨酸残基分别被谷氨酰胺和谷氨酸取代从而形成 QX_5E 结构（Loprasert et al.，2005）。由于天冬酰胺和谷氨酸带负电而 NADPH 拥有磷酸基团也带负电，精氨酸残基被其他氨基酸（K、E、N）取代，导致 NADPH 结合位点也能对 NADH 有亲和性，从而使 GR 能以 NADPH 和/或 NADH 作为电子供体来源，将氧化型谷胱甘肽（GSSG）转变为还原型谷胱甘肽（GSH）。NADPH 是以还原力形式存在的化学能的载体，为细胞的各种合成反应提供主要的还原力，但是当细胞内产生还原力 NADPH 的生成途径十分有限时，*A. ferrooxidans* 细胞内在 NADPH 供给紧张，GR 能够以 NADH 作为电子供体。尽管以 NADH 作为电子供体时活性相对较低，但能保持体内硫生物氧化和逆境条件下 GSH 含量的稳定性，进而极大地促进 *A. ferrooxidans* 细胞在极端环境下的生存能力。

2. 二硫键形成蛋白

嗜酸氧化亚铁硫杆菌通过氧化亚铁和元素硫及其他含硫化合物获得能量来进行生长与繁殖。其中，元素硫的氧化过程依赖于细菌的外膜上存在一类特殊的带有多巯基的蛋白质，这些巯基蛋白质在元素硫的活化与转运过程中扮演十分关键的角色。

元素硫经活化和转运之后，其氧化发生在细胞周质空间。含巯基蛋白参与周质空间的含硫化合物的氧化。二硫键形成蛋白（disulfide interchange protein，Dsb）可能对维持细胞周质空间高水平的游离巯基，保障细胞周质空间还原环境及参与反应的巯基基团的正确连接有着重要的作用。Dsb 家族蛋白有的可溶，定位于周质空间，也有的不溶，定位于膜上。Dsb 家族蛋白具有-CXXC-功能结构域，可通过其活性位点的半胱氨酸残基与二硫化物的交换反应，引起蛋白质分子构象的改变，从而具有二硫化物异构酶的作用（Zhang et al.，2010）。

1）*dsbG* 基因的克隆与表达载体构建

图 10.10 为 *dsbG* 基因经 PCR 扩增产物经 1%的琼脂糖凝胶电泳图，有相应大小的条带出现。该 *dsbG* 基因去除编码信号肽后的核苷酸序列长为 801 bp，编码 267 个氨基酸。重组载体 pET28a-*dsbG* 成功地转入 *E. coli* BL21 后，经提取重组质粒 pET28a-*dsbG* 及用 *Nco*I 和 *Xho*I 双酶切产物的电泳，证实了目的基因成功地插入克隆载体中。双向测序检测到 *dsbG* 已经正确地插入到重组质粒中，并且没有移码突变。

采用重叠延伸聚合酶链反应构建 pET28a-*dsbG*（C119A）和 pET28a-*dsbG*（C122A）的定点突变质粒。测序验证表明突变成功，转入到 *E. coli* BL21（DE3）中表达。

2）重组 DsbG 融合蛋白质以及突变 DsbG 融合蛋白质的纯化

在 pET28a-*dsbG*-S 和 pET28a-*dsbG* 表达载体中分别含有完整的开放阅读框和去除编码信号肽的核苷酸序列，将它们分别转化到 *E. coli* BL21（DE3）中，在对数生长期添加 IPTG 分析这些蛋白的表达情况［图 10.11（a)］。结果表明所表达蛋白质的分子量基本相同，且与预测的分子量大小基本一致。说明 DsbG 在合成与转运过程中，其信号肽序列被

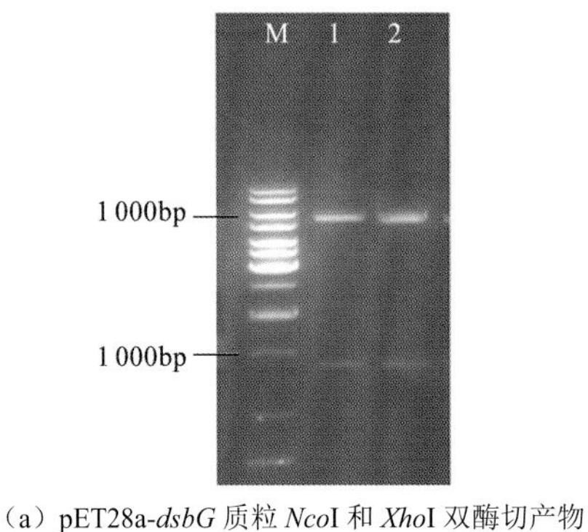

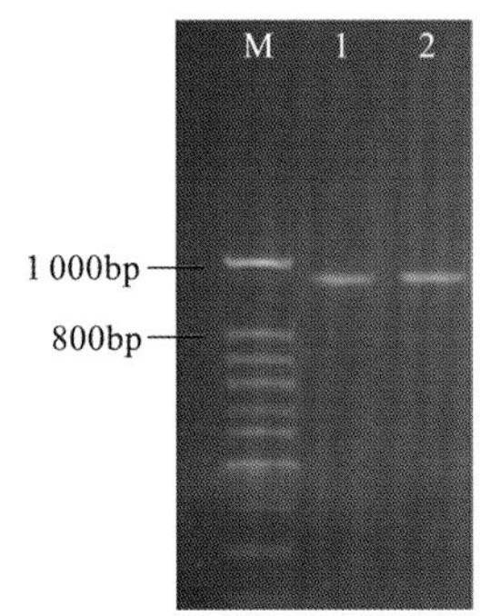

（a）pET28a-*dsbG* 质粒 *Nco*I 和 *Xho*I 双酶切产物　　（b）*A. ferrooxidans dsbG* 基因扩增产物

图 10.10　DNA 琼脂糖凝胶电泳图

M 为 DNA marker；（a）和（b）中泳道 1、2 为平行实验

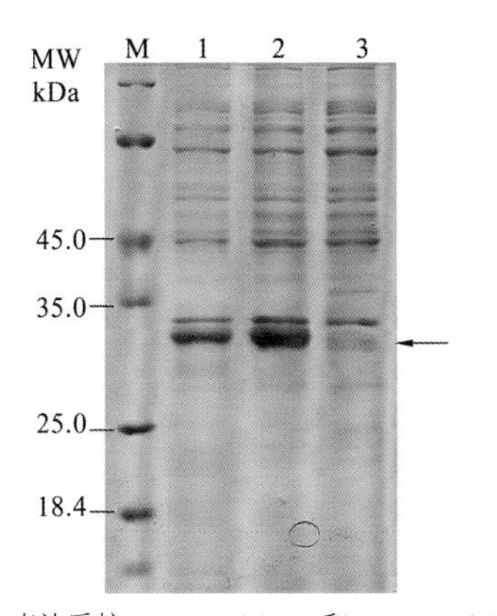

（a）含表达质粒 pET28a-*dsbG*-S 和 pET28a-*dsbG* 细菌诱导表达后的总蛋白

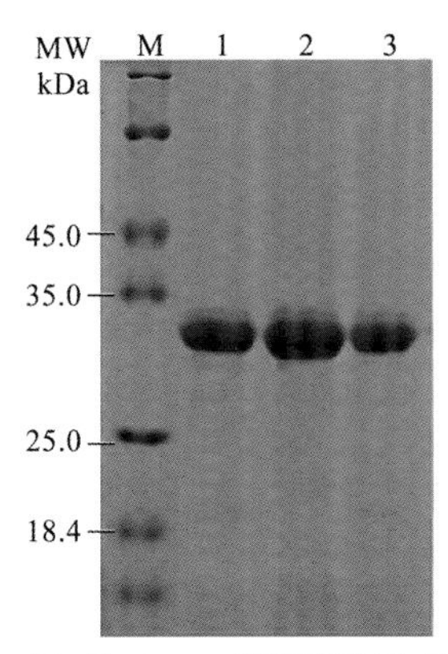

（b）经 Hi-Trap 亲和层析纯化后的 DsbG 蛋白质及突变蛋白质

图 10.11　蛋白质 SDS-PAGE 图

M 为蛋白质 marker；（a）中泳道 1、2 为经 IPTG 诱导后细菌总蛋白，3 为未经 IPTG 诱导的细菌总蛋白；（b）中泳道 1 为 DsbG 蛋白，泳道 2、3 分别为 DsbG（C119A）、DsbG（C122A）突变蛋白

E. coli 的信号肽识别体系所识别和切割。有研究表明，*A. ferrooxidans* 绝大部分（62.3%）的周质空间蛋白质都属于 Sec.转运系统所识别的类型（Chi et al.，2007）。

DsbG 蛋白及突变 DsbG 蛋白进一步经由镍亲和层析柱进行分离，及后续透析处理后进行 SDS-PAGE 检测［图 10.11（b）］，发现在大约 30 kDa 的附近有单一的蛋白质条带，与推导出的分子量大小基本一致，纯度达 96%。

3）DsbG 二硫键异构酶活性测定

二硫键异构酶的活性通过变性错配的 RNaseA 活性恢复实验进行测定。选择 scRNaseA 转变为 RNaseA 的酶活性恢复实验体系，用 cCMP 做 RNaseA 的底物，cCMP 分解为 3′ CMP 后，经由紫外分光光度计在 296 nm 处测定 3′ CMP 的特定吸收；分别将未加入 DsbG 的体系和含有 RNaseA 的体系设置为阴性和阳性对照（图 10.12）。结果发现，scRNaseA 只有微量的 RNaseA 活性，将 RNaseA 变性让二硫键自由配对后，其酶活性只有变性前酶活性的 10%,说明 scRNaseA 是 RNaseA 完全氧化后二硫键自由任意配对的异构化产物。

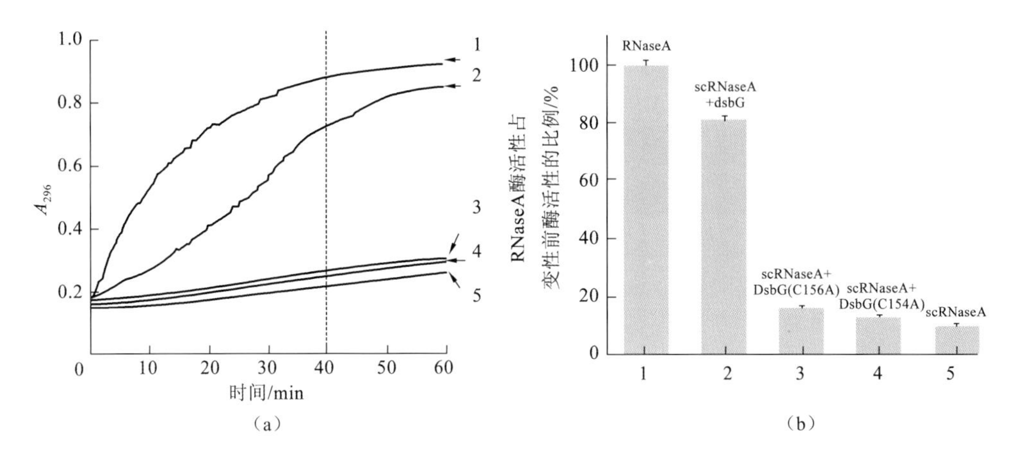

图 10.12　在 DsbG 催化作用下的 scRNaseA 转变为 RNaseA 的异构化反应时，水解 cCMP 成为 3′ CMP 在 296 nm 波长下的时间扫描图；DsbG 催化 scRNaseA 转变为 RNaseA 反应 40 min 时，溶液中的 RNaseA 酶活性

图（a）中曲线及图（b）柱状图 1、2、3、4、5 指在异构化反应体系中分别加入 RNaseA、scRNaseA+DsbG、scRNaseA+DsbG(C156A)、scRNaseA+DsbG(C154A)、scRNaseA

DsbG 可催化 scRNaseA 转变为 RNaseA，当向 scRNaseA 中加入 DsbG 后，3′ CMP 在 296 nm 处的吸光度会在一定时间内不断增加；40 min 时溶液中的 RNaseA 活性是变性前酶活性的 81%；60 min 达到稳定，溶液中的 RNaseA 活性达到变性前酶活性的 89%。

在分别用 DsbG 的突变体 DsbG C156A 和 DsbG C154A 代替 DsbG 时，在 296 nm 处的吸收峰和阴性对照基本没有区别，表明 DsbG 蛋白质中催化模体 CXXC 中的 C156 和 C154 位点应该是其二硫键异构酶活性所不可缺少的作用位点，是二硫键异构酶活性所需要的关键氨基酸催化残基。

4）DsbG 蛋白的结构模型

在与其他三种不同生物来源的 DsbG 蛋白质序列比对时发现，*A. ferrooxidans* DsbG 含有三个特有的半胱氨酸残基，且羧基端大约 40 个氨基酸残基存在差别（图 10.13）。这些序列差异，可能导致 *A. ferrooxidans* 的 DsbG 蛋白性质与其他种属细菌存在差异。另外，在高度保守共有的 Cys-X-X-Cys 催化模体和顺式脯氨酸环（*cis*-Pro loop：Thr-Pro）中，脯氨酸环的 Thr 残基在空间结构上接近催化模体中的第一个半胱氨酸中的巯基基团，它可能参与维持 DsbG 蛋白的还原态形式（Heras et al.，2004）。

利用 Insight II 工作站对 *A. ferrooxidans* 的 DsbG 蛋白结构模拟（图 10.14），发现 *A. ferrooxidans* 的 DsbG 蛋白呈现为 X-型二聚体，每个亚基都有一个 N 端结构域和一个硫氧还蛋白催化域（含有 Cys-X-X-Cys 催化模体），这两个结构域通过一个 α-螺旋连接起来，使两个亚基相互交联形成二聚体。

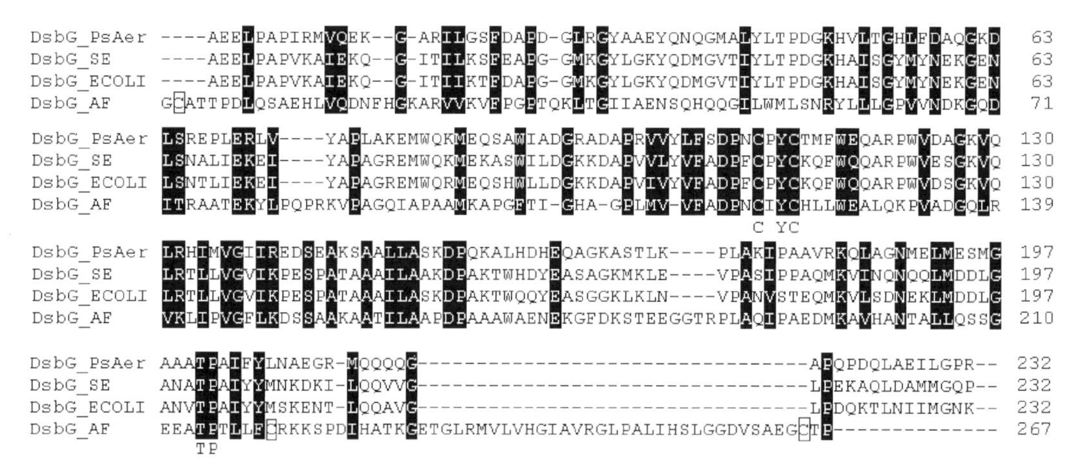

图 10.13　不同来源的 DsbGs 的多序列比对

其中 DsbG_PsAer 来源于 *Pseudomonas aeruginosa* DsbG；DsbG_SE 来源于 *Salmonella enterica* DsbG；DsbG_ECOLI 来源于 *E. coli* DsbG；DsbG_AF 来源于 *Acidithiobacillus ferrooxidans* DsbG

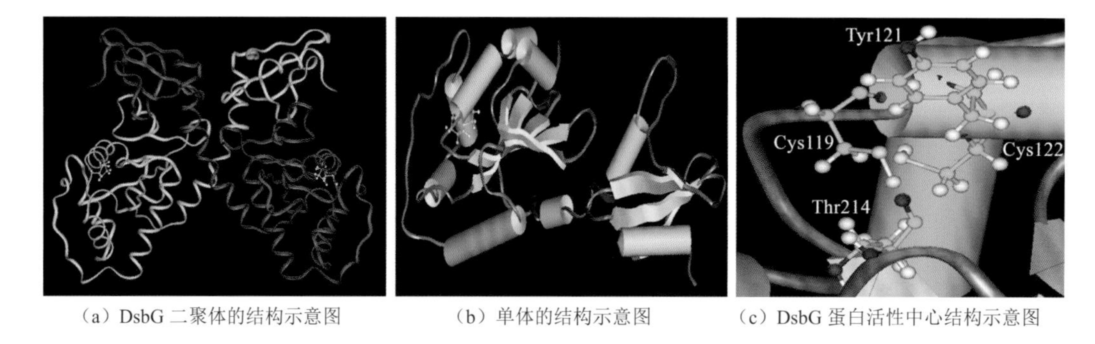

（a）DsbG 二聚体的结构示意图　（b）单体的结构示意图　（c）DsbG 蛋白活性中心结构示意图

图 10.14　*A. ferrooxidans* 的 DsbG 蛋白结构模型

10.3.2　巯活化相关表面蛋白质巯基原位表征

碘乙酸是一种常用于蛋白质中巯基修饰的试剂，它能够通过对巯基进行烷基化修饰形成 Pr—SCH_2COOH 保护巯基（Pr 指蛋白质）（Zeng et al.，2005）。通过钙离子与 Pr—SCH_2COOH 中的羧基选择性键合（图 10.15），那么便可以通过检测钙离子的含量来反映巯基的表达量（Liu et al.，2015c；Xia et al.，2013）。

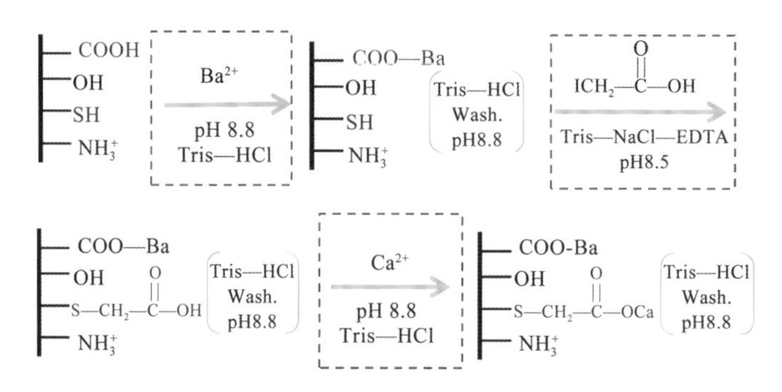

图 10.15　钙离子与 Pr—SCH_2COOH 中的羧基选择性键合示意图

1. μ-XRF 分析表征

表 10.4 给出了细胞表面巯基用钙离子标记前后钙元素的荧光强度变化。由表 10.4 结果可知，*A. manzaensis*、*S. thermosulfidooxidans*、*A. ferrooxidans* 分别在 S^0 和 Fe^{2+}生长时，细胞样品用钙离子标记后的 μ-XRF 荧光强度比标记前明显增加。

表 10.4　*A. manzaensis*、*S. thermosulfidooxidans*、*A. ferrooxidans* 分别在 S^0 和 Fe^{2+}生长时用钙离子标记前后样品的钙荧光强度数据的统计学分析

硫氧化微生物	电子供体	Ca^{2+}-标记	荧光强度平均值±SD/(a.u.)
A. manzaensis	Fe^{2+}	−	0.1487±0.001 2
	Fe^{2+}	+	0.1549±0.001 6*
	S^0	−	0.1433±0.001 1
	S^0	+	0.1566±0.001 5*
S. thermosulfidooxidans	Fe^{2+}	−	0.1504±0.000 9
	Fe^{2+}	+	0.1530±0.001 1*
	S^0	−	0.1493±0.001 5
	S^0	+	0.1555±0.001 6*
A. ferrooxidans	Fe^{2+}	−	0.1056±0.002 2
	Fe^{2+}	+	0.1081±0.002 3*
	S^0	−	0.0970±0.002 1
	S^0	+	0.1071±0.002 3*

*与对照组相比 $p<0.05$

对于 *A. manzaensis* 而言，细胞经钙离子标记前后的 μ-XRF 荧光强度在 Fe^{2+}中分别是 0.148 7、0.154 9，在 S^0 中分别是 0.143 3 和 0.156 6。基于这些数值可以计算出 *A. manzaensis* 在 Fe^{2+}和 S^0 中经钙离子标记前后荧光强度的差值分别是 0.006 2 和 0.013 3。同样的，可测定 *S. thermosulfidooxidans* 在 Fe^{2+}和 S^0 中经钙离子标记前后荧光强度的差值分别是 0.002 6 和 0.006 2，*A. ferrooxidans* 在 Fe^{2+}和 S^0 中的差值分别是 0.010 1 和 0.002 6。

为了更直接地反映出各组样品标记前后的荧光强度的差异，把上述钙离子标记前后荧光强度的差值作图（图 10.16）。通过计算可知，*A. manzaensis*、*S. thermosulfidooxidans*、*A. ferrooxidans* 在 S^0 能源基质中生长时细胞表面巯基含量分别是其在 Fe^{2+}能源基质中生长时巯基含量的 2.14 倍、2.37 倍和 3.88 倍。

2. STXM 成像结果

对于在不同能源基质培养的单个细胞样品，采用 STXM 化学成像技术对巯基特异性标记前后的细胞所含钙离子进行原位表征。NEXAFS 能够提供元素电子和结构特性，通过选择钙元素的 L 边 NEXAFS 光谱吸收边能量 *E*1 和边前能量 *E*2 的能量值扫描后，确定钙元素钙细胞样品上的面密度。由于样品中的钙元素以—SCH_2COOCa 的形式存在，可选择碳酸钙作为标样，其钙的 $L_{2,3}$-边 NEXAFS 光谱如图 10.17 所示，其中钙的 L_2 边的吸收

峰（350.8 eV）作为 $E1$，边前 348.6 eV 作为 $E2$，用于 STXM 双能衬度分析。

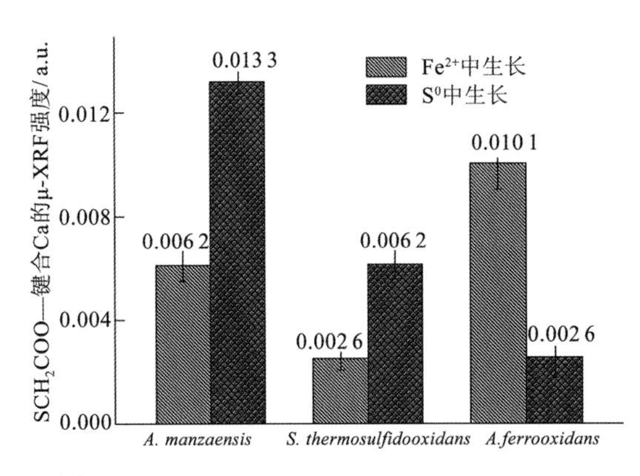

图 10.16 *A. manzaensis*、*S. thermosulfidooxidans*、*A. ferrooxidans* 分别在 S^0 和 Fe^{2+}基质生长时，对胞外巯基特异性标记后钙元素荧光强度相对标记前的增加量

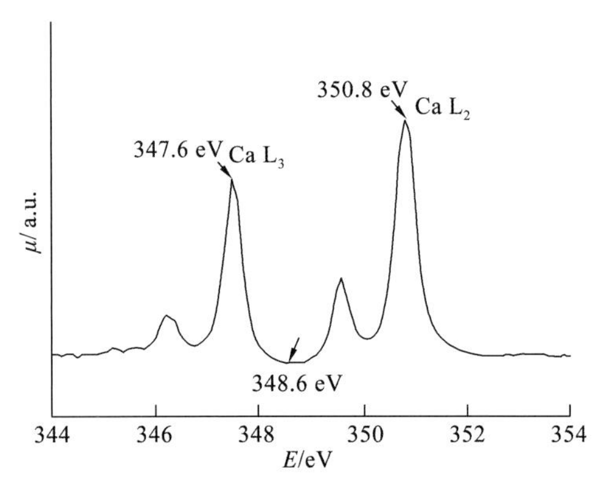

图 10.17 标样 $CaCO_3$ 钙的 $L_{2,3}$-边 NEXAFS 光谱

图 10.18 给出了在 S^0 和 Fe^{2+}中三种典型细菌细胞表面巯基经钙离子特异性标记前后的 STXM 钙元素含量双能衬度图。通过比较标记前后细胞中钙元素的相对含量，可直观反映出钙元素的相对增加量——即胞外蛋白巯基的相对含量。

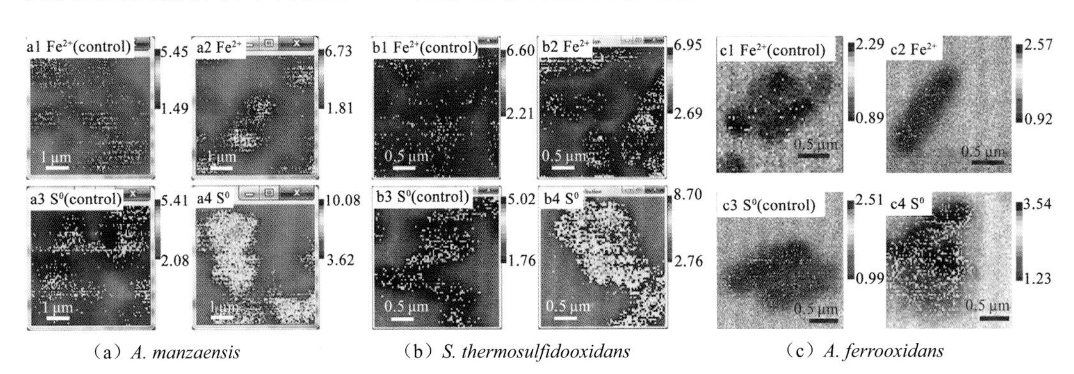

（a）*A. manzaensis* （b）*S. thermosulfidooxidans* （c）*A. ferrooxidans*

图 10.18 在 Fe^{2+}和 S^0 生长时细胞经过钙离子特异性标记前后钙元素的 STXM 图

图（a）、（b）、（c）中 STXM 图 1、3 分别代表未做 Ca 标记的 Fe 和 S 培养的细菌细胞，2、4 分别代表经过 Ca 标记的 Fe 和 S 培养的细菌细胞

从图 10.18（a）可知，*A. manzaensis* 在 Fe^{2+}中生长时，钙离子标记前后细胞钙元素面密度分别是 1.49×10^{-5}～5.45×10^{-5} g/cm^2 和 1.81×10^{-5}～6.73×10^{-5} g/cm^2；*A. manzaensis* 在 S^0 中生长时，钙离子标记前后细胞钙元素面密度分别是 2.08×10^{-5}～5.41×10^{-5} g/cm^2 和 3.62×10^{-5}～10.08×10^{-5} g/cm^2。

从图 10.18（b）中可知，*S. thermosulfidooxidans* 在 Fe^{2+}中生长时，钙离子标记前后细胞钙元素面密度分别是 2.21×10^{-5}～6.60×10^{-5} g/cm^2 和 2.69×10^{-5}～6.95×10^{-5} g/cm^2；*S. thermosulfidooxidans* 在 S^0 中生长时，钙离子标记前后细胞钙元素面密度分别是 1.76×10^{-5}～5.02×10^{-5} g/cm^2 和 2.76×10^{-5}～8.70×10^{-5} g/cm^2。

从图 10.18（c）可知，*A. ferrooxidans* 在 Fe^{2+}中生长时，钙离子标记前后细胞钙元素面密度分别是 $0.89\times10^{-5}\sim2.29\times10^{-5}$ g/cm^2 和 $0.92\times10^{-5}\sim2.57\times10^{-5}$ g/cm^2；*A. ferrooxidans* 在 S^0 中生长时，钙离子标记前后细胞钙元素面密度分别是 $0.99\times10^{-5}\sim2.51\times10^{-5}$ g/cm^2 和 $1.23\times10^{-5}\sim3.54\times10^{-5}$ g/cm^2。

比较这些钙元素面密度数值，发现在 S^0 中 *A. manzaensis*、*S. thermosulfidooxidans*、*A. ferrooxidans* 细胞经过钙元素标记前后钙元素面密度的增加值，明显比在 Fe^{2+}中高，表明这些细菌细胞表面巯基含量在 S^0 中比在 Fe^{2+}中高。

10.3.3　硫活化/氧化模型

硫的化学形态的多样性，决定了元素硫及含硫化合物在生物化学氧化过程中硫代谢酶的多样性。嗜酸硫氧化细菌对元素硫的氧化过程包括吸附、转运和细胞内（周质空间或胞质溶胶）氧化。这里，嗜酸硫氧化细菌的胞外物质介导着细菌对元素硫的吸附与活化过程，外膜蛋白担当着对硫转运的作用，细胞周质空间或胞质溶胶的硫氧化首步反应酶——硫双加氧酶则起着关键氧化酶的作用，承担着对转运到细胞周质空间的元素硫进行分流及为硫氧化酶系中的其他酶提供底物的双重功能。

图 10.19 为典型浸矿微生物嗜酸硫杆菌属硫氧化系统的硫活化/氧化模式图。其中，S^0 通过细胞外膜蛋白的巯基活化成 R-S-S_nH 后，被转运到细胞周质空间，进而被硫双加氧酶氧化成 SO_3^{2-}，活化过程中同时生成少量 H_2S；胞外硫代硫酸盐通过未知途径进入细胞周质。细胞周质中的 SO_3^{2-} 主要经由亚硫酸–受体氧化还原酶氧化成 SO_4^{2-}，$S_2O_3^{2-}$ 可能经由硫代硫酸盐–辅酶 Q 氧化还原酶、硫代硫酸盐脱氢酶、硫代硫酸盐硫转移酶、连四硫酸盐水解酶等氧化为硫酸，少量 H_2S 则经由硫化物–辅酶 Q 氧化还原酶氧化为多聚硫，后者再经由 SO_3^{2-} 和 $S_2O_3^{2-}$ 氧化生成最后产物 SO_4^{2-}。

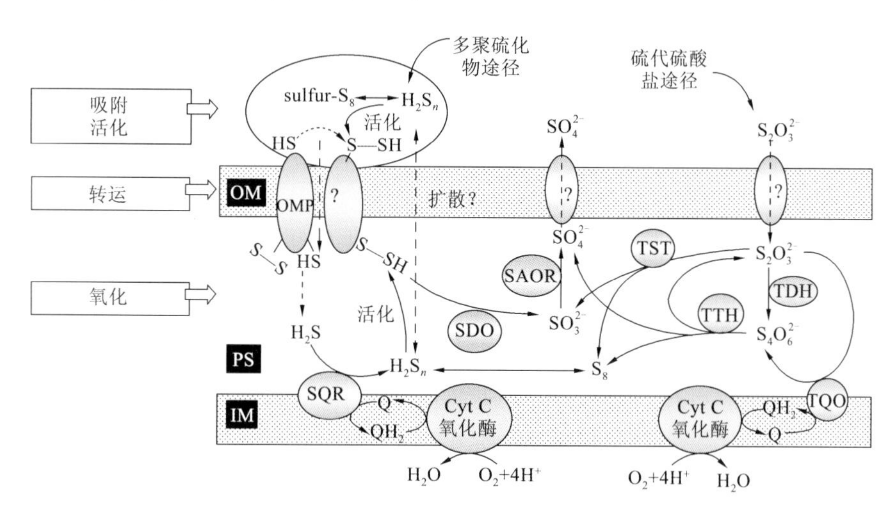

图 10.19　嗜酸硫杆菌硫氧化系统模式图

图中，OM：外膜；PS：周质空间；IM：内膜；SDO：硫双加氧酶；TST：硫代硫酸盐–硫转移酶；TTH：连四硫酸盐水解酶；SAOR：亚硫酸–受体氧化还原酶；TDH：硫代硫酸盐脱氢酶；SQR：硫化物–醌氧化还原酶；TQO：硫代硫酸盐–醌氧化还原酶；？：未知膜蛋白

参考文献

陈骏, 姚素平, 2005. 地质微生物学及其发展方向. 高校地质学报, 11(2): 154-166.

陈平, 2006. 结晶矿物学. 北京: 化学工业出版社.

陈勇生, 孙启俊, 陈钧, 等. 1997. 重金属的生物吸附技术研究. 环境工程学报, 5(6): 34-43.

戴志敏, 2007. AMD废水中的微生物群落结构及其在不同富集培养条件下的动态变化. 长沙: 中南大学.

董海良, 2013. 矿物-微生物相互作用. 南京: 中国矿物岩石地球化学学会学术年会.

邓聚龙, 2002. 灰理论基础. 武汉: 华中科技大学出版社.

邓敬石, 2002. 影响 *Sulfobacillus thermosulfidooxidans* 生长及亚铁氧化因素的研究. 矿产资源综合利用, 3: 38-41.

郭玉武, 2010. 黄铜矿微生物浸出及电化学研究. 长沙: 中南大学.

何环, 2008. 典型嗜酸硫氧化菌作用下元素硫的形态及其转化的研究. 长沙: 中南大学.

何名飞, 2012. 滇东南含锡难处理铅锌矿选矿关键技术研究. 长沙: 中南大学.

贾春云, 2010. 微生物在矿物表面吸附的研究进展. 微生物学通报, 37(4): 607-613.

李莎, 李福春, 程良娟, 2006. 生物风化作用研究进展. 矿产与地质, 20(6): 577-582.

李海波, 曹宏斌, 张广积, 等, 2006. 细菌氧化浸出含金砷黄铁矿的过程机理及电化学研究进展. 过程工程学报, 6(5): 849-856.

李文均, 蒋宏忱, 2018. 地质微生物学：一门新兴的交叉学科. 微生物学报. 58(4): 521-524.

连宾, 2014. 矿物-微生物相互作用研究进展:地质微生物专栏文章评述. 矿物岩石地球化学通报, 33(6): 759-763.

梁长利, 2011. 黄铜矿高温生物浸出机理和硫形态转化研究. 长沙: 中南大学.

令韦博, 2019. *Sulfobacillus thermosulfidooxidans* 对毒砂的选择性吸附及强化浸出. 长沙: 中南大学.

刘缨, 齐放军, 林建群, 等, 2004. 一株中度嗜酸嗜热硫氧化杆菌分离和系统发育分析. 微生物学通报, 44: 382-385.

刘欢, 2016. 四种典型浸矿微生物胞外多聚物响应浸出环境条件的比较研究. 长沙: 中南大学.

刘丛强, 2007. 生物地球化学过程与地表物质循环. 北京: 科学出版社.

刘红昌, 2016. 浸矿微生物含硫底物界面作用显微表征及分子机制研究. 长沙: 中南大学.

刘思峰, 谢乃明, 2008. 灰色系统理论及其应用. 北京: 科学出版社.

刘宇平, 文大为, 陈政, 等, 2004. 反式白藜芦醇热稳定性与光致异构化的高效液相色谱和液相色谱-电喷雾离子化质谱研究. 色谱, 22(6): 583-588.

鲁安怀, 李艳, 2013. 光电子调控矿物与微生物协同作用. 高校地质学报, 19(增): 12-13.

陆现彩, 屠博文, 朱婷婷, 等, 2011. 风化过程中矿物表面微生物附着现象及意义. 高校地质学报, 17(1): 21-28.

马亚龙, 2017. 嗜酸热古菌 *Acidianus manzaensis* 胞外硫活化蛋白的筛选及作用机理研究. 长沙: 中南大学.

聂珍媛, 2017. 典型浸矿菌环境适应机制的研究. 长沙: 中南大学.

彭安安, 2012. 嗜酸硫氧化细菌元素硫活化氧化机制研究. 长沙: 中南大学.

沈萍, 陈向东, 2009. 微生物学. 北京: 高等教育出版社.

史家远, 姚奇志, 周根陶, 2011. 硅藻细胞壁硅化过程中有机质-矿物的相互作用. 高校地质学报, 17(1): 76-85.

时启立, 2010. 嗜酸氧化亚铁硫杆菌作用下产生黄钾铁矾晶体的研究. 上海: 东华大学.

宋建军, 2017. 银离子对极端嗜热古菌 *Acidianus manzaensis* 浸出黄铜矿的催化机制研究. 长沙: 中南大学.
万云洋, 赵国屏, 2017. 原核微生物的硫功能菌. 微生物学通报, 44(6): 1471-1480.
王蕾, 2017. 极端嗜热古菌对黄铜矿选择性吸附及作用机制研究. 长沙: 中南大学.
王文生, 魏德洲, 郑龙熙, 1998. 微生物在矿物表面吸附的意义及研究方法. 国外金属矿选矿(3): 37-40.
王晓冬, 2014. 黄铜矿生物浸出过程的电化学机理研究. 唐山: 河北联合大学.
王宗霞, 曾路, 王小波, 等, 2006. 硅藻土在扫描电镜下的微观形貌. 电子显微学报, 25: 345-346.
温建康, 姚国成, 陈勃伟, 等, 2009. 温度对浸矿微生物活性及铜浸出率的影响. 北京科技大学学报(3): 295-299.
夏旭, 2018. *Shewanella oneidensis* 异化铁硫还原过程机制及其产物对 As(V)吸附的研究. 长沙: 中南大学.
谢树成, 殷鸿福, 史晓颖, 等, 2011. 地球生物学. 北京: 科学出版社.
谢先德, 张刚生, 2001. 微生物-矿物相互作用之环境意义的研究. 北京: 全国环境矿物学学术会议.
邢德峰, 任南琪, 2006. 应用 DGGE 研究微生物群落时的常见问题分析. 微生物学报, 46(2): 331-335.
许家宁, 2014. 不同半导体类型黄铁矿电化学氧化行为研究. 辽宁: 东北大学.
杨益, 2010. 极端嗜热菌 *Sulfolobus metallicus* 介导下硫元素形态与转化研究. 长沙: 中南大学.
杨云, 2017. 基于比较蛋白质组学和基因组学的 *Acidianus manzaensis* 硫转运膜蛋白质的研究. 长沙: 中南大学.
张琛, 郑红艾, 周笑绿, 等, 2014. 生物浸出技术的发展及其电化学研究现状. 金属矿山, 43(12): 122-128.
张倩, 2009. 嗜酸氧化亚铁硫杆菌 ATCC 23270 硫氧化相关周质空间蛋白的研究. 长沙: 中南大学.
张宪, 2017. 浸矿系统铁硫氧化菌代谢多样性和适应机. 长沙: 中南大学.
张成桂, 2008. 嗜酸氧化亚铁硫杆菌适应与活化元素硫的分子机制研究. 长沙: 中南大学.
张多瑞, 2019. 载金黄铁矿生物浸出过程中物相及元素形态转化机制. 长沙: 中南大学.
张怀丹, 2019. As(III)和 As(V)在生物铁/硫氧化过程中的归趋及抑制效应研究. 长沙: 中南大学.
张瑞永, 2009. *Acidithiobacillus ferrooxidans* ATCC 23270 硫活化相关胞外蛋白质研究. 长沙: 中南大学.
张威威, 2019. Ag+对典型混合菌浸出黄铜矿的影响及机制研究. 长沙: 中南大学.
曾驰, 朱建裕, 2011. 微量热法研究环境 Nacl 浓度对盐生盐杆菌生长代谢的影响. 物理化学学报, 27(6): 1525-1530.
曾伟民, 2010. 黄铜矿生物浸出过程中钝化膜的形成机制及其消除方法探讨. 长沙: 中南大学.
曾昭权, 2008. 同步辐射光源及其应用研究综述. 云南大学学报(自然科学版), 30(5): 477-483.
周顺桂, 周立祥, 黄焕忠, 2004. 黄钾铁矾的生物合成与鉴定. 光谱学与光谱分析, 24(9): 1140-1143.
周根陶, 李涵, 黄亚蓉, 等, 2018. 微生物矿化碳酸盐矿物的微观机制研究. 绵阳: 全国矿物科学与工程学术会议.
朱薇, 2012. 嗜热古菌浸出黄铜矿的硫氧化活性与群落结构及硫形态关联性研究. 长沙: 中南大学.
朱泓睿, 2016. 不同类型黄铜矿-极端嗜酸热古菌选择性吸附与浸出研究. 长沙: 中南大学.
ACEVEDO F, 2000. The use of reactors in biomining processes. Electronic Journal of Biotechnology, 3(3): 10-11.
ACRES R G, HARMER S L, BEATTIE D A, 2010. Synchrotron XPS studies of solution exposed chalcopyrite, bornite, and heterogeneous chalcopyrite with bornite. International Journal of Mineral Processing, 94(1-2): 43-51.
ARCE E M, GONZÁLEZ I G, 2002. A comparative study of electrochemical behavior of chalcopyrite, chalcocite and bornite in sulfuric acid solution. International Journal of Mineral Processing Process, 67(1): 17-28.
AZAI C, TSUKATANI Y, HARADA J, et al., 2009. Sulfur oxidation in mutants of the photosynthetic green sulfur bacterium *Chlorobium tepidum* devoid of cytochrome c-554 and SoxB. Photosynthesis research,

100(2): 57-65.

BAKER B J, BANFIELD J F, 2003. Microbial communities in acid mine drainage. FEMS Microbiology Ecology, 44: 139-152.

BALAZ P, TKACOVA K, AVVAKUMOV E, 1989. The effect of mechanical activation on the thermal decomposition of chalcopyrite. Journal of Thermal Analysis and Calorimetry, 35(5): 1325-1330.

BASAVANNA S, KHANDAVILLI S, YUSTE J, et al., 2009. Screening of *Streptococcus pneumoniae* ABC transporter mutants demonstrates that LivJHMGF, a branched-chain amino acid ABC transporter, is necessary for disease pathogenesis. Infection and Immunity, 77(8): 3412-3423.

BATHE S, NORRIS P R, 2007. Ferrous iron-and sulfur-induced genes in *Sulfolobus metallicus*. Applied and Environmental Microbiology, 73(8): 2491-2497.

BEINERT H, HOLM R H, MÜNCK E, 1997. Iron-sulfur clusters: nature's modular, multipurpose structures. Science, 277(5326): 653-659.

BENDTSEN J D, NIELSEN H, WIDDICK D, et al., 2005. Prediction of twin-arginine signal peptides. BMC Bioinformatics, 6(1): 167.

BESSETTE P, COTTO J, GILBERT H, et al., 1999. *In vivo* and *in vitro* function of the Escherichia coli periplasmic cysteine oxidoreductase DsbG. J. Bio. Chem. 274: 7784-7792.

BIGHAM J M, JONES F S, ÖZKAYA B, et al., 2010. Characterization of jarosites produced by chemical synthesis over a temperature gradient from 2 to 40℃. International Journal of Mineral Processing, 94(3): 121-128.

BLIGHT K R, CANDY R M, RALPH D E, 2009. The preferential oxidation of orthorhombic sulfur during batch culture. Hydrometallurgy, 99(1-2): 100-104.

BLOISE A, CATALANO M, BARRESE E, et al., 2015. TG/DSC study of the thermal behaviour of hazardous mineral fibres. Journal of Thermal Analysis and Calorimetry: 1-15.

BOGDANOVA T I, TSAPLINA I A, KONDRAT'EVA T F, et al., 2006. *Sulfobacillus thermotolerans* sp. nov., a thermotolerant, chemolithotrophic bacterium. International Journal of Systematic and Evolutionary Microbiology, 56: 1039-1042.

BONNEFOY V, 2010. Bioinformatics and genomics of iron-and sulfur-oxidizing acidophiles. BARTON L L, MANDL M, LOY A. Geomicrobiology: molecular and environmental perspective. Springer Netherlands: 169-192.

BORDA M J, STRONGIN D R, SCHOONEN M A, 2004a. A vibrational spectroscopic study of the oxidation of pyrite by ferric iron. American Mineralogist, 88(8-9): 1318-1323.

BORDA M J, STRONGIN D R, SCHOONEN M A, 2004b. A vibrational spectroscopic study of the oxidation of pyrite by molecular oxygen. Geochimica et Cosmochimica Acta, 68: 1807-1813.

BRIERLEY J A, 2008. A perspective on developments in biohydrometallurgy. Hydrometallurgy, 94(1): 2-7.

BRYANT R, MCGROARTY K, COSTERTON J, et al., 1983. Isolation and characterization of a new acidophilic *Thiobacillus* species (T. albertis). Canadian Journal of Microbiology, 29: 1159-1170.

BUONFIGLIO V, POLIDORO M, FLORA L, et al., 1993. Identification of two outer membrane proteins involved in the oxidation of sulphur compounds in *Thiobacillus ferrooxidans*. FEMS Microbiology Reviews, 11(1-3): 43-50.

BUONFIGLIO V, POLIDORO M, SOYER F, et al., 1999. A novel gene encoding a sulfur-regulated outer membrane protein in *Thiobacillus ferrooxidans*. Journal of Biotechnology, 72(1-2): 85-93.

CESKOVA P, MANDL M, HELANOVA S, et al., 2002. Kinetic studies on elemental sulfur oxidation by *Acidithiobacillus ferrooxidans*: sulfur limitation and activity of free and adsorbed bacteria. Biotechnology and Bioengineering, 78(1): 24-30.

CHEN Z W, JIANG C Y, SHE Q, et al., 2005. Key role of cysteine residues in catalysis and subcellular localization of sulfur oxygenase-reductase of *Acidianus tengchongensis*. Applied and Environmental Microbiology, 71(2): 621-628.

CHHATRE S, DELEON J, GOLDBAUM B, et al., 2008. Variability in *Halothiobacillus neapolitanus* type strain cultures. Indian Journal of Microbiology, 48(2): 287-290.

CHI A, VALENZUELA L, BEARD S, et al., 2007. Periplasmic proteins of the extremophile *Acidithiobacillus ferrooxidans*. Molecular & Cellular Proteomics, 6(12): 2239-2251.

CHIMENTO D P, KADNER R J, WIENER M C, 2003. The Escherichia coli outer membrane cobalamin transporter BtuB: structural analysis of calcium and substrate binding, and identification of orthologous transporters by sequence/structure conservation. Journal of Molecular Biology, 332(5): 999-1014.

CHIZHIKOVA N P, LESSOVAIA S N, GORBUSHINA A A, 2016. Biogenic weathering of mineral substrates (review). Biogenic-Abiogenic Interactions in Natural and Anthropogenic Systems. Switzerland: Springer International Publishing.

COMTE S, GUIBAUD G, BAUDU M, 2006. Biosorption properties of extracellular polymeric substances (EPS) resulting from activated sludge according to their type: soluble or bound. Process Biochemistry, 41(4): 815-823.

CÓRDOBA E M, MUÑOZ J A, BLÁZQUEZ M L, et al., 2009. Comparative kinetic study of the silver-catalyzed chalcopyrite leaching at 35 and 68 °C. International Journal of Mineral Processing, 92(3-4): 137-143.

CRUNDWELL F K, 2003. How do bacteria interact with minerals? Hydrometallurgy, 71(1-2): 75-81.

DAOUD J, KARAMANEV D, 2006. Formation of jarosite during Fe^{2+} oxidation by *Acidithiobacillus ferrooxidans*. Minerals Engineering, 19(9): 960-967.

DIAO M, NGUYEN T A H, TARAN E, et al., 2014. Differences in adhesion of *A. thiooxidans* and *A. ferrooxidans* on chalcopyrite as revealed by atomic force microscopy with bacterial probes. Minerals Engineering, 61(6): 9-15.

DOPSON M, LINDSTROM E B, 2003. Potential role of *Thiobacillus caldus* in arsenopyrite bioleaching. Applied Environment Microbiology, 71: 31-36.

DOPSON M, SUNDKVIST J E, BÖRJE LINDSTRÖM E, 2006. Toxicity of metal extraction and flotation chemicals to *Sulfolobus metallicus* and chalcopyrite bioleaching. Hydrometallurgy, 81(3-4): 205-213.

DROUET C, NAVROTSKY A, 2003. Synthesis, characterization, and thermochemistry of K-Na-H_3O jarosites. Geochimica et cosmochimica acta, 67(11): 2063-2076.

DUTRIZAC J, 2004. The behaviour of the rare earths during the precipitation of sodium, potassium and lead jarosites. Hydrometallurgy, 73(1): 11-30.

ECKERT B, STEUDEL R, 2003. Molecular spectra of sulfur molecules and solid sulfur allotropes. Topics in Current Chemistry, 231: 31-98.

FAN X L, LV S Q, XIA J L, et al., 2019. Extraction of Al and Ce from coal fly ash by biogenic Fe^{3+} and H_2SO_4. Chemical Engineering Journal, 370: 1407-1424.

FLEMMING H C, WINGENDER J, 2010. The biofilm matrix. Nat Rev Microbiol, 8(9): 623-633.

FLYNN T M, O'LOUGHLIN E J, MISHRA B, et al., 2014. Sulfur-mediated electron shuttling during bacterial iron reduction. Science, 344(6187): 1039-1042.

FRANZMANN P, HADDAD C, HAWKES R, et al., 2005. Effects of temperature on the rates of iron and sulfur oxidation by selected bioleaching bacteria and Archaea: Application of the Ratkowsky equation. Minerals engineering, 18(13): 1304-1314.

FRIEDRICH C G, BARDISCHEWSKY F, ROTHER D, et al., 2005. Prokaryotic sulfur oxidation. Current

Opinion in Microbiology, 8(3): 253-259.

FRIEDRICH C G, QUENTMEIER A, BARDISCHEWSKY F, et al., 2000. Novel genes coding for lithotrophic sulfur oxidation of *Paracoccus pantotrophus* GB17. Journal of bacteriology, 182(17): 4677-4687.

FRIEDRICH C G, ROTHER D, BARDISCHEWSKY F, et al., 2001. Oxidation of reduced inorganic sulfur compounds by bacteria: emergence of a common mechanism? Applied and Environmental Microbiology, 67(7): 2873-2882.

FUCHS T, HUBER H, TEINER K, et al., 1995. *Metallosphaera prunae*, sp. nov., a novel metal-mobilizing, thermoacidophilic archaeum, isolated from a uranium mine in Germany. Systematic and applied microbiology, 18(4): 560-566.

FUCHS T, HUBER H, BURGGRAF S, et al., 1996. 16S Rdna-based phylogeny of the Archaeal order Sulfolobales and Reclassification of *Desulfurolobus ambivalens* as *Acidianus ambivalens* comb. nov. Systematic and Applied Microbiology, 19(1): 56-60.

GADD G M, 2007. Geomycology: biogeochemical transformations of rocks, minerals, metals and radionuclides by fungi, bioweathering and bioremediation. Mycological Research, 111(1): 3-49.

GADD G M, 2010. Metals, minerals and microbes: geomicrobiology and bioremediation. Microbiology, 156: 609-643.

GARCÍA-MEZA J V, FERNÁNDEZ J J, LARA R H, et al., 2013. Changes in biofilm structure during the colonization of chalcopyrite by *Acidithiobacillus thiooxidans*. Applied Microbiology and Biotechnology, 97(13): 6065-6075.

GAO L, GONDA I, SUN H, et al., 2019. The tomato pan-genome uncovers new genes and a rare allele regulating fruit flavor. Nature Genetics. 51: 1044-1051.

GARRELS R M, CHRIST C L, 1965. Solutions, minerals, and equilibria. New York: Harper & Row New York.

GEHRKE T, 2006. Extracellular polymeric substances mediate bioleaching/biocorrosion via interfacial processes involving iron(III) ions and acidophilic bacteria. Research in Microbiology, 157(1): 49-56.

GHAHREMANINEZHAD A, ASSELIN E, DIXON D G, 2010. Electrochemical evaluation of the surface of chalcopyrite during dissolution in sulfuric acid solution. Electrochimica Acta, 55(18): 5041-5056.

GOURDON R, FUNTOWICZ N, 1998. Kinetic model of elemental sulfur oxidation by *Thiobacillus thiooxidans* in batch slurry reactors. Bioprocess and Biosystems Engineering, 18: 241-249.

GRAMP J P, JONES F S, BIGHAM J M, et al., 2008. Monovalent cation concentrations determine the types of Fe (III) hydroxysulfate precipitates formed in bioleach solutions. Hydrometallurgy, 94(1): 29-33.

GRAMP J P, WANG H, BIGHAM J M, et al., 2009. Biogenic synthesis and reduction of Fe (III)-hydroxysulfates. Geomicrobiology Journal, 26(4): 275-280.

GROGAN D, PALM P, ZILLIG W, 1990. Isolate B12, which harbours a virus-like element, represents a new species of the archaebacterial genus *Sulfolobus*, *Sulfolobus shibatae*, sp. nov. Archives of Microbiology, 154(6): 594-599.

GU J D, 2012. Biofouling and prevention, in handbook of environmental degradation of materials (Second Edition) Oxford William Andrew Publishing: 243-282.

GUO Z H, ZHANG L, CHENG Y, et al., 2010. Effects of pH, pulp density and particle size on solubilization of metals from a Pb/Zn smelting slag using indigenous moderate thermophilic bacteria. Hydrometallurgy, 104(1): 25-31.

GUPTA C K. 2006. Chemical metallurgy: principles and practice. Weinheim: Wiley-VCH.

HANCOCK R E W, BRINKMAN F S L, 2002. Function of *Pseudomonas porins* inuptake and efflux. Annual

Review of Microbiology, 56(1): 17-38.

HANSEN J M, ZHANG H, JONES D P, 2006. Differential oxidation of thioredoxin-1, thioredoxin-2, and glutathione by metal ions. Free Radical Biology and Medicine, 40(1): 138-145.

HARADA M, YOSHIDA T, KUWAHARA H, et al., 2009. Expression of genes for sulfur oxidation in the intracellular chemoautotrophic symbiont of the deep-sea bivalve Calyptogena okutanii. Extremophiles, 13(6): 895-903.

HARMER S L, THOMAS J E, FORNASIERO D, et al., 2006. The evolution of surface layers formed during chalcopyrite leaching. Geochimica et Cosmochimica Acta, 70(17): 4392-4402.

HARRISON A P, 1981. *Acidiphilium cryptum* gen. nov., sp. nov., heterotrophic bacterium from acidic mineral environments. International Journal of Systematic Bacteriology, 31(3): 327-332.

HE H, XIA J L, HONG F F, et al., 2012. Analysis of sulfur speciation on chalcopyrite surface bioleached with *Acidithiobacillus ferrooxidans*. Minerals Engineering, 27-28: 60-64.

HE H, XIA J L, YANG Y, et al., 2009. Sulfur speciation on the surface of chalcopyrite leached by *Acidianus manzaensis*. Hydrometallurgy, 99(1-2): 45-50.

HE H, YANG Y, XIA J L, et al., 2008. Growth and surface properties of new thermoacidophilic Archaea strain *Acidianus manzaensis* YN-25 grown on different substrates. Transactions of Nonferrous Metals Society of China, 18(6): 1374-1378.

HE Z G, YANG Y P, ZHOU S, et al., 2014. Effect of pyrite, elemental sulfur and ferrous ions on EPS production by metal sulfide bioleaching microbes. Transactions of Nonferrous Metals Society of China, 24(4): 1171-1178.

HE Z G, ZHONG H, LI Y, 2004. *Acidianus tengchongensis* sp. nov., a new species of acidothermophilic Archaeon isolated from an acidothermal spring. Current Microbiology, 48(2): 159-163.

HEARN E M, PATEL D R, LEPORE B W, et al., 2009. Transmembrane passage of hydrophobic compounds through a protein channel wall. Nature, 458(7236): 367-370.

HENDRIK V, DENNIS E, JAYENDRAN S, et al., 2013. Accelerated cathodic reaction in microbial corrosion of iron due to direct electron uptake by sulfate-reducing bacteria. Corrosion Science, 66: 88-96.

HERAS B, EDELING M, SCHIRRA H, et al., 2004. Crystal structures of the DsbG disulfide isomerase reveal an unstable disulfide. Proceedings of the National Academy of Sciences, 101: 8876-8881.

HIRAISHI A, NAGASHIMA K V P, MATSUURA K, et al., 1998. Phylogeny and photosynthetic features of *Thiobacillus acidophilus* and related acidophilic bacteria: its transfer to the genus *Acidiphilium* as *Acidiphilium acidophilum* comb. nov. International Journal of Systematic Bacteriology, 48(4): 1389-1398.

HUANG J H, 2014. Impact of microorganisms on arsenic biogeochemistry: a review. Water Air & Soil Pollution, 225(2): 1848.

HUBER B, DREWES J E, LIN K C, et al., 2014. Revealing biogenic sulfuric acid corrosion in sludge digesters: detection of sulfur-oxidizing bacteria within full-scale digesters. Water Science & Technology, 70(8): 1405-1411.

IDE-EKTESSABI A, KAWAKAMI T, WATT F, 2004. Distribution and chemical state analysis of iron in the *Parkinsonian substantia* nigra using synchrotron radiation micro beams. Nuclear Instruments and Methods in Physics Research Section B, 213: 590-594.

ITOH Y, KUROSAWA N, UDA I, et al., 2001. *Metallosphaera sedula* TA-2, a calditoglycerocaldarchaeol deletion strain of a thermoacidophilic archaeon. Extremophiles, 5: 241-245.

JAHN A, NIELSEN P H, 1998. Cell biomass and exopolymer composition in sewer biofilms. Water Science & Technology, 37(1): 17-24.

JAMBOR J, DUTRIZAC J, 1983. Beaverite plumbojarosite solid solutions. The Canadian Mineralogist,

21(1): 101-113.

JANSSEN A J H, LETTINGA G, DE KEIZER A, 1999. Removal of hydrogen sulphide from wastewater and waste gases by biological conversion to leemental sulphur colloidal and interfacial aspects of biologically produced sulphur particles. Colloids and Surfaces A: Physicochemical and Engineering Aspects, 151: 389-398.

JIANG F, HELLMAN U, SROGA G, et al., 1995. Cloning, sequencing, and regulation of the glutathione reductase gene from the cyanobacterium *Anabaena* PCC 7120. Journal of Biological Chemistry, 270: 2882-2889.

JIANG L, ZHOU H, PENG X, et al., 2009. The use of microscopy techniques to analyze microbial biofilm of the bio-oxidized chalcopyrite surface. Minerals Engineering, 22(1): 37-42.

JIN J Q, MILLER J D, DANG L X, 2014. Molecular dynamics simulaiton and analysis of interfacial water at selected sulfide minerals surfaces under anaerobic conditions. International Journal of Minerals Processing, 128: 55-67.

JOHNSON D B, STALLWOOD B, KIMURA S, et al., 2006. Isolation and characterization of *Acidicaldus organivorus*, gen. nov., sp. nov.: a novel sulfur-oxidizing, ferric iron-reducing thermo-acidophilic heterotrophic Proteobacterium. Archives of Microbiology, 185(3): 212-221.

KAAKOUSH N, KOVACH Z, MENDZ G, 2007. Potential role of thiol: disulfide oxidoreductases in the pathogenesis of *Helicobacter pylori*. FEMS Immunology & Medical Microbiology, 50(2): 177-183.

KANAO T, KAMIMURA K, SUGIO T, 2007. Identification of a gene encoding a tetrathionate hydrolase in *Acidithiobacillus ferrooxidans*. Journal of Biotechnology, 132(1): 16-22.

KARAVAIKO G I, BOGDANOVA T I, TOUROVA T P, et al., 2005. Reclassification of '*Sulfobacillus thermosulfidooxidans* subsp. thermotolerans' strain K1 as *Alicyclobacillus tolerans* sp. nov. and *Sulfobacillus disulfidooxidans* Dufresne et al. 1996 as *Alicyclobacillus disulfidooxidans* comb. nov., and emended description of the genus *Alicyclobacillus*. International Journal of Systematic and Evolutionary Microbiology, 55(2): 941-947.

KELLY D P, SHERGILL J K, Lu W P, et al. , 1997. Oxidative metabolism of inorganic sulfur compounds by bacteria. Antonie Van Leeuwenhoek, 71(1-2): 95-107.

KINNUNEN P M, PUHAKKA J A, 2004. Characterization of iron- and sulphide mineral-oxidizing moderately thermophilic acidophilic bacteria from an Indonesian auto-heating copper mine waste heap and a deep South African gold min. Journal of Industrial Microbiology and Biotechnology, 31: 409-414.

KINZLER K, GEHRKE T, TELEGDI J, et al., 2003. Bioleaching-a result of interfacial processes caused by extracellular polymeric substances (EPS). Hydrometallurgy, 71(1-2): 83-88.

KLAUBER C, 2008. A critical review of the surface chemistry of acidic ferric sulphate dissolution of chalcopyrite with regards to hindered dissolution. International Journal of Mineral Processing, 86(1-4): 1-17.

KLEINJAN W, KEIZER A, JANSSEN A H, 2003. Biologically produced sulfur. Elemental Sulfur and Sulfur-Rich Compounds I. Steudel R, Springer Berlin Heidelberg. 230: 167-188.

KONISHI Y, ASAI S, YOSHIDA N, 1995. Growth Kinetics of *Thiobacillus thiooxidans* on the Surface of Elemental Sulfur. Appl. Environ. Microbiol, 61(10): 3617-3622.

KONISHI Y, TOKUSHIGE M, ASAI S, et al., 2001. Copper recovery from chalcopyrite concentrate by acidophilic thermophile *Acidianus brierleyi* in batch and continuous-flow stirred tank reactors. Hydrometallurgy, 59(2): 271-282.

KRISHNANI K K, KATHIRAVAN V, NATARAJAN M, et al., 2010. Diversity of sulfur-oxidizing bacteria in greenwater system of coastal aquaculture. Applied Biochemistry and Biotechnology, 162(5): 1225-1237.

KUO Y, YANG T, HUANG G W, 2008. The use of grey relational analysis in solving multiple attribute decision-making problems. Comput. Ind. Eng. 55(1): 80-93.

KUROSAWA N, ITOH Y H, ITOH T, 2003. Reclassification of *Sulfolobus hakonensis* Takayanagi et al. 1996 as *Metallosphaera hakonensis* comb. nov. based on phylogenetic evidence and DNA G-C content. International Journal of Systematic and Evolutionary Microbiology, 53(5): 1607-1608.

KUROSAWA N, ITOH Y H, IWAI T, et al., 1998. *Sulfurisphaera ohwakuensis* gen. nov., sp. nov., a novel extremely thermophilic acidophile of the order *Sulfolobales*. International Journal of Systematic Bacteriology, 48(2): 451-456.

LARSEN R A, LETAIN T E, POSTLE K, 2003. In vivo evidence of TonB shuttling between the cytoplasmic and outer membrane in *Escherichia coli*. Molecular Microbiology, 49(1): 211-218.

LEE R P, DOUGHTY S W, ASHMAN K, et al., 1996. Purification of hydrophobic integral membrane proteins from *Mycoplasma hyopneumoniae* by reversed phase high performance liquid chromatography. Journal of Chromatography A, 737(2): 273-279.

LEICHERT L, JAKOB U, 2006. Global metsods to monitor the thiol-disulfide state of proteins *in vivo*. Antioxidants & Redox Signaling, 8(5-6): 763-772.

LI A, HUANG S, 2011. Comparison of the electrochemical mechanism of chalcopyrite dissolution in the absence or presence of *Sulfolobus metallicus* at 70℃. Minerals Engineering, 24(13): 1520-1522.

LI K, ZHAO Y, ZHANG P, et al., 2016. Combined DFT and XPS investigation of iodine anions adsorption on the sulfur terminated (001) chalcopyrite surface. Applied Surface Science, 390: 412-421.

LI Y Q, CHEN J H, CHEN Y, et al., 2018. DFT+U study on the electornic structures and optical properties of pyrite and marcasite. Computational Materials Science, 150: 346-352.

LI Y, KAWASHIMA N, LI J, et al., 2013. A review of the structure, and fundamental mechanisms and kinetics of the leaching of chalcopyrite. Advances in Colloid and Interface Science, 197-198: 1-32.

LIAN B, CHEN Y, ZHU L J, et al., 2008. Effect of microbial weathering on carbonate rocks. Earth Science Frontiers, 15(6): 90-99.

LIANG C L, XIA J L, ZHAO X J, et al., 2010. Effect of activated carbon on chalcopyrite bioleaching with extreme thermophile *Acidianus manzaensis*. Hydrometallurgy, 105(1-2): 179-185.

LIANG C L, XIA J L, YANG Y, et al., 2011. Characterization of the thermo-reduction process of chalcopyrite at 65℃ by cyclic voltammetry and XANES spectroscopy. Hydrometallurgy, 107(1-2): 13-21.

LIANG C L, XIA J L, NIE Z Y, et al., 2012. Effect of sodium chloride on sulfur speciation of chalcopyrite bioleached by the extreme thermophile *Acidianus manzaensis*. Bioresource Technology, 110: 462-467.

LING W, WANG L, LIU H, et al., 2018. The evidence of decisive effect of both surface microstructure and speciation of chalcopyrite on attachment behaviors of extreme thermoacidophile *Sulfolobus metallicus*. Minerals, 8(4): 159.

LIU H C, XIA J L, NIE Z Y, et al., 2013. Comparative study of sulfur utilization and speciation transformation of two elemental sulfur species by thermoacidophilic Archaea *Acidianus manzaensis* YN-25. Process Biochemistry, 48(12): 1855-1860.

LIU H C, NIE Z Y, XIA J L, et al., 2015a. Investigation of copper, iron and sulfur speciation during bioleaching of chalcopyrite by moderate thermophile *Sulfobacillus thermosulfidooxidans*. International Journal of Mineral Processing, 137: 1-8.

LIU H C, XIA J L NIE Z Y, 2015b. Relatedness of Cu and Fe speciation to chalcopyrite bioleaching by *Acidithiobacillus ferrooxidans*. Hydrometallurgy, 156: 40-46.

LIU H C, XIA J L, NIE Z Y, et al., 2015c. Differential utilization and speciation transformation of orthorhombic α-S8 and amorphous μ-S by substrate-acclimated mesophilic *Acidithiobacillus ferrooxidans*.

Transactions of Nonferrous Metals Society of China, 25(9): 3096-3102.
LIU H C, NIE Z Y, XIA J L, et al., 2015d. Investigation of copper, iron and sulfur speciation during bioleaching of chalcopyrite by moderate thermophile *Sulfobacillus thermosulfidooxidans*. International Journal of Mineral Processing, 137: 1-8.
LIU H C, XIA J L, NIE Z Y, et al., 2015e. Iron L-edge and sulfur K -edge XANES spectroscopy analysis of pyrite leached by *Acidianus manzaensis*. Transactions of Nonferrous Metals Society of China, 25(7): 2407-2414.
LIU H C, XIA J L, NIE Z Y, et al., 2015f. Differential expression of extracellular thiol groups of moderately thermophilic *Sulfobacillus thermosulfidooxidans* and extremely thermophilic *Acidianus manzaensis* grown on $S(^0)$ and $Fe(^{2+})$. Arch Microbiol, 197(6): 823-831.
LIU L Z, NIE Z Y, YANG Y, et al., 2018. *In situ* characterization of change in superficial organic components of thermoacidophilic archaeon *Acidianus manzaensis* YN-25. Research in Microbiology, 169(10): 590-597.
LIU X Y, WU B, CHEN B W, et al., 2010. Bioleaching of chalcocite started at different pH: response of the microbial community to environmental stress and leaching kinetics. Hydrometallurgy, 103(1): 1-6.
LIU Y M, ZHANG Y J, CHENG K, et al., 2017. Selective electrochemical reduction of CO2 to ethanol on B and N codoped nanodiamond. Angewandte Chemie, 10.1002/ange.201706311.
LÓPEZ-JUÁREZ A, GUTIÉRREZ-ARENAS N, RIVERA-SANTILLÁN R E, 2006. Electrochemical behavior of massive chalcopyrite bioleached electrodes in presence of silver at 35℃. Hydrometallurgy, 83(1-4): 63-68.
LOPRASERT S, WHANGSUK W, SALLABHAN R, et al., 2005. The unique glutathione reductase from *Xanthomonas campestris*: gene expression and enzyme characterization. Biochemical and Biophysical Research Communications, 331: 1324-1330.
LU Z Y, JEFFREY M I, LAWSON F, 2000. An electrochemical study of the effect of chloride ions on the dissolution of chalcopyrite in acidic solutions. Hydrometallurgy, 56(2): 145-155.
LUANNE H S, WILLIAM C J, PAUL S, 2004. Bacterial biofilms: from the natural environment to infectious diseases. Nature Reviews Microbiology, 2(2): 95-108.
MAJUSTE D, CIMINELLI V S T, OSSEO-ASARE K, et al., 2012. Electrochemical dissolution of chalcopyrite: detection of bornite by synchrotron small angle X-ray diffraction and its correlation with the hindered dissolution process. Hydrometallurgy, 111-112: 114-123.
MARIONI J C, MASON C E, MANE S M, et al., 2008. RNA-seq: an assessment of technical reproducibility and comparison with gene expression arrays. Genome Research, 18: 1509-1517.
MELAMUD V S, PIVOVAROVA T A, TOUROVA T P, et al., 2003. *Sulfobacillus sibiricussp*. nov., a new moderately thermophilic bacterium. Microbiology, 72: 605-612.
MIKHLIN Y L, TOMASHEVICH Y V, ASANOV I P, et al., 2004. Spectroscopic and electrochemical characterization of the surface layers of chalcopyrite ($CuFeS_2$) reacted in acidic solutions. Applied Surface Science, 225(1-4): 395-409.
MITCHELL P, 1961. Biological structure and function. New York: Academic Press, Inc.
MORE T T, YADAV J S S, YAN S, et al., 2014. Extracellular polymeric substances of bacteria and their potential environmental applications. Journal of Environmental Management, 144(144): 1-25.
MORI H, ITO K, 2001. The Sec protein-translocation pathway. 10 ed, vol 9: 494-500.
MOSSELMANS J, PATTRICK R, VAN DER LAAN G, et al., 1995. X-ray absorption near-edge spectra of transition metal disulfides FeS2 (pyrite and marcasite), CoS2, NiS2 and CuS2, and their isomorphs FeAsS and CoAsS. Physics and Chemistry of Minerals, 22(5): 311-317.

MULLER S, GILBERGER T, 2007. Molecular characterization and expression of *Onchocerca volvulus* glutathione reductase. Journal of Biochemestry, 325: 645-661.

MURPHY R, STRONGIN D, 2009. Surface reactivity of pyrite and related sulfides. Surface Science Reports, 64(1): 1-45.

MÜLLER F H, BANDEIRAS T M, URICH T, et al., 2004. Coupling of the pathway of sulphur oxidation to dioxygen reduction: characterization of a novel membrane-bound thiosulphate: quinone oxidoreductase. Molecular Microbioloy, 53(4): 1147-1160.

NAVA D, GONZALEZ I, LEINEN D, et al., 2008. Surface characterization by X-ray photoelectron spectroscopy and cyclic voltammetry of products formed during the potentiostatic reduction of chalcopyrite. Electrochimica Acta, 53(14): 4889-4899.

NIE Z Y, LIU H C, XIA J L, et al., 2014. Differential utilization and transformation of sulfur allotropes, μ-S and α-S_8, by moderate thermoacidophile *Sulfobacillus thermosulfidooxidans*. Research in Microbiology, 165(8): 639-646.

NIE Z Y, LIU H C, XIA J L, et al., 2015. Differential surface properties analyses of *Acidianus manzaensis* YN25 grown on four different energy substrates. Advanced Material Research, 1130: 463-467.

NIE Z Y, LIU H C, XIA J L, et al., 2016. Evidence of cell surface iron speciation of acidophilic iron oxidizing microorganisms in indirect bioleaching process. BioMetals, 29: 25.

NIE Z Y, LIU H C, XIA J L, et al., 2017. Evolution of compositions and contents of capsule and slime EPSs for adaption to and action on energy substrates and heavy metals by typical bioleacihng microorganisms. Solid State Phenomena. 262: 466-470.

NIE Z Y, ZHANG W W, LIU H C, et al., 2018. Synchrotron radiation based study of the catalytic mechanism of Ag^+ to chalcopyrite bioleaching by mesophilic and thermophilic cultures. Minerals, 8: 382.

PAASCHE E, 2001. A review of the coccolithophorid *Emiliania huxleyi* (Prymnesiophyceae), with particular reference to growth, coccolith formation, and calcification-photosynthesis interactions. Phycologia, 40: 503-529.

PANCHANADIKAR T, DASV V, CHAUDHURY G R, 1998. Short Communication: bio-oxidation of iron using *Thiobacillus ferrooxidans*, World Journal of Microbiology & Biotechnology, 14: 297-298.

PANDA S , AKCIL A , PRADHAN N, et al., 2015. Current scenario of chalcopyrite bioleaching: a review on the recent advances to its heap-leach technology. Bioresource Technology, 196: 694-706.

PANDEY S K, NARAYAN K D, BANDYOPADHYAY S, et al., 2009. Thiosulfate oxidation by *Comamonas* sp. S23 isolated from a sulfur spring. Current microbiology, 58(5): 516-521.

PENG A A, LIU H C, NIE Z Y, et al., 2012. Effect of surfactant Tween-80 on sulfur oxidation and expression of sulfur metabolism relevant genes of Acidithiobacillus ferrooxidans. Transactions of Nonferrous Metals Society of China, 22(12): 3147-3155.

PENG A A, XIA J L, LIU H C, et al., 2013. Thiol rich proteins play important role in adhesion and sulfur oxidation process of *Acidithiobacillus ferroxidans*. Advanced Materials Research, 825: 137-140.

PLUMB J, MUDDLE R, FRANZMANN P, 2008a. Effect of pH on rates of iron and sulfur oxidation by bioleaching organisms. Minerals Engineering, 21(1): 76-82.

PLUMB J, MCSWEENEY N, FRANZMANN P, 2008b. Growth and activity of pure and mixed bioleaching strains on low grade chalcopyrite ore. Minerals Engineering, 21(1): 93-99.

PLUMB J J, HADDAD C M, GIBSON J A, et al., 2007. *Acidianus sulfidivorans* sp. nov., an extremely acidophilic, thermophilic archaeon isolated from a solfatara on Lihir Island, Papua New Guinea, and emendation of the genus description. Int J Syst Evol Microbiol, 57(Pt 7): 1418-1423.

POWERS D A, ROSSMAN G R, SCHUGAR H J, et al., 1975. Magnetic behavior and infrared spectra of jarosite, basic iron sulfate, and their chromate analogs. Journal of Solid State Chemistry, 13(1-2): 1-13.

PRANGE A, 2008. Speciation analysis of microbiologically produced sulfur by X-ray absorption near edge structure spectroscopy. Microbial Sulfur Metabolism. Dahl C, Friedrich C, Springer Berlin Heidelberg: 259-272.

PRANGE A, CHAUVISTRÉ R, MODROW H, et al., 2002. Quantitative speciation of sulfur in bacterial sulfur globules: X-ray absorption spectroscopy reveals at least three different species of sulfur. Microbiology (Reading, England), 148(Pt 1): 267-276.

PRANGE A, ARZBERGER I, ENGEMANN C, et al., 1999. *In situ* analysis of sulfur in the sulfur globules of phototrophic sulfur bacteria by X-ray absorption near edge spectroscopy. Biochem Biophys Acta, 1428: 446-454.

QUATRINI R, APPIA-AYME C, DENIS Y, et al., 2009. Extending the models for iron and sulfur oxidation in the extreme Acidophile *Acidithiobacillus ferrooxidans*. BMC Genomics, 10(1): 394.

QUATRINI R, APPIA-AYME C, DENIS Y, et al., 2006. Insights into the iron and sulfur energetic metabolism of *Acidithiobacillus ferrooxidans* by microarray transcriptome profiling. Hydrometallurgy, 83(1): 263-272.

QUN X S, SINGH R K, CONFALONIERIB F, et al., 2001. The complete genome of the crenarchaeon *Sulfolobus solfataricus* P2. Proceedings of the National Academy of Sciences, 98: 7835-7840.

RAINA S, MISSIAKAS D, 1997. Making and breaking disulfide bonds. Annual Review of Microbiology, 51: 179-202.

RAVEL B, NEWVILLE M, 2005. Athena, Artemis, Hephaestus: data analysis for X-ray absorption spectroscopy using IFEFFIT. Journal of Synchrotron Radiation, 12(4): 537-541.

RAWLINGS D, 2002. Hevy metal mining using microbes. Annual Reviews in Microbiology, 56(1): 65-91.

RAWLINGS D E, DEW D, DU PLESSIS C, 2003. Biomineralization of metal containing ores and concentrates. Trends in Biotechnology, 21(1): 38-44.

RICHARDSON P E, SRINIVASAN S, WOODS R, 1984. Proceedings of the International Symposium on Electrochemistry in Mineral and Metal Processing, Industrial Electrolytic Division, Energy Technology Group.

RIMSTIDT J D, VAUGHAN D J, 2003. Pyrite oxidation: a state of the art assessment of the reaction mechanism. Geochimica et Cosmochimica Acta, 67(5): 873-880.

ROCKYDE N, ODETTE I, 2008. Biofouling, in the Pearl Oyster, A Beginner's Guide to Programming Images, Animation, and Interaction.: 527-553.

ROHWERDER T, GEHRKE T, KINZLER K, et al., 2003a. Bioleaching review part A: progress in bioleaching: fundamentals and mechanisms of bacterial metal sulfide oxidation. Applied Microbiology and Biotechnology, 63(3): 239-248.

ROHWERDER T, SAND W, 2003b. The sulfane sulfur of persulfides is the actual substrate of the sulfur oxidizing enzymes from *Acidithiobacillus* and *Acidiphilium* spp. Microbiology, 149(7): 1699-1710.

ROHWERDER T, SAND W, 2007. Mechanisms and biochemical fundamentals of bacterial metal sulfide oxidation. Microbial Processing of Metal Sulfides: 35-58.

ROTHER D, HENRICH H J, QUENTMEIER A, et al., 2001. Novel genes of the sox gene cluster, mutagenesis of the flavoprotein Soxf, and evidence for a general sulfur oxidizing system in *Paracoccus pantotrophus* GB17. Journal of bacteriology, 183(15): 4499-4508.

SAMPSON M, PHILLIPS C, BLAKE R, 2000. Influence of the attachment of acidophilic bacteria during the oxidation of mineral sulfides. Minerals Engineering, 13: 373-389.

SAND W, GEHRKE T, 2006. Extracellular polymeric substances mediate bioleaching/biocorrosion via interfacial processes involving iron(III) ions and acidophilic bacteria. Research in Microbiology, 157(1): 49-56.

SAND W, GEHRKE T, JOZSA P G, et al., 2001. (Bio)chemistry of bacterial leaching-direct vs. indirect bioleaching. Hydrometallurgy, 59(2-3): 159-175.

SAND W, GEHRKE T, HALLMANN R, et al. 1995. Sulfur chemistry, biofilm, and the (in) direct attack mechanism a critical evaluation of bacterial leaching. Applied Microbiology and Biotechnology, 43(6): 961-966.

SANDSTROM A, SHCHUKAREV A, PAUL J, 2005. XPS characterisation of chalcopyrite chemically and bio-leached at high and low redox potential. Minerals Engineering, 18(5): 505-515.

SASAKI K, NAKAMUTA Y, HIRAJIMA T, et al., 2009. Raman characterization of secondary minerals formed during chalcopyrite leaching with *Acidithiobacillus ferrooxidans*. Hydrometallurgy, 95(1): 153-158.

SCHIPPERS A, GLOMBITZA F, SAND W, 2014a. Geobiotechnology I, Springer-Verlag Berlin Heidelberg.

SCHIPPERS A, GLOMBITZA F, SAND W, 2014b. Geobiotechnology II, Springer-Verlag Berlin Heidelberg.

SCHIPPERS A, SAND W, 1999. Bacterial leaching of metal sulfides proceeds by two indirect mechanisms via thiosulfate or via polysulfides and sulfur. Applied and Environmental Microbiology, 65(1): 319-321.

SCHLEGEL A, WACHTER P, 1976. Optical properties, phonons and electronic structure of iron pyrite. Journal of Physics C: Solid State Physics, 9(17): 3363-3369.

SCHREINER E, NAIR N N, MARX D, 2008. Influence of extreme thermodynamic conditions and pyrite surfaces on peptide synthesis in aqueous media. Journal of the American Chemical Society, 130: 2768-2770.

SCOTT K M, SIEVERT S M, ABRIL F N, et al., 2006. The genome of deep-sea vent chemolithoautotroph *Thiomicrospira crunogena* XCL-2. PLoS biology, 4(12): e383.

SEGERER A, NEUNER A, KRISTJANSSON J K, et al., 1986. *Acidianus infernus* gen. nov., sp. nov., and *Acidianus brierleyi* comb. nov.: facultatively aerobic, extremely acidophilic thermophilic sulfur-metabolizing archaebacteria. International journal of systematic bacteriology, 36(4): 559-564.

SHARMA P K, DAS A, RAO K H, et al., 2003. Surface characterization of *Acidithiobacillus ferrooxidans* cells grown under different conditions. Hydrometallurgy, 71(1-2): 285-292.

SICILIANO S D , GERMIDA J J, 2005. Sulfur in soils /biological transformations. Encyclopedia of Soils in the Environment, Oxford: Elsevier, 85-90.

SILVERMAN M P, EHRLICH H L, SILVERMAN M P, 1964. Microbial formation and degradation of minerals. Advances in Applied Microbiology, 6(6): 153-206.

SILVER M, LUNDGREN D, 1968. Sulfur-oxidizing enzyme of *Ferrobacillus ferrooxidans* (*Thiobacillus ferrooxidans*). Canadian Journal of Chemistry, 46: 457-461.

SIMMONS S L, DIBARTOLO G, DENEF V J, et al., 2008. Population genomic analysis of strain variation in *Leptospirillum* group II bacteria involved in acid mine drainage formation. PLoS biology, 6(7): e177.

STEUDEL R, ECKERT B, 2003. Solid sulfur allotropes sulfur allotropes. Elemental Sulfur and Sulfur-Rich Compounds I. Steudel R, Springer Berlin Heidelberg. 230: 1-80.

STEUDEL R, HOLDT G, GÖBEL T, et al. 1987. Chromatographic separation of higher polythionates $S_nO_6^{20}$ (n=3…22) and their detection in cultures of *Thiobacillus ferroxidans*; molecular composition of bacterial sulfur secretions. Angewandte Chemie International Edition in English, 26(2): 151-153

SUGIO T, OCHI K, MURAOKA T, et al., 2005. Isolation and some properties of sulfur dioxygenase from *Acidithiobacillus thiooxidans* NB1-3. Proceedings of the 16th international biohydromet. Symposium, cape town, South Africa. Compress.

SUZUKI I, CHAN C W, TAKEUCHI T L, 1992. Oxidation of elemental sulfur to sulfite by *Thiobacillus thiooxidans* cells. Applied Environment Microbiology, 58: 3767-3769.

SUZUKI I, 1965. Oxidation of elemental sulfur by an enzyme system of *Thiobacillus thiooxidans*. Biochimica et Biophysica Acta, 104: 359-371.

TANG D P, DUAN J G, GAO Q Y, et al., 2018. Strand-specific RNA-seq analysis of the *Acidithiobacillus ferrooxidans* transcriptome in response to magnesium stress. Archives of Microbiology, 200: 1025-1035.

THOLE B, VAN DER LAAN G, 1988. Branching ratio in X-ray absorption spectroscopy. Physical Review B, 38(5): 3158.

TOURNEY J, NGWENYA B T, 2014. The role of bacterial extracellular polymeric substances in geomicrobiology. Chemical Geology, 386: 115-132.

TOSHIHARU S, TOSHIO I, TAKETOSHI U, 2002. *Sulfolobus tokodaii* sp. nov. (*Sulfolobus* sp. strain 7), a new member of the genus *Sulfolobus* isolated from Beppu Hot Springs, Japan. Extremophiles, 6: 39-44.

TRIBUTSCH H, 2001. Direct versus indirect bioleaching. Hydrometallurgy, 59(2): 177-185.

VALDÉS J, PEDROSO I, QUATRINI R, et al. 2008a. *Acidithiobacillus ferrooxidans* metabolism: from genome sequence to industrial applications. BMC Genomics, 9(1): 597.

VALDÉS J, PEDROSO I, QUATRINI R, et al., 2008b. Comparative genome analysis of *Acidithiobacillus ferrooxidans*, *A. thiooxidans* and *A. caldus*: Insights into their metabolism and ecophysiology. Hydrometallurgy, 94(1-4): 180-184.

VAN LOOSDRECHT M C, ZEHNDER A J, 1990. Energetics of bacterial adhesion. Experientia, 46(8): 817-822.

VERA M, SCHIPPERS A, SAND W, 2013. Progress in bioleaching: fundamentals and mechanisms of bacterial metal sulfide oxidation: part A. Applied Microbiology and Biotechnology, 97(17): 7529-7541.

VILCÁEZ J, INOUE C, 2009a. Mathematical modeling of thermophilic bioleaching of chalcopyrite. Minerals Engineering, 22(11): 951-960.

VILCÁEZ J, YAMADA R, INOUE C, 2009b. Effect of pH reduction and ferric ion addition on the leaching of chalcopyrite at thermophilic temperatures. Hydrometallurgy, 96: 62-71.

VILCÁEZ J, SUTO K, INOUE C, 2008a. Bioleaching of chalcopyrite with thermophiles: Temperature-pH-ORP dependence. International Journal of Mineral Processing, 88(1-2): 37-44.

VILCÁEZ J, SUTO K, INOUE C, 2008b. Response of thermophiles to the simultaneous addition of sulfur and ferric ion to enhance the bioleaching of chalcopyrite. Minerals Engineering, 21(15): 1063-1074.

VON OERTZEN G, HARMER S, SKINNER W M, 2006. XPS and ab initio calculation of surface states of sulfide minerals: pyrite, chalcopyrite and molybdenite. Molecular Simulation, 32(15): 1207-1212.

WAKAI S, MEI K, KANAO T, et al., 2004. Involvement of sulfide: quinone oxidoreductase in sulfur oxidation of an acidophilic iron-oxidizing bacterium, *Acidithiobacillus ferrooxidans* NASF-1. Bioscience Biotechnology & Biochemistry, 68(12): 2519-2528.

WANG H, BIGHAM J M, TUOVINEN O H, 2006. Formation of schwertmannite and its transformation to jarosite in the presence of acidophilic iron-oxidizing microorganisms. Materials Science and Engineering: C, 26(4): 588-592.

WATLING H, 2006. The bioleaching of sulphide minerals with emphasis on copper sulphides: a review. Hydrometallurgy, 84(1): 81-108.

WEI S, SANCHEZ M, TREJO D, et al., 2010. Microbial mediated deterioration of reinforced concrete structures. International Biodeterioration & Biodegradation, 64(8): 748-754.

WICHLACZ P L, UNZ R F, LANGWORTHY T A, 1986. *Acidiphilium angustum* sp. nov., *Acidiphilium facilis* sp. nov., and *Acidiphilium rubrum* sp. nov.: Acidophilic Heterotrophic Bacteria Isolated from Acidic Coal Mine Drainage. International Journal of Systematic Bacteriology, 36(2): 197-201.

WILSON M J, DEARDEN P K, 2008. Evolution of the insect Sox genes. BMC Evolutionary Biology, 8(1): 120.

XIA J L, PENG A A, HE H, et al., 2007. A new strain *Acidithiobacillus albertensis* BY-05 for bioleaching of metal sulfides ores. Transactions of Nonferrous Metals Society of China, 17(1): 168-175.

XIA J L, YANG Y, HE H, et al., 2010a. Investigation of the sulfur speciation during chalcopyrite leaching by moderate thermophile *Sulfobacillus thermosulfidooxidans*. International Journal of Mineral Processing, 94(1-2): 52-57.

XIA J L, YANG Y, HE H, et al., 2010b. Surface analysis of sulfur speciation on pyrite bioleached by extreme thermophile *Acidianus manzaensis* using Raman and XANES spectroscopy. Hydrometallurgy, 100(3-4): 129-135.

XIA J L, ZHU H R, WANG L, et al., 2015. *In situ* characterization of relevance of surface microstructure and electrochemical properties of chalcopyrite to adsorption of *Acidianus manzaensis*. Advanced Materials Research, 1130: 183-187.

XIA J L, LIU H C, NIE Z Y, et al., 2013. Synchrotron radiation based STXM analysis and micro-XRF mapping of differential expression of extracellular thiol groups by *Acidithiobacillus ferrooxidans* grown on Fe($^{2+}$) and S(^{0}). J Microbiol Methods, 94(3): 257-261.

XIA J L, WANG J, ZHANG Q, et al., 2009. Selective extraction and differential electrophoregrams analysis of periplasmic proteins of *Acidithiobacillus ferrooxidans* ATCC 23270. Journal of Central South University (Science & Technology), 40(4): 845-850.

XIA J L, SONG J J, LIU H C, et al., 2018. Study on catalytic mechanism of silver ions in bioleaching of chalcopyrite by SR-XRD and XANES. Hydrometallurgy, 180: 26-35.

XIE H Z, HUANG H G, JIANG C, et al., 2003. A study on copper extraction from chalcopyrite concentrate by acidic hot pressure oxidation. Mining and Mentallurgical Engineering, 23: 54-59.

XU Y, LIU Y L, HE D D, et al., 2013. Adsorption of cationic collectors and water on muscovite (001) surface: a molevular dynamics simulaiton study. Miner. Eng. 53: 101-107.

YANG Y, LIU W, CHEN M, 2015. XANES and XRD study of the effect of ferrous and ferric ions on chalcopyrite bioleaching at 30℃ and 48℃. Minerals Engineering, 70: 99-108.

YOSHIDA N, NAKASATO M, OHMURA N, et al., 2006. *Acidianus manzaensis* sp. nov., a novel thermoacidophilic Archaeon growing autotrophically by the oxidation of H_2 with the reduction of Fe^{3+}. Current microbiology, 53(5): 406-411.

YU Y, WAN M X, PENG H, et al., 2007. Isolation and characterization of bacterium for chalcopyrite bioleaching . Journal of Central South University (Science and Technology), 2.

ZENG J, DAVIES M J, 2005. Evidence for the formation of adducts and S-(carboxymethyl)cysteine on reaction of α-dicarbonyl compounds with thiol groups on amino acids, peptides, and proteins. Chemical Research in Toxicology, 18(8): 1232-1241.

ZHANG C G, ZHANG R Y, XIA J L, et al., 2008a. Sulfur activation-related extracellular proteins of *Acidithiobacillus ferrooxidans*. Transactions of Nonferrous Metals Society of China, 18(6): 1398-1402.

ZHANG C G, XIA J L, ZHANG R Y, et al., 2008b. Comparative study on effects of Tween-80 and sodium isobutyl-xanthate on growth and sulfur-oxidizing activities of *Acidithiobacillus albertensis* BY-05. Transactions of Nonferrous Metals Society of China, 18(4): 1003-1007.

ZHANG C G, XIA J L, DING J N, et al., 2009. Celluar acclimation of *Acidithiobacillus ferrooxidans* to sulfur biooxidation. Minerals & Metallurgical Processing, 26: 30-34.

ZHANG C G, XIA J L, LIU Y D, et al., 2010. The putative thiol-disulphide interchange protein DsbG from *Acidithiobacillus ferrooxidans* has disulphide isomerase activity. Science Asia, 36(2): 100-104.

ZHANG R Y, NEU T R, BELLENBERG S, et al., 2015. Use of lectins to *in situ* visualize glycoconjugates of extracellular polymeric substances in acidophilic archaeal biofilms. Microbial Biotechnology, 8(3): 448-461.

ZHAO H B, WANG J, HU M H, et al., 2013. Synergistic bioleaching of chalcopyrite and bornite in the presence of *Acidithiobacillus ferrooxidans*. Bioresource Technol. 149: 71-76.

ZHENG C, ZHANG Y, LIU Y, et al., 2009. Characterization and reconstitute of a [Fe_4S_4] adenosine 5'-phosphosulfate reductase from *Acidithiobacillus ferrooxidans*. Current microbiology, 58(6): 586-592.

ZHOU H B, ZHANG L, GUO Y W, et al., 2009. Investigations of attached and unattached cells during bioleaching of chalcopyrite with *Acidianus manzaensis* at 65℃. Advanced Materials Research, 71: 377-380.

ZHU J, LI Q, JIAO W, et al., 2012. Adhesion forces between cells of *Acidithiobacillus ferrooxidans*, *Acidithiobacillus thiooxidans* or *Leptospirillum ferrooxidans* and chalcopyrite. Colloids and Surfaces B: Biointerfaces, 94: 95-100.

ZHU W, XIA J L, YANG Y, et al., 2011. Sulfur oxidation activities of pure and mixed thermophiles and sulfur speciation in bioleaching of chalcopyrite. Bioresource Technology, 102(4): 3877-3882.